生态学专业系列教材

生态学基础

张润杰　主编

张古忍　杨廷宝
王永繁　方素琴　副主编

科学出版社
北京

内 容 简 介

本书从个体生态学、种群生态学、群落生态学、生态系统生态学、景观生态学、区域生态学和全球生态学7个层次介绍生态学的理论、方法及其研究进展。绪论包括生态学的概念、生态学的发展历史、中国生态学的特点及展望等内容。其余7章分别介绍个体、种群、群落、生态系统的基本理论和方法；结合现代生态学的发展，介绍景观生态学、区域生态学和全球生态学的新理论和新技术；针对社会-经济-自然复合生态系统的热点问题，介绍可持续发展生态学和生态文明建设的新思想。全书附有多幅精美插图，每章附有复习提纲，参考书目附书后，方便读者阅读理解。

本书可作为综合性大学和高等农林院校本科生生态学的教材，也可供相关专业的研究生、教师及科研人员参考阅读。

图书在版编目（CIP）数据

生态学基础/张润杰主编．—北京：科学出版社，2015.6
生态学专业系列教材
ISBN 978-7-03-044356-4

Ⅰ. ①生… Ⅱ. ①张… Ⅲ. ①生态学-高等学校-教材 Ⅳ. ①Q14

中国版本图书馆 CIP 数据核字（2015）第 107697 号

责任编辑：席 慧 贺窑青／责任校对：郑金红
责任印制：吴兆东／封面设计：迷底书装

科 学 出 版 社 出版
北京东黄城根北街 16 号
邮政编码：100717
http://www.sciencep.com

北京富资园科技发展有限公司印刷
科学出版社发行　各地新华书店经销

*

2015 年 6 月第 一 版　　开本：787×1092　1/16
2025 年 1 月第八次印刷　印张：17 1/2
字数：448 000

定价：69.80 元
（如有印装质量问题，我社负责调换）

前 言

生态学作为一门学科虽然只有一个半世纪的历史，但发展迅速，由于与环境、经济及社会发展的紧密联系，使它超越了其最初的生物学和地理学范畴，而成为研究生物、环境、资源及人类相互作用的应用基础学科。20世纪后半叶以来，人类活动对地球和生物圈的负面影响上升到了新的层面，已经威胁到了持续发展及人类本身的生存。人与自然必须协调发展、发展经济必须与保护自然环境和生物多样性同步的观点，已经被人们接受，在公众中普及生态学知识成了十分迫切的任务，因此，生态学成为高等学校广泛开设的一门基础课程。

20世纪90年代以来，国内外的生态学教材按有机体、种群、群落、生态系统、全球生态学等组织层次编写。近年来，生态学在生态系统功能与服务、生态系统退化与修复、区域生态学、景观生态学、全球变化、生态文明建设等方面又有了新的发展，使生态学科的内容更加丰富。生态学属于一级学科，我们在为中山大学生物学、生态学和基础医学的本科生开设的生态学课程的教学过程中积累了一些教学材料和经验。在总结这些教学材料和经验，并结合国内外生态学的最新发展的基础上，我们编写了本书，它在内容结构为"个体-种群-群落-生态系统-全球生态"的基础上增加了"景观生态学"、"区域生态学"，使"生态系统"向"全球生态"发展的宏观层次更加清晰明确。

本书由张润杰、张古忍、杨廷宝、王永繁、方素琴5位老师负责编写，在编写过程中得到生命科学学院陆勇军副院长和教务部何素敏、彭海凤老师的大力支持，在审稿过程中承蒙戈峰教授、刘树生教授、余世孝教授的热情帮助并提供了宝贵意见，在此谨表深切谢忱。

由于生态学涉及的内容广泛，而作者收集的文献不够全面，遗漏在所难免，希望读者予以批评指正。

编 者
2014年12月1日

目 录

前言
绪论 ·· 1
    复习题 ·· 8
第一章　个体生态学 ·· 9
    第一节　环境与生态因子 ··· 9
    第二节　气候及其生态作用 ··· 15
    第三节　光及其生态作用 ·· 19
    第四节　温度及其生态作用 ··· 24
    第五节　湿度、水分及其生态作用 ·· 32
    第六节　土壤及其生态作用 ··· 39
    第七节　生物因素及其生态作用 ··· 44
    复习题 ·· 48
第二章　种群生态学 ·· 50
    第一节　种群的概念及其基本特征 ·· 50
    第二节　种群增长及其模拟模型 ··· 57
    第三节　种群动态与数量调节 ·· 61
    第四节　种群生命表 ··· 68
    第五节　种群的种内与种间关系 ··· 74
    第六节　种群的生活史对策与种群遗传进化 ·· 82
    第七节　集合种群与种群生存力 ··· 88
    复习题 ·· 91
第三章　群落生态学 ·· 93
    第一节　群落的概念 ··· 93
    第二节　群落的种类组成与物种多样性 ·· 96
    第三节　群落的结构与动态 ··· 102
    第四节　群落交错区与边缘效应 ··· 110
    第五节　群落物种生态位及其测度 ·· 115
    第六节　群落演替与顶级群落 ·· 121
    第七节　群落的分类与排序 ··· 133
    第八节　群落的主要类型 ·· 139
    复习题 ·· 142
第四章　生态系统生态学 ·· 143
    第一节　生态系统概述 ·· 143

第二节　生态系统的能量流动···150
　　第三节　生态系统的物质循环及信息传递···154
　　第四节　生态系统变化与系统分析··165
　　第五节　生态系统的主要类型与分布···167
　　第六节　生态系统过程、功能与服务···175
　　第七节　生态系统退化与修复··180
　　第八节　生态系统管理··186
　　复习题···192
第五章　景观生态学··193
　　第一节　景观生态学的基本理论··193
　　第二节　景观格局与动态··198
　　第三节　景观规划与设计··203
　　第四节　景观生态学在农业上的应用···211
　　复习题···215
第六章　区域生态学··216
　　第一节　区域生态学的基本理论··216
　　第二节　区域生态系统生产力与承载力··220
　　第三节　区域生态系统健康评价··222
　　第四节　区域生态系统管理···226
　　复习题···232
第七章　全球生态学··233
　　第一节　全球生态学的概念···233
　　第二节　全球变化及其影响···235
　　第三节　生态系统对全球变化的响应···250
　　第四节　全球变化的适应与对策··256
　　第五节　可持续发展与生态文明··259
　　复习题···265
参考文献···266

绪　　论

一、生态学的概念

1. 生态学的定义

生态学作为一门专门的学科只有 100 多年历史，它是由德国动物学家 Haeckel（1866）在《有机体普通形态学》一书中将两个希腊单词 Oikos（住所）和 logos（科学）结合为 Oikologie（生境科学），即英文的 Ecology，作为生物学的一门分支学科。1866 年 Haeckel 首次为生态学下定义：生态学是研究生物与其环境相互关系的科学。他所指的环境包括非生物环境和生物环境。Warming（1909）提出植物生态学研究的是"影响植物生活的外在因素及其对植物的影响"、"地球上出现的植物群落及其决定因素"。Elton（1927）认为，生态学是科学的博物学、自然史。Andrewartha（1961）认为，生态学是研究有机体的分布和数量的科学。后来，Taylor（1936）、Allee（1949）、Buchsbaum（1957）、Woodbury（1954）和 Knight（1965）等提出的生态学定义都未超出 Haeckel 定义的范围。Krebs（1978）认为，生态学是决定有机体分布和数量与环境相互作用的科学。Smith（1966）认为，"ECO" 代表生活之地，因此生态学是研究有机体与生活之地相互关系的科学，所以又可把生态学称为环境生物学（environmental biology）。Clarke（1967）曾用图解说明了生态学的定义，即生态学是研究生物与环境之间相互关系的科学。

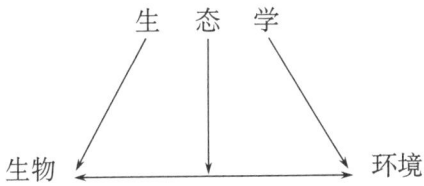

美国生态学家 Odum（1971）认为，生态学是研究生态系统的结构和功能的科学，包括：①一定地区内生物的种类、数量、生物量、生活史及空间分布；②该地区营养物质和水等非生命物质的质量和分布；③各种环境因素（如湿度、温度、光、土壤等）对生物的影响；④生态系统中的能量流动和物质循环；⑤环境对生物的调节（如光周期现象）和生物对环境的调节（如微生物的固氮作用）。中国马世骏（1979）认为，生态学是研究生命系统与环境系统相互关系的科学。这两种定义将系统科学的概念引入了生态学各层次的研究，强调了生态学的三个层次，即重点强调自然历史和适应性，强调动物的种群生态学和植物的群落生态学，强调生态系统生态学。

2. 生态学的基本原理与研究内容

生态学包括以下几个基本原理。①系统性原理。生态学中不同层次的研究对象都是生命系统，都具有系统的特征，每一个层次的系统都可以分成不同子系统来加以研究。②稳定性原理。在一定程度上，每一个层次的生命系统都是稳定的，可以用相关的指标来衡量其稳定性。③多样性原理。生命系统的每一个层次都是丰富多彩、参差不齐的，即多样性。④耐受性原理。个体以至地球都有其耐受性，在耐受范围内有最适点、较适范围，超过其耐受范围，系统都将崩溃。⑤动态性原理。任何生命系统都有一个从开始、顶峰到消亡的过程，在个体表现为生老病死，在种群表现为不同的增长、波动与崩溃过程，群落有它的形成和发展，变化是永恒的。⑥反馈原理。各级生命系统与其周边的生命系统或环境系统是密切相关、协同变化的，都存在作用与反作用，并引起自身加速或相反的变化。⑦弹性原理。其也称为中度扰动原理，与稳定性原理和耐受性原理有点接近，表示外界中度的干扰，可以刺激生态系统的应急机制。⑧滞后性原理。生态学中的许多变化过程不一定会马上表现出来，而是在一段时间的"时滞"之后才表现出来。⑨转换性原理。一些生态学的对象看似消失，但却不知不觉地进行了转换。例如，森林砍伐消失后，其影响表现在生物多样性减少、水土流失、区域气候变化等。⑩尺度原理。同一类的生态系统可能有非常悬殊的大小差别，因此应该用尺度原理去观察和理解生态系统的结构层次。

生态学的研究内容：生态学（ecology）是研究生物与周围环境相互关系的学科。构成生物生存环境条件总体的各种生态环境因素，按其性质可以分为两大类：一类是非生物因素，即气候因素，或称为无机因素，主要有温度、湿度、水、光、风等；另一类是生物因素，即有机因素，主要包括生物的食物和天敌。土壤因素则是既包括非生物因素（如土壤温度、湿度、理化性质等）又包括生物因素（如土壤微生物、动物、植物）的综合因素。人为因素则主要是指人类在生产实践活动中对生物产生的影响。生态学的主要任务是研究生物对不同生态环境的适应性及变异现象，分析生物种内、种间关系及其对环境条件反应的行为机制，研究生物种群在不同地域、环境、时间、空间内的数量动态规律，生物在所处群落和生态系统中的地位、作用，以及改变自然环境后生物生存和数量变动状况等，为环境保护、生物资源的保护利用、动植物区系、有害生物综合治理、预测预报等提供理论依据。现代生态学的研究更涉及生态系统的退化与恢复、景观生态规划、区域生态系统管理、全球变化与适应、可持续发展与生态文明建设等。

3. 生态学的学科分支

生态学的研究范围异常广泛，从分子到生物圈都是生态学的研究对象，即生物大分子-基因-细胞-个体-种群-群落-生态系统-景观-生物圈，这些研究对象又异常复杂，使生态学发展成为一个庞大的学科体系。

根据研究对象的组织水平可将生态学划分为分子生态学（molecular ecology）、个体生态学（autecology）或生理生态学（physiological ecology）、种群生态学（population ecology）、群落生态学（community ecology）、生态系统生态学（ecosystem ecology）、景观生态学（landscape ecology）、区域生态学（regional ecology 或 macroecology）和全球生态学（global ecology）等。

根据研究对象可将生态学划分为植物生态学（plant ecology）、动物生态学（animal ecology）、微生物生态学（microbiology ecology）、哺乳动物生态学（mammal ecology）、昆虫生态学（insect ecology）等。

根据研究对象的生境类别可将生态学划分为陆地生态学（terrestrial ecology）、海洋生态学（marine ecology）、淡水生态学（freshwater ecology）、岛屿生态学（island ecology 或 island biogeography）等。

根据研究性质可将生态学划分为农业生态学（agriculture ecology）、森林生态学

(forest ecology)、草地生态学（grassland ecology）、家畜生态学（livestock ecology）、城市生态学（urban ecology）、保育生态学（conservation ecology）、恢复生态学（restoration ecology）、工程生态学（engineering ecology）、人类生态学（human ecology）、生态伦理学（ecological ethics）。

按对象的层次可将生态学分为：个体生态学（autecology），是指以个体为对象，研究某种物种对环境条件的适应性和可塑性，以及环境因素对其形态、生长发育、繁殖、存活、习性、行为等的影响。种群生态学（population ecology），是指以种群为对象，研究在一定环境和时间、空间条件下，种群数量变动及其变动的原因。群落生态学（community ecology），是指以群落为对象，研究在一定区域和时间、空间内，所处群落的结构、功能、演替及其原因等。生态系统生态学（ecosystem ecology），是指以生态系统作为对象，研究物种在该生态系统中的地位和作用。景观生态学（landscape ecology），是生态学和地理学的交叉学科，关注的重点包括土地利用规划、资源开发管理、生物多样性保护，理论上强调景观的多功能性、景观与文化的协调、景观格局与生态过程。区域生态学援引了地理学中"区域"和生态学中"生态"的基本概念，并参照了生态学、地理学和经济学等的相关理论与方法，它的核心思想是树立区域、大区域、大流域的观念，不仅统筹考虑区域生态单元在结构、过程和功能的匹配性，而且综合考虑区域间的相互影响、相互联系和相互依存。全球生态学（global ecology），是指研究地球有机体的生态过程、化学过程和物理过程对生态系统的影响及其响应的科学，也称为全球变化生态学。

由于生态学与其他学科间相互渗透，引用其他基础学科和应用学科的理论、方法研究生态学，因而形成了许多分支学科，一般有实验生态学（experimental ecology）、物理生态学（physical ecology）、化学生态学（chemical ecology）、数学生态学（mathematical ecology）、地理生态学（geographic ecology）、遗传生态学（genetic ecology）、古生态学（paleoecology）、比较生态学（comparative ecology）、行为生态学（behavior ecology）、经济生态学（economical ecology）等。

二、生态学的发展历史

生态学是从自然史和博物学的研究中独立出来的学科，其作为专门的学科是从17世纪和18世纪的自然史或博物学研究算起的。而现代生态学却是在19世纪末和20世纪初开始确立的，直到20世纪五六十年代才得到了更大的发展。

生态学的萌芽时期（公元前5000年至19世纪中期）：在人类文明的早期，为了生存，人类不得不对其赖以饱腹的动物、植物的生活习性及周围世界的各种自然现象进行观察。因此，从远古时代起，人们实际上就已在从事生态学工作。在一些中外古籍中，如公元前2000年古希腊和中国的哲学论述及古歌谣中就有不少有关生态学知识的记载。

生态学建立时期（从19世纪中期至20世纪40年代）：17~18世纪，随着人类社会经济的发展，生态学作为一门学科开始采用。例如，著名化学家Boyle在1670年发表的低气压对动物效应的试验，标志着动物生理生态学的开端。1735年法国科学家Reaumur发现，就一个物种而言，其发育期间的气温总和在任一物候期都是一个常数，被认为是研究积温与生物发育生理关系的先驱。1855年Candolle将积温引入植物生态学，为现代积温理论打下了基础。19世纪中叶，随着博物学、进化论、控制论等领域生态学知识和方法的出现，生态学作为一门研究生物与环境相互关系的学科开始走向科学舞台。生态学这一术语是 Haeckel 在 1866 年首次提出的，之前，Darwin、Humboldt 等一大批先驱者也对此做出过巨大贡献。生态学发展初期，主要是以研究人类之外的动植物个体、种群和群落与其周围环境的相互关系为目标。20 世纪初期，生态学发展成为 4 个彼此独立的分支，即植物生态学、动物生态学、海洋生态学和湖沼生态学，随后进一步划分为森林生态学、草地生态学、湿地生态学、海洋生态学、昆虫生态学、微生物生态学等分支。这一时期，生态学在个体和群体领域积累了许多基础性资料，并为农学、林学、畜牧业和渔业等的开发与保护提供了应用基础。生态学建立时期的代表作有：1792 年，德国植物学家 Willdenow 在《草学基础》一书中详细讨论了气候、水分与高山深谷对植物分布的影响；1807 年，他的学生 Humboldt 于用法文出版的《植物地理学知识》一书，提出了"植物群落"、"外貌"等概念，并指出"等温线"对植物分布的意义；1788 年，Malthus《人口论》的发表，促进了达尔文"生存斗争"及"物种形成"理论的形成，并促进了"人口统计学"及"种群生态学"的发展。

生态学发展时期（20 世纪 40~50 年代）：20 世纪初，动物生态学和植物生态学并行发展，出版了不少生态学著作与教科书。在动物生理生态学、动物行为学和动物群落学等方面，相关研究取得了较大进展，在此期间出版的相关著作有 Jennings（1906）的《无脊椎动物的行为》一书、Shelford（1913）的《温带美洲的动物群落》一书等。在植物生态学方面，继 Warming-Schimper 之后，在生理生态与群落生态方面出版了大量著作。20~50 年代，动物生态学开始了种群研究，并将统计学引入生态学。例如，英国生态学家 Lotka（1925）提出了种群增长的数学模型。出版的动物生态学专著有 Chapman（1931）的《动物生态学》、Elton（1927）的《动物生态学》、Shelford（1929）的《实验室及野外生态学》、中国费鸿年（1937）的《动物生态学纲要》、苏联 KaiiikaoB（1945）的《动物生态学基础》等。1949 年，Allee 等合著出版的《动物生态学原理》被认为是动物生态学进入成熟期的重要标志之一。植物生态学也得到了重要发展，出版的专著有瑞典 Du Rietz（1921）的《近代植物社会学方法论基础》、法国 Braun-Blanquet（1928）的《植物社会学》、英国 Tansley（1923）的《实用植物生态学》、美国 Clements（1916）的《植物的演替》及 Clements 与 Weaver（1929）合著的《植物生态学》、苏联 Cykaye（1908，1995）的《植物群落学》与《生物地理群落学与植物群落学》等。Tansley（1935）提出的生态系统（ecosystem）概念和 Sukachev（1945，1960）提出的生物地理群落（biogeocenose）概念，为生态学的研究提供了不同层次的平台。Linderman（1942）在营养动力学研究方面，以实验为基础，通过对不同营养级的能量分析，提出了著名的"十分之一定律"，为生态学研究提供了定量化的技术途径与手段。Odum（1983）在《基础生态学》一书中采用生态学是一门独立于生物学甚至自然科学之外的，联结生命、环境和人类社会的有关可持续发展的系统科学。Odum 兄弟的《系统生态学》一书与马世骏等（1984）的社会-经济-自然复合生态系统理论将生态学带回整体论框架，成为回归人与自然整合发展的先声。

现代生态学时期：20 世纪 60 年代以后，世界上人口、资源与环境的不协调发展导致全球性环境问题日益突出。水土流失、荒漠化扩展、生态系统退化、生物多样性丧失、环境污染、气候变暖、臭氧层消失、自然灾害频繁多发及城市化带来的负面效应都在不断地加剧。生态学所固有的非线性思维模式、系统观点、整体性理论及其多学科交叉的传统为探索解决这些危机性问题提供了理论基础与科学框架。60 年代由国际科联（ICSU）发起的国际生物学计划（IBP）和70年代联合国教科文组织（UNESCO）开展的人与生物圈计划（MAB），将生态学研究推向了一个崭新的阶段。将人作为生态系统和生物圈的一个具有重要影响的组成部分，是生态学发展历程中一次观念上的重大革新，是生态学研究投身于解决社会发展问题的重大进步。

现代生态学时期的特点：在研究层次上，向宏观与微观两极发展；在宏观方向上，扩展到生态系统、景观与全球研究。在生态系统水平上，对各生物类群的生产力、能量流动与物质循环研究取得了丰硕成果；从区域扩展到整个生物圈，对全球变化、生物多样性、臭氧层空洞等研究也有了较大进展。微观方向上出现了分子生态学等分支学科。生态学的研究层次已囊括了分子、基因、个体直到整个生物圈与全球。

生态学的研究方法已逐渐由定性描述到定量、由静态到动态、由局部到整体、由考察到实验发展，不仅动物种群数量的研究开始定量计数，植物群落的调查也已定量化。研究所用的仪器设备不断更新，广泛使用野外自计电子仪器（测定光合、呼吸、蒸腾、水分状况、叶面积、生物量及微环境等）、同位素示踪（测定物质转移与物质循环等）、稳定同位素（用于生物进化、物质循环、全球变化等）、遥感与地理信息系统（用于时空现象的定量、定位与监测）、生态建模（从生态生理过程、斑块、种群、生态系统、景观到全球）等。

在学科渗透与交叉方面，热力学和经济学的概念渗入了生态学，信息论、控制论和系统论也为生态学带来了自动调节原理及系统分析方法，为揭示生态系统中的物质、能量和信息之间的关系提供了可能。

在生态学发展过程中出现了不同的学派。

（1）北欧学派（Uppsala 学派）：由瑞典 Uppsala 大学的 Sernauder 创建，继承人为 Du Rietz，以注重群落分析为特点。

（2）法瑞学派：有两个中心，一个在瑞士 Zurich（苏黎世）大学，另一个在法国 Montpellier（蒙伯利埃）大学，所以又称为苏黎世-蒙伯利埃学派，它们联合创建了"国家高山和地中海植物研究站"和"Яцье地植物研究所"，把植物群落生态学称为"植物社会学"，并用特征种和区别种划分群落类型，建立了严密的植被等级分类系统，常被称为植物区系学派。代表人物为 Braun-Blanquet。1935 年后，北欧学派与法瑞学派合并，称为西欧学派或大陆学派。

（3）英美学派：代表人物有美国的 Clements 与英国的 Tansley，以研究植物群落的演替和创建顶极学说而著名，有人称之为动态学派。

（4）苏联学派：以 Сукачёв 为代表，注重建群种与优势种，建立了一个植被等级分类系统，并重视植被生态、植被地理与植被制图工作。他们的工作以植物群落和植被为主，统称为"地植物学"。

这一时期，英国、美国等国还相继成立了生态学会，英国生态学会于 1913 年创建，美国生态学会于 1916 年创建。创办的一些生态学刊物有 *Journal of Ecology*、*Ecology*、*Ecological Monographs* 及 *Journal of Animal Ecology* 等。

三、中国生态学的特点

中国生态学与国际生态学在理论和方法上有着密切的联系和共同的基础，但在生态学发展历程、研究重点和具体内容有自己的特点。

初始阶段的特点：鸦片战争（1840～1842 年）以后，西方国家通过各种渠道来中国采集动物、植物标本，调查植物资源，对中国的植被也进行过零星记载。20 世纪初期，中国少数生物学和地理学家对局部地区的一些有关植被、区系和生境开展调查，对中国生态学的建立和发展做了大量基础性的工作，这些工作可以从老一代科学家在新中国成立前后所著的植物生态、动物生态、海洋生态、森林生态及草原生态等方面的研究论著中得到证明。

本底调查阶段的特点：中国生态学从一开始就与国家建设任务和大规模的科学考察密切结合。20 世纪 50 年代初的平原农田防护林建设，中国生态学开展了油松、杉木、桉树、杨树、核桃等的生态学研究，开展了对东北和西南天然林区的森林资源分类、分布、主要建群种的生态学特性及采伐更新技术的研究。大规模的野外综合科学考察工作包括热带橡胶林地及农垦的调查，西藏、黄河中上游、黑龙江、新疆、青海、甘肃、内蒙古、西南及南方亚热带山地的综合科学考察，以及海洋综合调查等。上述考察和研究对认识我国自然资源特征，制订农、林、牧、渔各业的发展规划起到了重要作用。

实验研究阶段的特点：20 世纪 50 年代后期，中国的生态学开始进入实验研究阶段。中山大学生物系在蒲蛰龙教授主持和苏联专家的帮助下于 1959 年建立了控制温度、光照、湿度的昆虫生态实验室，使中国进入了实验昆虫生态学的阶段。1984 年，中山大学利用世界银行贷款进口了一批人工气候箱，实现了温度、光照、湿度全自动控制的动物（昆虫）、植物的实验生态研究。生态学家对全国各地的森林、草原、沼泽等生态系统中主要建群种的生态和生理特性进行了大量研究，对植被类型划分与更新演替进行了广泛研究，包括在东北地区对红松和落叶松生态学特性、群落组成与结构、类型划分及采伐更新的研究，西南地区植物群落的调查研究，西双版纳热带森林生物地理群落和人工群落、华南地区杉木和油松人工林的栽培与抚育、橡胶宜林地的调查和热带作物引种栽培生态学的研究，以及华北地区荒山造林和农田防护林及西北地区沙漠化防治的研究等。在农业昆虫生态方面，对昆虫和兽类的生理生态学研究和对东亚飞蝗、黏虫、棉铃虫、稻飞虱、鼠害等的研究取得了重要成果。70 年代后期开始的动物生物能量学研究，昆虫性激素研究，大熊猫和灵长类动物的行为生态学研究，以及经济鱼类、虾类、农业昆虫、有害动物的种群生态学研究等也取得重要成果。在此时期，出版了《中国植被》、《1∶100 万中国植被图集》、《生态学基础》、《生态学引论》、《昆虫数学生态学》、《昆虫种群生态学》等大量著作，中国生态学会出版发行了《生态学报》和《应用生态学报》。

现代生态学阶段的特点：20 世纪 70 年代以来，中国的生态学快速发展，在景观生态学、区域生态学、全球变化、可持续发展等方面进行了大量研究，建立了中国生态系统研究网络（CERN），它拥有 43 个生态站，以及水分、土壤、大气、生物、水体 5 个分中心和一个综合研究中心，涵盖了森林、草原、荒漠、农田、湖泊、湿地、城市和海湾等各种类型的生态系统，并对这些生态系统的结构、功能及生态过程开展定位观测。1985 年，中山大学在广东省封开县黑石顶自然保护区建立了热带亚热带森林生态系统实验中心，中国科学院广州分院于 80 年代初分别在广东省的鼎湖山和鹤山县建立了森林生态系统和农田生态系统野外观测站。2006 年以 CERN 为基础的国家生态系统观测研究网络（CNERN）正式成立，形成了由一个综合研究中心和 51 个野外生态站构成的网络平台。

在碳循环研究方面，利用包括遥感技术的先进技术手段对中国各种生态系统碳储量和碳收支进行了大量的测算与评估工作，对中国的森林、草地、湿地、农田、湖泊和近海生态系统碳循环的过程机制、时空格局及其碳循环模型系统开展了规范的研究。以 ChinaFLUX 为标志的陆地生态系统碳循环野外观测、数据资源和模型分析综合平台不断完善，自主开发了中国森林碳收支模型（FORCCHN）、中国农田碳收支模型（Agro-C）、中国草地生态系统碳循环模型（DCTEM）及陆地生态系统碳循环动力学模型（AVIM2），开发了森林、农田和草地生态系统碳收支评估分析的卫星遥感模型系统。

在生态系统对全球变化的响应研究方面，构建了陆地生态系统响应和适应性观测及实验研究平台，开展了增温、降水、CO_2 浓度升高及氮沉降增加对生态系统影响的野外控制实验研究。21 世纪初提出了中国草地样带（China grassland transect，CGT）的概念，在中国草地样带上组织开展了大量定位观测和实验工作。重点进行生态系统对温度、降水、土地利用变化、CO_2 浓度和氮沉降等响应的研究，开展个体-种群-群落-生态系统尺度的综合研究，揭示单一因素和多因素对生态系统结构与功能的影响及其交互作用，揭示生态系统结构和功能对全球变化的响应及适应机制。

在可持续发展研究方面，中国参与了联合国环境与发展委员会（WCED）和世界自然保护联盟（ICUN）等的工作，参加了《我们共同的未来》等一系列重要文献的起草。中国生态学工作者对可持续发展评价指标体系与评价方法进行了系统研究，参与制定了"国家 21 世纪议程"框架设计和"部门与区域 21 世纪议程实施方案"的制订，提出社会-经济-环境协调发展的生态学理论和方法，指出人类社会是一类以人的行为为主导、自然环境为依托、资源流动为命脉、社会体制为经络的社会－经济－自然复合生态系统，只有弄清复合生态系统内物质、能量、信息、人口、资金的耦合关系和变动规律，才有可能阐明生态环境问题的形成机制，推进城市与区域的可持续发展。

生态文明的核心理念是自觉地尊重自然规律、自觉地珍爱自然、积极地保护生态。其基本宗旨是以自然资源、生态和环境为基础，以遵守自然规律、经济规律和社会发展规律，实现人与自然、人与社会、人与人的和谐相处，实现经济系统与自然生态环境系统的良性循环、维持人类社会的全面发展和持续繁荣。生态文明建设的四项基本任务是优化国土空间开发格局、全面促进资源节约、加大自然生态系统和环境保护力度、加强生态文明制度建设。

四、展望

展望未来，当代生态学的一个突出特点就是把人类社会与自然环境的关系包括在其研究范畴之内，用社会-经济-自然复合生态系统的观点，研究社会面临的问题，越来越注重与群众相结合，与社会发展和生产实际的需要相结合，为政府的决策和行动提供服务。

现代生态学的研究范围在空间上由典型生态系统向全球尺度扩展，在时间尺度上由短期调查研究向地质历史回溯和长期未来预测扩展。研究设施和手段的现代化，除了用一些能准确地获取信息的手段，如遥感、地理信息系统、全球定位系统（"3S"系统）的应用，精密观测仪器的使用外，还强调应用模拟和模型方法来研究大尺度、多因素的大系统。生态学从相对孤立的局部地区研究逐步向区域化和全球化发展并形成网络进行的综合研究，研究内容也从结构、功能到过程和预测发展，生态系统服务功能已成为一个科学术语并成为生态学与生态经济学研究的热点。在学科发展方面，生态学将不断分化与融合，其与数学、化学、物理等基础学科的交叉将进一步促进数学生态、化学生态及物理生态的发展；其与生产部门的结合将进一步深化农业生态、林业生态、草原生态、海洋生态、湖沼生态及湿地生态。生态学在解决当代生态环境问题的过程中环境生态学、污染生态学、生态毒理学等将得到进一步发展，在向工农业领域渗透的过程中工业生态或产业生态学（industry ecology）、生态技术、生态工程（ecological engineering）等将得到发展，在与社会科学交叉的过程中人类生态学、生态伦理学、生态经济学、城市生态学等将得到发展。

由于人口增长、环境污染和资源枯竭三大社会问题日益突出，人们开始通过研究生态学寻求解决问题的途径，使人类生态学、污染生态学和资源生态学等新的分支学科应运而生，并将得到迅速发展。现代生态学已从以生物为研究中心发展到以人为研究中心，在改造世界和造福人类方面发挥着越来越重要的作用。生态学与社会科学的交叉是现代生态学的最新发展趋势。

复 习 题

一、问答题

1. 简述生态学研究的基本原理和研究内容。
2. 按照研究对象的组织层次划分，生态学应包括哪几个分支学科？概括各分支学科的主要研究内容。

二、名词解释

1. 生态学（ecology）
2. 生物圈（biosphere）

第一章 个体生态学

个体生态学（autecology）是指以生物的个体及其栖息环境作为研究对象，研究有关环境因子对生物个体的影响，以及生物个体在形态、生理、生化和行为方面的生态适应机制，阐明生物个体与其生存环境之间的相互关系和作用规律。由于个体生态学涉及生物个体的生活方式及生物物种的生存和进化，所以个体生态学是研究生物个体发育、系统发育及其与环境关系的生态学分支。

第一节 环境与生态因子

一、环境的概念

环境（environment）是指生物有机体赖以生存的所有因素和条件的综合，是指某一特定生物群体外的空间、直接或间接影响该生物群体生存的一切事物的总和。在生物科学中，环境是指生物的栖息地，以及直接或间接影响生物生存和发展的各种因素。在环境科学中，人类是主体，环境是指围绕着人群的空间，以及其中可以直接或间接影响人类生活和发展的各种因素的总和。

环境是由相应的因素（因子）和条件组成的。环境因素（environment factor）是指直接参加生物有机体物质和能量循环的组成部分。例如，绿色植物生存需要的光、二氧化碳、水、氧，以及氮、磷、钾、钙、镁、铁等营养元素，称为绿色植物的环境因素。环境条件（environment condition）是指为环境因素提供物质和能量基质的组成部分。例如，为绿色植物提供物质和能量的地质、地貌、水文、土壤、气候等，称为绿色植物的环境条件。

环境可分为大环境（macroenvironment）和小环境（microenvironment）。大环境是指宇宙环境、地球环境、区域环境，它影响生物的生存与分布，产生生物种类的生物群系（biome），如热带森林、温带森林、苔原等。小环境是指对生物有直接影响的邻近环境，即小范围内的特定栖息地。小环境对生物的影响更重要，它为生物提供自身所需的生活条件。

环境的类型：按环境的主体、环境性质、环境的范围等可对环境进行分类。按环境范围可将环境分为宇宙环境（space environment）、地球环境（global environment）、区域环境（regional environment）、微环境（microenvironment）和内环境（internal environment）。宇宙环境是指大气层以外的宇宙空间，它由广阔的空间和存在其中的各种天体及弥漫物质组成，对地球环境产生深刻影响。地球环境又称为全球环境或地理环境（geoenvironment），是指大气圈（atmosphere）、水圈（hydrosphere）、土壤圈（pedosphere）、岩石圈（lithosphere）、生物圈（biosphere）。地球环境与人类及生物的关系尤为密切，其中生物圈的生物把地球上各个圈层的关系密切联系在一起，并推动各种物质循环和能量转换，生物圈是指地球上有生命的部分。区域环境是指占有某一特定地域空间的自然环境。微环境是指区域环境中的小环境。内环境是指生物有机体内组织、器官或细胞间的系统和功能的总体，对生物体的生长发育具有直接的影响。

按环境性质可将环境分为非生物因素、生物因素、居住地土壤等。早期的一些学者对环境也进行过分类，如表 1-1 所示。

表 1-1 一些学者对环境因素的分类

Allee (1935)	Nicholson 和 Bailey (1935)	Smith (1935)	Мончадский (1953)	综合性
非生物因素	非反应因素	非密度制约因素	稳定因素	气候因素 光 温度
			变动因素（有周期性变动）	相对湿度 水
			变动因素（非周期性变动）	其他因素 气候以外的自然因素 水域环境 土壤环境
生物因素	反应因素	密度制约因素	基本上是变动因素	生物因素 食物 种内 种间

二、环境的地带性规律

就全球生态系统而言，环境结构的配置及其相互关系具有明显的地带性，从赤道到两极，整个地球表面具有过渡状的分带性规律。

热量带：地面环境因接受太阳辐射情况的不同而形成了以纬度分布为特点的热量带。由于地面热量差异引起的大气环流，导致地球表面水分的差异，热量和水分条件的不同，形成了各种类型的植物群落。雨量充沛的地区形成森林环境，雨量稀少的地区形成草原。

气候带：陆地和海洋对太阳辐射能量的吸收、反射、储存、转化等有很大的差异，这就引起了地带性的畸变和扭曲，赤道到两极的气候带依次为赤道带（跨两个半球）、热带、亚热带、温带、亚寒带和寒带。低纬度的典型植被为热带雨林、热带季雨林等；中纬度的典型植被为常绿（落叶）阔叶林、温带草原；高纬度的典型植被为亚寒带针叶林（泰加林）、冻原（苔原）。

土壤带：气候与植被的共同作用决定了土壤类型的带状分布，如苔原、森林、草原和荒漠土壤。土壤在局部性形成因素（母质、地形和水文地质）的作用下呈斑块状分布。非地带性土壤常称为隐域性土壤，如沼泽土、盐碱土等。由母岩分化和生物作用而形成的土壤，其中气候条件起了重要作用，在不同的水、热条件下可形成不同类型的土壤。

三、生态因子

生态因子（ecological factor）是指对生物生长、发育、生殖、行为和分布有直接影响或间接影响的环境要素。所有生态因子构成生物的生态环境（ecological environment）。通常将生态因子分为以下类型：气候因子，包括光、温度、水分、空气等因子；土壤因子，包括土壤的物理性质、土壤的化学性质、土壤肥力、土壤生物等；生物因子，分为动物因子、植物因子和微生物因子；地形因子，它是间接因子，通过它影响气候因子与土壤因子，地形因子可分为高原、山地、平原、低地、坡度和坡向等。

生态因子具有以下作用特征。

综合作用：环境中的各种生态因子不是孤立存在的，而是彼此联系、互相促进、互相制约的，任何一个单因子的变化都必将引起其他因子不同程度的变化及其反作用。多种因素一旦有机地综合为一个整体，在性质上就有了根本的变化。一个环境的性质不等于组成该环境各个要素性质之和，而是比这种"和"更复杂。环境因素的整体效应大于各环境诸因素效应之和，其原因在于环境因素间具有更复杂的结构，环境因素相互联系、相互作用赋予了许多独特的性质。这是环境诸因素的集体效应，是在个体效应基础上质的飞跃。

主导因子作用：在诸多环境因子中，有一个对生物起决定性作用的生态因子，称为主导因子（leading factor）。主导因子发生变化会引起其他因子也发生变化。例如，光合作用中，光源是主导因子，温度和CO_2为次要因子。

生态因子的直接作用和间接作用：环境中的地形因子，其起伏程度、坡向、坡度、海拔及经度和纬度等对生物的作用不是直接的，但它们能影响光照、温度、雨水等因子的分布，因而对生物产生间接作用；而这些地方的光照、温度、水分状况则对生物的类型、生长和分布起直接的作用。例如，四川二郎山的东坡湿润多雨，植物分布类型为常绿阔叶林；西坡空气干热缺水，只能分布耐旱的灌草丛。同一山体由于坡向不同，导致植被类型各异。其原因是东坡为迎风坡，从东向西运行的湿润气流沿坡而上，气温逐渐降低，水汽大量凝结并在东坡降落，故东坡湿润多雨而分布常绿阔叶林；当气流越过坡顶沿山脊向西坡下行时，随着海拔降低，干冷的空气增温，这种干热空气不能向坡面释放水分（降水），反而从坡面上吸收水分，使西坡更加干旱，因而只能分布干旱灌草丛植被类型。

阶段性作用：由于生物生长发育不同阶段对生态因子的需求不同，因此生态因子对生物的作用也具有阶段性，这是由生态环境的规律性变化所造成的。光照长短在植物的春化阶段并不起作用，但在光周期阶段则是十分重要的。鱼类的洄游，如大马哈鱼生活在海洋中，生殖季节就成群结队洄游到淡水河流中产卵；而鳗鲡则在淡水中生活，洄游到海洋中去生殖。

四、最小因子、限制因子和耐受限度

限制因素：就某种环境而言，不是所有因素对生物都是同等重要的，如果生物有机体对某种因素的忍受限度很宽，而且该因素在环境中的数量适中且较稳定，这样的因素就不会是限制性因素。如果某种环境因素在自然界变动较大，而且生物有机体对它的忍受力极小，则该因素有可能是限制因素。例如，陆地的氧气丰富而稳定，一般在环境中不会起限制作用，但在水域中氧气较少，经常剧变，因此氧气常成为水生生物重要的限制因素。

利比希（Leibig）最小因素定律：1840年，农业化学家Leibig在研究植物时发现，作物的产量往往不受其需要量最大的营养物（如CO_2和水）的限制，而是取决于那些稀少而又为植物所需要的元素（如硼、镁、铁等）。他指出"植物的生长取决于那些处于最少量状态的营养元素"，这就是Leibig最小因素定律（Leibig's law of minimum），即低于某种生物需要的最小量的任何特定因子，是决定该种生物生存和分布的根本因素。

Odum（1983）对Leibig最小因素定律作了两点重要补充。一是强调Leibig最小因素定律只在极严格的稳定条件下才能应用。例如，在一个湖泊中，CO_2是主要的限制因素，因此，湖泊的初级生产力与有机物分解产生的CO_2供应相平衡，在生产稳定状态下，氮、磷等营养元素是充足的，不成为限制因素。但是，一旦湖面发生变化，遇到暴风雨的袭击，把较多的CO_2带入了湖中，那么，生产力就会发生变化，此时也不存在最小因素限制问题，生产力的变化取决于多种元素的浓度。二是因素间的替代作用（substitution），当某一因素处于最小量状态时，其他高浓度或过量状态下的物质会有替代作用。例如，软体动物形成壳需要钙，钙有可能成为主要限制因素，但如果环境中存在大量的锶，那么软体动物就能部分地利用锶来替代钙。

限制因素定律：因子处于最小量时，可以成为生物的限制因子，但因子过量时，如过高的温度、过强的光或过多的水，同样可以成为限制因子。Blackman 在 1905 年发展了 Leibig 的最小因子定律，指出生态因子的最大状态也具有限制作用，这种生态因子的最小状态和最大状态的限制作用就是限制因子定律（law of limiting factor）。Blackman 指出，在光照、温度、营养物等因子数量改变的条件下，生理现象（同化、呼吸、生长等）通常有 3 个方面的变化：生态因子处于最低状态时，生理现象全部停止；生态因子处于最适状态时，生理现象显示最大观测值；生态因子处于最高状态时，生理现象又停止。

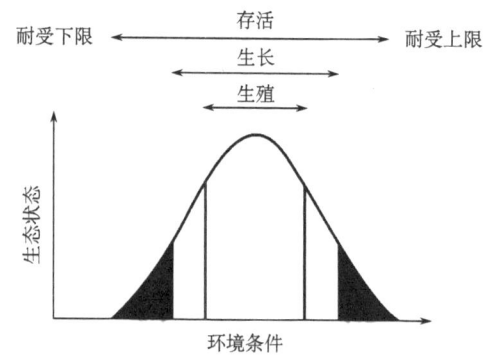

图 1-1　生物对环境条件的耐受限度图解
（仿 Mackenzie et al., 1998）

耐受性定律：美国生态学家 Shelford（1911）通过对虎甲的研究发现，该虫喜欢生活在排水性好、疏松砂性、腐殖质少、温度和湿度变动小的土壤中，这表明一种生物的生存需要依赖多种复杂的能忍受的条件，如果超过忍受极限就不能生存。通过大量的试验，他提出了耐受性限度（limit of tolerance）理论，将最大限制和最小限制作用综合为耐受性定律（law of tolerance）。图 1-1 为生物对环境因子耐受限度的图解。

Cain（1944）和 Odum（1957）等对耐受性定律做了以下发展：①每一种生物对每一种环境因子的适应范围有宽有窄，而且是有界限的，只有在一定气候、植被和土壤条件范围内，生物才能生存、繁衍，对环境因素耐受性宽的生物分布较广。②生物在整个个体发育过程中忍受的范围是不一样的，生物的繁殖期忍受性限度一般较低，植物的种子、果实生殖生长期往往是狭窄忍受性的时期。③不同物种对同一环境因素忍受的范围有差别。例如，不同作物对氮的忍受范围有明显的不同，玉米忍受范围较宽。④忍受性是生物的一种特性，受遗传、进化规律所制约，生物有机体对不同环境因素的忍受性不同。一般而言，作物对磷、钾肥的忍受性比对氮肥的忍受性宽；在湿润环境下，乔木的生态忍受性强；而在半干旱环境下，多年生牧草和灌木的忍受性比乔木强。

生态幅或生态价：生物对某种环境因素都有一个忍受范围，即有一个忍受上限和一个忍受下限，上限和下限之间的范围，称为生态幅（ecological amplitude）或生态价（ecological valence）。生物对环境的适应程度称为种的生态可塑性（图 1-2），可分为"狭生态型"和"广生态型"、广温性（eurythermal）和狭温性（stenothermal）、广湿性（euryhydric）和狭湿性（stenohydric）、广盐性（euryhaline）和狭盐性（stenohaline）、广食性（euryphagic）和狭食性（stenophagic）、广栖性（euryecious）和狭栖性（stenoecious）、广土性（euryedaphic）和狭土性（stenoedaphic）、广光性（euryphotic）和狭光性（stenophotic）。

生物对环境生态因子的耐受范围并不是固定不变的，通过自然驯化或人为驯化可改变生物的耐受范围，使适宜生存范围的上下限发生移动，形成一个新的最适度，去适应环境的变化（图1-3）。这种耐受性的变化直接与生物化学、生理、形态及行为等的特征相关。

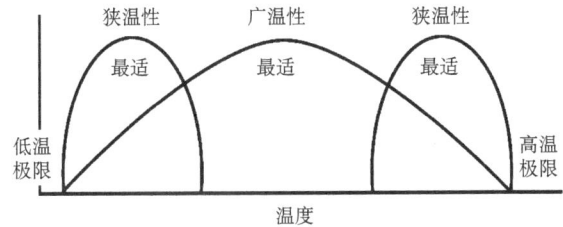 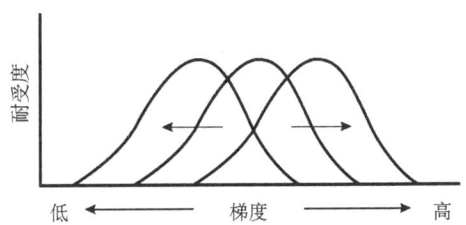

图1-2 物种生态可塑性图解（引自孙儒泳，1992）　　图1-3 耐受极限随环境温度的改变而变化（引自孙儒泳，1992）

五、生物对生态因子的适应

适应（adaption）主要是指生物对其环境压力的调整过程，有基因型适应和表现型适应两种类型。基因型适应的调整是可遗传的，发生在进化过程中。表现型适应包括可逆的和不可逆的两种。通过学习以适应环境属于不可逆的，通过生理应答或行为应答以适应环境属于可逆的。桦尺蠖（*Biston betularia*）的工业黑化是昆虫对环境适应的例子，它的工业黑化是基因适应的实例。开始时，桦尺蠖是浅色的，能够隐蔽在有地衣覆盖的浅色树干中，但随着当地的工业化，树干被工厂排出的烟雾熏成黑色，该地区桦尺蠖种群中的黑色变异个体逐渐变为优势，因为黑色个体在黑色树干环境能够得到更好的隐蔽，逃避捕食而得到生存。经过如此的一个进化过程，这种昆虫适应了其栖息地的改变。

生态适应：生物有机体或它的各部分，在环境的长期相互作用中形成一些具有生存意义的特征，依靠这些特征，生物能免受各种环境因素的不利影响和伤害，同时还能有效地从其生境中获取所需的物质、能量以确保个体发育的正常进行，自然界的这种现象称为生态适应（ecological adaption）。

生物面对的环境具有高度的异质性，包括生境、资源和信息的异质性，生物对异质环境的适应是其生存和演化的重要动力。异质的环境使生物面临各种选择压力，如食物、气候变化和天敌等。生物能否正常地生存和繁衍下去，取决于它对这些选择压力的适应。

生物对环境条件的适应分为两类：趋同适应和趋异适应。不同种类的生物，生存在相同或相似的环境条件下，常形成相同或相似的适应方式和途径，称为趋同适应（convergent adaption），趋同适应的结果使不同种的生物在形态、内部生理和发育上表现出相似性。趋异适应（radiation adaption）是指一群亲缘关系相近的生物有机体，由于分布地区的间隔，长期生活在不同环境条件下，因而形成了不同的适应方式和途径，这种适应性常在变化的环境中不断得到发展和完善，从而构成生物分化的基础。

行为模式的多样化是生物（昆虫）个体适应环境的主要方式，如对各种信号刺激的反应。行为适应在不同的昆虫中具有不同的机制,已经成为行为生态学和行为遗传学研究的主要内容;生物(昆虫)个体还在生理生态方面对各种生态因子形成了独特的反应机制。

生活史演化是生物生态适应的一种重要方式,昆虫主要以 r 选择和 k 选择两种策略适应外界环境,它们以其生活史的演化和多样性作为对各种选择压力的反应,如迁飞、滞育等便是昆虫生活史策略的重要适应机制。

生态适应的意义:适应性对生物有机体都是有利的,但这种适应性是相对的。从生物进化的漫长历程来看,如果环境条件发生变化,原有的适应性也可能带来有害的后果。例如,丝兰,只能依靠丝兰蛾的雌蛾进行授粉,如果环境发生变化,丝兰蛾不存在了,那么丝兰也就因无法授粉而不能继续生存了。从这个例子可以看出,生态适应沿着一个方向不断发展,也可能会给自身生存带来危机。

六、极端环境和环境胁迫

极端环境:这是由美国国家航空航天局(National Aeronautics and Space Administration, NASA)空间探测计划引出的一个新概念。所谓极端环境,包括如下范围:进入大气时热流超过 $1kW/cm^2$,速率超过 $20km/s$,低温低于 $-55℃$,高温超过 $+125℃$,压力超过 $2×10^6 Pa$,辐射总剂量超过 $300krad$,加速度超过 $100g$;粉尘环境,酸化学腐蚀环境。应对极端环境的技术研究内容包括:通过飞行探测、地面观测、地面模拟试验、理论分析和数值仿真等研究极端环境及其环境效应;通过环境隔离技术、暴露材料及组件的环境耐受性设计技术、环境隔离与环境耐受性组合技术进行航天器的环境防护。

中国南海区域分布有很多热带海岛,多数自然条件恶劣。岛上成土母质多为珊瑚礁与贝壳形成的碎屑砂,土质为壤质砂土;岛上淡水资源贫乏,地下水(俗称岛水)水色发黄,含盐分较高,且碱性强;海岛光照强烈且日照时间长,终年高温、高湿,雨水丰富但干、湿季分明;暴雨、大风台风、干旱等灾害性天气发生频繁。在这种高温、高湿、高日照、高盐分、多台风、多暴雨、缺淡水、缺土壤的恶劣环境条件下,蔬菜生产非常困难。科研人员研究并建立了适合中国热带海岛地区高温、高湿、强光照、多台风、缺浅水、缺土壤等极端条件下的蔬菜椰糠基质栽培系统,包括以抗强台风、防日晒、防暴雨、防腐蚀的四防温室为主的环境调控系统、以椰糠为主要栽培基质的栽植系统和肥水供给系统,有效解决了边防海岛蔬菜生产困难的问题,海岛蔬菜生产能力得到很大提升。

对微生物而言,不同生态环境(特别是严苛或极端环境)中生存的放线菌,在进化过程中很可能变异形成新的代谢控制基因(微生物易变异的特性),形成与普通土壤微生物不同的代谢途径,生成新化合物的可能性比较大。而那些生存于极端环境中的放线菌将是可以广泛利用的天然产物源泉。因此,从菌株的平板及斜面培养情况、发酵培养情况、薄层层析技术(TLC)显色等多角度去探讨极端环境嗜盐菌的培养条件,将有机会找到人类所希望的放线菌。

环境胁迫:生物学意义上的胁迫是指环境对生物的一种逼迫和压力状态。胁迫因子是指超出正常变动范围的生态因子。这些胁迫因子影响了生物的生长发育、生存及生理功能。环境胁迫因子大体分为 4 类:气候因子(极端的温度、干旱、洪涝、强光和辐射等)、基质因子(极端 pH、矿物质或微量元素的严重缺乏等)、非自然的污染因子(有害气体、有毒重金属、农药等)、生物因子(病原物、防御性的化学物质等)。温度胁迫是指生物对正常生存温度之外的温度反应,包括低温胁迫、高温胁迫和高低温交叉胁迫。对很多昆虫来说,快速冷驯化可以使它们免于遭受低于冷却点的低温伤害;高温驯化使昆虫能耐受更高温度的胁迫,并获得增强的耐热性。对果蝇热胁迫后冷锻炼对其存活影响的研究结果表明,果蝇的温度胁迫中存在交叉保护效应,冷锻炼能增加果蝇的抗热性,温和的热锻炼能提高其抗寒性。对于相同的物种,研究者发现经冷锻炼后能提高高温胁迫条件下生物的存活率。人们对变温动物在温度胁迫下的生存和适应策略进行了大量研究,发现暴露在极端温度下的昆虫会产生不同反应,或通过行为上的逃跑来躲避,或通过形态学、生活史及生理特征的改变来适应。当前研究较多的胁迫因子主要是昆虫的抗药性、对极端温度的适应性及对植物防御的适应性等。

第二节 气候及其生态作用

一、气候的概念

气候是形成自然地理的第一要素,它不仅直接影响生物本身,而且对其他环境因素有很大的影响。

天气、气候与气象:天气是指一个地方较短时间内温度、湿度、风云、雨雷、气压等大气状态和现象的综合。气候则是指某个地方多年天气特征的概括,用多年的平均数据来表示,气候既包括经常出现的正常天气特征,又包括有些年份出现的极端天气特征。气象是指地球大气层内,尤其是近地层大气中时常发生的风、云、雨、雪、雾、雷电等物理现象和过程,统称为大气现象,简称为气象。天气与气候的区别在于天气代表一个较短的时间,而气候代表一个较长的时间;天气是气候的基础,气候是天气的概括。两者是既有区别、又有联系的两个概念。

气候的季节性:低纬度地区的气候季节性变化很不明显,热带雨林的大气压力、风及降水量的变化很小,这类地区的植物终年生长并结实,动物生长、繁殖的季节性也不明显。高纬度地带,在不同的季节,光、热、降水等有很大变化,月平均温度的年变幅较大。植物在春天才开始发芽,夏季生长茂盛,秋天结实。冬天一到,许多草本植物便结束生长并衰亡。许多动物冬天向外地迁移或进入越冬状态,昆虫在高纬度地区表现出明显的季节性。气候因素在一年中作有规律的周期变化,形成了生物(如昆虫)在一年中的数量周期变动。

影响气候的主要因素:①纬度不同,接受的太阳辐射能不同;②大气环流、风速、风向;③下垫面的状况,如水、土壤等;④方位的关系,如高山的阳坡、阴坡;⑤海拔;⑥植被的覆盖层等。

二、生态气候

气候按照研究范围可分为大气候、地方性气候和微气候。大气候是表现在一个大空间、大尺度范围内的气候现象;地方性气候则是表现在生物栖息活动地区,如农田、森林、草原等的气候现象。由于地方性气候与生物动态关系最为密切,具有重要的动态学意义,所以有些生物学家称地方性气候为生态气候。

生态气候与生物:生态气候与生态系统相关,不同生态系统具有不同的生态气候特点,如农田、草原、森林、高山、荒漠等都各有其气候特点。生长在这些区域内的动物、植物,不但种类有异,而且在不同生态气候下的种群、体型、习性及生活规律等,也随着各种生活条件的差异而反映出多样的变异。生态气候还影响作物和昆虫的生长发育及害虫的危害程度。生态气候中的气候因素主要包括温度、湿度、雨、光照等，这些因素常常相互影响并共同作用于生物，它们既是生长发育、繁殖、活动必需的生态因子，也是生物种群发生、发展的自然控制因子。

三、气候对生物的影响

气候的时间、空间变化对生物产生巨大的影响；气候在时间上的变化主要表现在季节性的改变。低纬度地区的气候季节性并不明显，植物可终年生长并结实，动物生长、繁殖的季节性也不明显。高纬度地区，不同季节里气候条件有很明显的变化。植物在春天开始萌发、生长，夏季生长最为茂盛，秋天结实，冬天许多植物结束生长并衰亡或进入休眠状态。昆虫在高纬度地区表现出明显的季节性。例如，华北地区的棉蚜早春在寄主（木槿、花椒、石榴等树）上由卵孵化为幼蚜，4月月底有翅蚜迁入棉田，危害棉苗；当棉株上蚜量过大、营养条件恶化时，于5~6月又产生大量有翅蚜，出现第二次迁飞高峰，直到8月上旬才逐渐下降；9~10月，棉株衰老，有翅蚜又迁飞到越冬寄主上危害寄主并繁殖。

气候与鸟类繁殖：60°~70°N地区，大多数鸟类在6月繁殖；30°~60°N地区，鸟类在5月繁殖；30°N以南地区，鸟类在一年四季中均可繁殖，绝大多数鸟类在春季、夏季繁殖，紫翅椋鸟、鸫鸟及鹩鸽等首先开始繁殖；在中纬度地区，4月上旬至中旬出现的有莺，4月月底出现的有小鹩和白腹鹩，5月月初出现的有家燕和斑鸫，苇莺和楼燕来得较迟。所有这些鸟的幼雏的出现，都是在它们发育的有利时期发生的。

气候在空间上的变化主要按3个方向改变：纬度、经度与高度。生物基本沿着这3个方向交替分布，植被按气候带变化而形成的分布有明显的地带性规律。东西方向植被与气候：中国从东到西的气候有明显变化，反映了从湿润到干旱的过渡，依次分布着三大植被区域，即湿润森林区域、半干旱草原区域和干旱荒漠区域，植被分布表现出明显的经度地带性。

南北方向植被与气候：中国在东半部由南端的南沙群岛到最北的黑龙江，跨越50多度纬度，从南到北依次分布着热带雨林区、亚热带常绿阔叶林区、温带落叶阔叶林区、寒温带针叶林区，植被表现出明显的纬度地带性。

垂直方向植被与气候：从平地到高山山顶，通常海拔每升高100m，气温下降0.5~1.0℃，湿度也随海拔升高而增大；高山上部较为寒冷、多风、湿润、温差大、光照强，顶部甚至终年被冰雪覆盖。与气候变化相适应，植物也有垂直带状分布。森林群落的乔木分布上限称为树线，树线以上是植物分布的最上限，往往与雪线的高度相一致。雪线是长年被冰雪覆盖的界线，称为气候雪线。

气候的综合效应：气候的综合效应是指温度、雨量、光照、气压、雪等因素的联合作用。各个因素的作用并不是孤立的，同样的雨量，在不同的温度条件下具有不同的意义。

四、物候及其应用

物候与物候学：生物长期适应于一年中温度的寒暑节律性变化，形成与此相适应的生物发育节律称为物候。物候是指生物因素和非生物因素受气候的影响，在一年中随季节变化而变化的现象。例如，植物的萌芽、长叶、开花、落叶；候鸟的来临和迁出；青蛙的鸣叫、昆虫的冬眠等都是物候现象（图1-4）。物候学主要是研究自然界中植物（包括农作物）、动物和环境条件（气候、水文、土壤条件）在周期变化时相互关系的科学，是介于生物学、生态学和气象学之间的边缘学科。它的研究对象包括各种植物的发芽、展叶、开花、叶变色、落叶等；候鸟、昆虫及其他动物的迁移、始鸣、终鸣、始见、绝见等；也包括一些周期性发生的自然现象，如初雪、终雪、初霜、终霜、融冰，以及河湖的封冻、融化、流凌等。物候现象不仅能反映自然季节的变化，而且能表现生态系统对全球环境变化的响应和适应。

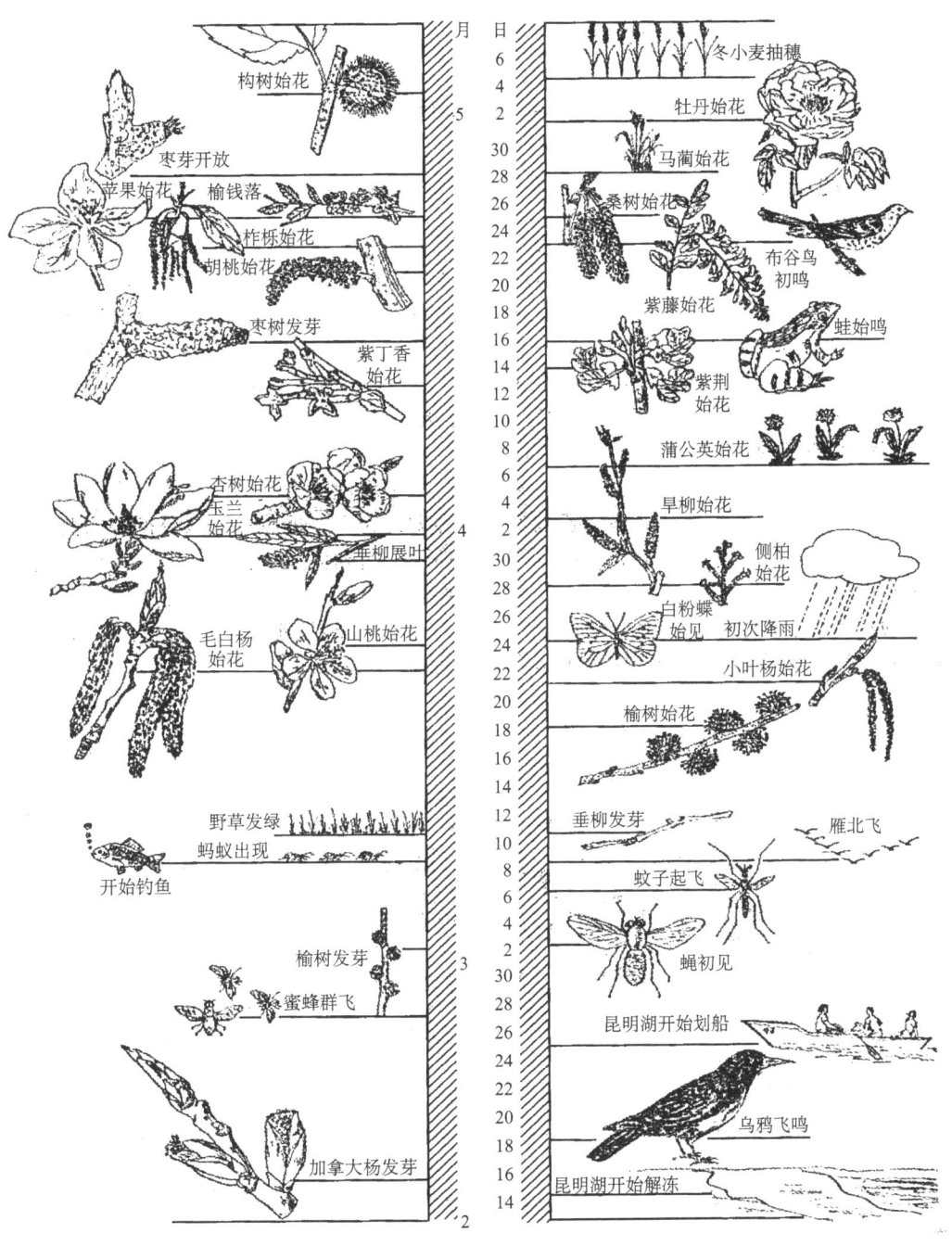

图 1-4　1965年北京颐和园的春季物候图（引自竺可桢和宛敏渭，1978）

等候线：物候期因地而异，通常受经度、纬度、海拔和年际气温变化的影响。受南北气温差异的影响形成物候线，即同一日有同一物候期的地点连成一条等候线。Hopkins 将北美洲同日、同物候地点连成一条线，绘成等候线图，由此预告播种期、收获期、害虫防治期和寄主作物各生长阶段的符合度，以提早或推迟播种期防止害虫危害。例如，依据这种物候关系，调整了北美洲小麦的播种期，避免了小麦瘿蚊的危害。

生物气候定律：20 世纪初，美国学者 Hopkins 发现植物的阶段发育受当地气候的影响，因此提出了物候定律，又称为 Hopkins 生物气候定律（Hopkins' bioclimatic law）。在其他因素相同的条件下，在北美洲温带内，纬度每向北移动 1°，经度向东移动 5°，或上升 400ft（约 100m），植物的阶段发育在春季和初夏将延后 4 天；在秋季则相反，向北移动 1°，向东移动 5°，或上升 400ft（约 100m），植物的阶段发育都要提早 4 天。

物候学在实践中具有重要的意义，它在划分季节、预测农事、绘制等候线图、确定相同生态条件的界限、监测环境污染等方面具有广泛的应用。许多植物对工农业排放的有毒物质十分敏感，微量情况下就发生反应，通过对树木，如松树、加拿大杨、合欢和夹竹桃等的物候观测，可作为大气污染监测的补充。

五、物候与全球变化

在全球变化日益受到重视的今天，物候学更注重气候变化对物候季节性现象和规律影响的研究，物候变化直接影响生物生产，对生态系统生产力和碳循环研究具有关键性作用。

物候对 CO_2 浓度升高的响应：CO_2 浓度升高，将延长其物候过程，而对于木本植物，这种影响并不规律。在 CO_2 浓度升高的情况下，芽的展开推迟或提前，秋天芽的休眠可能推迟或提前。芽的展开和休眠时间决定北方树种对霜冻及冬季的忍耐力。在 CO_2 浓度升高环境下生长的树种受霜冻伤害的概率增加，随着 CO_2 浓度升高，春季欧洲赤松芽的开放提前，而哥伦比亚云杉芽的出现推后，大齿白杨叶的枯萎期推后。

物候对温度升高的响应：温度升高，可促进酶的活性，加快植物物候进程；温度降低，可抑制酶的活性，延缓植物物候进程。气候变暖，植物的绿叶期、花期和生长季都有显著的变化。甘肃黄土高原温度升高，苹果主要生长季的积温增加，使苹果的生长速率普遍加快，叶芽开放、展叶、开花等各物候期陇东提前 14 天左右，陇西提前 6~7 天。在干旱区、半干旱区，植物常常受到水分胁迫，干旱使植物发育不完全，丘陵地区的谷物在花序期遭遇干旱会导致花期推迟。

Walther 等的研究表明，近 30 年来的气候变暖对植物物候、植物沿纬向和垂直方向的分布变化及植物之间相互作用过程等都有明显影响。研究人员基于 542 个植物物种和 19 个动物物种共计 125 000 个观测序列，采用荟萃分析方法研究了 1971～2000 年气候变化导致的物候变化，结果表明，78% 样本的展叶、开花和果实成熟有显著提前趋势，但秋季叶变色和落叶有推后趋势。物候对前月温度变化具有敏感响应，增温 1℃ 将导致春季、夏季物候期大约提前 2.5 天。Koner 和 Basler 注意到，水青冈属（*Fagus*）一些物种的物候期主要受光周期条件控制，温度只是在植物满足临界日照长度后对植物生长起到一定的调节作用。Steltzer 和 Post 指出，群落和生物群区（community and biome）层次的野外调查及遥感观测表明，北半球大部分地区和南半球有观测数据区域的植物生长季有延长趋势。然而，有些物种通过缩短生命周期来适应全球变暖。

物候与生态系统碳平衡：全球变化引起生态因子的变化，特别是引起主导气候要素的变化，结果影响到陆地生态系统的结构和功能。在该过程中，生态因子的变化往往首先改变植被系统植物物候期的出现时间和物候期长度，进而影响生态系统的物质循环和能量流动。物候学已经融入全球变化的各个研究领域。在过去 20 年中，北半球陆地生态系统碳平衡对春季、秋季升温比较敏感。各地春季物候普遍提前和秋季物候推后使植物生长季得以延长，但是秋季升温对呼吸作用的促进更大，因此，秋季增温后植被系统排放更多碳。这是寻找陆地生态系统损失碳汇（missing carbon sink）的重要线索，北半球中纬度地区碳源的不稳定性就是由生态系统植物物候期的起始时间和长短变化引起的。

第三节　光及其生态作用

一、光及其在地球上的分布

光是一种电磁波，波长不同，显示出的性质也不同，在电磁波光谱中央附近有 3 个区，即红外线区、可见光区、紫外线区（图 1-5）。红外线的主要作用是引起热的变化，紫外线的波长比可见光的波长要短，其主要作用是引起光学效应、促进维生素 D 的形成和杀菌等。

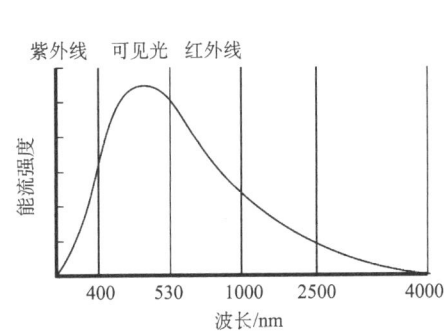

图 1-5　进入地球大气的太阳光谱
（引自 Mackenzie et al., 1998）

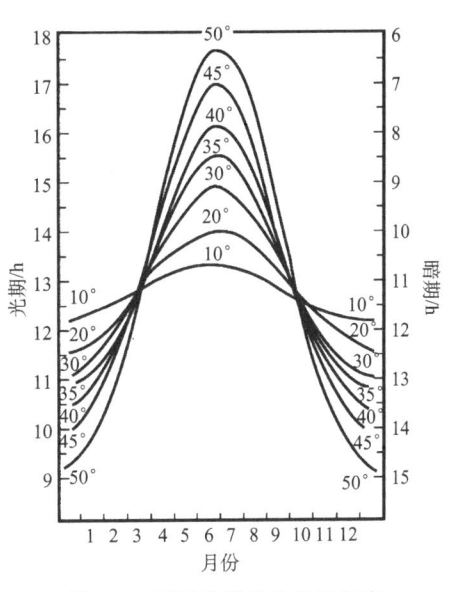

图 1-6　不同纬度处的日照长度
（引自曲仲湘等，1983）

地球表面太阳光的分布是不同的。从光质来看，低纬度地区短波光多，纬度增加长波光增加，海拔升高短波光增加；夏季短波光较多，冬季长波光较多；早晚长波光较多，中午短波光较多。从日照时间来看，春分和秋分时的昼长与夜长相等。在北半球，春分至秋分昼长夜短，夏至时昼最长，并随纬度的升高昼长增加（图 1-6）；秋分至春分昼短夜长，冬至时昼最短，并随纬度升高昼长变短。北极夏半年全为白天，冬半年全为黑夜。

二、光合作用

光合作用是一个十分复杂的过程,在这个过程中,当太阳辐射投射到光合作用器官——绿色叶面时,大约75%被叶片吸收。叶片对光的吸收是有选择的,大部分生理辐射被吸收,大部分红外线被反射,大部分紫外线虽被吸收但被叶片的表皮层所阻挡。绿色植物依赖叶绿素进行光合作用(photosynthesis),将太阳辐射能转换成具丰富能量的糖。光合作用只能够利用太阳光谱的一个有限带,即380~710nm波长的辐射能,称为光合有效辐射(photosynthetically active radiation)(图1-7)。

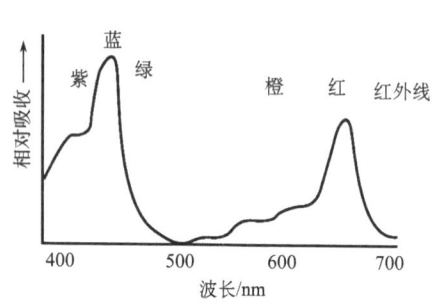

图1-7 叶绿素a吸收光谱
(引自 Mackenzie et al., 1998)

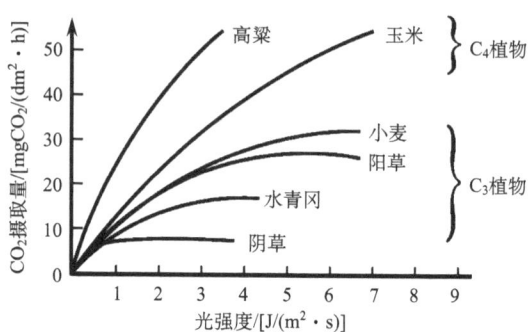

图1-8 C_3植物和C_4植物在最适温度及正常CO_2浓度时光合作用对光强度的反应(引自 Mackenzie et al., 1998)

当传入的辐射能是饱和的,而且环境温度适宜、相对湿度高、大气中CO_2和O_2的浓度正常时的光合作用速率,称为光合能力(photosynthetic capacity)。不同植物种类,其光合能力对光照强度的反应是有差异的,在C_4植物中,如玉米和高粱,光合作用速率随有效辐射强度而增加;在C_3植物中,如小麦和水青冈,光合作用速率曲线变平(图1-8)。

光合作用与光照强度的关系:不同植物对光照强度的反应是不一样的。在一定范围内,光合作用的效率与光照强度成正比,但到达一定光照强度,若继续增加光照强度,光合作用的效率不仅不会提高,反而下降,这个点称为光饱和点。植物在进行光合作用的同时也在进行呼吸作用,当影响植物光合作用和呼吸作用的其他生态因子都保持恒定时,光合和呼吸这两个过程之间的平衡就主要取决于光照强度。光合作用将随着光照强度的增加而增加,直至达到最大值。光合作用率和呼吸作用率两条线的交叉点所对应的光照强度就是光补偿点,在此处的光照强度是植物开始生长和进行净生产所需要的最小光照强度(图1-9)。

三、光对生物的作用

光对植物的生态效应:对长日照植物而言,能够使之开花的日照长度,一天中不一定要超过12h;对短日照植物而言,能够使之开花的日照长度,一天中也不一定要少于12h。但是,它们有一个能否开花的临界光照长度。对短日照植物开花起诱导作用的是长的暗相作用,而对长日照植物开花起诱导作用的则主要是明相作用。关于明相和暗相的共同作用,有人用菠菜和甜菜做试验,将其栽培于开花所要求的临界光期以上的长光照下,则其开花所需要的日数随光周期中黑暗时间的增长而增加,但在其临界光照($L:D=13:11$)以下便不

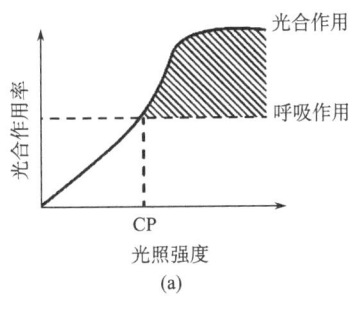
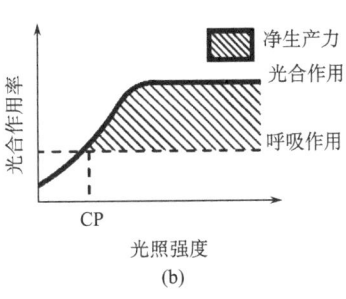

图 1-9　阳地植物（a）和阴地植物（b）的光补偿点位置示意图（引自 Emberlin，1983）
CP 为光补偿点

再开花。另有试验表明，暗相对长日照植物开花的抑制作用可以被闪光打断，闪光可以消除暗相的长期作用而使长日照植物开花。由此而知，长日照植物的开花似乎是明相和暗相的共同作用，即光的促进作用和黑暗的抑制作用相互影响的结果。

植物为什么能感受昼夜变化？这与植物体内的一种感光色素有关，这种色素对光的反应灵敏，吸收微弱的光就能引起种子萌发、生长和开花等生理过程的效应，称为光敏色素（phytochrome）。光敏色素在藻类、苔藓类和高等植物中普遍存在。植物感受光期的部位是叶片，植物通过叶片里的光敏色素来感光，因而能够确定在一年中所处的季节。植物体内的光敏色素有两种不同的状态：一种是 PR 型的色素，能吸收红光；另一种是 PF 型的色素，能吸收远红光。这两种色素型可以相互转化，在光照下生长的植物，体内存在的光敏色素主要是 PF 型，其生理活性较强；当植物转移到暗相中以后，PF 型又缓慢地变为 PR 型。因此，在暗处生长较久的植物，光敏色素基本是 PR 型。PR 型生理活性较弱，化学性质较稳定，不见红光（或白光）不会自动转化成 PF 型。植物感受昼夜和季节变化反应的实质是 PF-PR 转化的速率。

光的不同波段对植物有重要的生理生态效应，720～1000nm 波段的光能促进种子萌发，刺激植物延伸；610～720nm 波段的光对植物的光合作用和光周期有强烈的影响；400～510nm 波段的光能抑制植物的生长，使植物形成矮粗形体；280～315nm 波段的光强烈影响植物形态建成，影响生理过程。如表 1-2 所示。

表 1-2　光的不同波段对植物的重要生理生态效应

光波波段	吸收特性	生理生态效应
1000nm 以上的远红外线	能被组织中水分吸收	没有特殊效应，只是转化成热能
720～1000nm	植物稍有吸收	促进种子萌发，刺激植物延伸
610～720nm	被叶绿素强烈吸收	对植物的光合作用和光周期有强烈影响
510～610nm	叶绿素吸收作用稍有下降	对植物的光合作用和形态建成的影响稍有下降
400～510nm	被叶绿素与胡萝卜素强烈吸收	能强烈影响光合作用，并抑制植物的生长，使之形成矮粗形体
315～400nm	被叶绿素与原生质吸收	对光合作用稍有影响，对植物没有特殊效应
280～315nm	被原生质吸收	强烈影响植物形态建成，影响生理过程，刺激某些生物合成
280nm 以下	被原生质吸收	大剂量能使植物致死

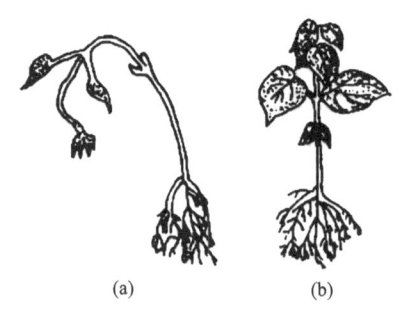

图1-10 菜豆在充分阳光下长出的正常幼苗（b）和在黑暗处长出来的黄化幼苗（a）（引自云南大学生物系生态地植物学组，1980）

光是影响叶绿素形成的主要因素，一般植物在黑暗中不能合成叶绿素，但能合成胡萝卜素，导致叶片发黄，称为黄化现象（etiolation phenomenon）。黄化植物在形态、色泽和内部结构上都与阳光下正常生长的植物明显不同，表现在茎细长软弱、节间距离拉长、叶片小而不展开、植株长度伸长而质量显著下降（图1-10）。

植物对光的适应：植物对光适应的生态类型可分为3类，即阳性植物、阴性植物和耐阴性植物。适应于强光照地区生活的植物称为阳性植物，这类植物的光补偿点位置较高，光合作用速率和代谢速率也比较高，常见种类有蒲公英、蓟、杨、柳、桦、槐、松、杉和栓皮栎等。适应于弱光照地区生活的植物称为阴性植物，这类植物的光补偿点位置较低，其光合速率和呼吸速率都比较低。阴性植物多生长在潮湿背阴的地方或密林内，常见种类有山酢浆草、连线草、观音座莲、铁杉、紫果云杉和红豆杉等。很多药用植物，如人参、三七、半夏和细辛等也属于阴性植物。耐阴性植物对光照具有较强的适应能力，对光的需要介于阳性和阴性植物之间，但最适宜在完全的光照下生长，如麦冬、红花酢浆草、玉竹等属于这类植物，它们在形态上、生态上的可塑性均较大。

光对动物的生态效应：可见光的强度和照射时间对动物的生殖、生长、发育、行为、形态及体色有显著的影响。太阳鱼视力灵敏高峰为500～530nm，这段光波分布于湖泊和海洋较为透明的水层中，使鱼类在水中可以找到食物。昆虫一般看不清红色光波部分；蜜蜂只能识别以下较短的光色，即橙、黄绿、蓝绿、蓝紫和紫外线。烟青虫成虫对各单色光的趋光反应表明，其对波长的反应曲线最高峰值为330nm。许多昆虫对紫外线（330～400nm）有强烈的趋性。中国于1964年在农业上开始用黑光灯诱杀农业害虫，实践表明，使用黑光灯可以减少田间害虫、减轻农药污染、节省人工，是防治害虫的一项有效措施。

鸡蛋、蛙卵及鲢鱼卵在有光照的条件下，孵化快、发育快。有试验表明，蚜虫在连续有光的条件下，产生较多的无翅个体；但在光暗交替条件下，产生较多的有翅个体。光对花的发育影响很大，在植物完成光周期诱导和花芽开始分化的基础上，光照时间越长，强度越大，形成的有机物质越多，越有利于花的发育。光照强度有利于果实的成熟，对果实的品质也有良好作用。

光对生物的信号作用：光对生物的信号作用是指日照长短、每天昼夜或一年四季规律性变化对生物的影响。这种影响在自然界广泛地存在着。植物的开花、结实与每天日照长短的周期性变化有关。Garner等（1920）发现，季节变化的日照长度决定了植物的开花，并发现明相（光照）和暗相（黑暗）的交替与时间长短对植物的开花结实有很大影响。植物对自然界昼夜长短（$L:D$）规律性变化的反应，称为光周期现象（photoperiodism）。根据植物开花对日照长度反应的不同，将植物分为4种类型：日照植物，即14h以上较长光照条件可促进开花的植物，如冬小麦、大麦、菠菜、萝卜、甜菜、甘蓝等；短日照植物，即在短日照条件下开花的植物，如水稻、棉花、小米、大豆和烟草等；中日照植物，即昼夜长短比例接近相等时才开花的植物，如甜根子菜等；中间型（无光周期型）植物，对日照长短要求不严格，能在长短不同的任何日照条件下开花的植物，如番茄、黄瓜和四季豆等。昆虫对光周期反应也有4种类型：长日照型，如梨剑纹夜蛾、玉米螟、棉铃虫及多种瓢虫等；短日照型，如一化性家蚕和小麦吸浆虫等；中间型，如桃小食心虫等；无光周期反应型，如苹果舞毒蛾和丁香天蛾等。

光周期与昆虫滞育：滞育现象（diapause）是许多昆虫的一种重要的适应行为，昆虫通过滞育以增强对恶劣气候的适应和渡过食物短缺季节。试验证明，有100多种昆虫的滞育形成与光周期有关，引起昆虫种群50%左右个体进入滞育的光周期界限称为"临界光照周期"。不同物种的临界光照周期不同。例如，35°N地区的二化螟临界光照时数每日为14h，32°N地区的三化螟为13.45h、玉米螟为13.30h。

四、生物的昼夜节律与趋光性

生物钟机制：昼夜节律是生物界最普遍的生物钟节律。生物钟是指生物由于长期受地球自转和公转引起的昼夜及季节变化的影响，而发展的能适应这些环境周期变化的时间节律。目前对生物钟的研究主要聚集于生物钟基因水平的研究，多细胞生物的生物钟基因可以分为核心钟基因、钟控基因和钟相关基因。

周期性节律：1729年，法国天文学家De Mairan首次发现含羞草叶片每天定时开合的现象在恒定黑暗的条件下依然存在，说明植物叶片运动具有内生性节律。从低等无脊椎动物到高等脊椎动物，它们的趋光行为、体色变化、迁移、取食、飞翔、交配、羽化和孵化都表现出一定的周期性节律。

外生性与内生性节律：生物的节律现象只是有机体对外界环境条件变化的反应，如果把这类生物放在恒定条件（恒温、连续黑暗或连续光照）下，它们的节律就立即消失，称为外生性节律（exogenous）。有一类节律现象在恒定条件下不消失，并维持一定时间，如蜜蜂、果蝇、萤火虫等的运动、取食、羽化、发光节律，这类体内真正具有一种专门指示时间周期的节律称为内生性节律（endogenous）。

光照和温度调控生物钟：光照是一个调控生物钟的重要授时因子，能引起时间相位的延迟和提前；环境温度也是一个调控生物钟的重要授时因子，温度与光照可以协同发挥作用，共同调节生物钟。但光照与温度在诱导生物钟基因 per 和 tim 表达方面存在着差异：光照条件下 per 基因与 tim 基因的表达节律变化为平行关系；而温度条件下 per 的表达峰比 tim 的表达峰早出现。

昼夜活动与光照：白昼活动的昆虫称为日出性昆虫或昼出性昆虫；夜间活动的昆虫称为夜出性昆虫；还有一些只在弱光下，如黎明时、黄昏时活动的昆虫，称为弱光性昆虫。日出性昆虫有蜻蜓、虎甲、步甲等，都是同它们的捕食对象的日出性有关的。

果蝇羽化节律与光照：将果蝇的各个发育阶段全部置于连续光照和恒温条件下，羽化的昼夜节律并不改变，相继成熟的蛹仍在黎明时羽化。如果使果蝇的生活周期完全处于黑暗中，一天中各钟点羽化的成虫数目大致相等。但如果用光短暂地照一下，即使只有1/2000s的光照也会使其羽化表现出节律性。

昆虫交尾节律与光照：昆虫的交尾行为受光周期影响。例如，墨西哥按实蝇在傍晚和早夜交尾，逆转光周期后其交尾时间会转移到光期后期；有的蚁类在光期开始飞行时求偶，有的如弓背蚁、阿根廷臭蚁等的求偶行为分别出现在光期结束时（日落前）、光期后半期、光期前期（黎明）。

生物（昆虫）的趋光性：由于暗适应状态与蛾类夜间活动直接相关，当夜间给予适度的敏感波长光照时，蛾类将会保持白天的明适应状态，从而干扰其夜间的活动习性，进而在蛾类害虫的防治中发挥作用。绝大多数蛾类是夜出性的，取食、交配、生殖都在夜间。蚊子在弱光下活动。

第四节 温度及其生态作用

太阳辐射是地球表面的热能来源；一切物体吸收太阳辐射后温度升高，同时又释放热能，成为地表大气层的主要热源。

一、温度的时空变化

地球上的温度受昼夜、四季、纬度、地形、海拔和海陆位置等的影响，温度在土壤里、水域中及植物群落内都有变化的特性。

温度的空间分布与变化：随着纬度逐渐增加，太阳辐射量逐渐减少，地表气温也逐渐下降（图1-11）。纬度每增加1℃，年平均气温就降低0.5℃；从赤道到北极，形成了热带、亚热带、北温带和寒带。

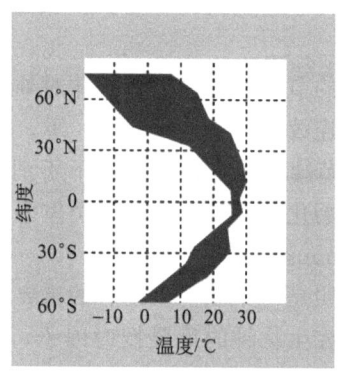

图1-11 不同纬度的温度变化（引自 Ricklefs，2001）

陆地表面比水表面升温快，降温也快，因此，海洋对海岸区域的温度有调节效应。地表温度受山脉走向、地形变化及海拔的影响。东西走向的山脉对南北暖、冷气流具阻挡作用，使山坡两侧的温度明显不同。例如，秦岭山脉和南岭山脉成为生物气候带的分界线，原因就在于此。封闭的山谷与盆地，白天受热强烈，热空气不易散发，使地面温度增高，夜晚热空气沿山坡下沉，形成逆温现象。

温度的时间变化：主要是指日变化和年变化。日变化中，13：00～14：00的气温最高，凌晨日出前的气温最低。最高气温与最低气温之差称为日较差，它随纬度增高而减少，随海拔升高而增加。一年中最热月的平均气温与最冷月的平均气温之差称为年较差，年较差受纬度、海陆位置及地形等影响。

二、温度的生态学意义

温度是生命活动不可缺少的因素，它在任何时间、任何生态系统中都起作用，是对生物影响最为明显的环境因素之一，它能直接或间接影响生物的生长、发育、形态、生活状态、数量和分布等。不同种类的生物对温度有不同的反应。

温度与动物类型：根据动物与温度的关系可将动物分为两种热能代谢类型：一种是变温动物（poikilotherm），又称为冷血动物、外温动物（ectotherm），变温动物的体温随环境温度的变化而变化，如昆虫。变温动物产热量低，热的传导较高。另一种是恒温动物（homeotherm），又称为温血动物、内温动物（endotherm），恒温动物的体温不随环境温度的变化而变化，而维持大致恒定的体温，如鸟兽。它们把较高的代谢产热与低的热传导结合起来，主要依靠自己的氧化活动来维持体温（图 1-12）。

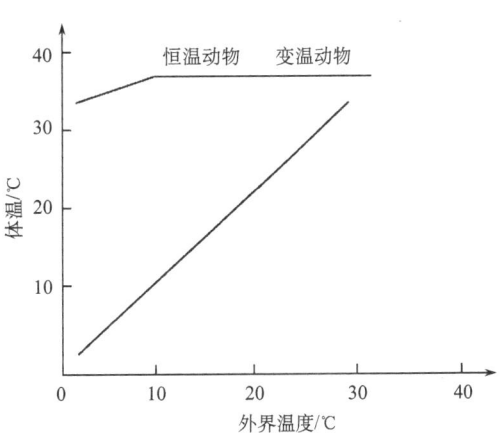

图 1-12　恒温动物和变温动物的体温与外界温度的关系

生物的温度范围：生物生命活动所需温度是有范围的，一般为比 0℃ 略低至 50℃ 左右。有的鱼类和无脊椎动物能终年生活在北极的水体中；一般水生动物生活在 30～40℃，海葵可在 38℃ 的海域中生存；轮虫在干燥条件下，能在 -40～50℃ 的温度中存活；某些喜热细菌，在沸腾的水中仍能正常生活。植物种类不同，所需要和忍受的温度极限也不同。北方的许多冬小麦在没有积雪覆盖的情况下，能够在 -20～-15℃ 的低温下存活；热带沙漠里的肉质植物，在气温高达 50～60℃ 的直射阳光下也不会受伤害。

酶活性与温度的关系：任何一种生物，其生命活动中每一个生理生化过程都有酶系统的参与，每种酶的活性都有它的最低温度、最适温度和最高温度，相应形成生物生长的"三基点"温度。一旦超过生物的耐受能力，酶活性就将受到制约。高温使蛋白质凝固，酶系统失活；低温引起细胞膜系统渗透性改变、脱水、蛋白质沉淀及其他不可逆转的化学变化。

酶反应速率与温度阈值：酶催化反应速率随温度升高而增加。代谢速率随温度增加而增加用温度系数（temperature coefficient，Q_{10}）描述：

$$Q_{10} = T℃\ 体温的代谢率\ /(T-10)℃\ 体温的代谢率$$

不同生物的"三基点"温度是不同的（表 1-3）。水稻种子发芽的最适温度为 25～35℃，最低温度为 8℃，45℃ 中止活动，46.5℃ 趋于死亡；雪球藻和雪衣藻只在冰点温度范围内生长发育；生长在温泉中的生物可以耐受 100℃ 的高温。一般来说，生长在低纬度的生物高温阈值偏高，而生长在高纬度的生物低温阈值偏低。

温度对生物影响的 5 个温区：根据生态系统中温度对生物的影响，大致可分为 5 个温区，即致死高温区、亚致死高温区、适宜温区、亚致死低温区、致死低温区（表 1-4）。

表 1-3 主要作物的"三基点"温度　　　　　　　　　　　　　（单位：℃）

作物种类	最低温度	最适温度	最高温度
水稻	10～12	25～32	35～38
小麦	3～5	20～25	30～32
棉花	10～12	25～32	40～45
玉米	8～10	30～32	40～44
油菜	4～5	20～25	30～32

表 1-4 温度对生物影响的 5 个温区

温度/℃	温区		温度对生物的作用	图解
60	致死高温区		短时间内造成死亡	热死热眠
50	亚致死高温区		死亡取决于高温强度和持续时间	活动上限
40	最高有效温度	适宜温区（有效温区）	发育速率随温度升高而减慢	活动正常
30	高适温区 最适温区		死亡率最小，繁殖力最大，发育速率接近最快	
20	低适温区 最低有效温度		发育速率随温度降低而减慢	
10	亚致死低温区		代谢过程很慢，引起生理功能失调，死亡取决于低温强度和持续时间	活动下降
0				活动下限
−10	致死低温区		原生质结冰，组织因冻结破坏以致死亡	冷眠
−20				新陈代谢下限
−30				冷死
−40				

资料来源：南开大学等，1980

致死高温区：生物在该温区内短时间即可死亡，即使将生物再移入适温区内也不能恢复。

亚致死高温区：在此温区内，不适宜的高温使生物体内代谢失去了平衡，如果长期驻留可造成生物热昏迷或萎蔫；如果在短期内温度恢复到其适宜范围，生物有可能恢复到正常生活状态，生物死亡的出现取决于高温的强度及持续的时间。

适宜温区：在此温区内，生命活动处于积极状态，故又称为积极生命活动区。该温区还可划出一个最适温区，在最适温区内，能量消耗适中、发育速率最快、寿命最长、繁殖力最大。适宜温区也称为有效温度范围，其中经常用到最高有效温度和最低有效温度两个概念。最高有效温度是指适宜温区的上限，当外界温度到达此温度时，生物有机体的发育速率迟缓、繁殖力下降、寿命缩短。最低有效温度是指适宜温区的下限，当外界温度降到此温度时，生物发育停滞，体内代谢降到最低水平。

亚致死低温区：在该温区内，生物有机体的新陈代谢作用剧烈下降，处于极低的代谢水平。如果在短时间内温度又上升到适宜温区内，生物有机体仍可恢复到正常状态。但如果低温持续时间过长，则有致死作用。

致死低温区：该温区的温度极低，在亚致死低温以下。生物有机体一旦进入该温区，就会立即被冻死，生物一旦死亡就不能复活。

有效积温法则：1735年，Reaumur发现植物的生长发育与温度有密切的关系，并概括出有效积温法则，其主要含义是植物在生长发育过程中，需从环境中摄取一定的热量才能完成其某一阶段的发育，而且植物各个发育阶段所需要的总热量是一个常数。这表明植物和变温动物的发育不仅需要一定的时间，而且还需要时间与温度的结合，即一定的生理时间（physiological time），称为总积温，单位为日度（degree day，DD）。

有效积温可以用以下列公式表示：

$$K = NT \tag{1-1}$$

式中，K 为常数，即总积温；N 为生长期所需时间，以发育历期表示；T 为发育期中的温度，一般为平均温度。

例 1-1　某种昆虫在20℃条件下完成发育需要10天，问其总积温是多少？

根据式（1-1）

$$K = NT$$
$$= 10 \times 20$$
$$= 200（日度）$$

例 1-2　如果温度为25℃，问该种昆虫完成发育需要多少天？

根据式（1-1）

$$K = NT$$
$$N = K/T$$
$$= 200 \div 25$$
$$= 8（天）$$

发育起点温度：植物在生长期间的温度有时是无效的，只有高于一定温度时在发育上才能起积极的效应。产生积极效应的最低温度称为生物学零度，即发育起点温度（developmental threshold temperature）。不同种类的植物生物学零度是不同的，如水稻、棉花的生物学零度为10℃左右，小麦为3~5℃。

当外界温度降到发育起点温度时，生物发育停滞，体内代谢降到最低水平；当高于此温度时，生物有机体才开始发育。因此，将生物发育起点温度以上的总热量称为有效积温（sum of effective temperature）。

有效积温公式修正：植物、昆虫或一些变温动物的发育并不都是从0℃开始的，如果以 C 表示发育起点温度，则式（1-1）可以修改为

$$N(T-C) = K \tag{1-2}$$
$$T - C = K/N \tag{1-3}$$

$$T = C + 1/NK$$
或 $$T = C + VK \tag{1-4}$$

式中，发育速率 V 是时间 N 的倒数。式（1-3）相当于数学上的双曲线公式，表示温度与发育历期呈双曲线关系。式（1-4）相当直线公式，表明温度与发育速率呈直线关系。图 1-13 显示温度与菜白蝶的发育速率呈直线关系，发育起点温度 10.5℃ 以上从卵孵化发育到蛹需要 174 日度。

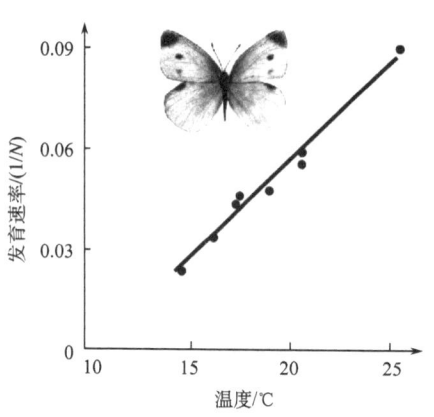

图 1-13　菜白蝶在发育起点温度 10.5℃ 以上从卵孵化发育到蛹需要 174 日度（引自 Mackengine et al.，1998）

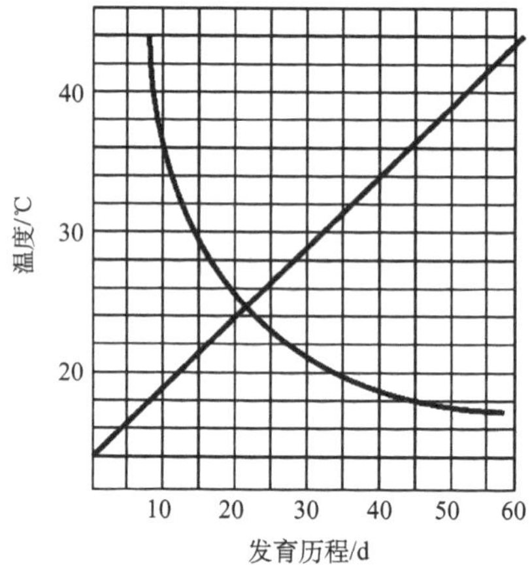

图 1-14　地中海果蝇发育历期、发育速率与温度的关系（引自孙儒泳，1992）

地中海实蝇发育与温度的关系：图 1-14 显示地中海果蝇的发育速率随环境温度的升高呈线性加快，发育所需时间（发育历期）随温度升高呈双曲线减少。

有效积温应用：有效积温及双曲线的关系在农业生产中有着很重要的意义。全年的农作物栽培必须根据当地的平均温度和每一种作物所需的总有效积温进行安排，否则，农业生产将是十分盲目的。在植物保护、防治病虫害中也是根据当地的平均温度及某害虫的有效总积温进行预测、预报的。

高温、低温对生物的影响：植物种类不同，所能忍受的最高温度也不同，如有的蓝绿藻类能生长在 70℃ 以上的温泉里。植物的发育阶段不同，对高温的适应性也不同。种子休眠期对高温的抵抗性很强，生长初期抗性很弱，随着生物的生长，抗性逐渐增强，但开花、授精期对高温最敏感。大多数高等植物能忍耐的最高温度为 35～40℃。植物受高温伤害后在生理上往往出现很多异常现象，如光合作用受抑制，叶片上出现死斑，叶绿素受破坏，叶色变褐、变黄等。高温导致植物的伤害原因：致使蛋白质分子的空间构型破坏，氢键断裂，有些疏水键的键能减弱，失去其原有的生物学特性。一般来说，最初蛋白质的变性是可逆的，但是如果继续受高温影响，可使蛋白质呈不可逆的凝聚状态。另外，高温可造成脂溶，因为生物膜主要由脂类和蛋白质组成，而脂类和蛋白质靠静电或疏水键联系，高温打断了疏水键，脂类物质被游离，于是生物膜上形成一些"空洞"，使线粒体和叶绿体的正常结构发生显著的变化。

植物生长期间，温度过低植物便会受到伤害。低温对植物的伤害主要有寒（冷）害

（0℃以上的低温）和冻害（0℃以下的低温）两种。寒害主要是指低温造成植物生理活动，如光合、呼吸、蒸腾、吸收等机能的降低和生理平衡状态的破坏；冻害是指冰点以下的低温使生物体内（细胞内和细胞间隙）形成冰晶而造成的损害。寒害的原因至今尚无定论，一般有 3 种观点，即蛋白质合成受阻、碳水化合物减少、代谢紊乱。

爬行动物一般能忍受的高温可达 45℃，其南方种类忍受的温度上限比北方种类的高。鸟类忍受高温能力比哺乳动物强，为 45～46℃。哺乳动物通常在 42℃ 以上就导致死亡。一般认为，动物高温致死的原因是由于蛋白质凝固所引起的，当温度上升，超过动物温度忍受上限时动物就会发生热僵硬，失去感觉，温度升高过速、过高都会促使生命活动中的不和谐，伴随产生的是原生质黏滞性和化学组成的变化及酶系的破坏。动物蛋白质的稳定性也因高温而变化。

极端低温对动物的致死作用主要表现在体液的冰冻和结晶，使原生质遭受机械损伤；由于冰冻，引起细胞渗透压变化，使蛋白质变性、脱水，进而引起生理结构的破坏。当这种现象达到一定程度时，动物体的组织或细胞内将产生不可逆的变化，而使动物死亡。温带和寒带地区的动物一般需要忍受冬季 0℃ 以下的温度。昆虫的体液过冷却现象和耐寒性是一个很好的说明。

生物对温度的耐受性与它们曾经经历过的温度有关。金鱼在 20℃ 水温中饲养，其致死温度最高为 34℃、最低为 2.5℃；如果在 30℃ 水温中饲养，其最高和最低致死温度分别为 38℃ 和 9℃。内温生物经过低温锻炼后，其代谢产热水平比在温暖环境中高，这些变化过程如果是由试验诱导的，称为驯化（acclimation）；如果是在自然界中产生的，称为气候驯化（acclimatization）。

同一分类单位恒温动物的大型种类趋向于生活在寒冷气候中，寒冷气候区内动物的个体比温暖气候区动物的个体大，由此导致其相对体表面积小，而使单位体重的热散小，有利于抗寒（表 1-5），这种现象称为比尔格曼法则（Bergmann's rule）。

表 1-5　几种生活在不同纬度的企鹅的个体大小比较

物种	纬度/(°)	高度/m	重量/kg
皇企鹅 Aptenodytes forsteri	>61	1.2	45
王企鹅 Aptenodytes patagonica	55	1.0	15～17
水生楔企鹅 Spheniscus demersus	34.5	0.55	5～6
矮小楔企鹅 Spheniscus mendiculus	0	0.5	4

资料来源：Bergmann，1847

艾伦法则（Allen's rule）认为，同一分类单位恒温动物的突出部分在低温环境中有变短、变小的趋势。寒冷地区内温动物身体的突出部分，如四肢、尾巴、外耳确有变小、变短的趋势，这是对寒冷的一种形态适应。图 1-15 所示为北极狐、赤狐和大耳狐的外耳长短的比较。

过冷却现象：低温致死的一个重要原因是体液结冰。纯水在 0℃ 时开始结冰。但是，昆虫和一些生物的体液内含有大量的化学物质、糖和脂肪等，体内原生质又形成一定的有机结构，从而使其体液能忍受 0℃ 以下的低温仍不结冰，称为过冷却。当环境温度继续降至一定低温时，昆虫体液开始结冰，同时释放出热量，此时其体温瞬间回升；当温度继续下降至一

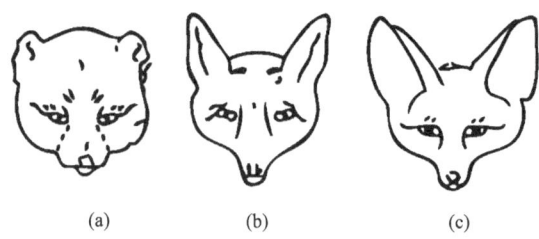

图 1-15　北极狐（a）、赤狐（b）和大耳狐（c）的外耳长短的比较（引自孙儒泳，1987）

定限度时，虫体大量结冰，这个过程称为昆虫的过冷却现象。

1898 年，俄国物理学家 Бахметьев 通过对昆虫结冰点的研究提出了过冷却现象。昆虫在低温下体温迅速下降，当降至 0℃ 时，体液仍不结冰，开始进入过冷却过程（N_1）；当昆虫体温随外界温度继续下降到一定温度（T_1）时，其体温突然以跳跃式上升，此温度（T_1）称为"过冷却点"，表示体液开始结冰，由于结冰时释放热量而使其体温上升；当昆虫体温上升到某一温度时，出现一个短暂的稳定时期，以后又慢慢下降，此时开始下降的温度称为体液的"冻结点"（N_2），表示体液开始大量结冰；N_2 不会回升到 0℃，而总是在 0℃ 以下，此后，昆虫体温继续下降，直至与外界环境温度相等（为 T_2 时），此时造成昆虫不可再恢复的状态，此温度（T_2）称为"死亡点"（图 1-16）。

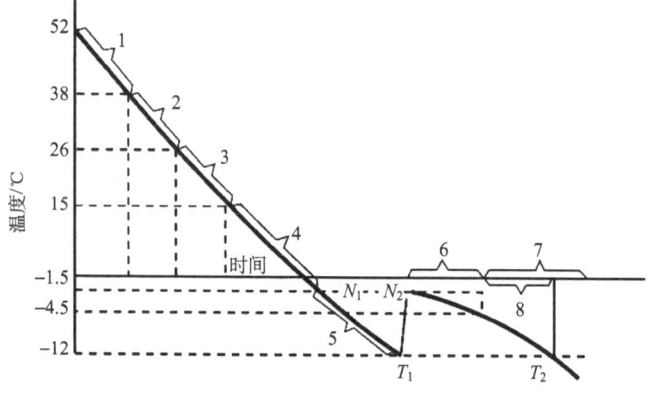

图 1-16　不同温度与昆虫状态的关系（仿 Бахматбев，1898）

1. 高温昏迷区；2. 高适宜温区；3. 低适宜温区；4. 低温昏迷区；5. 体液过冷却；6. 体液在冻结；
7. 体液结冰；8. 假死状态。N_1. 体液开始过冷却；N_2. 冻结点；T_1. 临界点（过冷却点）；T_2. 死亡点

昆虫的过冷却现象与其耐寒性的关系比较密切，即昆虫体液过冷却点越低，则耐寒性越强。一种昆虫的抗寒能力，通常可用它的过冷却点来表示。所以，过冷却现象的研究，对预报害虫越冬死亡率具有重要的意义。

休眠和滞育：休眠（dormancy）是指由于各种原因引起生物处于生长发育暂时停止、代谢水平明显降低、对外界刺激没有反应或只有微弱反应的状态。此术语在生物学中应用广泛，如微生物孢子休眠、植物种子或整株越冬休眠、昆虫和某些高等动物在不利环境条件下的不活动状态等。休眠是指生物的潜伏、蛰伏或不活动状态，是抵抗不利环境的一种有效的生理机制。进入休眠状态的动物、植物可以忍耐比其生态幅宽得多的环境条件。大多数生物

的冬眠、夏眠是对极端温度的适应，草原上的许多啮齿类动物有冬眠或蛰伏的习性。休眠能使动物最大限度地减少能量消耗，并伴随许多生理变化。哺乳动物在冬眠开始之前体内先要储备特殊的低融点脂肪，冬眠时心跳速率大大减缓，血流速率变慢，为防止血凝块的产生，血液化学性质也会发生相应的变化。

许多植物种子成熟后不能立即萌发的现象是休眠形式的一种。休眠种子可长期保持存活能力，直到出现适于种子萌发的条件才萌发。很多植物种子在干燥储藏期间通过后熟作用，这一时间从几天到几个月，依种类而不同。采用增加种皮通透性及打破休眠的措施，可以促使经干燥储藏的种子萌发。温带木本植物的冬眠是常见的一种植物休眠现象，休眠中的树木能够顺利度过冬季的低温。树木进入冬眠状态是受制于日照长短而不是受制于温度，这在很大程度上使植物免受初冬温度波动的危害。

滞育（diapause）是生物在一定时期内和一定发育阶段发生的，取决于发育停止前的一个时期，即前一个发育阶段条件的变化，导致某种生理过程的变化，控制后期发育的继续或停止。很多昆虫在不利气候条件下常进入滞育状态。变温动物在冬季滞育时，体内水分大大减少以利于防止结冰，新陈代谢也几乎降到零；在夏季滞育时，耐干旱的昆虫可使身体干透以忍受干旱，或在体表分泌一层不透水的外膜以防止身体变干。滞育是系统发育过程中形成的一种内在较稳定的遗传适应性。休眠随不良条件的消除而解除；滞育不随不良条件的消除而解除，它必须经过一个固定程序的作用，如低温作用、光照、化学药剂等才会解除。光周期是引起滞育发生的主导因子。引起昆虫种群50%左右个体进入滞育的光照时数称为临界光周期，如二化螟的临界光周期为13.7h（江西）、三化螟的临界光周期为13.75h（南京）、玉米螟的临界光周期为13.83h（南京）、家蚕的临界光周期为14h。能对临界光周期产生反应的虫龄或虫态称为光周期敏感虫期。临界光周期和光周期敏感虫期相吻合时，才发生滞育。滞育为有三个类型：短日照型、长日照型和中间型。

温度对昆虫滞育的产生有一定地影响。短日照滞育型昆虫在低温下易发生滞育，大体为温度每升高5℃，临界光周期缩短1～1.5h。大菜粉蝶在15～28℃时，短日照下有60%～100%的滞育，但在30℃时，短日照也无滞育个体产生。大气水分、湿度和食物中含水量会影响昆虫的滞育。大多数昆虫在旱季来临时进入滞育，雨季开始时解除滞育。棉红铃虫取食不同含水量棉籽后的滞育率存在明显差异（图1-17）。

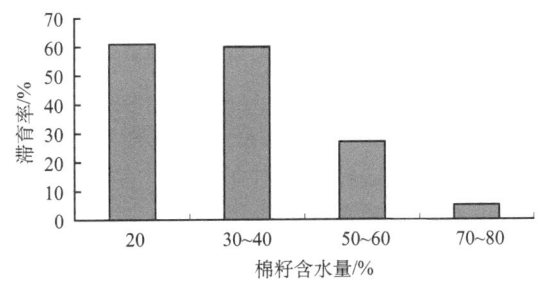

图1-17　棉籽含水量与棉铃虫滞育率的关系（引自周明牂，1992）

引起昆虫滞育的内因主要是体内激素活化或抑制的调节作用。脑激素、蜕皮激素、保幼激素和食道下神经节分泌的滞育激素均与滞育的形成或解除有关。家蚕的滞育激素（DH）

基因已被发现，它位于11号染色体上，该基因不仅编码DH激素而且编码性信息素。

滞育的维持、滞育发育和滞育调控：滞育的维持是指昆虫一旦进入滞育后，不会对终止其滞育的外界刺激随时发生反应的一段时间。在此期间，昆虫体内仍然发生着程度不同的生理、生化变化，为滞育的终止准备条件，这个阶段称为滞育发育（diapause development）。Danilevskii建议将这个阶段称为复苏过程（reactivation process）。从生态学的角度称这个阶段为滞育维持期（diapause maintenance）。可通过光周期对滞育进行调控，人为延长日照长度使其超过昆虫临界光周期是阻止滞育的有效方法。通过环境调控，如温度来影响昆虫滞育也是常用的方法。另外，利用遗传的方法、环境和物理的方法，以及激素和化学物质都能够阻止滞育的发生。

滞育的解除：滞育持续时间的长短与昆虫的遗传特性和外界环境条件有关。温度是滞育解除的主导因子。冬季温度低于0℃不利于滞育的解除，0～12℃能促使不少昆虫解除滞育。光照、酸、有机溶剂（二甲苯、乙醚等）、电作用、摩擦等可促进滞育的解除。

第五节　湿度、水分及其生态作用

一、水及其分布

水的生态作用：水是一切生态系统中的重要因素之一。它大量存在于生物体内，水生生物的含水量通常比陆生生物的高，如腔肠动物水母的含水量约为其体重的95%，水生植物水浮莲、满江红等的含水量约为其鲜重90%以上，虾类的含水量约为其体重的80%，鸟类的含水量约为其体重的70%，哺乳动物的含水量约为其体重的75%；而在干旱环境中生长的地衣、卷柏和苔藓植物的含水量仅为6%左右。水是生命活动的基础，生物的新陈代谢是以水为介质进行的，生命活动的联系、协调，营养物质的运输，代谢物的运送，废物的排除，激素的传递都与水密切相关。水分不足或无水都会导致生物生理上的不协调、正常生理的破坏，甚至引起死亡。水对陆生生物的热量调节和能量代谢也具有重要意义。

水的理化性质：水之所以成为生物新陈代谢的介质，是由其独特的理化性质所决定的。水分子有极性，它由具有105°角的氢-氧-氢组成，有氢的一边带正电荷，另一边带负电荷。水有变相，即液态、气态和固态。水的沸点高，如果常温下水就能变成气态，地球上就不可能有液态的水，海洋、湖泊、河流也不可能存在，动物、植物等一切生物也就没有生存的基础。水的蒸发热最大，仅蒸发少量的水就需要大量的能量，水的这种特性是太阳辐射到地球上的热能可以在全球分散的主要原因。水的热容量高，给水加一定热量时，其温度升高不多。1L水温度提高1℃需要1kcal热量，而1L空气仅需要0.24kcal热量。换句话说，加热水或冷却水都比其他物质要慢，水的这种性质对保护生物有机体免受气温突变的灾害具有积极意义。水是最好的溶剂，能溶解各种各样的物质，从而保证营养物质有可能和水一起在生物体内外运转。水具有特殊的密度变化，水在固态时的密度比液态时的小，水在4℃时密度最大，低于4℃时体积膨大，密度小，如冰浮在水面。水是从表面开始结冰的。例如，河流、湖泊从河面、湖面开始结冰，这就防止了水中许多生物的死亡。

水的分布：地球上的降水量（precipitation）随纬度的增加而发生很大的变化，在赤道南北两侧20°范围，年降水量为1000～2000mm，形成低纬度湿润带；20°～40°地带由于空气下降吸收水分，致使该地带成为地球上降水量最少的地带；南北半球40°～60°地带的年降水量只有 250mm，形成中纬度湿润带；极地地区降水量很少，形成干燥地带（图 1-18）。

中国从东南往西北降水量逐渐减少，形成以下几条等雨线：华南年降水量 1500~2000mm、长江流域年降水量 1000~1500mm、秦岭和淮河地区年降水量 750mm、大兴安岭年降水量 500mm、黄河上中游年降水量 250~500mm、内蒙古年降水量 100mm。

中国降水和干旱的格局：由于受东亚季风和西风环流的影响，干旱和降水也随着季节及区域的变化而变化，导致中国旱涝灾害频繁发生。例如，1998 年长江流域、松花江和嫩江流域的特大洪涝灾害，1999~2001 年华北地区的严重干旱，2009~2010 年西南地区的大旱，2011 年长江中下游地区的春旱等。从 20 世纪 70 年代末开始，中国降水形势变化极大，由传统的"南涝北旱"向"南旱北涝"转型。新疆地区全年降水量明显增加；春季，华北、长江中下游等地区的降水量明显减少；夏季，长江中下游、江南及华南地区的年降水量有明显增加趋势，而华北和汉渭流域的降水量明显减少；秋季，全国大部分地区的降水量都有减少的趋势；冬季，华北、汉渭流域、长江流域、江南和华南等地区的降水量有减少的趋势，而西南、青藏高原、西北、东北等地的降水量有增加的趋势。Qian 等（2011）分析了 1960~2009 年中国大陆干旱发生情况后发现，中国东北部、北部、黄河流域和长江中游等地区的干旱发生频率增加，成为中国干旱发生的主要区域；而长江上游和下游地区，以及新疆北部等地区的干旱发生频率有所下降。

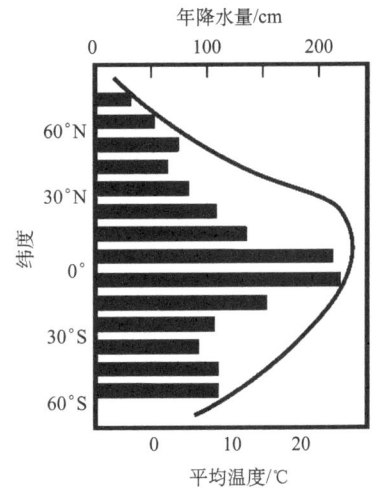

图 1-18 不同纬度平均年降水量与温度的变化（引自 Ricklefs，2001）
横柱．降水量；曲线．温度

二、湿度、干旱、降雨、降雪对生物的影响

湿度与相对湿度：空气中蒸汽的含量或空气的干湿程度称为湿度。湿度有两种常用的表示方法，即绝对湿度和相对湿度。绝对湿度是指大气中实际含水的总量；相对湿度（relative humidity）是指单位容积大气中水蒸气的实际含量（e）与同温度条件下饱和含量（E）之比。常用百分率表示，即

$$r = e/E \times 100\% \tag{1-5}$$

相对湿度与温度成反比，并和生物体内水分的蒸发有关。温度增加，相对湿度降低；温度降低，相对湿度增加。相对湿度也随昼夜温差的改变而变化，白天相对湿度低，夜间相对湿度高。相对湿度在生态学中应用较广，在实际工作中可通过干湿球温度计测得。

湿度对生物的影响：试验表明，相对湿度从 95% 减至 5% 时，植物的蒸腾作用大约增加 6 倍。禾谷类作物在成熟过程中如果遇上较高的相对湿度，成熟期往往推迟，谷粒含水量增高；反之，谷物成熟期提早，籽粒也不饱满。实践表明，相对湿度过大或过小都会给植物带来不利后果，对开花和授粉阶段的植物影响则更大。

陆地环境中的湿度情况很不一致，动物可在其中选择适宜的湿度。马陆、鼠妇等是喜湿的动物；仓库、沙漠中生活的动物多偏喜干燥；弹尾目昆虫只能生活在饱和湿度的环境内，

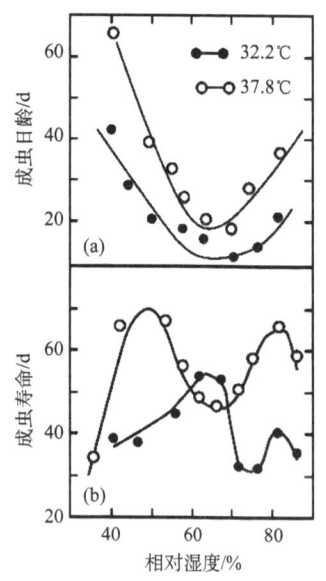

图 1-19 飞蝗成虫到性成熟所需时间（a）和成虫寿命（b）与湿度的关系（仿 Hamilton，1964）

在相对湿度降到 50% 时，1h 内即会死亡；烟蓟马则难以忍受 30% 以下的相对湿度。

湿度过低或过高均抑制昆虫的发育，对黏虫卵发育影响的结果表明，在温度为 16℃ 及 21℃ 时，相对湿度为 20%、40%、60%、80% 和 100% 的组合中，黏虫卵均能孵化，但以相对湿度为 60%、80% 条件下的孵化率较高，而在相对湿度为 40% 或 100% 条件下的孵化率均有所降低。

湿度影响动物的繁殖，相对湿度为 75% 以上时，对黏虫成虫产卵比较有利；在相对湿度低于 40% 时，即使其他生态条件合适，黏虫的产卵量也很低。例如，将 10 对蛾成虫置于 20.9℃ 条件下饲养，平均相对湿度为 40.9% 时，10 头雌蛾只产卵 11 块，合计卵 195 粒，平均每头雌蛾只产卵 19.5 粒，而且孵化率甚低；当平均相对湿度为 84.7% 时，10 头雌蛾共产卵 110 块，合计卵 7561 粒，平均每头雌蛾产卵 756.1 粒，孵化率均在 90% 以上。

湿度影响动物的寿命。例如，飞蝗在相对湿度为 70% 时性成熟最快，但寿命最短；随着相对湿度的增加，不仅其性成熟延缓，寿命也随之延长（图 1-19）。

湿度影响动物的死亡率、发育率、生育率和寿命，图 1-20 所示为湿度对不同生态类型生物的死亡率、发育率、生育率和寿命影响的模式图。

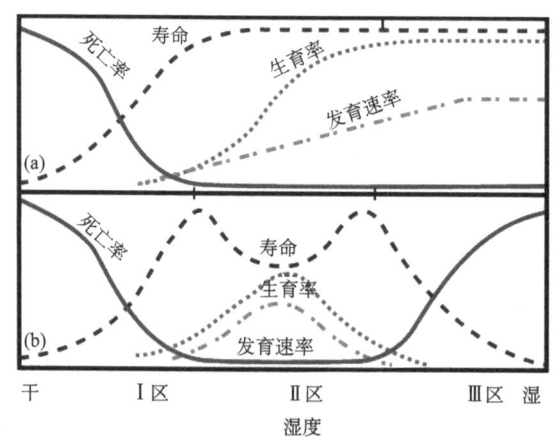

图 1-20 湿度对动物死亡率、发育率、生育率和寿命影响的模式图（引自孙儒泳，1987）

干旱对生物的影响：①干旱降低了植物的各种生理过程，干旱时，气门关闭，减弱了蒸腾降温作用，抑制了光合作用，增强了呼吸作用。②干旱影响植物产品的质量，果树在干旱情况下，果实小，淀粉量和果胶质减少，木质素和半纤维素增加。③干旱引起植物体内各部分水分的重新分配，不同器官和不同组织间的水分按各部位的水势大小重新分配，从水势高的部位向水势低的部位流动。例如，禾谷类作物如果在幼穗分化时缺水，茎叶向幼穗吸水，穗子的发育即受损害；如果灌浆时缺水，茎叶组织便向正在灌浆的籽粒吸水，使灌浆过程受阻。

植物受干旱危害的原因：①能量代谢受到破坏，干旱使植物体内的能量代谢紊乱，使植物在代谢过程中的能量利用率降低，导致植株生长减缓、生物合成减弱、原生质结构破坏、物质吸收和运输受阻。②蛋白质代谢改变，许多试验表明，干旱使植物体内蛋白质的合成过程受阻，分解过程有所加强，植物在刚发生萎蔫时还有蛋白质的合成作用，随着进一步脱水，合成作用便被水解作用所代替。③合成酶活性降低、分解酶活性加强，当植物缺水时，合成酶活性减低，无法形成植物生长所必需的物质，植物生长变慢，甚至停止。然而，在对小麦的研究中发现，叶片含水量低时，磷酸化酶的活性却有所恢复；当失水少时，合成酶活性降低，水解酶活性增强。因此，酶作用的方向与干旱的关系目前尚无定论。

降水量对生物的影响：降水强烈地影响着陆生生物的分布，各类生态系统，以及植物、动物生态类型的形成均直接或间接地受到降水的影响。降水量对植物的影响，不仅看年水量的多少，还要看一年降水量的分配情况。因为，一定量的降水，分散降落比集中降落渗入土壤的量大，流失的量小。如果一年内的降水能比较均匀地分配，特别是在生长季节内能均匀地降水，肯定对植物的生长有利。

降雨常常是昆虫数量消长的原因之一，降雨对棉蚜、棉蓟马等的影响较大，可直接将其杀死，对棉铃虫也有较大的冲刷作用。大雨常阻止昆虫活动，影响其交配和产卵。降雨对蝗虫的发生影响较大，如果在孵化期中遇雨，蝗虫会大量死亡，减轻其发生。在蝗虫每年发生二代的沿淮蝗区，雨期越提前对蝗虫的发生越不利；雨季越推后对蝗虫的发生越有利，特别是蝗虫卵发育后期和孵化期中雨量对其的影响最大，直接决定蝗虫发生的盛衰。

许多动物的繁殖常常与降雨季节同步。在热带地区，澳洲鹦鹉等动物的繁殖季节多在雨季，遇到干旱年份就停止繁殖；雨燕在西澳洲的繁殖期为2～3月或6～7月，究竟在什么时候，则由降雨量来决定；羚羊的繁殖期也与雨季相一致，它的幼仔出生时间正好是降雨和植被盛发的时期。

降雪对生物的影响：雪是降水的一种形态，降雪不仅可改变大气与土壤的含水量，更为重要的是雪的覆盖［雪被(snow cover)］对热有绝缘作用，这对某些生物（昆虫）的生存有重要的意义，尤其对保护土壤温度的作用很大，使在深雪下的动物（昆虫）和植物不受冻害。在干旱地区，雪被成了天然蓄水库，对植物生长起着重要作用，但雪被妨碍了动物的行走，也妨碍了动物的取食。雪被或迫使某些动物迁移，或改变动物的视性，或与有蹄类动物形成一种互利共生的关系。

三、生物对水的适应

陆地植物的水平衡：一株玉米一天需水量为5kg，一株树木夏季一天需水量是鲜叶重的5倍，这么多的需水量，只有1%被组合到植物体内，其余99%被蒸腾（transpiration）掉了。植物在得水和失水之间保持平衡，才能维持其正常生活。陆地植物的水主要来自土壤，土壤孔隙抗重力所蓄积的水称为土壤的田间持水量（field capacity），为植物提供可利用的水。在潮湿土壤，植物生长浅根系，有的植物根缺乏根毛；在干燥土壤，植物具有发达的深根系，侧根扩展范围广，根毛发达。生活在潮湿、弱光环境中的植物，轻微失水时就可减少气孔开张度，或关闭气孔以减少失水，而阳生草本植物仅在非常干燥的环境中气孔才慢慢关闭。叶子表面覆盖有蜡质的不易透水的角质层，干燥地区的植物尽量缩小叶面积以减少蒸腾量。

湿生植物（hygrophyte），如大海芋、秋海棠、水稻、灯芯草，抗旱能力小，不能忍受长时间缺水，但抗涝性强，根部通过通气组织与茎叶的通气组织相连，保证根的供氧。中生植物（mesad），如大多数农作物、森林树种，有保持水分平衡的结构与功能，根系与输导组织比湿生植物发达，叶片表面有角质层，栅栏组织较完整。旱生植物（siccocolous）生长在干热草原和荒漠地区，抗干旱能力极强，根据其形态、生理特性和抗旱方式又可分为少浆液植物和多浆液植物。少浆液植物的叶面积缩小，有的退化成针状（刺叶石竹）或小鳞片状（麻黄），以绿色茎进行光合作用，叶片气孔下陷；根系发达，细胞内有大量亲水胶体物质，胞内渗透压高，使根能从含水量很少的土壤中吸水。多浆液旱生植物根、茎、叶的薄壁组织逐渐变为储水组织，细胞内有大量的五碳糖，提高了胞汁液浓度，增强了植物的保水性。干旱时大多数植物失去叶片，由绿色茎代行光合作用；白天气门关闭，进入细胞内被有机酸固定的 CO_2 被分解出来，成为光合作用的原料。植物在淡水或咸淡水栖息地有一个趋向，即通过渗透作用，水从环境进入植物体内，水生植物（aquatic plant）必须具备自动调节渗透压的能力。水生环境的盐度对植物的分布与多度也有重要影响，红树林能耐受高盐度的环境。水生植物对缺氧的适应，使其根、茎、叶内形成了一套互相连接的系统（如莲花）。

水生动物依赖于水的渗透调节作用保持体内的水平衡（water balance），当体内溶质浓度高于环境中溶质的浓度时，水将从环境进入机体，溶质将从机体进入水中；当体内溶质浓度低于环境中溶质的浓度时，水将从机体进入环境，溶质将从环境进入机体。渗透调节是控制生活在高渗和低渗环境中有机体内水平衡和溶质平衡的一种方式，淡水和海洋的盐度不同，导致淡水鱼类、海洋鱼类和广盐性洄游鱼类的渗透调节也不同。水生动物对水的密度和低氧环境也产生相应的适应。

两栖类动物的肾功能与淡水鱼的相似，皮肤像鱼的鳃，能够渗透水和主动摄取无机盐离子。在淡水中时，水渗入体内，皮肤摄取水中的盐，肾脏排泄稀尿。在陆地时，皮肤直接从潮湿环境中吸取水分，在干燥环境中，通过膀胱表皮细胞重吸收水来保持体液。

陆生动物要维持生存，必须使失水和得水达到平衡。得水的途径是直接饮水或从食物中获得，也可通过体表从潮湿的大气中吸水（如蟑螂、蜘蛛），或利用体内的代谢水（如沙鼠、拟谷盗）。减少失水的途径是减少蒸发，呼吸水分的回收［逆流交换（countercurrent exchange），如啮齿类动物］，体表的角质层、蜡膜、鳞片可阻碍体表水的蒸发，哺乳动物肾脏的保水能力、代谢产物的排泄等均表现为对水的适应性。

水对动物的生存、活动起着重要作用，因此，动物必须采取种种措施抵抗干旱，保持水分摄入与排出的动态平衡。陆生动物对于干旱的适应是滞育、夏眠或迁徙，有些动物在降雨季节常成群栖息、生活在河滩、水沟旁的一些小水坑里，雨季一过，即进入滞育。鱼类，如非洲肺鱼（*Protopterus annectens*）在饮水时，常在污泥中打洞，钻入洞中，分泌黏液成囊，在里面夏眠。许多鸟类和兽类在干旱季节来临之前，常成群迁移到气候比较湿润的地方，如非洲的斑马（*Equus burchelli*）、汤姆逊羚羊（*Gazella thomsoni*）等都是大规模迁徙的动物。以色列沙漠地区昼出性的昆虫有2/3的个体出现在3～5月，其中以4月最多、8月最少。夜出性的昆虫有2/3的个体出现在6～9月，12月最少。有的昆虫会出现休眠（夏眠、冬眠）和滞育。

动物有以下4种获水途径：①饮水或取食。许多陆生动物通过饮水或取食来获得水分，一般而言,动物取食含水量高的食物,动物体内的含水量就高;取食含水量低的食物,动物的含水量就低。②减少体内失水。许多生活在干燥环境中的陆生动物保存水的重要措施之一是减少体内水分的丧失。昆虫后肠有再吸收水分的功能,黄粉甲、衣鱼等昆虫的排泄物,通过后肠时水分被再吸收,这种作用对维持其体内水分的平衡有重要意义。脊椎动物肾脏的进化反映了这种适应,陆生脊椎动物的肾小球数目较少,但它们具有的肾小管比水生脊椎动物的长,以增强再吸收水的能力。③通过体壁(或卵壳)从环境中取水。青蛙和蟾蜍的皮肤是透水的,有一种褐蝗(*Locusta pardalina*)的卵在发育前先要从外界吸入一些水,这种吸水方式受吸水细胞的控制,水是从吸水膜的许多孔道进入卵内的。④从自身的生物氧化中获得水分。生活在干旱地区的陆生动物,常利用其自身生物氧化的水,以弥补水分的不足。试验结果显示,1g脂肪完全氧化可产生1.07g的代谢水,1g碳水化合物氧化后可产生0.55g水,而1g蛋白质氧化后可产生0.41g水。

四、温度和湿度的综合作用

生态系统中温度和湿度总是同时存在的,二者相互影响、相互作用并综合作用于生物。温度及湿度的联合作用是复杂的,不同温度及湿度的组合,对生物的生存、发育、繁殖等都产生不同程度的影响。对某一种生物来说,适宜的温度范围可因湿度限制而转移。反之,适宜的湿度范围也可因温度限制而转移。

在说明温度、湿度组合对生物的影响时,常采用温湿度比值,即温湿度系数表示。湿度组合的常用公式为

$$Q = RH/T \tag{1-6}$$

式中,Q 为温湿度系数;RH 为相对湿度;T 为平均温度。

由式(1-6)可进一步得出一些温度、湿度的关系。例如,积温湿度系数(Q'):

$$Q' = R/\sum(T-C) \tag{1-7}$$

式中,R 为降水量;T 为平均温度;C 为发育起点温度。

也可以用蒸发系数(E):

$$E = R/P \tag{1-8}$$

式中,R 为降水量;P 为蒸发总量。

玉米螟的发生与温度、湿度和降水量的关系十分密切,在越冬代幼虫化蛹和成虫羽化产卵期间,降水量多有利于玉米螟的发生。相反,气候干旱则抑制玉米螟的发生。河南开封地区农业科学研究所通过分析历史资料,找出影响第一代玉米螟消长的主导因素是4月、5月的温湿度系数。当4月、5月温湿度系数增减0.1时,则一代有虫株率将随之增加2.2%;如果温湿系数达4以上,就有大发生的可能;3~4则中度发生;3以下显著减轻。不同温度、小麦含水量对米象幼虫死亡率的综合影响见图1-21。

温湿度系数应注意的问题:温湿度系数的作用必须限制在一定温度和湿度的范围内。因为,不同温度、湿度组合可得到相同的温湿度系数,如10℃、20℃和30℃3种温度与30%、60%和90%3种相对湿度分别组合的系数都是3,但各自的作用则差异很大。

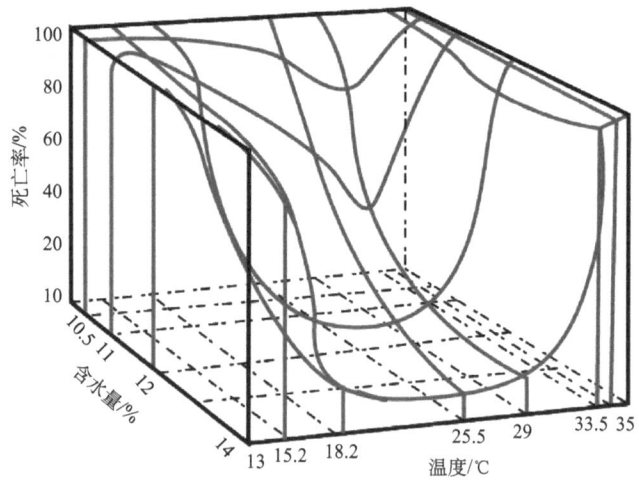

图 1-21　温度、小麦含水量对米象的作用（仿 Andrewartha and Birch，1964）

五、气候图

为了研究不同温度、湿度组合对生物地理分布和发生量的影响，可根据一年或数年中各月温度、湿度组合来绘制气候图。绘制时，在坐标纸上以纵轴代表月平均温度，横轴代表月降水量或平均相对湿度，然后将 12 个月的温度、湿度组合点依次按月份用线连接起来，注明月份即制成气候图。图 1-22 所示为北京气候图。

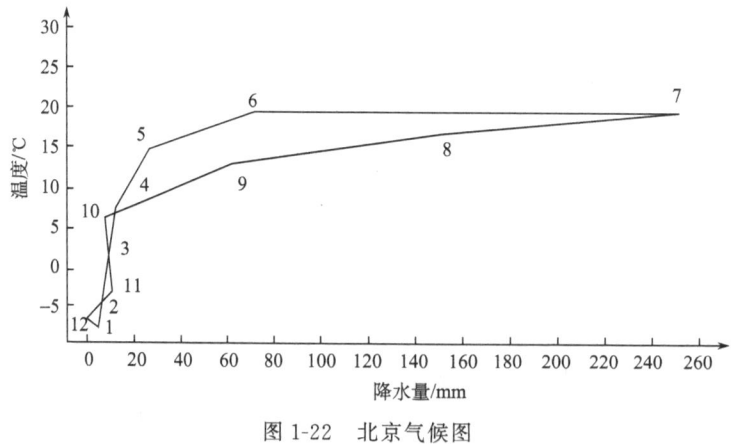

图 1-22　北京气候图

Uvarov 首先采用生物现象与气候图相结合的"生物气候图"（bioclimatic graph）方法对摩洛哥蝗进行研究。首先绘制高原和平原两个地区的气候图，然后将蝗虫的不同发育阶段（卵、若虫和成虫期）分别填入图中。结果表明，在高原地区，夏季和初秋干燥，随后降水量充分，温度适宜，这些条件组合，有利于摩洛哥蝗大量发生。相反，在平原地区，因为春季暖得早，夏季 7～8 月干旱，冬季又太湿润，不利于摩洛哥蝗发生。比较两个地区的情况后，可以发现摩洛哥蝗发生与否取决于温度、湿度综合作用的效应（图 1-23）。

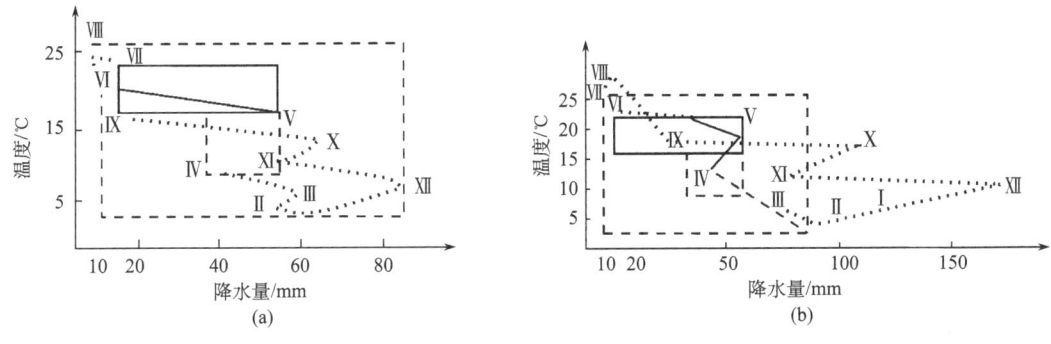

图 1-23 摩洛哥蝗在小亚细亚发育的生物气候图（仿 Uvarov，1977）
(a) 高原；(b) 平原。……卵期；- - -若虫期；—成虫期；Ⅰ～Ⅻ……月份

第六节 土壤及其生态作用

一、土壤因子的概念

土壤环境：土壤是陆生植物生活的基质、陆生动物生活的基底，是陆生生物的立足点，为土壤生物（包括细菌、真菌、放线菌、藻类、原生动物、轮虫、线虫、软体动物、节肢类动物等）提供底质，为一些狭适应性的动物提供良好的生存场所，是陆地生态系统的基础，是生态系统中物质与能量交换的重要场所（分解作用、硝化作用、固氮过程都在土壤中进行），能够在植物群落的演替方面发挥巨大作用。土壤具有肥力，大多数农作物生长依靠它，因此，土壤是具有决定性意义的生命保障系统。土壤还具有固定性的特点，不像其他生产资料一样可以根据需要而转移。土壤中生活着大量生物种类和个体，有独有的食物链，大多数生物死亡后都要回归到土壤中。

土壤是生物栖居的场所，土壤中最多的生物是微生物，已知菌种的50%以上栖息于土壤中。每1g土壤中估计有超过25 000个细菌和为数略少的真菌；在肥沃土壤中，每1g土壤中有54万甚至1亿个细菌；栖居土壤中的动物，小的有原生动物，大的有蜗牛、马陆、啮齿类和鼹鼠等。蚯蚓约有1800种，线虫有几千种。昆虫有98%以上的种类与土壤有联系。土壤中还有50种以上的酶与之结合，不易分离，这些酶有的是生物分泌的胞外酶，有的是细胞死亡后释放出的胞内酶。据调查，在面积为 $1m^2$、深度为30cm的麦田中，有73 000个无脊椎动物，其中6000个是昆虫；同样大小的荒草地中有198 000个无脊椎动物，其中有昆虫8700个，它们参与土壤有机质的捣碎、分解和腐烂等过程，从而提高了土壤的肥力。

土壤是生物进化的过渡环境，生物在进化过程中由水到陆地，然后发展到空间，而土壤是介于水和空气之间的环境。土壤中既有空气，又有水分，正好成为生物进化过程中的过渡环境。借助于土壤，一些生物实现了由水生生活方式向陆生生活方式的转变，如土壤在昆虫纲的进化过程中就具有特殊重要的意义。

土壤是植物生长的基质和营养库，绝大多数植物以土壤作为生活的基质。土壤提供了植物生活的空间、水分和必需的矿质元素，植物的根系与土壤之间有着频繁的物质交换。高等植物不能直接吸收大气中的氮，只能从土壤中吸收游离状态的氮。植物生长发育过程中，至少有16种元素是不可缺少的,无机元素氮、磷、钾、硫、镁、钙、铁、氯、锰、锌、硼、铜、钼13种元素和有机质都来自土壤。

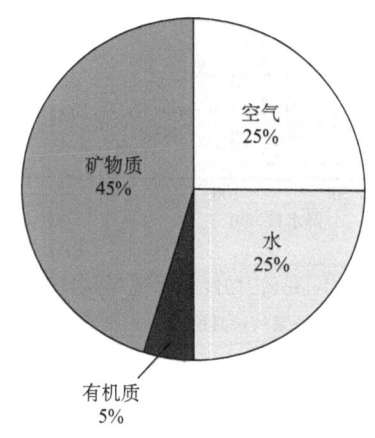

图1-24 土壤中固相、液相和气相组成示意图

土壤是污染物转化的重要场地,土壤中含有大量微生物和小型动物,它们对污染物质具有分解能力。例如,土壤中存在能分解酚的微生物,能破坏酚化合物,将酚化合物作为碳和能量的来源加以利用。土壤是细菌将一氧化碳转化为其他产物的场所,空气中一氧化碳含量达到$30\mu l/L$时,人体就有5%血红蛋白的功能受到障碍,因此,土壤细菌的转化作用十分重要。土壤在环境保护中的净化作用也是很重要的。

土壤质地与结构:土壤中矿物质占45%、有机质占5%、空气占25%、水占25%(图1-24)。中国的土壤质地分为3类:砂土、壤土和黏土。砂土又分为重砂土、细砂土、粉砂土、砂粉土和粉土;壤土又分为粉壤土、黏壤土和沙黏壤土;黏土则分为粉黏土、壤黏土和黏土(表1-6)。

表1-6 中国土壤质地分类

质地组	质地名称	颗粒组成/% (粒径/mm)		
		砂粒(1~0.05)	粗粉砂(0.05~0.01)	黏粒(<0.01)
砂土	重砂土	>70	—	—
	细砂土	60~70	—	—
	粉砂土	50~60	—	—
	砂粉土	>20	>40	<30
	粉土	<20		
壤土	粉壤土	>20	<40	—
	黏壤土	<20		
	砂黏壤土	>50	—	>30
黏土	粉黏土			30~35
	壤黏土			35~40
	黏土			>40

土壤的物理性质与化学性质:土壤的水分来自于降雨、降雪、灌水;土壤的空气来自于大气和土壤生化过程产生的气体;土壤的温度来自太阳能。土壤酸度(soil acidity)包括酸性强度和酸度数量,或活性酸度和潜在酸度,酸性强度是指与土壤固相处于平衡时土壤溶液中的H^+浓度,用pH表示;酸度数量是指酸的总量和缓冲性能,用交换性酸量表示。土壤酸度为pH 6~7时,养分的有效性最高,对植物生长最有利。碱性土壤中易发生铁、硼、铜、锰、锌、磷、钾、钙、镁等的缺乏。土壤的酸度通过影响微生物活动而影响养分的有效性和植物的生长,影响土壤动物区系及其分布。

土壤有机质:土壤有机质分为腐殖质(humus)和非腐殖质,非腐殖质是死亡动物、植物的组织，主要为糖类和含氮化合物。腐殖质是多聚体化合物，主要为胡敏酸和富里酸，占土壤有机质总量的85%~90%，是植物营养的重要碳源和氮源，胡敏酸还是一种植物生长激素；腐殖质还是异养微生物的重要养料和能源，能活化土壤微生物。土壤有机质对土壤团粒结构的形成、保水、供水、通气、稳定温度有重要作用。

土壤矿质元素：地壳中有90多种元素，除碳、氢、氧外，植物所需的全部元素（钾、钙、镁、硫、磷、氮、铁、锰、硼、锌、铜、钼和氯）均来自土壤矿物质和有机质的矿物分解。在土壤中，98%的养分呈束缚态，存在于矿物中或有机碎屑、腐殖质和难溶的无机物中，经过风化和矿化变为可利用态。土壤的无机元素对动物的生长和数量有影响，如土壤钙、氯化钠和盐的含量对蜗牛、草食有蹄动物、蝗虫等有影响。

土壤的生物学特征：土壤中存在着许多生物，如细菌、真菌、放线菌、藻类、原生动物、昆虫、蚯蚓，鼠类等，同生物数量巨大，1g土壤有原生动物100万个、细菌上亿个（表1-7）。土壤生物的生命活动对土壤的特性有很大影响，与动物、植物有着千丝万缕的关系。大约98%的昆虫种类在生活史中与土壤发生联系，原尾目昆虫、弹尾目昆虫、蝼蛄、伪步行虫等的生活史各阶段均在土壤中生活；步行虫科、叩头虫科、金龟子科的幼虫期在土壤中度过；鳞翅目夜蛾亚科及膜翅目中的很多昆虫在土穴中发育，如地老虎等在土壤表面或植物上产卵，幼虫则钻入土中；天蛾科、夜蛾科、尺蠖科及膜翅目叶蜂科的幼虫在土外取食然后钻入土中，其前蛹和蛹栖息于土中；很多昆虫寒冷时在土中越冬，如缨翅目、半翅目及叶甲科的昆虫。土壤中的微生物是生态系统的分解者，在形成土壤团粒结构方面、在腐殖化和矿化作用方面起着重要作用；真菌与某些高等植物的根系形成共生体（菌根）、固氮菌和根瘤菌进行固氮；硅酸盐菌能破坏硅酸盐类的矿物，使这类矿物释放出钾。

表1-7　草原上层1m²土壤中的生物密度及其生物量

生物名称	密度/个	生物量/g
细菌	1×10^{15}	100.0
原生动物	5×10^6	38.0
线虫	1×10^7	12.0
蚯蚓	1000	120.0
蜗牛	50	10.0
蜘蛛	600	6.0
长脚蜘蛛	40	0.5
螨类	2×10^5	2.0
木虱	500	5.0
蜈蚣及马陆	500	12.5
甲虫	100	1.0
蝇类	200	1.0
跳虫	5×10^4	5.0

二、土壤对生物的影响

土壤质地对生物的影响：土壤的质地（砂土、壤土、黏土）可影响生物的分布和活动。

沟金针虫适应于干旱地区，其生存的土壤一般都是缺少有机质的粉沙壤土及粉沙黏土；细胸金针虫多发生在以细黏粒占优势的黏土中；蝼蛄喜欢生活在含砂质较多而湿润的土壤中；步行虫对颗粒大小有明显地选择。

土壤温度对生物的影响：土壤温度对植物根系生长、呼吸及吸收能力的影响较大。一般来说，农作物在10～35℃时，随着土壤温度的增高，生长加快；温带植物由于土壤温度太低，植物根系在冬季停止生长；如果土壤温度过高，则会使植物根系或地下储藏器官的生长减弱；土壤温度影响根系的吸收作用，如棉花在土壤温度为17～20℃时，即使土壤水分充足，吸水能力也会减弱。

土壤水分对生物的影响：土壤水分和盐类组合成土壤溶液并积极参与土壤中物质的转化过程，促进有机物的分解与合成。有了土壤水分才可使矿质养分溶解、转化，进而被植物吸收利用。土壤水分影响土壤内无脊椎动物的数量及分布。例如，等翅目白蚁，需要相对湿度不低于50%，它们能钻到地下12m处寻找水分。蚯蚓在土壤干旱时常钻进较深的土层中夏蛰，随着雨水的来临，它们才又恢复活动。

土壤酸碱度对植物的影响：土壤酸碱度直接影响土壤养分的有效性，使植物的养分供应受到一定的限制，破坏土壤结构，对植物的生长产生不良影响。土壤酸碱度通过土壤微生物而影响植物的养分供应，还会对植物根系构成毒害作用。人们利用寄主和寄生生物对pH的不同反应，对若干植物病害加以控制。例如，棉花根腐病、烟草根黑病病菌常发生在碱性土壤中，十字花科蔬菜根肿病和猝倒病病苗则喜酸性土壤。

根据植物对土壤酸碱度的反应和要求不同，把植物划分为不同的生态类型：酸性土植物（pH<6.5）、中性土植物（pH 6.5～7.5）、碱性土植物（pH>7.5）。酸性土植物只适宜生长在酸性土壤中，常见的有马尾松、柑橘、茶和竹等。大多数农作物和其他植物适宜在中性土壤中生长，为中性土植物。在pH>7.5的土壤上生长和分布的植物称为碱性土植物。

土壤酸碱度对动物的影响：小麦吸浆虫幼虫最适宜于在碱性土壤中生活，pH为7～11时生活正常，pH为3～6时不能生存。pH为4～5.2的土壤中，金针虫数量最多而在pH为8.1的土壤中也可找到 *Limonius* 的金针虫。软体动物，特别是有贝壳的软体动物，它们出于对石灰质的需要，绝大多数生活于pH等于或高于7.0的土壤中。图1-25显示蝗虫分布与植被及土壤含盐量的关系。

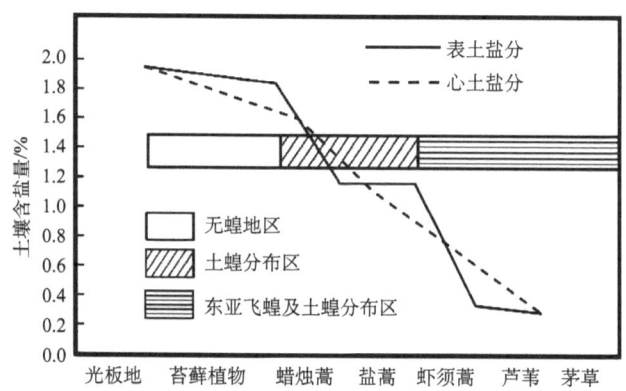

图1-25　蝗虫分布与植被及土壤含盐量的关系（仿陈永林，1980）

施肥与土中生物的关系：有机肥料能刺激植物性微生物的活动，加速有机物的分解，同时引入适生于粪肥内的特殊动物相（微植物区系、弹尾目、双翅目）。化肥会毒化环境，改变土壤原来的生物群落（表 1-8）。土居生物有地带性的不同，主要受土壤地带性的理化条件、农耕制度和气候三者的综合影响。

表 1-8　施肥区与不施肥区土居动物数的比较

动物种类	不施肥区（基数）	施肥区/倍
昆虫	1.00	3.12
大型线虫类及水栖寡毛类	1.00	4.52
多足类	1.00	2.13
陆栖寡毛类	1.00	2.20
蜘蛛类	1.00	2.40
甲壳类	1.00	2.40
软体动物	1.00	2.49

资料来源：Morris，录自英国路斯散姆农场

三、土壤侵蚀与保护

土壤侵蚀是指在风或水的作用下，土壤物质被破坏、带走的过程。以风作为动力使土粒飞散造成的土壤侵蚀称为风蚀；由于水的作用把土壤冲刷到别处的现象称为水蚀，常称为水土流失。土壤侵蚀已成为全世界的一大公害，它使土壤肥力和保水性下降，降低土壤的生物生产力，容易造成洪流灾害和沙尘暴。

中国是世界上土壤侵蚀较为严重的国家之一，据不完全统计，占全世界 15%～20% 的水蚀发生在中国，每年因水蚀损失 55 亿 t 表土，这些表土中含有 2750 万 t 有机质、550 万 t 氮、50 万 t 有效钾和 6 万 t 有效磷，分别为年氮、磷、钾肥施入量的 46%、2% 和 63%。

黄土高原的土壤侵蚀：黄土高原西起日月山，东至太行山，南靠秦岭，北抵鄂尔多斯高原，海拔 1000～2000m，是世界上最大的黄土分布区，地貌类型主要有黄土塬、梁、峁等。黄土高原土层深厚、质地疏松、地形破碎、植被稀少，水土流失极为严重，是黄河泥沙的主要来源区。据中国科学院黄土高原综合科学考察队遥感调查最新计算，黄土高原地区水土流失面积为 34 万 km^2，多年平均侵蚀量为 16 亿 t，其中土壤侵蚀强度大于 $1000t/km^2$ 的面积约达 2912 万 km^2、大于 $5000t/km^2$ 的面积约达 1616 万 km^2。

减少土壤侵蚀的办法包括修梯田、筑拦沙坝、种草种树、增加植被覆盖。在澳大利亚，大范围建筑树篱作为物理屏障来阻止土地风蚀，同时以适当的角度来耕种坡田，顺着等高线挖水渠。中国的紫色丘陵区位于四川盆地中部，坡耕地所占比例大，由于高垦殖、高复种、高强度利用，水土流失问题尤为突出，加强以坡耕地保护利用为核心的水土流失治理综合技术的研究和集成对该区域农业与农村经济可持续发展具有重要的现实意义。在利用蓑草植物篱防治水土流失方面，采用野外定位监测、室内外定量分析和典型调查相结合的方法，系统研究了蓑草植物篱防治水土流失的机制和减沙效应，构建了不同土壤条件下的植物篱模式，提出了蓑草的优化施肥技术、集成了蓑草栽培的技术。蓑草防止水土流失的机制：一是蓑草的根系十分丰富，根系的缠绕固结和穿插作用，提高了土壤的抗冲性和土壤的渗透性；二是

蓑草地上部的生物产量高，对土壤表面的覆盖保护效果好，可避免土壤直接遭受雨水溅击，延缓土壤侵蚀流失过程。

1992年，美国土壤侵蚀平均每年每英亩[①]（英亩约等于6亩[②]）达316t，全国每年土壤侵蚀量达69亿t。全国3182亿英亩耕地和3198亿英亩牧场占美国国土面积的40%左右，其土壤侵蚀数量占总土壤侵蚀数量的62%，耕地是土壤侵蚀的主要发生源地。1934年美国"黑风暴"事件后，美国国会宣布国家处于土壤侵蚀的紧急状态，政府进行土壤侵蚀清查，开始重视土壤侵蚀的研究，向农民大力推荐土壤保护的措施，并颁布了一系列法案，建立了许多土壤保护项目，全国经历了由注重减轻土壤侵蚀、增加农业土壤生产力到减轻农业对环境影响的转变。保护性耕作是减轻土壤侵蚀常见的有效措施，是指在侵蚀强的地区，通过免耕、少耕、垄作、间作套种或覆盖等措施，在播种后至少30%的地表被植物秸秆覆盖。其他常见的保护措施有牧场和草地管理、灌溉管理、梯田、等高种植、草地水道、条播作物和密生作物轮作、种植与休闲或牧草轮作等。土壤侵蚀减轻的重要原因之一是侵蚀严重的耕地面积下降。侵蚀严重的耕地是指侵蚀程度超过T值（侵蚀可忍耐值，超过此值，生产力就会下降），以及那些提供大量泥沙和其他污染物对水体有危害的土地。据统计，1982~1987年，严重侵蚀的耕地面积减少了600多万英亩，1987~1992年减少了1000多万英亩。

沙漠化是导致土地丧失的另外一个原因。目前，全球沙漠化土地有4560万km^2，每年因土地沙化损失600万km^2的农田和牧场，直接损失约260亿美元。中国沙漠化土地有332.7万km^2，每年因沙漠化损失$1560km^2$的农田和牧场，现在扩展到$2460km^2$。中国东起科尔沁草原，经坝上、鄂尔多斯到宁夏以南的农牧交错地带，占沙漠化土地面积的73%。治理沙漠化的方法包括沙障和植物固沙相结合，乔木、灌木、草本防沙林与农田相结合，人工造林与丰育相结合，调整土地利用结构和合理放牧相结合。

第七节　生物因素及其生态作用

一、生物因素的概念

生物因素中主要的是食物，而食物是最重要的生态因素之一，直接影响动物（昆虫）的生长、发育、繁殖和寿命，明显影响生物的数量，并影响某一地区生物种群和群落的特点。生物因素包括动物、植物、微生物和人为因素。

生物因素的作用具有如下特点。

（1）环境中生物因素之间的作用，主要表现在不同种之间食物方面的联系，即捕食者与被食者之间的关系，本质上是营养的联系（trophic relationship）。生物因素主要有食物、捕食者、寄生物和各种病原微生物。

（2）一般情况下，生物因素对某个物种的影响只涉及种群中的某些个体，只在很少情况下才会出现一个地区种群的全部个体被某种生物取食一空的现象。而非生物因素对整个种群的作用是相同的，如一次寒流对每个有机体的作用都是相等的。

（3）生物因素在相互作用、相互制约中产生了协同进化。例如，有些植物花的形态、色

[①]　1英亩＝0.404 856hm^2

[②]　1亩≈666.7m^2，后同

泽、香味和花蜜是植物对传粉昆虫的适应；而传粉昆虫的形态、口器、携粉足和全身密被的毛等，则是昆虫对花的适应，二者之间的这种关系是经过千百万年协同进化的结果。

（4）生物因素一般仅直接涉及两个物种或与其邻近密切相关物种之间的关系，而非生物因素则对该地区整个生物群落中的所有物种都发生作用，涉及的生物种类多、数量较大、范围较广。

二、生物因素在生物防治中的作用

利用天敌来调节、控制有害生物种群，如利用捕食昆虫、寄生昆虫和微生物来杀死害虫和杂草。成功的例子包括利用澳洲瓢虫和拟寄生隐毛蝇防治吹棉蚧，利用智利小钝鳌螨和丽蚜小蜂防治红蜘蛛和白粉虱，利用苏云金杆菌、真菌、病毒防治害虫。

天敌生物主要有以下类群。

1. 昆虫病原物

（1）病毒：昆虫病毒（insect virus）种类繁多，至今发现的已超过1000多株，涉及11目43科900多种昆虫，主要寄主为鳞翅目的害虫。1973年，联合国推荐以杆状病毒作为大田防治害虫的生物杀虫剂，目前，全球已有30多种昆虫病毒制剂在市场上销售，如棉铃虫核型多角体病毒杀虫剂、斜纹夜蛾核型多角体病毒杀虫剂等。

（2）细菌：能感染昆虫并引起疾病的细菌称为昆虫病原菌（entomopathogenic bacteria）。细菌的种类很多，已发现的有2000多种，从昆虫体内分离出来并能使昆虫发病的细菌有90多种或变种。苏云金芽孢杆菌、金龟子乳状芽孢杆菌和球形芽孢杆菌是使用较广的昆虫病原细菌。

（3）真菌：昆虫病原真菌（或虫生真菌）（entomophagous fungus）有腐生真菌、寄生真菌、菌根真菌和植物致病中的低致病菌系多种。世界上记载的虫生真菌约100属800多种。中国自20世纪50年代以来开发应用的昆虫病原真菌有20余种，使用最广的是白疆菌和绿疆菌。

（4）原生动物：原生动物是许多单细胞真核生物的总称，绝大多数昆虫病原原生动物引起的疾病都是由微孢子虫造成的。国际上研究较多的昆虫微孢子虫有蝗虫微孢子虫、玉米螟微孢子虫及变形孢虫属的一些微孢子虫。

（5）线虫：昆虫病原线虫（entomopathogenic nematode）是指以昆虫为寄主的致病性线虫。目前，世界上已记载的与昆虫有关的线虫有8目22科5000多种，常用于防治害虫的线虫主要是斯氏线虫科斯氏线虫属和异小杆线虫科异小杆线虫属的线虫，目前已报道的斯氏线虫属有17种、异小杆线虫属有16种。

2. 天敌昆虫

（1）捕食性昆虫（predator）：是指专门以其他昆虫或动物作为食物的昆虫，它直接蚕食虫体的一部分或全部，或刺入害虫体内吸食害虫体液使其死亡。害虫捕食性天敌在自然界中广泛存在，种类很多，分属于18目近2000科，主要包括昆虫类、蜘蛛类、捕食螨类和脊椎动物等。

（2）寄生性昆虫：是指昆虫种的一些种类，一个时期或终身附着在其他动物（寄主）的体内或体外，并以摄取寄主的营养物质来维持生存，这种具有寄生习性的昆虫称为寄生性昆虫（parasite）。属于膜翅目的称为寄生蜂，属于双翅目的称为寄生蝇，捻翅目昆虫和少数鳞翅目和鞘翅目昆虫也有寄生习性。

3. 食虫动物

（1）蛛形纲：蛛形纲中的蜘蛛目和蜱螨目是捕食昆虫的两个重要天敌类群。全世界已知蜘蛛有106科3700种，它们通过"网捕"或狩猎来捕捉害虫。

（2）两栖纲：部分两栖动物的成体靠捕食昆虫为生，如青蛙捕食的害虫占其食物总量的90％以上。这类两栖动物主要是箭毒蛙科、狭口蛙科、锄足蟾科和异舌蟾科的动物。

（3）爬行纲：有些爬行动物的幼体常以昆虫为食，主要包括鬣蜥科、壁虎科、蜥蜴科、石龙子科、鞭尾蜥科、异盾盲蛇科、细盲蛇科和盲蛇科等的动物。例如，壁虎在夏天的夜晚常出现在有灯光照射的墙壁、檐下或电杆上捕食蚊、蝇和飞蛾等昆虫。

（4）硬骨鱼纲：国内外有利用鱼类来防治害虫的成功例子。例如，用柳条鱼或叉尾斗鱼来捕食蚊子的幼虫；中国南方利用稻田养鱼来控制水稻害虫。

（5）鸟纲：全世界有近半数的鸟类以昆虫作为主要食物，常见捕食昆虫有鹟鸫科、鹃鹊科、鹏科、燕科、太平鸟科、伯劳科、黄鹂科、河乌科、林莺科、山雀科、旋木雀科和鹎科等的鸟类。据报道，捕食松毛虫的鸟类达124种。

（6）哺乳纲：哺乳纲中蝙蝠科、猬科、鼹科、针鼹科、食蚁兽科、袋科、鲮鲤科等近20科的哺乳动物捕食昆虫。除蝙蝠主要捕食鳞翅目和鞘翅目昆虫外，大多数种类以白蚁或蚂蚁为主食。

4. 食虫食物

全世界已知有550种食虫植物，常见的有茅膏菜、猪笼草、瓶子草、钩叶瓶子草、捕蝇草和腺毛草等植物，它们借助特殊的捕虫器官来诱捕昆虫并将其消化吸收。

三、生物因子对根瘤菌、AM真菌和钉螺的影响

1. 生物因子对根瘤菌与豆科植物相互作用的影响

根瘤菌与豆科植物的相互作用是一个由双方有关基因共同参与、相互识别、协同作用，并随环境条件和细胞内的生理状态变化而自主调节的复杂过程，在此过程中，各种生物因素和非生物因素共同对其产生重要的影响。生物因素是指影响根瘤菌-豆科植物共生固氮体系生长、发育、形态和分布的动物、植物、微生物等因子，主要包括宿主植物根系分泌物、根瘤菌产生的信号识别物质结瘤因子、接种菌与土著菌的结瘤竞争等，这些因子对构建共生体系的作用与影响各不相同。宿主植物根系分泌的信使物质类黄酮能刺激根瘤菌释放结瘤因子进行相互识别，是根瘤菌能否入侵其根部定植的关键，其他可溶性根际分泌物可为根瘤菌提供丰富的有效性碳源，是促进土壤中根瘤菌存活繁殖的重要因素。此外，影响共生体系结瘤固氮的生物因素还很多，如寄主植物和根瘤菌自身的抗逆性、土壤原生动物的捕食作用、土壤酶活性、寄主植物病虫害及土壤的异类微生物等。例如，病虫害对宿主植物产生巨大的伤害，使其正常生长受损从而影响固氮体系效能的发挥，而菌根真菌、生长素对根瘤菌的结瘤数和固氮酶活性有显著的促进作用。这些生物因素相互依存、相互限制，对根瘤菌-豆科植物共生固氮产生极其重要的影响。

2. 生物因子对 *Arbuscular mycorrhizal* 真菌的影响

（1）动物对 *Arbuscular mycorrhizal*（AM）真菌多样性的影响：土壤中存在的动物有上千种，其中的很多可以改善土壤的理化性状，从而直接或间接地影响AM真菌。蚯蚓、

蚂蚁、马陆、白蚁对土壤中 AM 真菌的传播有一定影响。将蚯蚓的粪便接种到无菌土栽培的洋葱上，发现洋葱被 AM 真菌侵染，证明了 AM 真菌繁殖体的存在。蚂蚁、马陆、白蚁等对 AM 真菌的传播也有类似作用，但它们所携带的真菌繁殖体活力不同，这些动物的主要作用是把 AM 真菌的繁殖体从地下带到地上，从而使其在风、水或其他动物的作用下传播得更广、更远。然而，有一些小型节肢动物，如螨和一些弹尾目昆虫常以 AM 真菌的孢子和菌丝为食，因此对 AM 真菌的生存不利。

(2) 植物对 AM 真菌多样性的影响：AM 真菌属于专性共生真菌，寄主植物的多样性在一定程度上决定了 AM 真菌的多样性。不同寄主植物根围内 AM 真菌的组成不同。例如，从苹果根围土壤中分离出球囊霉属（*Glomus*）的 7 种，从葡萄根围分离到 15 种 AM 真菌，在香蕉根系和根围土中分离到 *Gigasp oraheterogama*、*Gi. decipiens* 和 *G. macrocarpum*，从蕨类植物根围分离到无梗囊霉属（*Acaulaspora*）的 AM 真菌 3 种、*Sclerocystis* 的 AM 真菌 2 种、*Glomus* 的 AM 真菌 1 种，从一种固沙草根围分离到 28 种 AM 真菌，从一种桉树根围发现 AM 真菌新种 *Scu. rubra*。另外，不同寄主植物根围内 AM 真菌的数量不同，如 *G. aggregatum* 在大豆根围内数量较多，而在玉米根围内较少。AM 真菌在野生植物中的物种多样性高于在栽培植物中的。另外，不同植物根系形态与生理代谢差异对 AM 真菌的生长、发育、侵染和繁殖等都具有重要影响。C_4 植物比 C_3 植物更有利于丛枝菌根的生长发育，植物根系中的可溶性糖、内源激素及分泌物等对根系自身及其附近丛枝菌根的形成有直接影响。

(3) 土壤微生物对 AM 真菌多样性的影响：土壤中有许多植物促生根细菌（plant growth promoting rhizobacteria，PGPR），如荧光假单胞菌、芽孢杆菌、根瘤菌、促磷溶解细菌、自生固氮菌等。其中某些 PGPR 能促进 AM 真菌菌丝生长、孢子萌发、对寄主植物的侵染、根外菌丝的生长和脱氢酶的活性等。Tylka 等发现某些链霉菌能促进某些 AM 真菌孢子的萌发；Kim 等证实溶磷菌和 AM 真菌能相互影响；自生固氮菌能促进 AM 真菌的侵染和植物的生长；荧光假单胞菌能增加 *G. caledonium* 的菌丝长度，二者在磷吸收方面具有协同作用。Manjunath 等认为，自生固氮菌、黑曲霉与 AM 真菌对洋葱具有协同一致的作用。

(4) 人为因素对 AM 真菌多样性的影响：人为因素主要通过土地的耕作方式、种植方式、施肥和化学药剂的施用等来影响 AM 真菌的多样性。

3. 生物因子对钉螺的影响

湖北钉螺（简称为钉螺）是日本血吸虫唯一的中间宿主，控制和消灭钉螺是控制血吸虫病流行的根本措施之一。全面掌握影响钉螺孳生、繁殖及其感染的主要生物因素，将为有效控制钉螺和血吸虫病传播提供科学依据。钉螺的分布与植物群落类型、分布有密切关系，可形成适宜钉螺孳生的微小气候和食物等微环境。在长江下游滩地，以莎草为主组成的植物群落环境，其钉螺分布密度高于薹草群落环境和狗牙根群落环境，其中狗牙根群落中的钉螺密度最小。在鄱阳湖区，洲滩钉螺孳生地的优势植物为薹草群丛，且钉螺分布与薹草群丛的总盖度、高度、种盖度呈显著正相关。一般薹草盖度超过 60% 的环境钉螺密度较高，而盖度在 20% 以下的环境则无或甚少钉螺。山丘型地区适宜钉螺孳生的草本群落物种丰富度为 4～14，植被盖度和高度分别为 60%～100%、20～50cm。

四、生物因子的利用途径——大沙水稻害虫综合防治实例

以下介绍广东省四会市大沙镇以生物防治为主的水稻害虫综合防治经验，从生物防治这一侧面反映生物因子的利用途径。

稻田生态系统是由所有栖息在水稻栽培地区的生物群落与其所有周围环境所组成的系统，是一个开放的、动态的、不稳定的生态系统。在这个系统中，作物比较单一，化学农药和有机肥高投入，人为干扰活动贯穿整个耕作过程。开展以生物防治为主的水稻害虫综合防治，主要通过以下途径发挥生物因子的治虫作用。

（1）自然天敌的保护利用：在冬季和夏季休耕期，适当保留杂草以保护寄生蜂的蜂源，特别是缨小蜂，它是各种飞虱卵最主要的寄主。在水稻移植后铲除杂草，以促进天敌进田。在越冬期，可种植油菜、豆类、黑麦草等，以保障蜘蛛等天敌越冬。在春插期和双抢期，采取留高茬、挖穴堆草或错开翻耕时间等方法保护蜘蛛种群。在水稻移植的30～40天不施化学农药，或选用对天敌杀伤力较小的农药。

（2）繁殖和释放赤眼蜂：建立赤眼蜂繁殖工厂，在稻田中释放拟澳洲赤眼蜂和松毛虫赤眼蜂防治稻纵卷叶螟，稻纵卷叶螟卵的被寄生率达67%以上。

（3）种植抗病虫水稻品种：水稻中抗品种与天敌对褐飞虱的协同作用高于高抗品种与天敌的协同作用；但是，拟环纹豹蛛或黑肩绿盲蝽对稻飞虱和二点黑尾叶蝉的捕食在抗虫品种上无明显提高。

（4）生产和喷撒苏云金杆菌（Bt）防治水稻三化螟、二化螟和稻纵卷叶螟；用井冈霉素防治纹枯病，特别是用芽孢杆菌发酵液和井冈霉素混合配制防治纹枯病，防治效果达85%以上。

（5）养鸭除虫，保护青蛙：在田间害虫各种天敌种群凋落的情况下，养鸭除虫是一项有效的生物防治措施，每公顷可养鸭75～120只；以此同时，在全公社（镇）范围内出示保护青蛙布告，保护和禁捕青蛙。

（6）农业防治：包括提早在惊蛰前沤田，压低越冬三化螟虫源基数；早春推行气候安全期育秧，减轻稻蓟马危害；抓好肥水管理，减轻病虫的发生和蔓延。

复 习 题

一、问答题

1. 试述生态学的发展趋势。
2. 试述最小因子定律和忍受性定律的内容及其生态学意义。
3. 试述光对生物的生态作用。
4. 试述植物的光补偿点概念。
5. 试述气候时空变化对生物的影响。
6. 试述 Hopkins 生物气候定律。
7. 试述生物生长的温度"三基点"概念及温度影响生物的5个温区。
8. 试述有效积温法则及其应用。
9. 试述昆虫的过冷却现象。
10. 试述湿度、水、干旱、降雨、降雪对生物的影响。
11. 试述动物对干旱的适应及获得水分的途径。

12. 试述温度、湿度的综合作用及生物气候图的概念。
13. 试述土壤在生态系统中的作用。
14. 试述土壤侵蚀和沙漠化的形势及治理方法。
15. 试述生物因素的作用特点和生物的食性类型。
16. 试述生物的昼夜节律与趋光性。

二、名词解释

1. 环境（environment）
2. 环境因素（environment factor）
3. 环境条件（environment condition）
4. 生境（habitat）
5. 生态幅（ecological amplitude）或生态价（ecological valence）
6. 生态因子（ecological factor）
7. 主导因子（leading factor）
8. 限制因子（limiting factor）
9. 生态适应（ecological adaption）
10. 趋同适应（convergent adaption）
11. 趋异适应（radiation adaption）
12. 光周期现象（photoperiodism）
13. 滞育现象（diapause）
14. 光敏色素（phytochrome）
15. 恒温动物或内温动物（endotherm）
16. 变温动物或外温动物（ectotherm）
17. 发育起点温度（threshold temperature of development）
18. 生物气候图（bioclimatic graph）
19. 营养联系（trophic relationship）
20. 单食性（monophagous）
21. 寡食性（stenophagous）
22. 广（多）食性（euryphagous）
23. 外生性节律（exogenous）
24. 内生性节律（endogenous）
25. 光周期（photoperiod）
26. 光合作用（photosynthesis）

第二章 种群生态学

第一节 种群的概念及其基本特征

一、种群生态学的发展历史

种群生态观察的起源,与人类生产活动的起源同样古老。种植一种植物,有必要了解这种植物何时何地可以播种,给予那些条件保证其正常生长,可以获得更好的收成。饲养一种动物,要了解这种动物生长繁殖所必需的条件,满足这些条件可以达到利用的目的。渔猎和野果采集也要了解对象对环境的要求,这样才能得到更好的收获。这些观察虽然是朴素的,但足以说明,种群生态观察的起源与生产实践具有密切的联系。

一些种群生态观察被古人类遗存及其后的各种文字记载下来。例如,从人类新石器时代遗址中的多种丝织物遗存考证,中国古代于 5200 年前已经养蚕,并利用蚕丝纺织(周尧,1980)。公元前后的古籍中,也有关于养蚕的记载。荀况《蚕赋》(《荀子·赋篇》公元前 315~前 238 年)是最早的比较详细描写家蚕形态、生活史及养蚕、缫丝情况的一篇文字记录(邹树文,1981)。贾思勰的《齐民要术》(公元 528~549 年)和秦湛的《蚕书》(约公元 1120 年)对家蚕的布置、温度调节、食料、家蚕发育与环境的关系等都有详细的记录,并应用于养蚕生产技术中。

应用现代科学技术方法研究种群来源于人口统计学。Graunt 于 1662 年应用抽样调查方法建立了生命表的雏形;Halley 于 1693 年正式应用生命表分析伦敦人口的寿命及死亡情况,并由此创立了人口统计学(demography);马尔萨斯(1772~1884 年)在"人口论"(*Essay on the Principles of Population*,1806)中提出的人口呈几何级数(等比级数)增加,对种群生态学的形成和发展起着重要作用。

Haeckel 于 1869 年以希腊文"oikos"(词义为房屋、家)作为词根,组成生态学(oekologie,ecology)的学科名称,并释义为"动物与无机环境和有机环境全部关系的研究",其后被定义为"生态学是研究有机体与环境之间相互关系的科学"。

K. Mobius(1825~1908 年)于 1877 年在分析渔场各种生物的相互关系时,提出了生物群落(biocoenos)这一术语,用以描述共同生活的生物物种的相互关系。

Schroter 在 1900 年举行的第三届国际植物学大会上,根据研究的对象,把生态学分支为个体生态学和群体生态学,认为这是研究植物对环境的要求和适应,如果对象是单个物种,称为个体生态学(autecology);如果研究植物社会,称为群体生态学(synecology)。

进入 20 世纪,个体生态学和群体生态学发展为种群生态学(population ecology)和群落生态学(biocoenology,community)。生态学的研究范围和研究内容不断扩大并不断深化。到 50 年代以后,生态学出现了大量分支,其中包括按照生物学科的分支和生命系统的层次建立生态学的分支学科。生物学科的分支,如植物学、动物学、昆虫学和微生物学等建立的生态学分支有植物生态学、动物生态学、昆虫生态学和微生物生态学等。Krebs

(1978) 列出生命系统的层次包括分子、亚细胞、细胞、组织、器官、器官系统、有机体、种群*、群落*、生态系统*及生物圈等，并特别指出，生态学首先研究带有"*"号的层次，即种群生态学、群落生态学和生态系统生态学。

种群生态学历来是生态学中最为活跃的领域。20世纪以来，种群生态学的研究方法不断取得进展。

20世纪初至50年代，以认识种群与环境的相互关系为目标，对种群对环境的要求和适应，种群分布、种群数量与环境的关系，环境对种群存活、死亡的影响等进行了大量的基础性研究，积累了大量材料。

20世纪60年代前后，种群动态（population dynamics）的研究成为种群生态学研究的重点问题。种群对环境的要求和适应的研究工作不断深化，加深了对种群动态规律的了解，种群动态的时间、空间和数量概念更为明确，种群数量动态预测得到迅速发展。种群数量动态的研究方法，特别是计算机技术和系统科学的发展，对种群动态的研究起着重要的作用。

人口动态的研究是种群动态研究的先导。早在16世纪形成的人口统计学，以人口动态及其预测为目标发展起来的生命表方法，是人口动态定量研究的主要方法。Pearl 和 Parker（1921）引入生命表方法研究果蝇的试验种群，Deevy（1947）引入生命表研究动物（鹿）的自然种群，Morris 和 Miller（1954）建立适应于昆虫种群研究的生命表研究枞色卷蛾 *Choristoneura fumiferana*（Clemens）的自然种群动态等，就是著名的研究范例。生命表方法是记录自然种群的存活、生殖的重要调查方法。在生命表的基础上，Lewis（1942）、Leslie（1945）建立的种群矩阵模型，被称为 Leslie 种群矩阵模型（Leslie population matrix model）或 Lewis-Leslie 种群矩阵模型（Lewis-Leslie population matrix model），对推导种群的动态过程和种群的数量动态预测起着重要作用。Morris（1963）、Watt（1961，1963）在昆虫生命表的基础上提出了种群趋势指数（index of population trend），建立了种群趋势数学模型，被称为 Morris-Watt 种群数学模型（Morris-Watt population mathematical model），并首先应用系统分析方法研究昆虫种群，对种群动态研究的发展起着重要的作用。

种群动态研究的深入开展，对种群动态规律的进一步了解，必然提出种群的调节和控制问题。种群调节控制的目标在于研究种群数量的调节和控制，运用种群动态的规律控制种群的数量发展。例如，在有害生物的防治中，研究如何通过可控的调节降低种群数量水平使其不造成危害；在有益生物的利用中，如何提高种群数量水平以期满足利用的需要；对濒危生物的保护中，如何保护种群数量以期不致灭绝。

20世纪90年代以来，信息技术和生物技术的发展给种群生态学研究带来了质的飞跃，研究生物种群的遗传进化，探讨全球气候变化和环境破碎对生物种群的胁迫，利用"3S"信息技术定量描述种群的时空特征，揭示区域生物种群的动态规律，制定生物种群的保护、利用与控制措施，成为种群生态学的研究热点。近年来，信息技术在害虫种群监测中的应用发展迅速，计算机视觉、声音信号、传感器、雷达和遥感等在害虫密度估算中的应用日益广泛，这对未来农田生态系统中害虫预测和综合管理具有重要意义。

二、种群的概念

种群的定义：种群（population）是指在同一时期内占据特定空间的同种有机体的集合群。也有人把种群称为"凡是占据某一地区的某个种的个体总和"（Frieoce，1930）；"一个种群就是在某一特定时间占据某一特定空间的一群同种有机体"(Merrlle,1981)。

种群的基本构成成分：种群的基本构成成分是具有潜在互配能力的个体，种群是物种具体的存在单位、繁殖单位和进化单位。一个物种通常可以包括许多种群，不同种群间存在着明显的地理隔离，长期隔离的结果有可能发展为不同的亚种，甚至产生新的物种。

种群是物种的基本单位：种群是物种在自然界中存在的基本单位。在自然中，门，纲，目，科，属，种等分类单元是按物种的特征及进化中的亲缘关系来划分的，唯有种才是真实存在的。从进化观点来看，种群是一个演化单位；从生态学观点来看，种群又是生物群落的基本组成单位。

种群是构成群落的基本单位：任何一个种群在自然界都不能孤立存在，而是与其他物种的种群共同形成群落。物种、种群和群落之间的关系，可由表2-1列出的A、B、C、D 4个物种和7个群落来说明，每个物种有几个种群，分布在不同群落，每一个群落中含有几个属于不同物种的种群。

表 2-1 物种、种群和群落之间的关系

	群落1	群落2	群落3	群落4	群落5	群落6	群落7
物种A	种群A1	种群A2	种群A3			种群A6	种群A7
物种B		种群B2	种群B3	种群B4	种群B5	种群B6	种群B7
物种C	种群C1		种群C3	种群C4			
物种D	种群D1		种群D3		种群D5		种群D7

种群划分：种群作为具体的研究对象可分为自然种群（如某一湖泊中的鲤鱼种群和秦岭山地的大熊猫种群等）、实验种群（如实验条件下人工饲养的果蝇种群和小白鼠种群）、单种种群（如以面粉饲养拟谷盗以研究其种群数量动态）和混种种群（如把两种草履虫养在同一容器内以研究种间竞争）。

单体生物和构件生物：单体生物（unitary organism）由一个受精卵发育而成，每个个体的形态结构基本一致。构件生物（modular organism）由一个合子发育而成，由一套构件组成个体。对构建生物进行数量统计，在分析种群密度时，发现不同高度、不同年龄生物的构件数目变化很有规律。

种群生态学：种群生态学（population ecology）或称为种群生物学（population biology），是指以同种个体群为对象，研究其数量动态、分布、生活习性、特性分化及发生发展的一门学科。

种群遗传学与种群生物学：种群遗传学研究种群的遗传过程，包括遗传变异、选择、基因流、突变和遗传漂变等。20世纪60年代，生物学家发现种群个体数量变动和遗传特性动态有密切的关系，为了将这两门独立的分支学科整合起来，提出了种群生物学。

三、种群的主要特征

种群的主要特征包括数量特征、空间分布特征和遗传特征。数量特征受4个基本参数影响（出生率、死亡率、迁入率和迁出率）；空间分布特征主要是指聚集分布、随机分布和均匀分布，小范围的分布称为分布格局（distribution pattern），大范围的分布称为地理分布

(geographical distribution); 遗传特征是指种群的遗传性质。

1. 种群密度

种群具有个体所不具有的各种群体特征，如种群密度、初级种群参数（出生率、死亡率、迁入和迁出）、次级种群参数（性比、年龄结构）和种群增长率。种群统计学（demography）是关于种群的出生、死亡、迁移、性比、年龄结构等的统计学研究的学科。

每单位空间内个体的数量称为种群的原始密度（crude density）。但是在某一单位空间内，种群并不占据所有的空间，每一个生物都只能在适合它们生存的地方生活和生长，这就导致了种群的斑点状分布。所谓生态密度（ecological density）就是按照生物实际所占有的面积计算的密度。密度是最重要的种群参数之一，它部分地决定着种群的能流、资源的可利用性、种群内部生理压力的大小，以及种群的散布和种群的生产力。

种群的绝对密度是指单位面积内或空间内的实有个体数，相对密度只能获得表示数量高低的相对指标。例如，每公顷有 10 只黄鼠是绝对密度，而 100 个铗子的日捕获率为 10 只则是相对密度。种群密度估计要建立在样方密度基础上，样方设计要合理。对不断移动位置的动物，直接记数很困难，可应用标记重捕法。在调查样地上，随机捕获一部分个体进行标记后释放，经过一定时间重捕，根据重捕取样中标记比例与样地总数中标记比例相等的假设，来估计样地中被调查动物的总数。计算公式如下：

$$N : M = n : m$$
$$N = Mn/m \tag{2-1}$$

式中，M 为标记个体数；n 为重捕个体数；m 为重捕样本中的标记数；N 为样地上的个体总数。

2. 种群的分布型

种群内个体的空间分布方式或配置特点，称为种群空间分布型［种群空间格局（distribution pattern）］。种群空间分布格型大致可分为 3 类：均匀分布型（uniform）、随机分布型（random）、集群分布型（clumped）（图 2-1）。

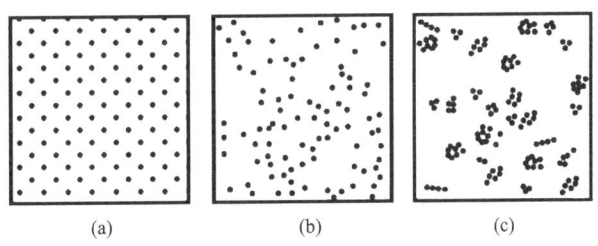

图 2-1 三种分布型或格局（引自 Smith，1980）
(a) 均匀分布型；(b) 随机分布型；(c) 集群分布型

随机分布型：随机分布中每一个体在种群领域中各个点上出现的机会是相等的，并且某一个体的存在不影响其他个体的分布。随机分布比较少见，因为在环境资源分布均匀，种群内个体间没有彼此吸引或排斥的情况下，才产生随机分布。例如，森林地被层中的一些蜘蛛，面粉中的黄粉虫等。

均匀分布型：均匀分布个体之间的距离要比随机分布更为一致。均匀分布是由于种群成员间进行种内竞争引起的。例如，森林中植物为竞争阳光（树冠）和土壤中的营养物（根际),沙漠中植物为竞争水分。分泌有毒物质于土壤中以阻止同种植物籽苗的生长是形成均匀分布的另一个原因。

集群分布型:集群分布是3种分布型中最普通、最常见的,这种分布型是动物、植物对生境差异发生反应的结果,同时也受气候和环境日变化、季节变化、生殖方式和社会行为的影响。集群分布有程度上和类型上的不同,集群的大小和密度可能差别很大,每个集群的分布可以是随机的或非随机的,而每个集群内所包含的个体,其分布也可以是随机的或非随机的。

空间分布格局的检验方法:检验空间分布型的方法之一是计算各样方中的个体数量,然后对含有不同个体数量的样方进行分析,利用这些分析资料就可以计算样方的均数和方差。如果方差等于均数,则为随机分布;如果方差大于均数,则为集群分布;如果方差小于均数,则为均匀分布。

空间分布指数法:空间分布指数(index of dispersion)是由方差和均数的关系决定的,即

$$I(空间分布指数)=V(方差)/M(均数) \tag{2-2}$$

空间分布指数常被用来检查种群的分布型,当 $I=1$,为随机分布;当 $I<1$,为均匀分布(比随机分布更均匀);当 $I>1$,为集群分布(比随机分布更集群)。

空间分布格局的其他检验方法:空间格局的检验方法很多,如 Grieg-Smith (1952) 的等级方差分析法 (hierarchical analysis of variance)、Hill (1973) 的三项轨迹分差法 (three term local variance analysis)、Ripley (1978) 的谱分析法 (spectral analysis)、杨持等 (1983) 的二维网函数插值法 (two dimentional net function interpolation method) 等。

3. 种群出生率和死亡率

出生率 (natality) 和死亡率 (mortality) 是影响种群增长的最重要因素。出生率可用生理出生率 (physiological natality) 和生态出生率 (ecological natality) 表示,生理出生率又称为最大出生率 (maximum natality),是指种群在理想条件下所能达到的最大出生数量。生态出生率又称为实际出生率 (realized natality),是指在一定时期内,种群在特定条件下实际繁殖的个体数量。它是生殖季节类型(连续的、不连续的或有强烈季节性的)、一年生殖次数、一次产仔数量、妊娠期长短和孵化期长短等因素的综合反映,并且还受环境条件、营养状况和种群密度等因素的影响。

影响出生率的因素:①性成熟速率,人和猿的性成熟需要 15~20 年、熊需要 4 年、黄鼠需要 10 个月,但低等甲壳类动物出生几天后就可生殖,蚜虫一个夏季能繁殖 20~30 个世代。②每次产仔数量,灵长类、鲸类和蝙蝠每胎产一仔,鹑鸡类一窝可孵 10~20 只幼雏,刺鱼一次产几百粒卵,某些海洋鱼类一次产卵达数万至数十万粒。③每年生殖次数:鲸类和大象每 2~3 年生殖一次,蝙蝠一年生殖一次,某些鱼类(如大马哈鱼)一生只产一次卵,田鼠一年可产 4~5 窝。④生殖年龄的长短和性比率等对出生率也有影响。出生率的高低与生物在生物链中所处的位置有关。

特定年龄出生率:特定年龄出生率就是按不同的年龄或年龄组计算其出生率,这样不仅可以知道整个种群的出生率,而且也可以知道不同年龄或年龄组在出生率方面所存在的差异。人类 15~45 岁是生育年龄,但出生率最高的年龄组是 20~25 岁,其次是 26~30 岁,其他年龄组的出生率都比较低。2 龄野兔平均每只雌兔每年可产 4 只幼兔,而 1 龄野兔平均每只雌兔每年只能产 1.5 只幼兔。

生育率与生殖力：生育率是单位时间内种群的出生个体数与种群雌性总个体数的比值，生殖力是指种群雌性动物潜在的繁殖能力。

生态死亡率：生态死亡率（或实际死亡率）是指在一定条件下的实际死亡率，可能有少数个体能活满生理寿命，最后死于衰老，但大部分个体将死于饥饿、疾病、竞争、捕食、寄生、恶劣的气候或意外事故等。野鸭的自然平均寿命只有 11 个月；幼鸟的死亡率最高，在自然条件下，能从鸟卵中孵出幼鸟，并能顺利发育到性成熟年龄的个体，只占鸟类产卵量的25%，即每 4 个鸟蛋只能有 1 个走完其生命发育的全历程。

4. 迁入率和迁出率

迁入率（immigration rate）是指单位时间内种群的迁入个体数与种群个体总数的比值，迁出率（emigration rate）是指单位时间内种群的迁出个体数与种群个体总数的比值。

扩散与迁移：扩散（dispersal）是指种群中的个体、群体或其扩散体（propagule）（卵、孢子、幼体）进入或离开种群栖息地的空间位置的运动状况。扩散有 3 种形式：迁出（emigration）、迁入（immigration）和迁移（migration）。扩散的动力来自水流、气流，或其他运动物体（被动传播），或生物体内自身能量消耗（定向运动）。扩散原因有与密度无关的因素（鱼类洄游、鸟类迁徙等）和与密度有关的因素（群居型飞蝗、有翅蚜虫等）。扩散的生态学意义在于逃避不利条件、避免竞争、逃避被捕食、调节种群数量、改变分布范围、有利于物种进化。

5. 种群的年龄结构

任何种群都是由不同年龄个体组成的，因此，各个年龄或年龄组在整个种群中都占有一定的比例，形成一定的年龄结构（age structure）。由于不同的年龄或年龄组对种群的出生率有不同的影响，所以，年龄结构对种群数量动态具有很大影响。种群年龄结构常用年龄金字塔（age pyramid）图形来表示（图 2-2），金字塔底部代表最年轻的年龄组，顶部代表最老的年龄组，宽度则代表该年龄组个体数量在整个种群中所占的比例，比例越大越宽，比例越小越窄。从生态学角度，可以把一个种群分成 3 个主要的年龄组：繁殖前期、繁殖期、繁殖后期，这 3 种主要的年龄结构类型代表了种群的增长型、稳定型和衰退型（图 2-3）。增长型种群，锥体呈典型金字塔形，基部宽，顶部狭，表示种群有大量幼体，而老龄个体较少，种群的出生率大于死亡率，是迅速增长的种群。稳定型种群，锥体形状和老、中、幼比例介于

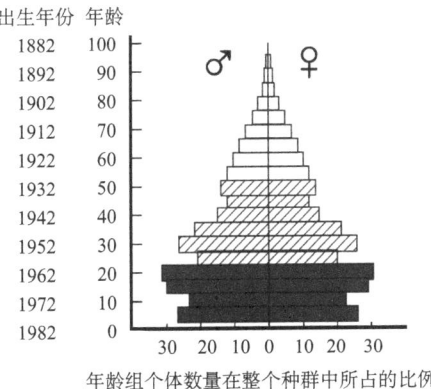

图 2-2 1982 年河北省人口年龄结构（仿孙儒泳等，1993）

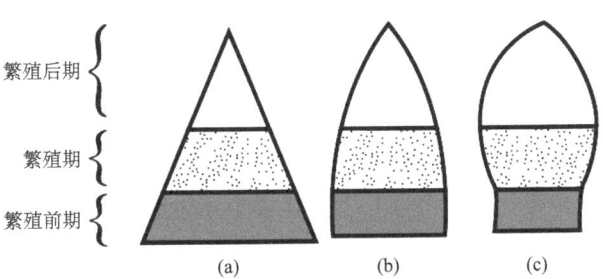

图 2-3 年龄锥体的 3 种基本类型（引自牛翠娟等，2007）

(a) 增长型；(b) 稳定型；(c) 衰退型

增长型种群和衰退型种群之间，出生率与死亡率大致相平衡，种群稳定。衰退型种群，锥体基部比较窄、而顶部比较宽，种群中幼体比例减少而老体比例增大，种群的死亡率大于出生率。

种群的年龄结构与种群的增长率 r 之间有着密切的关系，r 的最适值取决于稳定的年龄结构，如果 r 值是已知的，那么稳定的年龄结构就能推算出来。对每一个物种来说，在每一特定的物理化学和生物条件组合下，都有一个特定的 r 值。环境条件发生了变化，r 值也将发生变化，r 值的变化又会引起年龄结构的改变。当环境条件恢复到原来状态时，r 值和种群的年龄结构也将恢复到原来状态。

6. 种群的性比率

性比（sex ratio）是指种群中雄性个体数目和雌性个体数目的比例。受精卵雄性个体数目与雌性个体数目大致为50:50，这称为第一性比；幼体成长到性成熟这段时间里，由于种种原因，雄性个体数目与雌性个体数目比不断变化，到个体成熟时为止，雄性个体对雌性个体的数目比例称为第二性比；以后还会有充分成熟的个体性比，称为第三性比。大多数生物种群都倾向于使雌、雄性比率保持在1:1，即雌、雄个体在种群中各占一半。动物出生时的性比率，一般是雄性多于雌性，但在较老的年龄组中则是雌性多于雄性。加拿大国家公园中的麋鹿，胚胎时的性比率为113:100（♂:♀），但在1.5~2.5岁的麋鹿中，雄性比率便突然下降，一直到性比率保持在大约85:100为止，但有些地区可下降到37:100。雄麋鹿数量下降最多的年龄为7~14岁。

人类在出生时男婴多于女婴，但随着年龄的增长，性比率逐渐向有利于女性的方向转变。1965年美国0~4岁的男女性比率为104:100、40~44岁的性比率为100:100、60~64岁的性比率为88:100、80~84岁的性比率为54:100。在中国，1~45岁的人口中，男性多于女性；46~55岁的人口中，男性和女性大体各占一半；而在56岁以上的人口中，女性则明显多于男性。根据1983年的人口普查，在中国百岁以上的老人中，男性有1108人，而女性则多达2657人。

性比率从出生时的两性均等向两性不等的方向转变的部分原因，可能与同性别的遗传决定、生理学和两性的行为等因素有关。动物的性别取决于 X 染色体和 Y 染色体，染色体的 XY 组合在哺乳动物中，导致产生雄性个体，而在鸟类和某些昆虫中则导致产生雌性个体。X 和 Y 染色体上的每一个基因都能在 XY 组合中得到表达，但在 XX 组合中，由于等位基因的杂合性结合，可能掩盖了单个隐性基因的有害影响。因此，XY 成年个体可能对疾病和生理压力更为敏感，而且比 XX 成年个体更容易衰老。动物的生理和行为型也对死亡率有影响。例如，在生殖季节，雄鹿要彼此争斗，以便维护自己对雌鹿群的占有优势。这不仅要消耗相当多的能量，而且会减少自己的取食时间，因此，雄鹿经常在生殖季节结束时，因体质衰弱而死亡。在鸟类中，雌鸟常常帮助雄鸟保卫领域、建筑鸟巢、产卵孵卵，并在雄鸟的合作下喂养雏鸟，在孵卵和育雏期间，雌鸟比雄鸟更易遭到捕食和来自其他方面的危险。因此，鸟类中雄性的死亡率往往比雌性小，导致在较老的年龄组中，雄鸟往往多于雌鸟。

7. 种群的多型现象

由于环境因素的作用，种群内的个体在形态、生殖力、体重、色斑及其他生理生态习性上产生差异，因而产生种群内的不同生物型，这种现象称为种群的多型现象（polymorphism）。多型现象在昆虫中较为常见，如蝗科、螽蟖科、夜蛾科、天社蛾科、天蛾科、豆象科、飞虱科和蚜科中都有多型现象，最典型、最常见的是东亚飞蝗、飞虱和蚜虫。东亚飞蝗可分为群居型和散居型，群居型个体呈棕色或灰棕色，有集群行为并迁飞；散居型个体呈绿色，产卵量高，无群聚行为，不迁飞。飞虱可区分为长翅型和短翅型，蚜虫可区分为有翅型和无翅型。长翅型和有翅型是迁飞个体，而短翅型和无翅型是非迁飞个体。一般来说，当种群密度增加、寄主植物营养条件恶化时，种群便开始产生大量的长翅型和有翅型个体。

多型现象在蜜蜂、蚂蚁和白蚁等社会性昆虫，以及蚜虫等群聚性昆虫中表现最为突出。在蜜蜂的雌性中有蜂后和工蜂；在白蚁的雌性中，生殖型个体分为长翅型、短翅型和无翅型；在蚜虫中，受光周期、寄主植物和种群密度等因素影响，会出现干母（fundatrix）、干雌（fundatrigenia）、有翅孤雌胎生蚜（winged virginopara）、无翅孤雌胎生蚜（wingless virginopara）、雌蚜（gynopara）、卵生雌蚜（ovipara）等不同型。

在直翅目、半翅目和鳞翅目的昆虫中，受季节、种群密度、食物和环境的影响，也会出现多型现象。在春季和夏季，冬斯体色多为绿色，入秋后为褐色；当种群密度过于拥挤时，蝗蝻的体色明显加深；当食物丰富和种群密度低时，飞虱会出现短翅型（brachyptery），当食物不足时出现长翅型（macroptery）。

从遗传学角度来讲，多型现象可以看成是种群内不连续的表现型（phenotype）。例如，墨西哥有一种扁尾鱼，身体上的黑色斑纹有些在背上，有些在侧面，有些呈网纹状，有些呈宽带形，花纹大小不一。这些斑纹在生态学上具有伪装、警戒和种内识别等作用，而且在不同斑纹中各表现型的频率都是一定的。用同一地区的扁尾鱼进行互配试验，结果表明，不同的斑纹是由不同的等位基因（alleles）所控制的。

第二节 种群增长及其模拟模型

一、种群增长

种群的密度是随时间而变化的，而且存在许多不同的变化类型。当种群密度较低时，就会由于各种因素的作用种群密度会上升到一个较高的水平，这些因素有些是种群本身所固有的，如出生率和死亡率，有些则是种群的外在因素，如竞争、捕食、光、水和温度等。如果所有这些因素的影响都是已知的，那么从理论上讲，就应当能够预测种群总的增长率。

与密度无关的种群增长：一个以内禀增长率增长的种群，其种群数目将以指数方式增长。如果种群不受自身密度的影响，而且增长率不变，那么这类指数增长称为与密度无关的种群增长（density independent growth）。

与密度无关的种群增长又分为两类：离散增长和连续增长。如果种群各个世代不相互重叠，如一年生植物和昆虫，其种群增长是不连续的，称为离散增长，一般用差分方程描述。如果种群各个世代彼此重叠，如人和多数兽类，其种群增长是连续的，称为连续增长，一般用微分方程描述。

与密度有关的种群增长：环境是有限的，生物本身也是有限的，随着种群密度增大，资源缺乏、代谢产物积累，环境压力势必影响增长率 r，使其降低。培养酵母细胞时延长培养液的更换时间，使种群增长受到资源限制，增长曲线渐渐由"J"形变为"S"形（图2-4）。

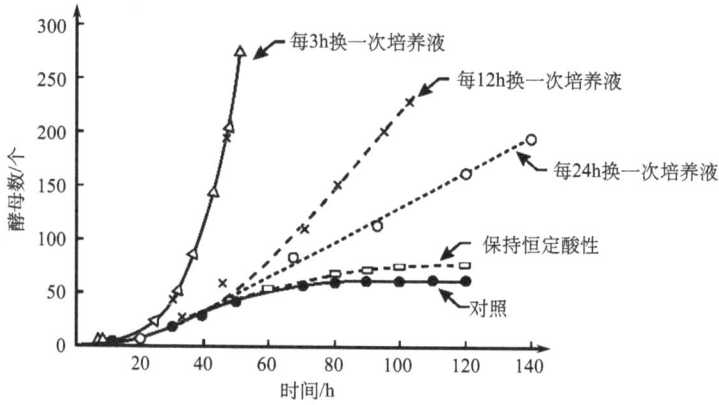

图 2-4 酵母种群的增长曲线（仿 Kormondy，1996）

二、种群增长模拟模型

最简单的离散增长模型为

$$N_{t+1} = R_0 N_t \tag{2-3}$$

式中，N_t 为 t 世代种群大小；N_{t+1} 为 $t+1$ 世代种群大小；R_0 为世代净繁殖率。

如果种群以速率 R_0 一代又一代地增长，那么

$$N_1 = R_0 N_0$$
$$N_2 = R_0 N_1 = R_0^2 N_0$$
$$N_3 = R_0 N_2 = R_0^3 N_0$$
$$\cdots\cdots$$
$$N_t = R_0^t N_0$$

上式两边取对数，得 $\lg N_t = \lg N_0 + t \lg R_0$，这是一条 $\lg N_t$ 对 t 作图的直线，$\lg N_0$ 为截距，$\lg R_0$ 为斜率。

连续增长模型：假定在很短时间（$\mathrm{d}t$）内种群的瞬时出生率为 b、死亡率为 d、种群大小为 N，则种群的每员增长率（per-capita rate of population growth）$r = b - d$，即

$$\mathrm{d}N/\mathrm{d}t = (b - d)N = rN \tag{2-4}$$

其积分形式为

$$N_t = N_0 e^{rt} \tag{2-5}$$

式中，N_0 为初始种群数量；N_t 为时刻 t 的种群数量；r 为内禀增长率；e 为自然对数的底。

种群增长曲线：以种群大小 N_t 对时间 t 作图，得到种群增长曲线（J 形），如以 $\lg N_t$ 对 t 作图，则变为直线（图 2-5）。

种群数量从一个时刻到下一个时刻的变化是由 4 个参数决定的，即因出生（B）和迁入（I）而增加，因死亡（D）和迁出（E）而下降：

$$N_{t+1} - N_t = B + I - D - E \tag{2-6}$$

式中，B、I、D、E 分别为在一个特定时期内的出生个体数、迁入个体数、死亡个体数和迁出个体数；N_t 为种群在 t 时刻的数量；N_{t+1} 为种群在 $t+1$ 时刻的数量。

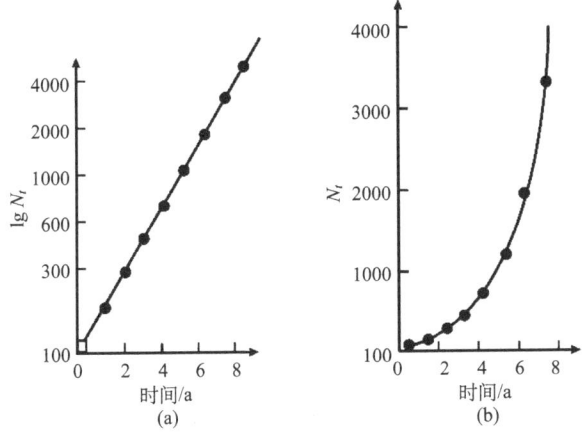

图 2-5 种群增长曲线（仿 Krebs，1978）
(a) 对数尺寸；(b) 算数标尺

如果只考虑 I 和 E 等于零的简单种群（没有迁入和迁出），式（2-6）简化为

$$N_{t+1} - N_t = B - D \tag{2-7}$$

设出生数和死亡数是种群密度的一个函数，则种群增长可以表达为：$B=bN_t$；$D=dN_t$。式（2-7）就可改写为

$$N_{t+1} - N_t = bN_t - dN_t = (b-d)N_t \tag{2-8}$$

例 2-1 $b=0.1$，$d=0.05$（一年期间），$N_t=1000$，那么

$$N_{t+1} - N_t = (0.1 - 0.05) \times 1000 = 50$$

即种群数量从 t 时刻到 $t+1$ 时刻将增加 50 个个体。

种群的几何级数增长模型：如果生物一个世代只生殖一次，平均每个个体出生 R_0 个后代，那么，R_0 就是每个世代的净生殖率：

$$R_0 = N_{t+1}/N_t \tag{2-9}$$

即 $t+1$ 世代个体数量与 t 世代个体数量的比值，或写为 $N_{t+1}=R_0 N_t$。

第一代的种群数量为 $N_1 = R_0 N_0$

第二代的种群数量为 $N_2 = R_0 N_1$ 或 $N_2 = R_0^2 N_0$

……

第 t 个世代的种群数量为 $N_t = R_0^t N_0$

不同 R_0 的种群增长（$N=100$）：图 2-6 给出了 4 个不同 R_0 时种群数量的变化情况，其中两个 R_0 值大于 1、一个恒等于 1、一个小于 1。如果 $R_0>1$，种群数量就增长；如果 $R_0<1$，种群数量就下降；如果 $R_0=1$，种群数量不增不减。

种群的指数增长模型：有些生物可以连续进行繁殖，没有特定的繁殖期，在这种情况下，种群的数量变化可以用微分方程表示：

$$dN/dt = (b-d)N \tag{2-10}$$

式中，dN/dt 为种群的瞬时数量变化；b 和 d 分别为每个个体的瞬时出生率和死亡率。在这里，出生率和死亡率可以综合为一个值，即

$$r = b - d \tag{2-11}$$

其中 r 值就被定义为瞬时增长率，因此种群的瞬时数量变化为

$$dN/dt = rN \tag{2-12}$$

对式（2-12）积分后可得

$$N_t = N_0 e^{rt} \tag{2-13}$$

式中，N_t 为 t 时刻的种群个体数量；N_0 为种群起始个体数量；e 为自然对数的底（=2.718）。利用式（2-13）就可以计算未来任一时刻种群的个体数量。

显然，如果 $r>0$，种群数量就会增长；如果 $r<0$，种群数量就会下降；如果 $r=0$，种群数量不变（图2-7）。

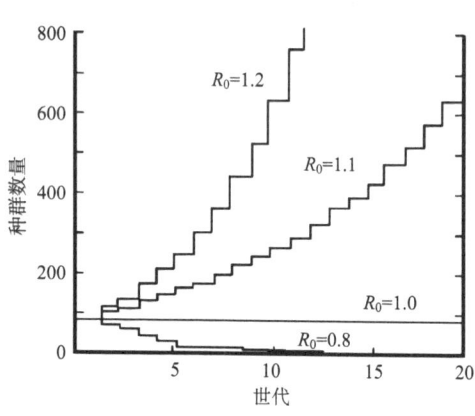
图 2-6　不同 R_0 的种群数量变化曲线

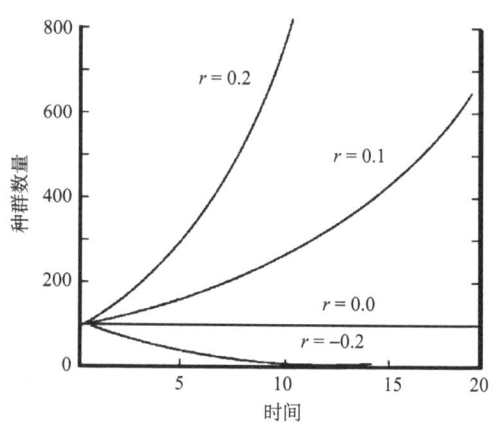
图 2-7　种群指数增长，示不同 r 值的种群数量变化曲线

三、环境负荷量

环境负荷量的概念：种群的几何级数增长模型和指数增长模型显示，只要增长率大于零，种群会持续增长下去，实际上这是一种无限增长。但就现实情况来说，种群增长都是有限的，因为种群的数量总会受到食物、空间和其他资源的限制（或受到其他生物的制约）。

种群的每头出生率和每头死亡率都随着种群密度的变化而变化，因为种群密度大时，种群内个体之间竞争资源的斗争也就更为激烈。由环境资源所决定的种群限度称为环境负荷量（carrying capacity），即某一环境所能维持的种群数量。环境负荷量的大小一般是直接与食物相关的。例如，实验室中饲养的水蚤，其种群数量将随着食物供应量的增加而呈直线增长。对自然种群来说，环境负荷量的大小也主要是由环境资源水平所决定的。

环境负荷量（K）引入种群增长方程后，如果种群密度低于 K，种群数量就会继续增加，但种群增长率下降；当种群大小等于环境负荷量时，种群就会停止增长；如果种群密度超过了 K，密度就会下降。

环境负荷量的例子：在对灶鸟种群的一项研究中发现，灶鸟种群密度与密度变化率呈负相关，即当种群密度较低时（少于15只），种群密度就增加，当种群密度较高时（多于20只），种群密度就下降，当种群密度为15~20只时（指在一块林地中），种群密度有时增加有时下降。从这些资料可以看出，这块林地的环境负荷量为15~20只。

逻辑斯谛增长模型：指数增长方程引入一个包括 K 的新系数，就变为

$$dN/dt = rN[(K-N)/K] \quad (2\text{-}14)$$

整理后变为

$$dN/N[(K-N)/K] = r\,dt \quad (2\text{-}15)$$

积分后变为

$$N = K/(1+be^{-rt}) \quad (2\text{-}16)$$

当 $N>K$ 时，$(K-N)/K$ 为负值，种群数量下降；当 $N<K$ 时，$(K-N)/K$ 为正值，种群数量上升；当 $N=K$ 时，$(K-N)/K=0$，种群数量不增不减。

曲线在 $N=K/2$ 处有一个拐点（转折点），该点上的瞬时增长率最大，到达该点前，瞬时增长率随种群数量增加而上升；到达该点后，瞬时增长率随种群数量增加而逐步下降（图 2-8）。

环境阻力：环境阻力是指逻辑斯谛增长与指数增长的差距，它是拥挤效应的一个测度，环境阻力随种群数量增长而加大（图 2-9）。

稳定平衡密度：由于种群数量高于 K 时便下降，低于 K 时便上升，所以 K 值就是种群在该环境中的稳定平衡密度（stable equilibrium density）（图 2-10）。

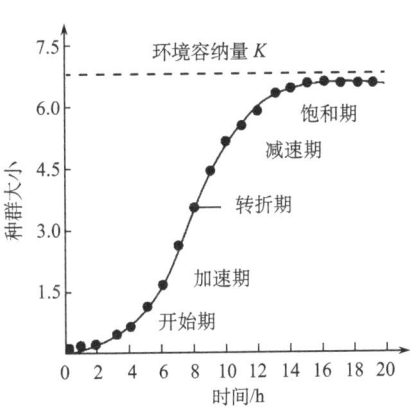

图 2-8 逻辑斯谛增长模型曲线

（仿 Varley，1973）

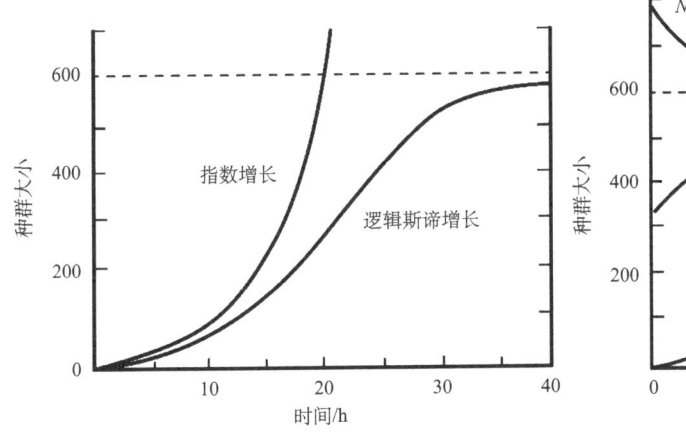

图 2-9 环境阻力示意图（仿 Bcughey，1968）

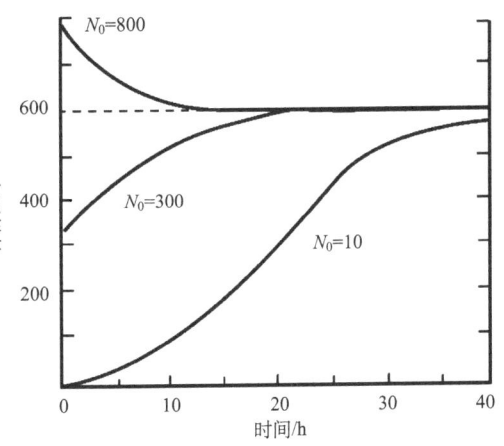

图 2-10 不同种群起始数量的增长

第三节　种群动态与数量调节

一、种群数量动态的研究历史

种群数量动态研究经历了田间种群动态研究、实验种群动态研究和种群系统研究等阶

段。早期的研究以叙述性、描述性为主，主要进行种群聚集与扩散迁移的研究和自然种群的数量调查。1911 年，Howard 和 Fiske 进行了从欧洲侵入美洲的舞毒蛾及棕尾毒蛾天敌的野外研究，首次对昆虫死亡因素进行了分类，认为昆虫的寄生者对种群增加具有更大的限制作用；1914 年，Muir 通过简单的数学模型考察了寄生性昆虫与其寄主间的个体数量变动；1922 年，Tothill 对美国白蛾自然调节情况进行了研究。

Raymondpeal 的牛乳瓶饲养果蝇的实验，是实验种群的开端。在模拟种群逻辑斯谛生长的实验中最具权威的是 Gause 在 1934 年所做的草履虫培养实验。在混合实验种群的研究中，Gause（1932，1934）做了两种酵母菌的竞争实验，即酿酒酵母和裂殖酵母的竞争试验，并对 Lotka-Volterra 的竞争模型进行了论证。

利用生命表可以计算出衡量昆虫生物潜能的一个重要指标——内禀增长能力。内禀增长能力同时综合了产卵量、产卵速率、存活率和发育速率诸因素对昆虫种群数量变动的影响。因此，研究各种实验种群的内禀增长能力可以更加深刻地理解自然种群数量的变动机制。基于 Lotka 等对实验种群的研究工作，Murray 提出了种群动态第一定律和种群动态第二定律。

种群系统研究阶段不仅要描述昆虫种群的动态变化，而且要预测和控制昆虫种群的动态变化。Lewis 和 Leslie 建立的种群矩阵模型用于描述和预测昆虫种群的动态变化。Morris 和 Miller 组建了适应于各发育期的昆虫种群生命表，在此基础上，Morris 和 Watt 建立了种群趋势指数模型。Gieir（1964）和 Clark（1967）提出生命系统的基本概念，认为"生命系统由一个对象种群和作用于这个种群的环境所组成"。Hughest 等进一步阐明，生命系统处理方法容许把一个种群作用的环境看成是系统的空间边界。生命系统的研究方法将系统处理方法引入种群动态研究中，但主要用于描述昆虫种群动态变化，没有解决系统的控制问题。Ruesink 对系统处理方法在有害生物管理应用中的探讨、Tummala 等关于有害生物管理的模拟及 Huffaker 应用系统处理方法对有害生物协调管理的研究，对种群系统理论的形成和发展起着重要作用。庞雄飞等曾对种群系统研究的原则与方法进行综述，并讨论了控制指数在种群控制中的应用以及多种群共存系统的信息处理问题。引入现代系统科学的思想和方法，把种群系统组建成控制系统，研究种群的动态预测和动态控制问题，是近代种群动态研究的发展趋势。应用信息科学和计算机技术监测大区域范围害虫的迁飞扩散，研究有害生物种群的发生动态规律及其影响的关键因子，建立科学的预测预报模型，成为近年种群动态研究的热点。

二、种群数量动态的形式

季节消长：图 2-11 为北点地梅每年的季节消长图。8 年间，籽苗数为 500～1000 株/m²，每年死亡 30%～70%，但至少有 50 株以上存活到开花结实，产出翌年的种子，各年间成株数变动很少。图 2-12 为陕西关中棉区棉盲蝽种群数量的季节消长图。其季节消长受气候变化而出现 4 种类型：①中峰型，在干旱年份出现，蕾铃两期受害较轻；②双峰型，在涝年出现，蕾铃两期受害严重；③前峰型，在先涝后旱年份出现，蕾铃期受害严重；④后峰型，在先旱后涝年份出现，蕾铃期受害严重。

种群数量的波动：种群数量的波动是由于出生率和死亡率的变动和环境条件的改变而引起的。大多数种群数量的波动都是不规则的，但有些种群数量的波动是规则的，即在两个波峰之间，波动相隔时间相等，这种有规则的波动称为种群数量的周期波动。大多数自然种群

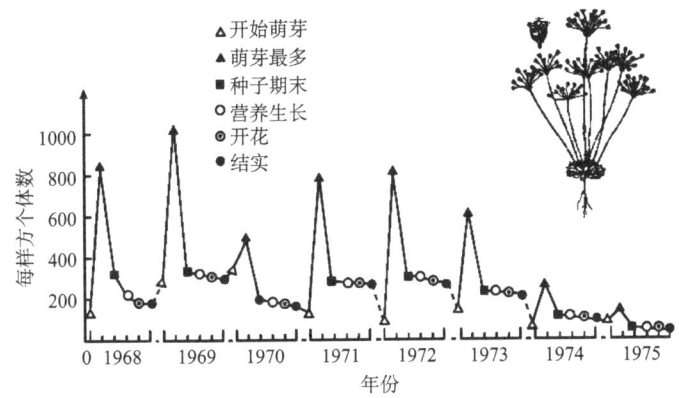

图 2-11　北点地梅每年的季节消长图（仿 Begon et al.，1981）

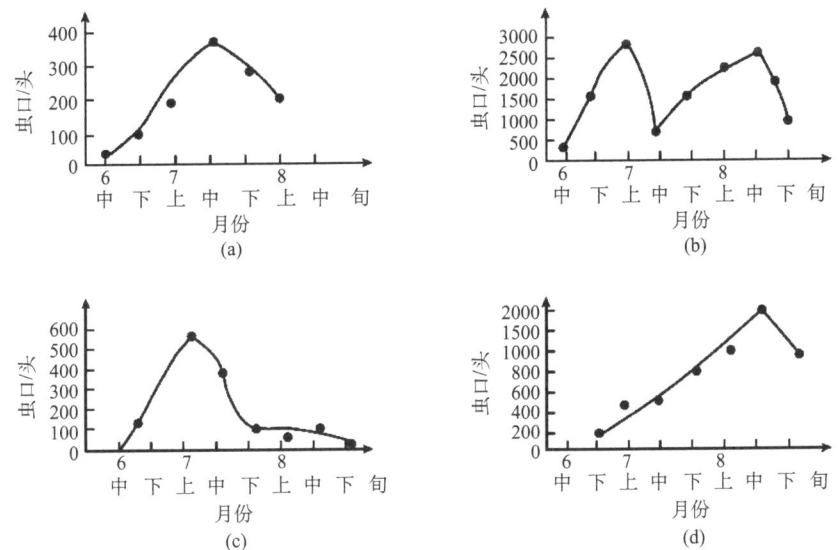

图 2-12　陕西关中棉区棉盲蝽种群数量的季节消长（仿丁岩钦，1964）
(a) 中峰型（1959 年）；(b) 双峰型（1956 年）；(c) 前峰型（1961 年）；(d) 后峰型（1957 年）

不会在平衡密度保持很长时间，而是动态的和不断变化的，种群数量可能在环境容纳量附近波动。引起波动的主要原因有环境（如天气的随机变化）、时滞或延缓的密度制约、过度补偿性密度制约等。

不规则波动：环境的随机变化很容易造成种群不可预测的波动。例如，小型的、短寿命的生物，比对环境变化忍受性更强的、大型的、长寿命的生物，数量更易发生大的变化。图 2-13 为美国 Wisconsin 绿湾中藻类数量随环境的变化，图 2-14 为东亚飞蝗洪泽湖蝗区种群动态曲线，显示这两种生物种群的不规则波动。

周期性波动：捕食或食草作用导致的延缓的密度制约会造成种群数量周期性波动。灰线小卷蛾幼虫对松树松针大小有影响，使翌年幼虫食物质量下降，导致虫口下降，低虫口使松树恢复，食物质量提高，虫口增加（图 2-15）。

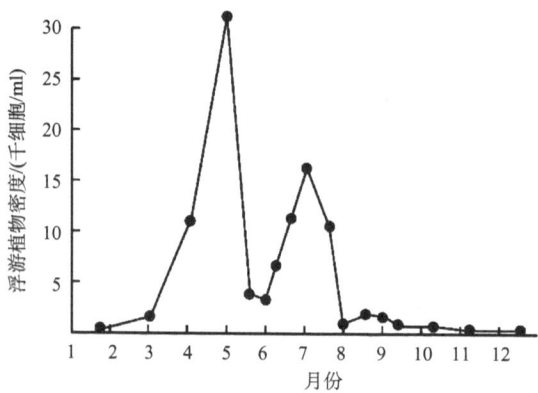

图 2-13　Wisconsin 绿湾中藻类数量随环境的变化（仿 Mackenzie et al.，1998）

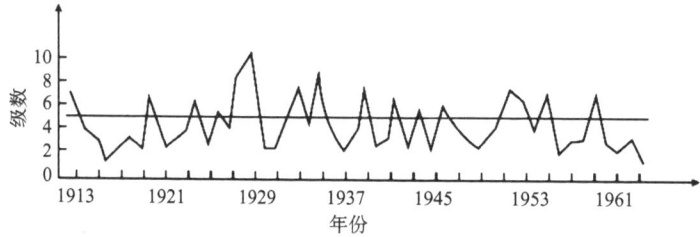

图 2-14　1913～1961 年东亚飞蝗洪泽湖蝗区种群动态曲线（引自马世骏等，1965）

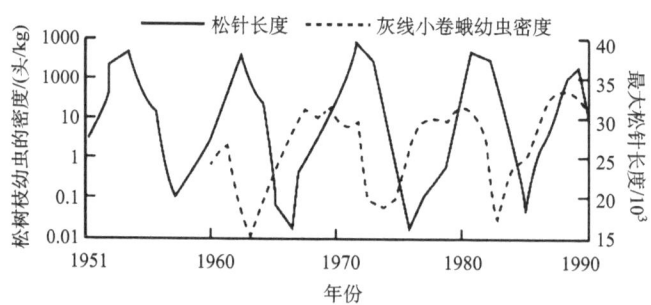

图 2-15　灰线小卷蛾响应松树质量（松针长度）的周期（仿 Mackenzie et al.，1999）

植物、美洲兔和加拿大猞猁三者作用形成 10 年的周期，图 2-16 所示为加拿大猞猁（*Lynx canadensis*）与美洲兔（*Lepus americanus*）种群数量的周期变化，高数量的加拿大猞猁使美洲兔的种群数量受到抑制，几年后，植被恢复，美洲兔数量上升，加拿大猞猁种群数量也随之增多。因此，美洲兔-加拿大猞猁种群数量的周期性被认为是植物、美洲兔和加拿大猞猁 3 个组分相互作用的结果。

关于种群数量周期波动的解释，一个学派主张种群数量的周期波动是由自然环境中的某些因素或种群自身的一些因素引起的。在这个学派中，有人提出捕食是引起种群数量周期波动的因素。有人提出，因种群数量过剩而引起的食物不足是造成种群数量周期波动的原因。

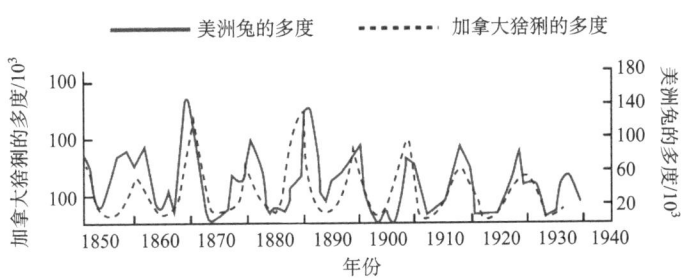

图 2-16 捕食者（加拿大猞猁）与猎物（美洲兔）种群数量的周期性变化（引自 Bush，1997）

Lack（1954）则主张，食物不足和捕食作用两者结合，才能引起种群数量的周期被动。1957 年，Pitelka 提出营养恢复学说用以解释旅鼠数量的周期波动。以科尔（Cole）为代表的另一个学派认为，从统计学上来看，种群数量的周期波动和随机波动是难以区分的，种群数量因受到多种环境因素的影响而表现出随机波动，而环境条件的随机波动也可能引起种群数量的周期波动。种群数量周期波动的主要特点是：波的间距是有规律的，而波的振幅是无规律的。

种群暴发：具不规则或周期性波动的生物都可能出现种群暴发，如害虫、害鼠、赤潮等。引起害虫猖獗的因素有气候因素、食物因素、天敌因素、人为因素和联合因素等。近年来，随着全球气候变暖、农业产业结构调整、农田耕作制度变更及害虫适应性变异等因素，农业害虫种群暴发频繁。2002 年蝗虫特大暴发，发生密度高达 1000～5000 头/m^2，面积达 4.4 亿亩，为近 40 年来蝗虫发生最为严重的一年，威胁到中国 300 多个县的农牧业生产。2005 年，褐飞虱在江淮及长江中下游稻区暴发，危害面积高达 2240 万 hm^2，水稻大面积倒伏，甚至整片枯死，损失稻谷 300 多万吨，直接经济损失 40 多亿元。

种群的衰落与灭亡：当种群长久处于不利条件下（人类过捕或栖息地被破坏），其数量会出现持久性下降，甚至灭亡。个体大、出生率低、生长慢、成熟晚的生物最易出现这种情况。最小可存活种群（minimumviable population）是指以一定概率存活一定时间的最小种群的大小，是保护生物学的研究热点。

三、种群调节

种群调节（population regulation）是种群大小的调节，是指种群大小的控制或种群大小所表现的作用限度。对于种群调节机制，不同生态学家提出了不同假说予以解释。

1. 生物学派理论

Howard 和 Fiske 是种群自然调节问题生物学派（biotic school）的先驱，他们主张生物因素（主要是寄生和捕食）是种群数量自然调节的主要因素。他们研究了寄生天敌对两种毒蛾的控制，认为每一种昆虫都处在一种平衡状态，当种群密度增加时，必定会有一种或一种以上的兼性因素（facultative）对种群施加更大的限制，结论为：自然平衡只能靠兼性因素维持，当害虫数量增加时，只有兼性因素才能消灭高比例的害虫。

生物学派中的 Nicholson 理论：Nicholson 认为，种群密度可以反映气候的变化，但不能说气候决定种群密度，气候混淆了两种完全不同的过程，即毁灭和控制。Nicholson 举例说，假定一种昆虫每个世代可增长 100 倍，那么死亡率必须达到 99% 才能保持这种昆虫种群的平衡。如果气候毁灭了种群中98%的个体，那么该种群每个世代仍能增长1倍。但是，如果有一些受密度影响的因素（寄生）存在，那么它们很快就会把其余的1%个体消灭，因为它们的作用强度随种群密度的增加而增加。气候因素虽然毁灭了98%的个体，但却不能起控制作用；寄生物虽然只消灭了1%的个体，却能把种群控制在平衡水平上。Nicholson认为，控制因素总是与竞争相关的，如竞争食物、竞争栖息地以及捕食者和寄生物的竞争等。Nicholson的理论特别强调生物的作用，对生物学派的形成起了奠基石的作用。

生物学派的核心思想是自然平衡：不同种类的生物常具有不同的平衡密度，同一种动物在不同的环境条件下，也会有不同的平衡密度，而动物数量的变化常常只围绕在平衡密度周围，这是因为动物种群有一种趋于平衡密度的倾向。自然平衡是由密度制约因素引起的，而密度制约因素通常都是生物因素，如寄生、捕食和疾病等。

2. 气候学派理论

Bodenheimer（1928）是最早主张昆虫种群密度主要是靠气候来调节的学者之一，他阐明了低温影响昆虫产卵和发育的机制，并指出在昆虫的早期发育阶段有85%~90%的死亡率是由气候因素引起的。1931年，Uvarov发表了"昆虫与气候"的文章，评述了气候对昆虫生长、生殖力和死亡率的影响，并特别强调昆虫种群数量波动与气候的相关性，他认为气候因素是控制种群数量的主要因素。

气候学派（climate school）有3个主要观点：①气候对昆虫种群的各个参数有极大影响；②昆虫大发生常常与气候相关；③强调昆虫种群数量的波动性，而不太重视其稳定性。

3. Andrewartha 和 Birch 的理论

根据Andrewartha和Birch的观点，自然种群中的动物数量只受3个方面的限制：①资源数量的短缺，如食物和营巢地的不足；②动物获取这些资源的能力（如散布能力和寻觅能力有限）；③当种群增长率为正值时，受种群增长时间不足的限制。在后一种情况下，种群增长率的波动可以由气候、捕食者或任何其他环境成分引起。

4. 中间学派思想

有人主张，应当把生物学派和气候学派的观点结合起来，因为这两种观点都各有一定的道理。在良好的环境条件下，种群数量的变化主要是一个密度制约过程，如Lack所研究的大多数鸟类种群。在恶劣的或不太适宜的环境条件下，由于环境条件波动极大，种群数量的变化主要是一个非密度制约过程，如那些生活在分布区边缘和临时栖息地中的种群，以及Andrewartha和Birch所讨论过的那些昆虫种群。

5. 密度制约调节

种群的密度制约调节是一个内稳定过程（homeostatic process），当种群达到一定大小时，某些与密度相关的因素就会发生作用，通过降低出生率和增加死亡率而抑制种群数量的增长。如果种群数量降到了一定水平以下，出生率就会增加，死亡率就会下降。这样一种反馈机制将会导致种群数量的上下波动。

6. 非密度制约

非密度制约因素可以对种群大小施加重大影响，也能影响种群的出生率和死亡率。非密度制约因素对种群影响之大，可以使任何密度制约调节因素的影响变得难以觉察。例如，寒冷的春天可以冻死橡树的花朵，使橡实产量大大下降，使接着到来的冬季松鼠发生严重的饥荒。虽然饥饿同松鼠种群的密度和食物量相关，但气候却是引起种群数量下降的主要原因。

一般来说，由环境的年变化或季节变化所决定的种群数量波动是不规则的，而且多与温度和湿度变化有关。

7. Smith 理论

Smith 把兼性因素称为密度制约（density dependent）因素，而把灾难性因素称为非密度制约（density independent）因素。他的结论是：种群的平衡密度永远不取决于非密度制约因素，只有密度制约因素才能使种群达到平衡。他还认为，密度制约因素主要是生物因素，如寄生、疾病、竞争、捕食等；而非密度制约因素则主要是非生物因素，如气候等。

生态学家在密度制约和非密度制约对种群的影响这个问题上有很大的争论，这种争论与不同领域的研究有关。现在，大多数生态学家都认为，只有通过密度制约因素和非密度制约因素的相互作用才能决定生物的数量。一个特定种群的数量波动取决于气候变化幅度与该种群对环境变化敏感程度之间的相互作用，如果气候在小范围内波动，对气候变化较敏感的种群的数量波动就主要靠非密度制约机制来调节。一个物种对环境波动越敏感，非密度制约机制所起的作用也就越大。

8. 种群自我调节理论

自我调节学派强调内因的作用，强调种群内个体在行为、生理和遗传上的差异，认为种群数量变化是由于个体特性的变化所致。当密度增加时，制止种群增长的力量不是环境因素的改变，而是个体特性的劣化。该理论来自对哺乳动物和鸟类的研究，特别是来自对具有周期变动的小啮齿动物的研究。Christian 提出，周期波动的种群靠拥挤效应引起内分泌系统的改变来进行自我调节，种群密度高时的压力将改变体内激素的平衡，并导致生殖失败，此后种群数量开始下降。1960 年，Chitty 认为小啮齿动物的自我调节能力主要是通过拥挤对间隔行为和侵犯行为的影响而实现的。自我调节学派按其强调点的不同，分为调节学说、内分泌调节学说、遗传调节学说。

行为调节（Wyune-Edwards 学说）：英国生态学家 Wyune-Edwards 认为，社群行为是一种调节种群密度的机制。通过等级、领域性行为把动物消耗于竞争食物、空间和繁殖的能量降到最低，使食物和繁殖场所等资源合理分配。当种群密度超过一定限度时，领域占领者不让新个体进来，使得它们不能繁殖，并易受侵害，死亡率较高。

内分泌调节（Christian 学说）：Christian 提出，周期波动的种群靠拥挤效应引起内分泌系统的改变来进行自我调节。当种群数量上升时，社群压力增加，加强了对中区神经系统的刺激，影响了脑垂体和肾上腺的功能，促进生殖激素分泌减少和促肾上腺皮质激素增加。生长激素的减少使生长和代谢发生障碍，有的个体因低血糖休克而直接死亡，多数可能对抵抗疾病和外界不利环境的能力降低，种群死亡率增加。另外，肾上腺皮质的增生和皮质素分泌的增进，会使机体抵抗力减弱，同时相应性激素分泌减少，生殖受到抑制，出生率降低，胚胎死亡率增加，幼体抵抗力降低。种群增长由于这些生理反馈机制而得到停止或抑制，使种群压力降低。内分泌调节主要适用于兽类。

遗传调节（Chitty 学说）：英国遗传学家 Ford（1931）第一个提出在种群调节中遗传结构变化的意义。他认为，当种群密度增加，死亡率降低时，自然选择压力松弛，种群内变异性增加，许多遗传型较差的个体存活下来；当条件恢复正常时，低质个体由于自然选择压力增加而被淘汰，因而降低了种群内部的变异性。假定最简单的遗传两型现象，有一型具有较低的进攻性行为，繁殖力高，更适于低密度；另一型具有较高的进攻性行为，繁殖力低，更适于高密度。当种群数量较低并处于上升期时，自然选择有利于低密度型，种群繁殖力增强，个体间能相互容忍，促使种群数量上升。当种群数量上升到很高的时候，自然选择转而有利于高密度型，个体间进攻性加强，死亡率增加，繁殖率下降，使种群密度降低。

第四节 种群生命表

一、生命表的概念

应用生命表（life table）来研究人口过程的生命现象，在世界上已有100多年的历史，中国第一个简易的人口生命表是1931年由袁贻瑾编制的。Graunt于1662年在《有关死亡表的自然及政治的各种观察》中就建立了生命表的雏形，Halley在1693年正式应用生命表研究伦敦人口的期望寿命。1921年，Pearl和Parker把生命表应用于研究果蝇的试验种群。1947年，Deevy开始将生命表应用于动物的自然种群。Morris和Miller（1954）以枞色卷蛾［*Choristoneura fumiferana*（Clemens）］作为研究对象，把种群按发育阶段依次划分为卵、各龄幼虫、蛹、成虫等各个虫态，组建昆虫生命表，并把死亡原因列入表中。在这以后，生命表方法在昆虫种群研究中得到迅速普及和推广，并对其他动物和植物种群的研究也起着推动作用。目前，生命表方法已经成为种群生态研究的重要方法。

生命表是指列举同生群在特定年龄中个体的死亡和存活比率的一张清单。简单的生命表只是根据各年龄组的存活或死亡数据编制，综合生命表则包括出生和死亡数据，从而能估计种群的增长。

生命表是由许多行和列构成的表，第一列通常表示年龄、年龄组或发育阶段（如卵、幼虫和蛹等），从低龄到高龄自上而下排布；其他各列都记录着种群死亡和存活情况的一个观察数据或统计数据，并用一定符号代表（如用 l 表示存活数、用 d 表示死亡数等）。生命表的记录一般从1000个同时出生或同时孵化的同龄个体（一个同龄群）开始，但也并不总是如此。表2-2为一张假定的生物种群生命表，表中符号所示如下：x 为年龄、年龄组或发育阶段；n_x 为本年龄组开始时的存活个体数；d_x 为本年龄组期间的死亡个体数，或从年龄 x 到年龄 $x+1$ 期间的死亡个体数；l_x 为在年龄组开始时存活个体的百分数［特定年龄存活率（age specific survival rate）］，其值等于 n_x/d_x；q_x 为本年龄组期间的死亡率或从年龄 x 到年龄 $x+1$ 期间的死亡率，其值等于 d_x/n_x；L_x 为从年龄 x 到年龄 $x+1$ 期间的平均存活个体数，其值等于 $(n_x+n_{x+1})/2$；T_x 为进入 x 龄期的全部个体在进入 x 期以后的存活个体总年数，其值等于将生命表中的各个 L_x 值自下而上累加所得的值，即 $T_x=\sum L_x$。

$$T_0=L_0+L_1+L_2+L_3+\cdots,$$
$$T_1=L_1+L_2+L_3+L_4+\cdots$$

e_x 为本年龄组开始时存活个体的平均生命期望（life expectancy）或平均余年，生命期望就是种群中某一特定年龄的个体在未来所能存活的平均年数，$e_x=T_x/n_x$，e_0 为种群的平均寿命。

生命表有特定时间生命表和特定年龄生命表两类。特定时间生命表（time-specific life table）又称为静态生命表，它适用于世代重叠的生物，表中的数据是根据在某一特定时刻对种群年龄分布频率的取样分析而获得的，真实反映了种群在某一特定时刻的剖面（如人口

表 2-2 一个假定的生物种群生命表

年龄 (x)	存活数 (n_x)	死亡数 (d_x)	存活率 (l_x)	死亡率 (q_x)	L_x	T_x	生命期望 (e_x)
1	1000	550	1.00	0.550	725	1210	1021.00
2	450	250	0.45	0.556	325	485	1.08
3	200	150	0.20	0.750	125	160	0.80
4	50	40	0.05	0.80	30	35	0.70
5	10	10	0.01	1.00	5	5	0.50
6	0		0.00				

普查得到各年龄人口数量组成的生命表)。它能够反映种群出生率和死亡率随年龄而变化的规律，但无法分析引起死亡的原因，也不能对种群的密度制约过程和种群调节过程进行定量分析。它的优点是容易看出种群的生存对策和生殖对策，而且比较容易编制，常作为难以获得动态生命表数据情况下的补充。

特定年龄生命表（age-specific life table）又称为同生群或动态生命表（cohort life table），这样的研究又称为同生群分析（cohort analysis）。它从同时出生或同时孵化的一群个体（同龄群）开始，跟踪观察并记录其死亡过程，直至全部个体死亡为止。例如，从一代产卵成虫开始直到下一代成虫出现为止，跟踪观察一个完整世代的死亡历程。特定年龄生命表在记录种群各年龄或各发育阶段死亡过程的同时，还记录死亡原因，从而可以找出造成种群数量下降的关键因素。表 2-3 为藤壶的动态生命表，它表示 142 个藤壶同生群年龄 0~9 的数量变化。

表 2-3 藤壶的生命表

年龄 (x)	存活数 (n_x)	存活率 (l_x)	死亡数 (d_x)	死亡率 (q_x)	L_x	T_x	生命期望 (e_x)
0	142.0	1.000	80.0	0.563	102	224	1.58
1	62.0	0.437	28.0	0.452	48	122	1.97
2	34.0	0.239	14.0	0.412	27	74	2.18
3	20.0	0.141	4.5	0.225	17.75	47	2.35
4	15.5	0.109	4.5	0.290	13.25	29.25	1.89
5	11.0	0.077	4.5	0.409	8.75	16	1.45
6	6.5	0.046	4.5	0.692	4.25	7.25	1.12
7	2.0	0.014	0	0.000	2	3	1.50
8	2.0	0.014	2.0	1.000	1	1	0.50
9	0	0	—	—	0	0	—

注：$l_x = n_x/n_0$；$d_x = n_x - n_{x+1}$；$q_x = d_x/n_x$；$e_x = T_x/n_x$，L_x 为从 x 期到 $x+1$ 期的平均存活数，即 $L_x = (n_x + n_{x+1})/2$。T_x 为进入 x 龄期的全部个体在进入 x 期以后的存活个体的总年数，即 $T_x = \sum L_x$。

资料来源：仿 Krebs，1978

表 2-4 为稻纵卷叶螟种群动态生命表，它表示 731 粒稻纵卷叶螟卵-(1~2 龄)幼虫-(3~5 龄)幼虫-蛹-成虫的数量变化，并记录了引起死亡的原因。

表 2-4　1980 年第二代稻纵卷叶螟种群生命表

年龄级 (x)	本年龄开始个体数 (l_x)	死亡原因 (d_xF)	死亡数 (d_x)	死亡率 (q_x)	生存率 (S_x)	K 值	累计生存率
卵	731	失踪	314	42.95		0.2438	
		寄生	0	0		0	
		不孵化	25	3.42		0.0151	
			339	46.37	53.63		53.63
1~2 龄幼虫	392	失踪	141.12	36.00		0.1938	
		寄生	0	0		0	
			141.12	36.00	64.00		34.32
3~5 龄幼虫	250.88	失踪	26.77	10.67		0.0490	
		寄生	13.37	5.33		0.0238	
			40.14	16	84		28.83
蛹	210.74	失踪	39.87	18.92		0.0910	
		寄生	56.96	27.03		0.1368	
			96.83	45.95	54.05		15.58
成虫	♀ : ♂ 35 : 20						

注：雌、雄成虫有多次交尾能力，表中未考虑性比死亡率。
资料来源：引自古德祥等，1983

有的生命表除 l_x 栏外，还增加了 m_x 栏，用来描述种群中各年龄的出生率，反映同生群每个存活个体在该年龄期内所产的后代数，这样的生命表称为综合生命表。表 2-5 为褐色雏蝗的综合生命表，它表示 44 000 粒蝗卵经过 4 个若虫阶段（幼虫）变为成虫的数量变化，并增加了每一期每一存活个体生产的卵数。将存活率 l_x 与生殖率 m_x 相乘并累加，得到净增殖率 R_0（net reproductive rate）。在一年生生物中，R_0 表示种群在整个生命表时期增长或下降的程度，如果 $R_0 > 1$，种群增长；如果 $R_0 = 1$，种群稳定；如果 $R_0 < 1$，种群下降。

表 2-5　褐色雏蝗的综合生命表

虫期 (x)	每期开始数量 (n_x)	原同生群存活到每期开始的比率 (l_x)	原同生群在每一期中死亡的比率 (d_x)	死亡率 (q_x)	$\lg n_x$	$\lg l_x$	$\lg n_x - \lg n_{x+1} = k_x$	每一期生产的卵数 (F_x)	每一期存活个体生产的卵数 (m_x)	每一期原来个体生产的卵数 ($l_x m_x$)
卵(0)	44 000	1.000	0.920	0.92	4.64	0.00	1.09	—	—	—
幼龄Ⅰ(1)	3 513	0.080	0.022	0.28	3.55	−1.09	0.15	—	—	—
幼龄Ⅱ(2)	2 529	0.058	0.014	0.24	3.40	−1.24	0.12	—	—	—
幼龄Ⅲ(3)	1 922	0.044	0.011	0.25	3.28	−1.36	0.12	—	—	—
幼龄Ⅳ(4)	1 461	0.033	0.003	0.11	3.16	−1.48	0.05	—	—	—
成虫(5)	1 300	0.030	—	—	3.11	−1.53	—	22 617	17	0.51

注：$R_0 = \sum l_x m_x = \sum F_x / n_0 = 0.51$。
资料来源：仿 Richards and Waloff，1954

图解式生命表：雏蝗每个世代的生活史为一年，且各世代互不重叠。蝗虫包括6个发育阶段，雌蝗首先把卵囊产于土中，平均每头雌蝗产7.3个卵囊，每个卵囊含有11粒卵，卵越冬后到第二年初夏只有7.9%能孵化为一龄若虫，此后，各龄若虫之间的转化率大致相等，经过几次转化以后，一龄若虫中只有不足1/3能够发育为成虫。把上述各发育阶段的存活率用图解方式表示，则成为雏蝗图解式生命表（图2-17）。

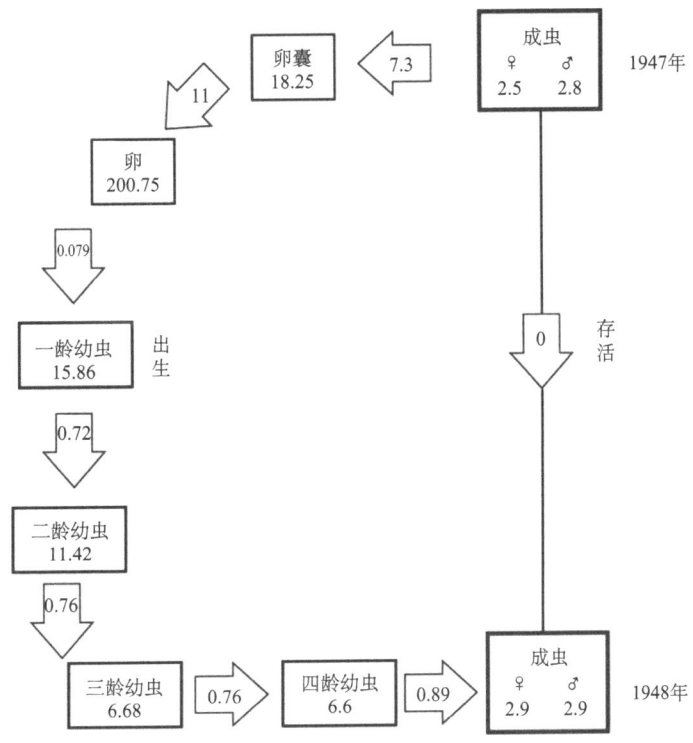

图2-17 雏蝗图解式生命表（仿 Richards and Waloff，1954）

二、生育力表

在大多数情况下，由于生命表的编制者只对年龄与存活之间的关系感兴趣，一般不含有出生和生育力方面的资料，通常将它们总结在另外的生育力表（fecundity schedule）中，这两种表常常平行地摆在一起。生命表和生育力表为建立种群动态模型提供了必要的资料。

含有特定年龄生育力（m_x）的生命表称为生育力表，它可以给出任何一个年龄组平均每个个体的产仔数，即表示x年龄组平均每个个体的产仔数。有些生物具有一个生殖前期（此期不进行生殖），而生殖期一开始就具有很高的生育力，以后生育力随

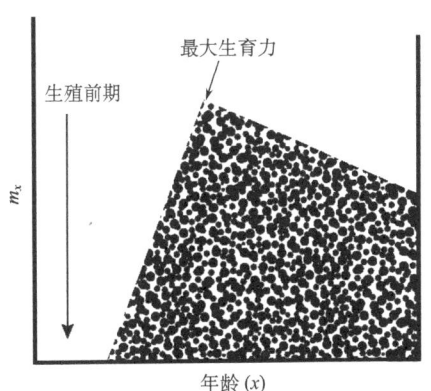

图2-18 图解式生育力表

着年龄的增长而下降,并且没有生殖后期,除了人和某些大型哺乳动物以外,大多数生物都没有生殖后期。图 2-18 为图解式生育力表(无生殖后期)。

三、存活曲线

存活曲线是借助于存活个体数量来描述特定年龄死亡率的,是通过把特定年龄组的个体数量,相对于年龄作图而得到的。存活曲线可用两种方法绘制,一种方法是以存活数量的对数值为纵坐标,以年龄为横坐标作图。另一种方法也是用存活数量的对数值相对于年龄作图,但年龄用平均生命期望的百分离差表示。

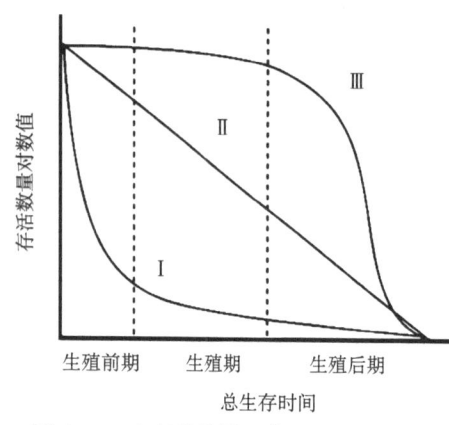

图 2-19 生存曲线图(仿 Deevey,1950)

存活曲线有 3 种基本类型(图 2-19):类型 I 呈凹曲线,早期死亡率极高,如牡蛎、鱼类、很多无脊椎动物、寄生动物和某些植物(景天和高山漆姑草)。类型 II 呈直线,也称为对角线型,属于该类型的种群各年龄的死亡率基本相同,如水螅、小型哺乳动物、鸟类的成年阶段和某些多年生植物(毛茛属)等。类型 III 呈凸曲线,绝大多数个体都能活到该物种的生理年龄,早期死亡率极低,当达到一定生理年龄时,短期内几乎全部死亡,如人类、盘羊和其他一些哺乳动物,以及植物[垂穗草(*Bouteloua hirsute*)等牧草]。

四、关键因素分析

根据连续几年生命表的研究,能看出在哪一时期的死亡率对种群大小的影响最大,这样就能看出哪一个关键因子(key factor)对总 K 的影响最大,这项技术称为 K-因子分析(K-factor analysis)。关键因素(又称为 K 因素)是指同死亡率相关的生物因素或非生物因素,关键因素分析被用来评价某一环境因素对种群动态的影响。确定关键因素要连续进行许多世代或许多年,以便求出每一世代的总 K 值和其相应的 k_1,k_2,k_3,…,等各个发育阶段的 K 值。为了找出影响该种群数量变动的关键因素,就必须用各个发育阶段的 K 值相对于总 K 值作

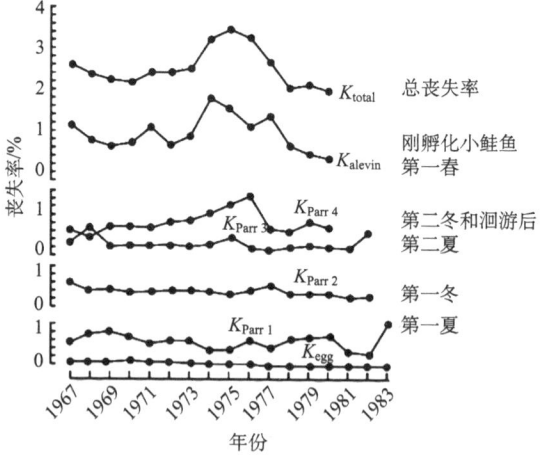

图 2-20 鳟鱼生活周期的 K 值

图,从作图中就可以看出是哪一个 K 值与总 K 值最相关,这个与总 K 值最相关的 K 值就是影响种群数量变动的关键 K 值。进一步找出在这个 K 值所代表的发育阶段中,影响该发育阶段死亡率的因素,那么,这个因素就是影响整个种群死亡率的关键因素。例如,鳟鱼的生命表有 6 个期,每期的死亡率如图 2-20 所示,共有 17 年数据。小鳟鱼期的致死因子与总死亡率关系密切(曲线走势相似),因此,小鳟鱼期的致死因子是鳟鱼种群数量变动的关键因子。

K 值是一个时期个体数目的对数减去下一个时期个体数目的对数。一个生活史时期的 K 值被认为是该时期的致死力（killing power）。将各个时期的 K 值相加，就得到总 K 值（总的死亡率效应）。

五、种群内禀增长率

种群的实际增长率称为自然增长率，用 r 表示，它由出生率和死亡率相减来计算。实践中，r 按以下公式计算：

$$r = \ln R_0 / T \tag{2-17}$$

式中，T 为世代时间（generation time），指种群的子代出生到产子的平均时间，即

$$T = \sum x l_x m_x / \sum l_x m_x \tag{2-18}$$

具有稳定年龄结构的种群，在食物不受限制、同种其他个体的密度维持在最适水平、环境中没有天敌，并在某一特定的温度、湿度、光照和食物等环境条件组配下，种群的最大瞬时增长率，称为内禀增长率（innate rate of increase），用 r_m 表示。

$$r_m = \ln R_0 / T \tag{2-19}$$

现以杂拟谷盗试验种群生命表的数据（表 2-6）计算该虫的内禀增长能力。

表 2-6 杂拟谷盗试验种群生命表的数据

年龄组（d）	代表性年龄（x）	存活率（l_x）	每雌产雌率（m_x）	$l_x m_x$	$x l_x m_x$
0	1.5	1.000	0		
3	4.5	0.940	0		
6	7.5	0.890	0		未成熟期（卵、幼虫、蛹期）
…					
…					
33～36	34.5	0.768			
36～39	37.5	0.768			
39～42	40.5	0.768	0.238	0.182 8	7.403 4
42～45	43.5	0.768	1.062	0.815 8	35.476 8
45～48	46.5	0.768	13.906	10.679 8	496.610 7
48～51	49.5	0.768	17.469	13.416 2	664.101 9
51～54	52.5	0.768	19.438	14.928 4	783.741 0
54～57	55.5	0.768	20.188	15.504 4	860.494 2
57～60	58.5	0.768	19.188	14.736 4	862.207 9
60～63	61.5	0.768	19.344	14.856 4	913.656 3
63～66	64.5	0.768	21.438	16.464 4	1 061.953 8
66～69	67.5	0.768	20.438	15.694 4	1 059.507 0
69～72	70.5	0.750	18.812	14.109 0	994.684 5
72～75	73.5	0.733	17.094	12.529 9	920.947 6
75～78	76.5	0.730	17.125	12.501 2	956.341 8

续表

年龄组 (d)	代表性年龄 (x)	存活率 (l_x)	每雌产雌率 (m_x)	$l_x m_x$	$x l_x m_x$
78~81	79.5	0.730	17.531	12.797 6	1017.409 2
81~84	82.5	0.730	18.250	13.322 5	1099.106 2
84~87	85.5	0.730	16.750	12.227 5	1045.481 2
87~90	88.5	0.730	15.607	11.393 1	1008.289 4
90~93	91.5	0.730	14.500	10.585 0	968.527 5
93~96	94.5	0.730	14.072	10.272 5	970.751 2
96~99	97.5	0.730	13.214	9.646 2	940.504 5
99~102	100.5	0.730	13.428	9.802 4	985.141 2
102~105	103.5	0.730	12.000	8.760 0	906.660 0
105~108	106.5	0.730	11.786	8.603 8	916.304 7
108~111	109.5	0.730	11.286	8.238 8	902.148 6
111~114	112.5	0.730	9.50	6.935 0	780.187 6
总计			$R_0 = \sum l_x m_x$	279.005	21 157.609 9

资料来源：林昌善，1964

杂拟谷盗内禀增长能力计算：

$$R_0 = \sum l_x m_x = 279.0051$$

$$T = \sum x l_x m_x / R_0 = 21\ 157.609\ 9/279.0051$$

$$= 75.8323$$

$$r_m = \ln R_0 / T$$

$$= 5.6312/75.8323$$

$$= 0.074\ 26 d^{-1}$$

即杂拟谷盗种群平均每日每雌增加 0.074 26 个雌体，若将 r_m 转化为周限增长率 λ，则

$$\lambda = e^{r_m}$$

$$= e^{0.074\ 26}$$

$$= 1.077 d^{-1}$$

这意味着种群以每天 1.077 倍的速率增长。

第五节　种群的种内与种间关系

一、种群相互关系分类

种群的相互关系分为种内相互作用和种间相互作用两种。种内相互作用有竞争（competition）、自相残杀（cannibalism）、性别关系、领域性和社会等级；种间相互作用有竞争、捕食（predation）、寄生（parasitism）、互利共生（mutualism），其中又有拟寄生（parasitoidism) 和重寄生 (表 2-7)。

表 2-7 种内与种间关系的分类

种内或种间关系描述	种间相互作用（种间的）	同种个体间相互作用（种内的）
利用同样有限资源，导致适合度降低	竞争	竞争
摄食另一个体的全部或部分	捕食	自相残杀
个体紧密关联生活，具有互惠利益	互利共生	利它主义或互利共生
个体紧密关联生活，宿主付出代价	寄生	寄生*

*种内寄生相对稀少，可能与互利共生难以区别，特别在个体相互关联的情况下。
资料来源：牛翠娟等，2007

两个种群可以彼此相互影响，也可以互不相扰，如果彼此相互影响，这种影响可以是有利的，也可以是有害的。可以用一个加号（＋）表示有利，用一个减号（－）表示有害，用一个零号（0）表示无利也无害。两个种群如果互不影响，则用（0，0）表示；如果互相有利，则用（＋，＋）表示；如果互相有害，则用（－，－）表示；如果对一方有利而对另一方有害，则用（＋，－）表示；如果对一方有害而对另一方无利也无害，则用（－，0）表示；如果对一方有利而对另一方无利也无害，则用（＋，0）表示（表 2-8）。

表 2-8 相互关系类型的表示

关系类型	物种 A	物种 B	关系的特点
竞争	－	－	彼此互相抑制
捕食	＋	－	种群 A 杀死或吃掉种群 B 种的一些个体
寄生和贝次拟态	＋	－	种群 A 寄生于种群 B 并有害于种群 B
中性	0	0	彼此互不影响
共生	＋	＋	彼此相互有利，专性
互惠（原始合作）和谬勒拟态	＋	＋	彼此相互有利，兼性
偏利	＋	0	对种群 A 有利，对种群 B 无利也无害
偏害	－	0	对种群 A 有害，对种群 B 无利也无害

资料来源：Odum，1981

二、种内关系中的集群、领域、社会等级、他感和协同进化

集群（aggregation，colony）是指同一种生物的不同个体在一定时期内生活在一起而形成的群体。根据群体持续时间的长短，分为临时性集群和永久性集群两种类型。迁徙性集群、繁殖集群、取食集群和栖息集群是临时性集群，而社会动物（蜜蜂、白蚁）是永久性集群。引起集群的原因有：对栖息地的食物、光照、温度、水等生态因子的共同需要；对昼夜天气或季节气候的共同反应。繁殖的结果、被动运送的结果、个体之间社会吸引力相互吸引的结果等，也会引起生物的集群。

根据生物群体形成的原因，可将动物群体分为集会（aggregation 或 collection）和社会（society）两大类。集会是同种个体为了寻找同样的生境而引起的；社会群体的形成不是由于环境的偶然因素所引起的，而是像靠相互吸引力形成的。社会群体可分为开发性群体和封

闭性群体两种，开放性群体之间的个体可相互交换，封闭性群体则难以进行成员交换。

同一种动物在一起生活所产生的有利作用，称为集群效应（grouping effect）。它有利于提高捕食效率，有利于共同防御敌害，有利于改变小生境，有利于提高学习效率，有利于促进繁殖。

群聚和阿利氏规律（Allee's principe）：种群内部或迟或早会形成不同程度的群，这类群是个体集群的结果。对某一特定种群而言，群聚的程度取决于种的生境特点、天气和其他物理条件、种的生殖类型特点和社会性程度。群聚可能会增加个体间的竞争。在不利的时期或受到其他生物进攻时，群中个体比单独个体死亡率低，这是因为群聚时，暴露于环境的相对表面面积较小，群能更好地改变微气候和小生境条件。群聚有利于种群的最适增长和存活，群聚的程度，像密度一样，随种类和条件而变化。因此，过疏（或缺乏聚群）和过密一样都可能有限制影响，这就是阿利氏规律。

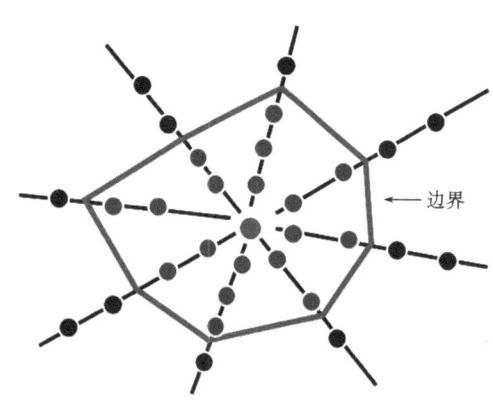

图 2-21 黑色红火蚁的领地边界

领域：脊椎动物和高等无脊椎动物的个体、配偶或家族群，通常将它们的活动局限于一定的面积中，称为巢区（home range）。如果这块地方受到积极保护，就称为领域（territory）。具有复杂的生殖行为，包括营巢、产卵、保护和抚育亲代的脊椎动物及某些节肢动物，领域性（territoriality）表现最明显，它是保持个体或群之间间隔的积极机制。这种隔离可减少竞争，防止密度过高或过分消耗食物资源（或营养物质）、水和日光。换言之，领域性使种群得到调节，保持在比饱和还要低的水平。美国昆虫学家为了测定红火蚁的领地边界，在野外放射线状放置诱饵，然后用蓝色、黑色两种红火蚁做试验，通过标志两种红火蚁打斗和觅食的地点，最后确定了黑色红火蚁领地的边界（图 2-21）。

社会等级：蜜蜂、白蚁等社会性昆虫群体内的个体不是个体集合或聚居，而是各个个体紧密联系，形成完整的统一体。各个品级有严密的组织和分工，各司其职。在同一群体内有不同的品级分化，不同的品级在群体中所处的地位不同，分工也不同。在白蚁群体中，有生殖品级和非生殖品级两大类。生殖品级即蚁后，最显著的形态特点是生殖腺发育完善且极发达，腹部特别膨大，主要起交配产卵、繁殖后代的功能。非生殖品级包括工蚁和兵蚁，工蚁承担了群体内除了生殖以外的几乎一切事务，如筑巢、修路、觅食、培养真菌、喂哺蚁王和蚁后及兵蚁、抚育幼蚁、孵化幼蚁等。兵蚁头部特化明显，口器特化成防卫武器，兵蚁对整个群体起保卫作用，当群体受惊扰时，兵蚁大量集中于出事地点，以其坚硬的上颚与入侵者格斗，用分泌的有毒化学物质攻击消灭来犯外敌。由于兵蚁口器特化成防卫武器，因此它自身不能取食，必须由工蚁喂食才能生存。

他感作用（allelopathic function）：一种植物通过向体外分泌代谢过程中的化学物质，而对其他植物产生直接或间接影响，称为他感作用（allelopathy），也称为异株克生。对克生物质的提取、分离和鉴定已做了大量工作，其主要是酚类物质，如羟基苯甲酸、香草酸。他感作用具有重要的生态学意义。

协同进化：许多物种之间的关系是一种相互作用、相互影响的关系，主要表现为一种物种的性状作为对另一物种性状的反应而进化，而后一物种的这一性状本身又作为前一物种性状的反应而进化，这种方式的进化称为协同进化（coevolution），包括种间竞争的协同进化、捕食者-猎物的协同进化、互利共生的协同进化。

自疏法则：在植物群体内，随着播种密度的提高，种内竞争不仅影响植株的生长发育，而且影响植株的存活率。在年龄相同的固着性动物群体中，竞争个体不能逃避，少量较大的个体存活下来。上述过程称为自疏（self-thining），在双对数图上具有典型的－3/2斜率，故称为Yoda氏-3/2自疏法则，其公式为

$$W = c \times d^{-3/2} \tag{2-20}$$

式中，W为植物个体平均质量；d为密度；c为常数。

两边取对数，得

$$\lg w = \lg c - 3/2 \lg d \tag{2-21}$$

三、种间关系

种间关系包括竞争、捕食、互利共生等。竞争是个体间利用有限资源的一种相互作用，出现在种与种之间为共有的资源而进行的竞争是种间竞争（interspecific interaction），出现在种内个体之间为共有的资源而进行的竞争是种内竞争（intraspecific interaction）。

1. 竞争

竞争有两种类型，一种竞争类型是干扰竞争（interference competition 或 contest competition），即一种动物借助于行为排斥另一种动物使其得不到资源，最明显的是打斗，或产生毒素，如植物产生的一些抑制性物质；另一种竞争类型是资源利用竞争（exploitive competition 或 scramble competition），即一个物种通过消耗短缺的资源，间接对第二个物种产生影响，但两个物种并不发生直接接触。以下为资源利用竞争的实例。为了研究蚂蚁和啮齿动物在种子利用上的竞争关系，在Arizona沙漠中建立了3个观察试验区（表2-9）：在对照区内，蚂蚁和啮齿动物共存；在第二区内，将啮齿动物全部捕获并移走，建起栅栏防止啮齿动物进入；在第三区内，用杀虫剂将蚂蚁全部清除。结果显示，在无啮齿动物的试验区内，蚂蚁群由对照区的318群增加到543群；在无蚂蚁的试验区内，啮齿动物的数量由对照区的122只增加到了144只。显然，啮齿动物的存在减少了蚂蚁群的数量，而蚂蚁的存在也降低了啮齿动物的密度。

表2-9 对照区和处理区蚂蚁及啮齿动物的数量

物种	对照区	移走啮齿动物	移走蚂蚁
蚂蚁群体	318	543	—
啮齿动物	122	—	144

竞争排斥原理（高斯假说）：两个在生态学（位）上完全相同的物种不可能同时、同地生活在一起，其中一个物种将最终把另一个物种完全排除，这被称为竞争排斥原理（competitive exclusion principle）。但是，完全的生态位重叠是不可能的，因此，如果两个物种出现共存，那么它们之间就必然会存在生态学（位）的差异。这一原理强调不同物种要实现在

饱和环境和竞争群落中的共存，就必须具有某些生态学（位）上的差异。图 2-22 为双小核草履虫和大草履虫单独及混合培养时的种群数量变化图。结果显示，混合培养时，双小核草履虫取得竞争优势，而大草履虫在竞争中被排斥。

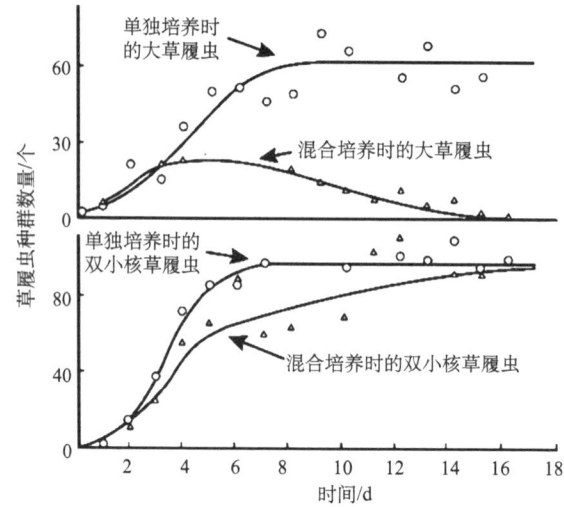

图 2-22　两种草履虫单独和联合培养时的种群数量变化（仿 Allee et al.，1949）

种群竞争理论模型：90 年前，Lotka（1925）和 Volterra（1926）提出了一个的竞争理论模型，称为 Lotka-Volterra 竞争方程，它是在逻辑斯谛方程的基础上建立起来的。当有两个物种（甲和乙）的种群共同生活在一定的空间内，竞争某种有限的资源时，该两个物种种群的瞬时增长速率分别为

$$dN_1/dt = r_1 N_1 [(K_1 - N_1 - \alpha N_2)/K_1] \tag{2-22}$$

$$dN_2/dt = r_2 N_2 [(K_2 - N_2 - \beta N_1)/K_2] \tag{2-23}$$

式中，r_1 与 r_2 分别为该两个物种的内禀增长率；N_1 与 N_2 分别为各自的种群数量；K_1 与 K_2 分别为该两个物种单独生活时的环境负荷量；α 为物种甲的竞争系数，表示在物种甲的环境中，每存在一个物种乙的个体，其对物种甲种群的效应与 α 个物种乙的个体等价；β 为物种乙的竞争系数。两个物种种群在竞争中的后果取决于下列条件。

（1）当 $\alpha/K_1 < 1/K_2$ 且 $\beta/K_2 < 1/K_1$，它们各自的种群平均值为

$$\lim N_1 = (K_1 - \alpha K_2)/(1 - \alpha\beta)，而 \lim N_2 = (K_2 - \beta K_1)/(1 - \alpha\beta) \tag{2-24}$$

（2）当 $\alpha/K_1 > 1/K_2$ 且 $\beta/K_2 < 1/K_1$，则随着时间的延长，$N_1 \to 0$，$N_2 \to K_2$，即物种甲在竞争中最终被物种乙排除，物种乙将单独地呈逻辑斯谛增长。

（3）当 $\alpha/K_1 < 1/K_2$ 且 $\beta/K_2 > 1/K_1$，$N_1 \to K_1$，$N_2 \to 0$，即物种乙在竞争中最终被物种甲排除，物种甲将单独地呈逻辑斯谛增长。

（4）当 $\alpha/K_1 > 1/K_2$ 且 $\beta/K_2 > 1/K_1$，当 $t \to \infty$ 时，N_1 或趋于零或趋于 K_1，相应地，N_2 或趋于 K_2 或趋于零，也就是说，在竞争中总有一个物种最终被另一物种排除，究竟何者被排除，取决于在竞争开始时，哪个物种的种群在数量上占优势（表 2-10）。竞争方程的图像如图 2-23 所示。

表 2-10 竞争方程的 4 种竞争结果

物种竞争形式	物种 1 能抑制物种 2（$K_2/a_{21}<K_1$）	物种 1 不能抑制物种 2（$K_2/a_{21}>K_1$）
物种 2 能抑制物种 1（$K_1/a_{12}<K_2$）	两个物种都能得胜（结果 3）	物种 2 总是得胜（结果 2）
物种 2 不能抑制物种 1（$K_1/a_{12}>K_2$）	物种 1 总是得胜（结果 1）	两物种都不能抑制对方（结果 4）

资料来源：仿 Krebs，1978

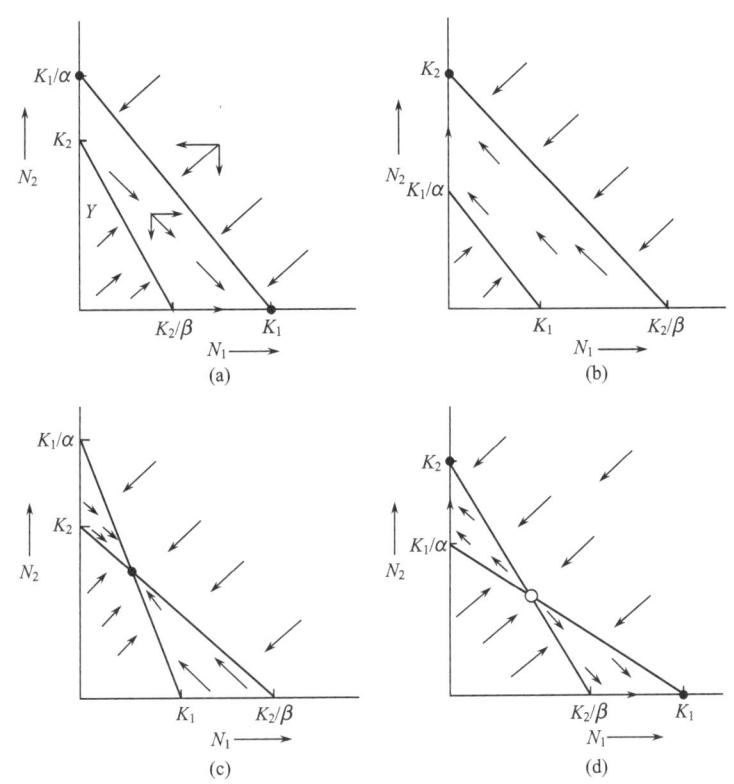

图 2-23 两个物种之间的竞争可能产生的 4 种结局（仿 Krebs，1978）
(a) N_1 获胜；(b) N_2 获胜；(c) 稳定平衡（两种共存）；(d) 不稳定平衡（各有获胜可能）

2. 捕食与被捕食

捕食者与被食者的关系是两个不同营养阶层之间的相互关系。设在没有捕食者存在的情况下，被食者种群（N_1）在无限空间内作几何级数增长，r_{m1} 为被食者的内禀增长率，即

$$dN_1/dt = r_{m1}N_1 \tag{2-25}$$

如果没有被食者，则捕食者将因饥饿而死亡，其种群（N_2）的下降速率被认为是负的增长，即

$$dN_2/dt = dN_2 \tag{2-26}$$

式中，d 为负变量，表示捕食者种群的相对死亡率。

如果被食者与捕食者共同生活在一个有限的空间内，那么，被食者种群的增长速率将有所下降，其下降的量取决于捕食者的种群密度。同样，捕食者种群的增长速率将从原来的负值水平有所上升，其上升的速率取决于被食者的种群密度。于是，描述这种被食者-捕食者

系统的方程组为

$$dN_1/dt = (r_{m1} - C_1 N_2) N_1 \quad (2\text{-}27)$$

$$dN_2/dt = (d + C_2 N_1) N_2 \quad (2\text{-}28)$$

式中，C_1 和 C_2 为常数，C_1 表示"被食者保护它自己的本领"的一个测度，C_2 表示"捕食者攻击效力"的一个测度。

这个方程组有周期解，即捕食者和被食者均作周期性颤动。随着捕食者种群的增长，被食者种群逐渐下降，当被食者种群降至某一低值时，捕食者种群因饥饿而下降，使被食者种群得以恢复，至被食者种群升至某一较高密度时，捕食者种群又得以上升。

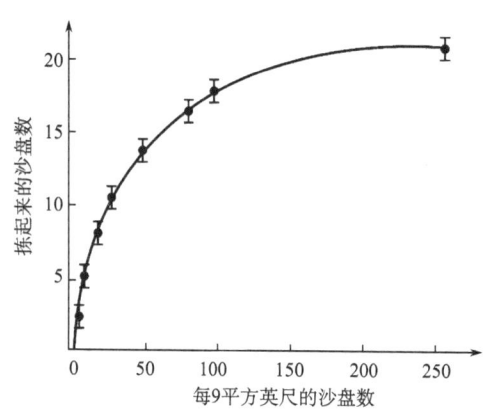

图 2-24　Holling 的沙盘试验：捕食数量与猎物密度的关系（引自 Holling，1959）

功能反应：功能反应（functional response）是指每个捕食者的捕食率如何随被食者的密度而变化的一种反应。Holling（1959）的沙盘试验，以蒙眼人作为"捕食者"，以 4cm 直径的沙盘作为"被食者"，让"捕食者"在 3 英尺①左右的桌子上"捕食"被食者，找到一个，拿走并放到一边，再继续找。以 1min 为期，探索被食者密度不同时"捕食"的数量，结果如图 2-24 所示。

捕食过程有两个耗时的行为：搜索和处理猎物。设 y 为移去的沙盘数，x 为沙盘的密度，T_s 为搜索时间，a 为发现域（常数），则

$$y = a T_s x \quad (2\text{-}29)$$

设 b 为移走一个沙盘所需的时间，T_t 为总的时间，则

$$T_s = T_t - by \quad (2\text{-}30)$$

代入式（2-29）后，得

$$y = a(T_t - by)x \quad (2\text{-}31)$$

简化为

$$y = T_t a x / (1 + abx)$$

为求 a、b 值，可改写为

$$y/x = T_t a - aby$$

由 y/x 对 y 作回归即可求出 $T_t a$ 值及 ab 值。

功能反应有 3 种类型：① Ⅰ 型[图 2-25(a)]。直线上升直至上部平坦部分达到一个平衡值，在前一阶段，每个捕食者的捕食量与猎物密度成正比，直到食物多于捕食者能取食的水平，如大型瑙（Daphnia magna）对藻类和酵母的取食、盲走螨（Typhlodromus occidentalis）对植食螨的捕食等。② Ⅱ 型[图 2-25(b)]。曲线凸起直至饱和水平。负加速的出现是由于在高猎物密度下捕食者的饥饿程度降低了，搜索成功的比率降低了，用于非搜索的时间增大了，如直翅目蟋蟀对家蝇蛹的捕食。③ Ⅲ 型[图 2-25(c)]：开始时是正加速，接着是负加速，最后达到饱和水平。在猎物密度低时，捕食者与猎物接触机会少，不能很快发

---

① 1 英尺 = 30.48cm，后同

现和识别猎物，随着猎物密度上升、接触增多、识别反应变快，捕食量增多。

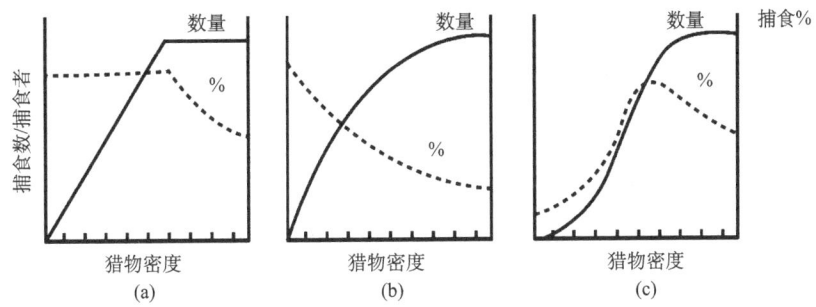

图 2-25　功能反应的三种形式（Van Lennteren and Bakker，1978）
(a) Ⅰ型；(b) Ⅱ型；(c) Ⅲ型

数值反应：数值反应（numerical response）是指当猎物种群密度上升时，捕食者密度的变化，主要表现在猎物密度对捕食者发育率（v）和生殖力（F）的影响，其模型如下：

$$v = 1/D$$
$$= \alpha(I - \beta)$$
$$= \alpha(kN_a - \beta) \tag{2-32}$$

式中，D 为捕食者发育天数；I 为猎物摄取率；N_a 为被捕食的猎物数；α、β、k 为常数。

$$F = \lambda/e(kN_a - c) \tag{2-33}$$

式中，λ、k、c 为常数；N_a 为被捕食的猎物数；e 为每个捕食者卵的生物量。

数值反应也有 3 种不同的类型，即Ⅰ型、Ⅱ型和Ⅲ型（图 2-26）。

3. 寄生与被寄生

寄生性昆虫的生活方式不同于其他典型的寄生物，如内寄生性原虫、细菌、病毒、线虫等，后者寄生于寄主体内，使其致病；前者则在寄主体内或体表产卵，幼虫孵化后以寄主的组织为食，致使寄主死亡。由于寄生性昆虫的生态作用与捕食者相似，因此，描述捕食者与被食者关系的模型也适用于描述寄生物与寄主的关系。

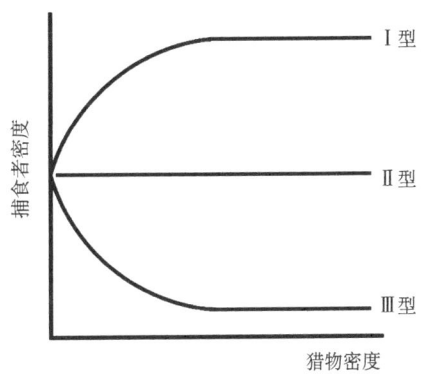

图 2-26　数值反应的 3 种形式
（引自徐汝梅，1987）

（1）Nicholson 模型。该模型假设：①寄生物发现寄主的速率与寄主的密度成正比；②每个寄生物在其生命过程中寻觅的平均区域是一个常数，称为该寄生物的发现域（area of discovery），以符号 α 表示。

如果寄生物种群的数量（或密度）P 与被它们所寄生的寄主的寄生百分比均已知，那么，发现域 α 可由下式求出：

$$\alpha = (1/P)\ln(N/S)$$

式中，N 为可被寄生的寄主总数（或密度）；S 为在寻觅后仍未被寄生的寄主数（或密度）。由此，根据某一世代的寄生物及寄主种群的数量推算下一代的寄生物及寄主种群数量的数学

模型为

$$\lg N_{n+1} = \lg N_n - (2P_n/2.3) + \lg F$$
$$P_{n+1} = N_n - \text{anti lg}(\lg N - 2P_n/2.3) \tag{2-34}$$

式中，F 为寄主生育力；N_{n+1}、N_n 分别为两个相连世代的寄主种群；P_{n+1}、P_n 分别为两个相连世代的寄生物种群。

（2）Hassell 与 Varley 模型。Hassell（1931）通过观察姬蜂攻击其寄主粉螟时发现，当两个寻觅着的寄生蜂相遇时，它们中间的一方（或双方）有离开该相遇地点的倾向。寄生物之间相互干扰的行为，使其寻觅效率下降，而且这种干扰效应将随着寄生物密度的增加而加剧。Hassell 和 Varley（1969）发现，发现域（α）与寄生物密度（P）之间有以下关系：

$$\lg \alpha = \lg Q - m \lg P$$

或

$$\alpha = QP^{-m} \tag{2-35}$$

式中，Q 为探索常数，即当寄生物的密度 $P=1$ 时的发现域；m 为相互干扰常数。

第六节　种群的生活史对策与种群遗传进化

一、生活史概念

生物在其漫长的演化过程中，分化出形形色色的生物有机体，它们都具有出生、生长、分化、繁殖、衰老和死亡的过程。一个生物从出生到死亡所经历的全部过程称为生活史（life history）或生活周期（life cycle）。生活史的关键组分包括身体大小（body size）、生长率（growth rate）、繁殖（reproduction）和寿命（longevity）。

昆虫在一年中的发育史称为年生活史或生活年史（annual life history），昆虫在一个世代中的发育史称为代生活史或生活代史（generation life history）。生物在生存斗争中获得的生存对策称为生态对策（bionomic strategy）或生活史对策（life history strategy）。生活史对策包括生殖对策、取食对策、迁移对策、体型大小对策等。

昆虫生活史具有多样性，其生活史的多样性包括化性、世代重叠、局部世代、世代交替、静止和滞育。昆虫化性（voltinism）是指昆虫在一年内发生的世代性；世代重叠（generation overlap）是指二化性和多化性昆虫由于发生期和产卵期长而造成不同世代的虫态在同一时间出现的现象；局部世代（partial generation）是指同种昆虫在同一地区出现不同化性的现象；世代交替（alternation of generation）是指一些多化性昆虫在年生活史中出现两性生殖世代与孤雌生殖世代交替的现象。

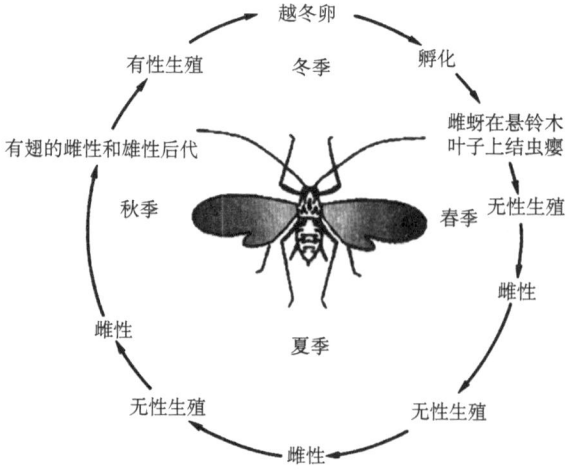

图 2-27　长镰管蚜的生活周期，表示春季、夏季无性生殖和秋季有性生殖（仿 Mackenzie et al.，1998）

完成生活史的时间为生活周期。在生活周期中，个体的形态学形状（morphological form）或世代（generation）不同，形态学变化称为变态，世代间变化包括有性世代与无性世代的交替。复杂的生活周期使生境利用最优化（optimization in habitat utilization）。图 2-27 所示为长镰管蚜的生活周期，它包括春季、夏季无性生殖和秋季有性生殖的变化。

图 2-28 表示血吸虫的生活史，寄生在人体内的血丝虫，其卵随人的粪便排入水中，水中的钉螺成为其中间寄主，具感染力的尾蚴从钉螺排出水中，侵入在水中工作的人体使其感染发病。改造低洼水田消灭中间寄主钉螺成为防治血丝虫的重要手段。

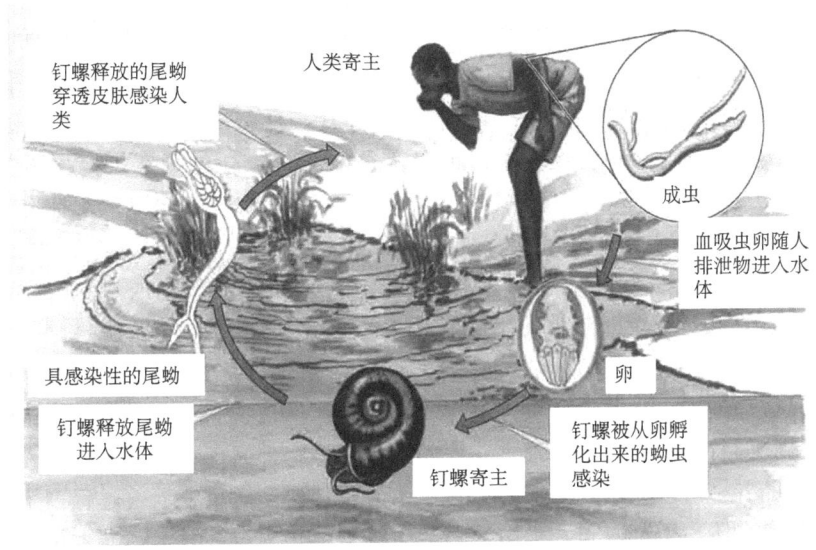

图 2-28　血吸虫生活史

生物的生活史为其遗传物质所决定，一般是不能改变的，但受外界条件的影响，在一定范围内某些性状具有可塑性（如植物的种子数量、种子大小、生长高低都可改变），但其生活史格局保持稳定。生活史的一些遗传特性（trait）常为另一些遗传特性所制约，如寿命长的生物其生殖期往往开始较迟、个体小的生物其寿命常常较短等，这与其形成过程中的自然选择有关。生物在其生活史中的表征主要是个体大小、生长与发育速率、繁殖和扩散。生活史研究主要是比较不同生活史类群的生物学意义及其生态学解释，而不是研究其绝对现象。

二、生活史对策

1. 自然选择压力和适应对策

生物在生存斗争中获得的生存对策称为生态对策（bionomic strategy），或生活史对策（life history strategy）。生活史对策有生殖对策、取食对策、迁移对策、体型大小对策等。不同种类的生物，其生活史类型存在巨大变异，这是进化分化的结果。一切生物始终都处于自然选择压力之下（时时要同其他物种或本种的变种进行竞争，在捕食和寄生方面时时都与其他生物处于相互作用之中），这种压力会导致生物最有效地占有它们的生态位，或至少能比任何其他竞争者更好地适应这一生态位。任何生物对其一特定的生态压力都可能采取许多不同的生态对策或行为对策。种群最重要的适应是在生殖对策选择上的适应，只有那些借助于随机突变和遗传重组而能较好地适应生存的生物才能留下更多的后代。

生物学上习惯用年表示生物在整个生活史所经历的时间，把植物划分为一年生植物、二年生植物和多年生植物，把动物按类群分别划分为短命型、中等寿命型和长寿型，用以表征各组存活时间的相对长短。有机体的生活年限（lifespan）或寿命（lifetime）既具有遗传性，也具有较大的生态可塑性，通常称前者为生理寿命，称后者为实际寿命或生态寿命。

2. 繁殖对策

生物的繁殖问题一直是进化生态学的核心问题之一。Darwin（1859）在他的"物种起源"中描述了繁殖与死亡现象的相互作用，认为繁殖力是维持物种延续的一个重要因子。Wunder（1934）注意到不同类型生物的繁殖差异，提出了不同类群生物繁殖力的演化方向。Lack（1954）发现动物繁殖的生态趋势，提出动物总是面对两种对立的进化过程：一种是高生育力但无亲代抚育；一种是低生育力但有亲代抚育。这一理论被称为 Lack 法则。Cody（1966）通过对鸟类在繁殖中以及在种内、种间竞争中能量消耗的测定，提出了物种在竞争中取胜的最适能量分配。繁殖格局是自然选择的结果，不同生境条件下常常拥有不同繁殖格局类型的植物。在不利于生物生长或生存的恶劣条件下，多以一次结实的草本植物占优势，而在有利于生长和生存的良好环境条件下，则以多次结实的草本植物或木本植物占优势。

在生活史中，只繁殖一次即死亡的生物称为一次繁殖生物（semelparity），一生中能够繁殖多次的生物称为多次繁殖生物（iteroparity）。一次繁殖生物无论生活史长短，在个体发育中，每个阶段只循环出现一次，没有重复过程。所有一年生植物和二年生植物、绝大多数昆虫种类及多年生植物的竹类、某些具有顶生花序的棕榈科植物都属于一次繁殖类型。多次繁殖生物在性成熟以前的各个阶段只出现一次，但在繁殖阶段却要多次重复繁殖过程，个体发育的各个阶段，特别是衰老阶段也都较长。大多数多年生草本植物、全部乔木和灌木树种、高等动物（如哺乳类、鸟类、爬行类、两栖类）及鱼类的绝大多数种类都属于多次繁殖类型。

植物的选择受精：选择受精（selective fertilization）是指具有特定遗传基础的精核与卵细胞优先受精的现象。选择受精主要表现为生理生化核遗传上的特征，包括自交不亲和性选择、远缘杂交不亲和性选择、多个花粉精核间竞争等现象。自交不亲和性植物首先是柱头要从落在其上的各种花粉粒中选择本种异株或异花的花粉，那些在遗传上和生理上与母株相适应的花粉才能在柱头上萌发，并且在花株中继续伸长。当多个花粉管进入胚囊以后，不可避免地会发生竞争现象，融合能力最强的精核优先得到与卵结合的机会。研究表明，自交不亲和性选择过程因植物而异，可以发生在性器官的各个部分，包括柱头、花柱、子房及胚珠组织、受精前或受精后的胚囊。自交不亲和性选择的例子有：十字花科植物的自交不亲和反应使花粉粒在柱头上即停止发育；向日葵的花粉管在花柱中因代谢物质的不亲和反应而停止生长；甜菜的花粉管要进入子房或子房组织后才因不亲和反应而停止生长发育；热带植物可可的自交不亲和性反应则发生在胚囊中；等等。

植物选择受精有着重要的生物学意义：一方面在同种中可以保证最适应的两性细胞的高度融合，从而增强其后代的存活能力；另一方面也限制了异种之间的自由交配，使种间生殖隔离，从而保证了各个种的相对稳定性。

动物的性选择：动物的性选择（sexual selection）形式多种多样，主要以异性的外表和行为作为选择的依据。那些在婚配中适宜于表达给异性的特征，容易通过世代遗传而加强，所以在性选择压力下，特别是在修饰（ornamentation）、色泽（coloration）、求偶行为

(courtship behavior) 等方面，形成明显的雌雄二形（sexual dimorphism）现象。动物在繁殖中，绝大多数物种是先由雄性作出求偶行为，再由雌性选择各自喜欢的个体作为配偶，这样一来，某些动物雄性的显著特性，就是通过雌性的优先选择而发展起来的。鸟类的雌、雄性个体在颜色和修饰上具有差异，总是雄性更美丽，而且雄性个体间的差异要比雌性个体间的大。大多数鸟类的雌性都具有敏锐的洞察力，对色彩和声音都有较高的鉴别力，而雄性大多数都非常好斗，往往装饰着各式各样的肉冠、垂肉、隆起物、鼓起的囊、顶结、裸羽轴、修长的尾羽及华丽的色彩。在繁殖季节，那些装饰最美丽、鸣唱最动听或表演最出色的雄鸟对雌鸟最具诱惑力，最容易优先被雌鸟选作配偶而留下大量的后代，并将它们的各种特征和体质也遗传给后代，尤其在形态及行为特征的优势基因型，仅在后代的雄性个体上表现。由于性选择一般只对雄性发生作用，结果必然导致雌雄二形现象。

3. r 对策与 k 对策

r 对策种群是指生活在条件严酷和不可预测环境中的种群，其死亡率通常与种群密度无关，种群内的个体常把较多的能量用于生殖，而把较少的能量用于生长、代谢和增强自身的竞争能力。它的种群数量经常处于逻辑斯谛增长曲线的上升阶段，因此用 r（reproduction）表示这种对策，意为生殖力强。r 对策的生物通常短命，寿命一般不足一年，生殖率很高，产生大量后代，但后代存活率低，发育快；种群的死亡率主要是由环境变化引起的（常常是灾难性的），而与种群密度无关；r 对策种群有较强的迁移和散布能力，容易在新的生境中定居。r 对策种群常常出现在群落演替的早期阶段。k 对策种群是指生活在条件优越和可预测环境中的种群，其死亡率大都由与密度相关的因素引起，生物之间存在着激烈竞争，因此，种群内的个体常把更多的能量用于除生殖以外的其他各种活动。它的种群数量常常稳定在逻辑斯谛曲线渐近线 K 值的附近，故称 k 对策。k 对策的种群通常长寿，数量稳定，竞争能力强；生物个体大但生殖力弱，产生很少的种子、卵或幼仔；亲代对后代提供很好的照顾和保护；死亡率由与种群密度相关的因素引起，而不是由不可预测的环境条件变化引起。k 对策的种群对生境有极好的适应能力，能有效地利用生境中的各种资源，但它们的种群数量通常稳定在环境负荷量的水平上或附近，并受资源的限制。k 对策种群在新生境中定居的能力较弱，它们常常出现在群落演替的晚期阶段。表 2-11 列出了 r 对策种群与 k 对策种群的相关特征。

表 2-11　r 选择种群与 k 选择种群相关特征的比较

种群及环境特征	r 选择	k 选择
气候	多变、难以预测、不确定	稳定、可预测、较确定
死亡	常是灾难性的、无规律、非密度制约	比较有规律、受密度制约
存活	存活曲线 C 型，幼体存活率低	存活曲线 A 型、B 型，幼体存活率高
种群大小	时间上变动大，不稳定，通常低于环境容纳量 K 值	时间上稳定，密度临近环境容纳量 K 值
种内、种间竞争	多变、通常不紧张	经常保持紧张
选择倾向	发育快、增长率高、提早生育、体型小、单次生殖	发育缓慢、竞争力高、延迟生育、体型大、多次生殖
寿命	短，通常小于 1 年	长，通常大于 1 年
最终结果	高繁殖力	高存活力

资料来源：Pianka，1970

r-k 选择与物种适应性：MacArthur 和 Wilson（1967）从物种适应性出发，把 r 选择的物种称为 r 策略者（r-strategistis），k 选择的物种称为 k 策略者（k-strategistis）。他们认为，物种总是面临两个相互对立的进化途径，各自只能择其一才能在竞争中生存下来。MacArthur（1962）总结了前人对生物生活史的研究，认为热带雨林的气候条件稳定，自然灾害较为罕见，动物的繁衍有可能接近环境容纳量，即近似于逻辑斯谛方程中的饱和密度（k）。因此，在稳定的环境中，谁能更好地利用环境承载力，达到更高的 k，对谁就有利。相反，在环境不稳定和自然灾害经常发生的地方，只有较高的繁殖能力才能补偿灾害所造成的损失。因此，在不稳定的环境中，谁具有较高的繁殖能力将对谁更有利。这就是 r-k 选择理论。

在实际应用中，这一理论既用于较大类群之间的比较，也用于近似物种之间的比较，甚至用于同一物种之内不同型或不同环境个体之间的比较。尽管物种内在 r 选择和 k 选择的特征差异不会那么明显，但它们对环境的反应体现在个体生态学特征上的差异总还存在着向 r 选择或 k 选择演化的趋势。鸟类中的鹭、鹰、信天翁等都是典型的 r 选择，它们体型小、生育力高、对幼鸟的抚育时间较短。许多蚜虫的成虫具有无翅型和有翅型两种，雌的无翅型繁殖很快，且一般取孤雌胎生的繁殖方式，属于 r 选择。而有翅型要迁飞且取两性繁殖，寿命相对较长，繁殖速率也相对较慢，可视为 k 选择。在植物中，一年生植物如农田杂草、原生和次生芜原的先锋草种属于 r 选择，大多数森林树种属于 k 选择。

应该说，r-k 选择只是有机体自然选择的两个基本类型。实际上，在同一地区，同一生态条件下都能找到许多不同的类型，大多数物种则是以一个、几个或大部分特征居于这两个类型之间。因此，将这两个类型看成是连续变化的两个极端更为恰当。英国生态学家 Southwood（1976）、Gadgil 和 Solbrig（1972）认为，生物界的种类存在着"r-k 策略连续统"（r-k continuum of strategy），这种思想也得到了大量认证。经过更大范围生物类群的分析，发现从细菌到鲸，个体大小与世代时间之间有明显的正相关性；在世代时间与繁殖关系上表现为世代时间减半，r 值就加倍。如果采取双对数直线回归分析，则存在以斜率为 -1 的规律性变化。同时，在 r 值与体重大小的关系上也有明显的规律性。同一物种分布在不同生态梯度上也可以形成一种 r-k 策略连续统特征。例如，云杉在低海拔属于偏 r 选择，在中海拔为 k 选择，在中高海拔为偏 k 选择，在高海拔为 r 选择（江洪，1992）。

r-k 策略连续统是生物多维进化的产物。在地球历史环境的变迁过程中，生物曾经在长期安定的古生态环境中进化，也曾经在高度不稳定的环境中进化，并且为适应新的环境而不断进化着。所以，不仅可以在整个生物界，而且在各大小类群内、物种内都可以找到 r-k 策略连续统的例子。在生存竞争和自然选择中，上述各种策略者都有大量取得成功而在当今生物界中得以繁荣的代表。

4. 休眠与滞育

生物在不良季节、气候或食物缺乏的情况下，停止活动呈静止状态，借以渡过不良环境，这种状态称为休眠（dormancy）。休眠由某一时期外界条件的变化引起，如冬眠、夏眠、饥饿休眠。滞育（diapause）是指生物在一定时期内和一定发育阶段上发生的现象，取决于发育停止前的一个时期，即前一个发育阶段条件的变化，导致某种生理过程的变化，控制后期发育的继续或停止。

5. 迁移与扩散

生物通过迁移来躲避当地恶劣的环境，在空间上移到更适宜的地方。迁徙（migration）是方向性运动，如家燕（*Hirundo paradisaea*）从欧洲到非洲的秋季飞行。扩散（dispersal）是离开出生或繁殖地的非方向性运动，它是生物进化而来的一种用来躲避种内竞争及避免近亲繁殖的一种对策。

三、种群的遗传变异

基因（gene）是指带有可产生特定蛋白质的遗传密码的 DNA 片段，由两个等位基因（allele）构成。种群内所有个体基因的总和构成种群的基因库，个体所带的基因随着死亡或迁出从基因库丢失，通过突变或迁入使新基因进入基因库。决定特定性状的同源染色体上的基因称为基因型（genotype），遗传基因的表达与环境共同作用决定个体的表型（phenotype）。种群内每个基因型所占的比例为基因型频率（genotypic frequency）；在种群种中不同基因所占的比例为基因频率（gene frequency）。种群个体的基因型与表型的构成与种群数量动态密切相关。种群内个体多数带有有利基因，生理上适应能力较强，个体存活能力较强，产生较多后代，种群数量易于上升。种群数量的上升会改变选择压力，导致种群基因型和表型频率的变化。种群的数量与质量变化是种群动态过程相辅相成的两个方面。在世代传递过程中，亲代并不能把每个个体的基因型传递给子代，传给子代的只是不同频率的基因。基因频率会受到突变、选择、漂变、迁移等因素的影响而变化。

哈代-温伯格定律：在一个巨大的、个体交配完全随机、没有其他因素干扰（如突变、选择、迁移、漂变）的种群中，基因频率和基因型频率将世代保持稳定不变，这种状态称为种群的遗传平衡状态，即哈代-温伯格定律（Hardy-Weinberg law），也称为哈温定律。

种群内的变异（variation）包括遗传物质的变异、基因表达的蛋白质的变异和表型的数量性状的变异。广布种的形态、生理、行为和生态特征在不同地区有显著的差异，称为地理变异（geographic variation）。如果环境选择压力在地理空间上连续变化，导致种群基因频率或表型的渐变，这种表型特征或等位基因频率逐渐改变的种群称为渐变群（cline）。

自然选择（natural selection）出现在具有不同存活和生育能力的、遗传上不同的基因型个体之间，当各基因型个体在适合度（fitness）上存在差异时，自然选择就起了作用。通过自然选择作用，生物种群的基因型和表型频率发生变化，最终导致生物对环境的适应。

遗传漂变（genetic drift）是基因频率的随机变化，仅偶然出现，在小种群中更明显。漂变的发生是由于偶然性对基因由一代向下一代转移时的影响。遗传漂变的强度取决于种群的大小，种群越大，遗传漂变越弱；种群越小，遗传漂变越强。种群大小的倒数，通常作为遗传漂变强度的指标。

种群的遗传变异：科研人员利用 ISSR 分子标记技术分析了中国 32 个紫茎泽兰地理种群的遗传多样性，结果表明，入侵中国的紫茎泽兰具有较大的遗传多样性，大部分变异存在于种群内；地理隔离可能是阻碍紫茎泽兰种群间基因交流的原因之一，不同海拔紫茎泽兰种群的遗传多样性水平呈现随海拔升高而降低的趋势。应用随机扩增多态性 DNA（RAPD）标记，对东北地区不同狍种群遗传变异的研究结果显示，东北地区狍具有较为丰富的遗传多样性；东北地区长白山、大兴安岭和完达山 3 个地理种群中，大兴安岭狍种群遗传多样性最低；东北地区狍种群存在一定的遗传分化，但分化程度不高，遗传变异主要来自种群内。

第七节 集合种群与种群生存力

一、集合种群

种群生态学有3个空间尺度：局域尺度、集合种群尺度和地理尺度（表2-12）。局域种群（local population）是指在一个斑块区域内同一个种的、以很高的概率相互作用的个体的集合。斑块（patch）是指局域种群所占据的空间区域。集合种群（metapopulation）描述的是生境斑块中局域种群的集合，这些局域种群在空间上存在隔离，彼此间通过个体扩散而相互联系，在一个区域内，所有局域种群构成一个集合种群。它是种群概念在一个更高层次上的抽象和概括。很明显，种群与局域种群在概念上是有区别的，种群的定义为一定时间内占据特定空间的具有相互作用的同种个体的集合；集合种群的定义为一定时间内具有相互作用的局域种群的集合。集合种群的动态特征表现为局域种群的连续周转、局域灭绝和再侵占。要判断一组局域种群是否为一个集合种群，必须要知道这些局域种群中的一些种群会在生态时间内灭绝，而某一局域种群灭绝后会有一些个体从邻近种群中迁移过来，重新占领该斑块（图2-29）。

表2-12 种群生态学上研究的3个空间尺度

局域尺度	个体在这一尺度内完成取食和繁殖等活动
集合种群尺度	在该尺度内，扩散个体在不同的局域种群之间迁移
地理尺度	一个物种所占据的整个地理区域，一般个体不会扩散出该区域

资料来源：牛翠娟等，2007

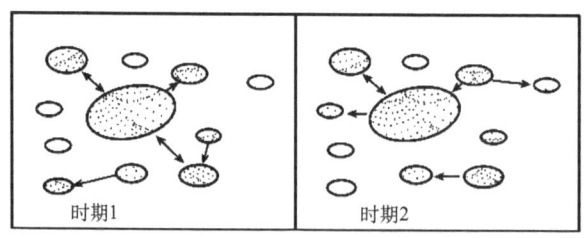

图2-29 集合种群及其动态模式图（仿Krebs，2001）

经典集合种群理论：Levins将集合种群定义为"种群的种群"（a population of population），即一个相对独立的区域内各局域种群的集合，各局域种群通过一定程度的个体迁移成为整体。集合种群研究的核心是将空间看成是由栖息地斑块（habitat patch）构成的网络，探讨这些斑块网络中的各局域种群间的灭绝与再定殖的动态变化。

Levins经典集合种群模型假定所有局域种群有恒定的灭绝风险，局域种群建立的概率与斑块被局域种群占据的比例（P）及当前未被占据斑块比例（$1-P$）成正比，即

$$dP/dt = cP(1-P) - eP \qquad (2\text{-}36)$$

式中，c、e分别为定殖参数和灭绝参数，P的平衡值为

$$P^* = 1 - e/c \qquad (2\text{-}37)$$

现代集合种群理论：1995 年，Hanski 对集合种群重新作了如下定义，典型的集合种群需要满足以下 4 个条件：①适宜的栖息地以离散斑块形式存在，这些离散斑块可以被局域繁育种群（local breeding population）占据；②即使是最大的局域种群也有灭绝风险；③栖息地斑块不可过于隔离而阻碍局域种群的重新建立；④各个局域种群的动态不能完全同步。

现代集合种群理论基于 Levins 模型，但放弃了 Levins 模型中的一些不符合实际的假设。主要包括：①局域种群动态。Levins 模型忽略了局域种群大小的分布，放弃该假设，建立了基于个体层次过程的"结构"集合种群模型，即或将种群大小分为 3 种状态，或考虑种群大小的分布。②灭绝-定殖的随机性。Levins 模型假定栖息地斑块的数量无限多，因此采用确定性的微分方程模型。如果栖息地斑块的数量相对中等，如几十个，灭绝-定殖的随机性就可能对模型的预测产生深远的影响，这种随机性就不能再被忽略。随机的 Levins 模型用来研究集合种群的灭绝时间如何依赖于栖息地斑块的数量，或用来研究一个现实集合种群的生存力问题。③斑块网络的空间结构。真实的斑块网络在斑块的面积、质量和连接度等方面存在着很大差异，定量地认识集合种群的动态、考虑空间异质性是必要的。Hanski 提出的关联函数模型可以用实际集合种群（具有变异的面积和连接度）的数据加以参数化，这在保护生物学中具有重要意义。④结构模型假设。Levins 模型假设空白斑块的定殖率随已定殖斑块的比率呈线性增加，而已占斑块的灭绝率与栖息地斑块网络无关。对一个实际的集合种群来说，这两个假设都存在问题。例如，许多有性繁殖的生物体在定殖上可能表现出阿里效应，到达某一空白斑块的个体数量如果低于某一阈值，定殖成功的概率非常低。同样，灭绝过程也受拯救过程的影响。⑤灭绝率（及定殖率）的关联。许多研究证实很多物种的种群动态存在着区域同步（regional synchrony）现象。就经典集合种群来说，局域种群动态的空间同步导致灭绝率（及定殖率）的空间关联。区域同步可能归因于外界因子，如天气或气候条件；区域同步也可能源于集合种群动态本身，如一个已定殖的斑块更有助于增加其相邻斑块的定殖率，导致定殖过程的空间相关。⑥灭绝率和定殖率的时间变异。绝大多数集合种群的理论研究都假定灭绝率和定殖率不随时间改变，但是，物种对环境条件随时间变异的反应显然对其种群动态有深远的影响。一个相对常见物种的灭绝风险更可能由特别不利的环境条件的出现概率决定，而不是由通常的"平均"动态决定。

二、岛屿生物地理学的物种数量

岛屿生物地理学的核心思想是物种动态平衡理论，岛屿上的物种数量或丰富度（richness）主要取决于两个过程：新物种的迁入和原来占据岛屿的物种的灭绝（图 2-30）。

由于任何岛屿上的生态位或栖息地空间有限，已定殖（colonization）的物种越多，新迁入的物种成功定殖的可能性就越小，而已定殖的物种灭绝的概率就越大。因此，对某一岛屿而言，迁入率和灭绝率将随岛屿物种丰富度的增加而分别呈下降和上升趋势。就不同岛屿而言，迁入率随其与大陆种库的距离而下降，这种现象称为"距离效应"。另外，岛屿面积越小，种群数量越少，随机因素引起的物种灭绝率将会增加，这种现象称为"面积效应"。当迁入率和灭绝率相等时，岛屿物种丰度达到动态平衡状态，即物种的丰富度相对稳定，但物种的组成却不断变化和更新。

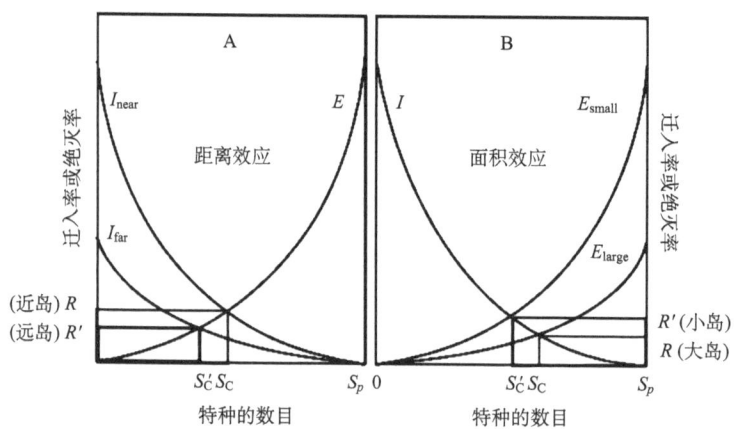

图 2-30 MacArchur 和 Wilson 岛屿生物地理学动态平衡理论的图示模型
(引自 MacArchur and Wilson，1967)
near 和 far 表示远近；small 和 large 表示大小

三、种群生存力分析

随着人们对资源的加速利用，生境丧失和破碎化导致物种濒危问题日益严重。以岛屿生物地理学为理论起源的种群生存力分析（population viability analysis，PVA），通过分析和模拟种群动态过程并建立灭绝概率与种群数量之间的关系，为濒危物种保护提供了重要的理论依据和研究途径。

种群生存力分析理论的起源可以追溯到岛屿生物地理学理论，该理论探讨了物种丰富度与生境面积及隔离程度的静态和动态关系，揭示了物种灭绝与生境面积的依赖关系。Shaffer 等采用种群随机模型研究了美国黄石公园棕熊的种群生存力，提出了最小可存活种群（minimum viabilitypopulation，MVP）的概念。Shaffer 的工作回答了种群生存力分析研究的两个关键问题：①确保关键种能够长期维持的最小种群数量最小可存活种群是多少；②如何前瞻性地评估种群大小与灭绝概率的关系。

种群生存力分析是通过数据分析或模型模拟来确定物种在未来某一人为限定时间段内的灭绝风险。种群生存力分析的概念有广义和狭义之分，从定性的不含数学模型的分析手段到定量的空间显式随机模拟模型，评估物种的灭绝风险和致危因子，以及物种可恢复概率等问题的方法属于广义种群生存力分析的范畴；狭义种群生存力分析概念则是采用数学模型和蒙特卡洛（Monte Carlo）方法模拟种群动态，评估随机因素的作用机制，预测种群未来的变化趋势（增长/下降），估算种群灭绝概率的定量模拟方法。

种群生存力分析最早研究物种灭绝问题的目标是计算最小可存活种群。最小可存活种群是指在多重随机干扰情况下，一个种群能够长期存活并繁殖的最小个体数。Shaffer 指出，导致物种灭绝有多种随机因素，包括种群统计随机性、遗传随机性、环境随机性和自然灾害。在此基础上，他提出了物种水平上确保种群长期存活的定量标准，即"对于任何物种，在可预见的种群统计随机性、遗传随机性、环境随机性和自然灾害的影响下有 99% 的概率能够存活 1000 年的最小的独立种群的个体数量"。

Franklin 认为，使物种能够短期（100 年）存活的有效种群（effective population size）不得低于 50 个个体，确保长期存活的有效种群则为 500 个个体，这两个数字后来被称为"魔术数字"（magic number）。根据最小可存活种群的概念，作用于种群的各种随机性因素、保护计划的时限和种群存活的安全阀值 3 个因素可以决定最小可存活种群的大小。在应用过程中，后两个因素由人为限定。因此，最小可存活种群是可变的，并不存在某个"神秘的"种群大小，也不存在对所有种群都适用的最小可存活种群。此外，后来的研究表明，由于计算最小可存活种群需要大量的种群统计学参数和环境参数，而且在取样中往往存在较大误差，最小可存活种群不宜作为种群生存力分析研究的唯一目标。

四、最小适生面积模型

最小适生面积（minimum area of suitable habitat，MASH）是指特定时空范围内能够维持种群存活并繁殖的最小生境面积。由于自然生境的随机性与异质性、物种利用的随机性与不确定性，致使最小适生面积研究的进展极其缓慢。下面介绍两种常用的最小适生面积模型。

面积-密度变异模型：面积与种群密度存在反比例函数关系（图 2-31），生境面积越小，由于资源与环境的变异性，密度变异越大，随着生境面积的增大，种群密度会逐渐趋于稳定。

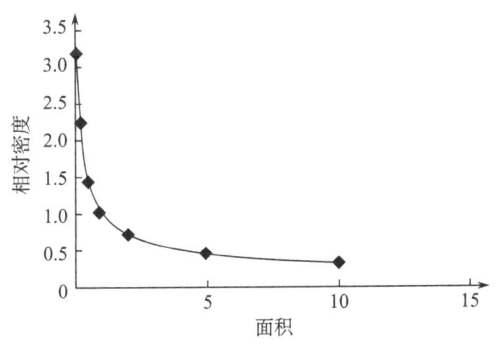

图 2-31　面积-密度变异模型

面积-种群变异模型：面积-种群变异模型理论由面积-密度变异模型而来。在小面积生境内，种群性别比例、年龄结构、种群增长率变异系数较大，随着生境面积的增加，种群各方面的变异指标随之下降并逐渐趋于定值。

复　习　题

一、问答题

1. 试述种群间的相互关系类型。
2. 举例说明干涉（扰）竞争和资源利用竞争。
3. 试述竞争排斥原理。
4. 试述 r 对策和 k 对策种群的特征。
5. 试述种群的繁殖对策。
6. 试述种群逻辑斯谛增长。
7. 试述种群数量调节的主要理论。
8. 试述引起种群周期波动的主要原因。
9. 试述种群的基本特征。
10. 试述种群年龄结构与种群增长的关系。
11. 试述种群的分布型及其检验方法。
12. 举例说明特定时间生命表和特定年龄生命表。
13. 试述种群的存活曲线类型。

14. 举例说明关键因素分析方法。
15. 试述生态位理论的形成与发展。
16. 种群生存力的概念。
17. 试述 Holling 功能反应的原理。
18. 试述岛屿生物地理学理论的核心思想。
19. 试述岛屿生物地理学理论的"距离效应"和"面积效应"。
20. 试述经典集合种群理论。
21. 试述现代集合种群理论。
22. 试述阿利氏规律。

二、名词解释

1. 集群（aggregation，colony）
2. 种群（population）
3. 生态密度（ecological density）
4. 生理出生率（physiological natality）
5. 生态出生率（ecological natality）
6. 多型现象（polymorphism）
7. 生命表（life table）
8. 存活曲线（survivorship curve）
9. 环境负荷量（carrying capacity）
10. 稳定平衡密度（stable equilibrium density）
11. 密度制约（density dependent）
12. 非密度制约（density independent）
13. 种间竞争（interspecific interaction）
14. 种内竞争（intraspecific interaction）
15. 干扰竞争（interference competition 或 contest competition）
16. （资源）利用竞争（exploitive competition 或 scramble competition）
17. 生活史（life history）
18. 雌雄二形（sexual dimorphism）
19. r 策略者（r strategist）和 k 策略者（k strategist）
20. 集合种群（metapopulation）
21. 他感作用（allelopathy）
22. 生态位（niche）
23. 自疏法则（self-thinning law）
24. 净增殖率（net reproductive rate）
25. 内禀增长率（innate rate of increase）
26. 功能反应（functional response）
27. 数值反应（numerical response）
28. 最小适生面积（minimum areas of suitable habitat，MASH）
29. 最小可存活种群（minimum viability population，MVP）

第三章 群落生态学

第一节 群落的概念

一、群落概念的发展历史

群落的概念：1807 年，德国自然学家洪德堡（Alexander Humboldt）认为，自然界植物的分布不是零乱无章的，而是遵循一定的规律集合成群落。1890 年，丹麦植物生态学家将群落定义为"一定的种所组成的天然群聚即群落"。俄国 B. H. 苏卡乔夫在 1908 年认为，植物群落是不同植物有机体的特定结合，在这种结合下，存在植物之间及植物与环境之间的相互影响。1911 年，V. E. Shelford 把生物群落定义为"具一致的种类组成且外貌一致的生物聚集体"。1957 年，美国生态学家 E. P. Odum 对上述定义做了补充：除种类组成与外貌一致外，还具有一定的营养结构和代谢格局，它是一个结构单元，是生态系统中具有生命的部分。中国学者林鹏先生认为，植物群落是单种植物或多种植物的复杂集合体，但不是所有植物集合体都可以称为植物群落，只有经过一定的发展过程，有一定的外貌、有一定植物种类的配合和一定结构的植物集合体才称为植物群落。中山大学的王伯荪教授认为：植物群落是由一些植物在一定的生境条件下所构成的一个总体，在一个植物群落内，植物与植物之间，植物与环境之间具有一定的相互关系，并形成一个特有的内部环境或植物环境。综合上述概念，可以看出，群落是在特定空间或特定生境下由一定种类的生物种群组成的一个生态功能单位，它们之间以及与环境之间相互作用，具有一定的形态结构与营养结构，执行一定的功能，这个功能单位就是群落（community）。

1902 年，瑞士学者 C. Schroter 提出了群落生态学的概念，即群落生态学是研究群落与环境相互关系的科学。

群落概念的发展历史：19 世纪初期，德国自然科学家洪德堡是研究植物群落与地理环境关系的先驱，他在 1807 年出版的专著《植物地理论文集》一书中结合气候与地理因子描述了物种的分布规律，并为植物群落学建立了几个重要概念。1855 年，瑞士植物学家 A. 德康多在《植物地理学》一书中详细描述了各种环境因素（温度、湿度、光、土壤类型等）对植物的影响，并注意到植物的生态可塑性比动物的高。德国学者 August R. H. Griesbach 继承了洪德堡的关于群落外貌的观点，确定"群系"为植被的单位；1872 年他发表的"地球上的植被"一文首次将植被按群系和生活型及气候特点联系起来阐述植物群落。俄国的鲁甫列赫特在 1866 年出版了《黑钙土地带的地植物学研究》一书，提出了"地植物学"这一名称，并把它理解为关于植被与环境相互联系的学说。1859 年，英国生物学家达尔文（Darwin）出版了著名的《物种起源》一书，对植物群落的发展起了一定的推动作用。19 世纪末期，植物群落学得到了迅猛发展。1895 年，丹麦的瓦尔明出版了《以植物生态地理学为基础分布学》一书，书中的植物群落部分，按生境（主要是土壤）分为 13 纲，每一纲中又按优势生活型分为若干群系，每一群系中又按种类组成分为若干群丛，最后提出演替和物种起源的问题。1896 年德国学者辛伯尔（A. F. Schmiper）发表了"以生地理学为基础植物地理分布学"一文，他与瓦尔明的两部专著对西方植物群落学的形成与发展起了巨大的作用。20世纪以来，人们广泛地讨论了群系、群丛、生境等植物群落的主要概念，并讨论了植物群落分类、植被水平地带性和垂直地带性问题。

中国的植物群落学也得到了相应的发展。1915年，张珽在武昌高等师范学院首次开设了植物生态学课程；1922年，他和董爽秋合著了《植物生态学》一书。1927年，钱崇澍发表了有关安徽黄山植物生态研究的专门报告"黄山植物和植被初步记载"。1924年，李顺卿在美国的博士论文"明尼苏达州湖附近森林演替因素"是中国学者研究植物群落学的第一篇重要文献。1929年，刘慎谔在法国的博士论文"高斯山植物地理研究"则是中国人研究法国植被的第一篇著作。侯学煜、钱崇澍、吴征镒、李继侗、乐天宇、何景、熊文愈、林英、张宏达等对植物群落也进行了大量的相关研究，他们的研究对中国植物群落学的发展具有巨大的促进作用。1972年，在国际"人与生物圈"（MAB）等研究计划推动下，中国实施了包括卧龙、鼎湖山、长白山森林生态系统等项目的研究，促进了中国植物群落学的发展。《中国植被》（1980年）等的出版，系统总结了全国植被研究的丰硕成果。阳含熙等的《植物生态学的数量分类方法》（1981年）一书，以及相关植物群落定量分析、生态分析等论文，对中国植物群落的发展起到了促进作用。1996年，庞雄飞等的《昆虫群落生态学》一书的出版，标志着动物（尤其是昆虫）群落生态学进入了一个新的发展阶段。

二、群落学的研究对象和内容

群落学的研究内容主要包括群落的结构、动态、分类、分布、生态5个方面。

群落的结构主要研究群落的种类组成、物种多样性、种群特性、外貌、垂直结构和水平结构等。最为重要的内容则为物种多样性，是指群落在组成、结构、功能和动态方面表现出的丰富多彩的差异。

群落动态包括群落的更新、波动、演替、进化等主要内容。自从1916年克莱门茨（F. E. Clements）提出演替学说以来，演替的理论和方法得到了迅速发展。在群落演替的理论、方法、原因及其内在机制等方面进行了深入研究，提出了许多关于演替过程和机制的理论及学说，并建立了描述演替过程的数学模型。

群落分类的目的是为了更有效地了解群落间的差别与相似点。植物群落的分类系统通常由群丛、群系、植被型及其他一些辅助单位构成，主要的分类系统有苏联学派、瑞典学派、法国-瑞士学派、英美学派及中国植被的分类系统。现有的主要植物群落分类系统有两大类，即生态外貌和植物区系。

群落分布是指各个不同植物群落类型在地球表面分布的规律，它与自然地理环境条件有着极为密切的关系。中国学者对中国植被与自然条件的关系进行了广泛地研究，这为研究植被区划、综合自然区划及植被物质能量分布规律提供了科学依据。

群落生态研究的是群落与其环境条件之间的相互关系，它涉及包括物质循环和能量流动在内的相互作用，以及群落对其生存的环境条件的适应。主要环境因子包括光、热、水、土壤、风、火等。

三、群落的基本特征

生物群落是一定地段或生境中各种生物种群所构成的集合。无论群落是一个独立单元，还是连续系列中的片段，由于群落中生物的相互作用，使群落绝不是其组成物种的简单相加，而是一定地段上生物与环境相互作用的一个整体。因此，生物群落具有以下特征。

具有一定的外貌：组成群落的各种植物常常具有极不相同的外貌，根据植物的外貌可以把它们分成不同的生长型，如乔木、灌木、草本和苔藓等。对每一个生长型还可以作进一步的划分，如把乔木分为阔叶树和针叶树等。这些不同的生长型将决定群落的层次性。一个植物群落，其植物个体的高度和密度，决定了群落的外部形态。在植物群落中，通常由其生长类型决定其高级分类单位的特征，如森林、灌丛或草丛的类型。

具有一定的种类组成：每个群落都是由一定的植物、动物和微生物种类组成的。群落的物种组成是区分不同群落的首要特征。一个群落中物种的多少和每个种群的数量，是度量群落多样性的基础。

具有一定的群落结构：生物群落是生态系统的一个结构单元，它本身除具有一定的种类组成外，还具有一系列结构特点，包括形态结构、生态结构与营养结构。例如，生活型组成、种的分布格局、成层性、季相、捕食者和被捕食者的关系等。但其结构常常是松散的，不像一个有机体结构那样清晰，有人称之为松散结构。

形成一定的群落环境：生物群落对其居住环境产生重大影响。例如，森林中能形成特定的群落环境，与周围的农田或裸地大不相同。

不同物种之间的相互影响：群落中的物种有规律的共处，即在有序状态下共存。生物群落是生物种群的集合体，但不能说一些种的任意组合便是一个群落。一个群落必须经过生物对环境的适应和生物种群之间的相互适应、相互竞争，并形成具有一定外貌、种类组成和结构的集合体。

有一定的动态特征：生物群落是生态系统中有生命的部分，生命的特征就是不断运动，群落也是如此，其运动形式包括季节变化、年际变化、演替与演化。

有一定的分布范围：任一群落都分布在特定地段或特定生境上，不同群落的生境和分布范围不同。无论从全球范围还是从区域角度来讲，不同生物群落都是按一定规律分布的。

具有特定的群落边界特征：在自然条件下，有的群落有明显的边界，有的群落边界不明显。前者见于环境梯度变化较陡，或环境梯度突然中断的情形，如陆地和水环境的交界处。一个湖泊的水体生物群落与其周围的陆地生物群落之间具有很明确的分界线；在高山地带，森林群落和高山草甸群落之间的分界线也很明显。但是，沙漠群落和草原群落之间、草原群落和森林群落之间、针叶林群落和阔叶林群落之间，边界就难以截然划分。

群落有自养的，也有异养的。自养群落中总是含有能进行光合作用的植物，因此能够利用太阳能合成有机物质；异养群落中没有光合作用植物，因此必须依靠从外界输入有机腐屑等物质才能维持群落中生物的生存，如某些温泉和地下河。

群落有大有小，大的如南美洲亚马孙河谷的热带雨林、横贯北欧和西伯利亚的针叶林及地中海的水生群落；小的如森林中的一根倒木、一个温泉和树洞中的一点积水。

四、群落的命名

群落可根据3个方面的特征命名：①根据群落中的主要优势种命名，如红松林群落、云杉林群落等；②根据群落所占有的自然生境定名，如山泉激流群落、砂质海滩群落、岩岸潮间带群落等；③根据优势种的主要生活方式定名，如热带雨林群落、草甸沼泽群落等。

植物群落还有以下命名法。

群丛的命名方法：将各个层中的建群种或优势种和生态指示种的学名按顺序排列，在前面冠以 Ass. (association 的缩写)，不同层之间的优势种以"－"相连。例如，Ass. *Larixgmelini-Rhododendron dahurica-Phyrola incarnata*（兴安落叶松-杜鹃-红花鹿蹄草群丛），表示该群丛的乔木层、灌木层和草本层的优势种分别为兴安落叶松、杜鹃和红花鹿蹄草群丛。如果某一层具共优种，就用"＋"相连。例如，Ass. *Larixgmelini-Rhododendron dahurica-Phyrola incarnate*＋*Carex* sp.，表示草本层有共优种。

单优势种的群落直接用优势种命名。例如，以马尾松为单优势种的群丛为马尾松群丛，即 Ass. *Pinus massoniana*。

当最上层的植物不是群落的建群种，而是伴生种或景观植物，用"＜"（或"‖"或"（）"）来表示同层间的关系。例如，Ass. *Caragana microphlla*＜*Stipa grandis-Cleistogenessquarrasa-Artemisia frigida*。

对草本植物群落命名时，用"＋"而不用"－"连接各亚层的优势种。例如，Ass. *Caragana microphlla*＜*Stipa grandis*＋*Cleistogenessquarrasa*＋*Artemisia frigida*。

群丛组的命名方法：将同一群丛组中各个群丛间差异性最大的一层除去。例如，具有相同灌木层（胡枝子）而不同草本层的蒙古栎组成的群丛组，命名为蒙古栎-胡枝子群丛组。

群系的命名方法：只取建群种的名称，如以羊草为建群种组成的群系称为羊草群系。如果该群系的优势种为两个以上，那么优势种中间用"＋"连接，如华栲＋厚壳桂群系。

第二节 群落的种类组成与物种多样性

一、群落的种类组成

群落具有一定的种类组成和一定的物种间相互关系。在一个群落中，生物的种类和个体数量多得惊人。在 4000 m^2 左右的森林面积中，有 4000 多万个生物，包括 400 多个物种，其中还没有包括低等的原生动物和微生物。群落并不是任意物种的随意组合，生活在同一群落中的各个物种是通过长期历史发展和自然选择而保存下来的，它们彼此之间的相互作用不仅有利于它们各自的生存和繁殖，而且有利于保持群落的稳定性。

群落的种类分为优势种、亚优势种、建群种、关键种、伴生种和偶见种。

优势种（dominant species）是指对群落结构与环境有明显控制作用的种，优势种的主要识别特征是它们的个体数量多（或生物量大），而且通常是指对某一个营养级而言。在一个群落中，优势种可能是那些数量最多、生物量最大、预先占有最大空间和对能量流动和物质循环贡献最大的物种，或是那些借助于其他方法对群落中其他物种能够加以控制和施加影响的物种。但是，对于优势种来说，仅仅数量很多是不够的。例如，在森林中，下木层的树木在数量上可能占有优势，但群落的性质却不受它们控制，而是取决于少量覆盖在它们之上的那些大树。在这种情况下，优势度并不取决于数量，而是取决于生物量或基面积。优势种的个体数量可以很少，但借助于它的活动能够控制群落的性质。例如，一种捕食性的海星猎食其他多种海星，它的存在有利于减少各种海星之间的竞争，从而可以使它们维持共存。从能量流动和物质循环的角度来看，优势种也不一定是群落中最重要的物种。有时，优势种属于那些能够抢先占有潜在生态位空间的物种。例如，在一个栎-板栗林中，如果板栗患枯萎病死亡，板栗在群落中的位置就会被栎树和山核桃所取代。通常认为优势种都占有竞争优势，并能通过竞争排除来取得它们的优势。优势种在群落中常常占有持久不变的优势。例如，在一个以山毛榉和甜槭占优势的落叶林中，极不可能发生稀有种转化为优势种的事件。优势种获取优势的方法包括：①最早到达一个新资源地的物种能迅速增加数量，并在与其他物种发生竞争以前就取得数量优势；②专门利用资源中分布较广且数量丰富的部分，这种类型的优势种往往是高度特化的；③尽可能广泛地利用各种各样的资源，这样的物种往往是泛化种。一个最为泛化的物种只有凭自身的竞争优势才能成为优势种。

亚优势种（subdominant species）：个体数量与作用次于优势种，但在决定群落性质和控制群落环境方面仍起着一定的作用。亚优势种通常居于群落的下层，如大针茅草原中的小半灌木冷蒿。

建群种（constructive species）：群落的不同层次有各自的优势种，如森林群落中的乔木层、灌木层、草本层和地被层分别存在各自的优势种，其中乔木层的优势种，即优势层的优势种称为建群种。

关键种（keystone species）：如果一个物种在群落中占有独一无二的作用，而且这种作用对于群落又是至关重要的，那么这个物种通常就被称为关键种。因为它们的活动决定着群落的结构，如果把关键种从群落中移走，它们的作用将显而易见，这也是识别关键种的最简便方法。例如，龙虾是加拿大潮线下群落的一个关键种，它捕食球海胆，球海胆控制藻类的分布，球海胆种群数量的大量增加曾导致海带和翅藻的消失。海星是北美洲西海岸潮间带岩石群落的一个关键种，如果把海星从这个群落中移出，那么贻贝就会独占这一空间，并把附着在那里的其他无脊椎动物和藻类全部排掉。非洲象也是一个关键种，它的取食活动使灌木和小树难以生长，成熟的大树也常因非洲象啃食树皮而死亡，因此，非洲象的存在有利于把林地转变为草原。

伴生种（companion species）：为群落的常见种类，与优势种相伴存在，但对群落环境的影响不起主要作用。

偶见种（rare species）：由人类偶然带入或随某种条件的改变而进入群落，或为是衰退中的残遗种，在群落中出现的频率很低，个体数量十分稀少。有些偶见种的出现具有生态指示作用，有些可作为地方性特征种看待。

二、群落种类组成的数量特征

群落种类组成的数量特征包括密度、多度、盖度、频度、优势度、相对优势度和重要值。

密度（density）是指单位面积或单位空间的个体数；相对密度（relative density）是指样地内某一物种的个体数占全部物种个体数的比例。

多度（abundance）是指群落中物种个体数目的估测指标，采用 Drude 的 7 级多度，即极多（覆盖面积75%以上）、很多（覆盖面积50%～75%）、多（覆盖面积25%～50%）、尚多（覆盖面积5%～25%）、少（覆盖面积5%）、稀少（偶见一些植株）、个别（仅见一株）。

盖度（coverage）是指植物体地上部分的垂直投影面积占样地面积的比例。林业上常用郁闭度表示林木层的盖度。

频度（frequency）是指群落中某种物种在调查范围内出现的频率，即出现该物种的样

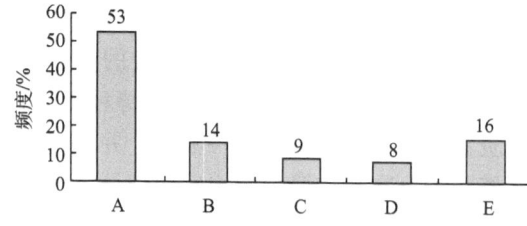

图 3-1　标准频度图解（引自牛翠娟等，2007）

方数占整个样方数的百分比。1934年，Raunkiaer根据8000多种植物的频度统计，编制了一个标准的频度图解（图3-1），凡频度为1%~20%的物种归入A级、21%~40%的物种归入B级、41%~60%的物种归入C级、61%~80%的物种归入D级、81%~100%的物种归入E级。结果显示，频度属于A级的物种种类占53%、属于B级的物种种类占14%、属于C级的物种种类占9%、属于D级的物种种类占8%、属于E级的物种种类占16%，5个频度级的关系为A>B>C≥D<E。这就是Raunkiaer频度定律，即在一个种类分布比较均匀一致的群落中，属于A级频度的种类占大多数，B级、C级和D级频度中的种类较少，E级频度的物种为群落中的优势种和建群种，其数目较多，占有的比例较高。

优势度（dominance）是指一个群落中优势集中于一个或几个种类的程度，常用群落优势度指数表示。

$$\text{群落优势度指数} = \text{两个多度最大的物种对群落总多度贡献的百分数}$$
$$= [(y_1 + y_2)/y] \times 100 \tag{3-1}$$

式中，y_1为多度最大的物种的多度；y_2为多度较次的物种的多度；y为群落中全部物种的总多度。在林业上，可用地上部分所覆盖的面积，或地上部分所占的体积，或地上部分的重量来表示优势度。

测定物种的相对优势度是指一个物种所占有的基面积（basal area，即树干的胸高断面积）与总基面积的比值，用以测定物种的相对频度（relative frequency）。生态学家常把这3种方法结合起来应用，以便确定每一个物种的重要值（importance value）。少数重要值很高的物种可以看成是该群落的指示种（guiding species）。

重要值（important value）＝相对密度＋相对频度＋相对优势度

三、群落的种类调查

为了得到群落内一份完整的生物种类名单，通常采用最小面积的方法来统计一个群落的生物种类名录。最小面积是指基本上能表现出群落类型植物种类的最小面积，通常以绘制种-面积曲线来确定最小面积的大小。

调查最小面积的方法是确定样地，圈围样方。样方应足够大，以便包括足够的个体数。草本植物的样方单位为$1m^2$，灌木或高度超过3m的小树群落的样方单位为$10\sim20m^2$，森林乔木群落的样方单位为$100m^2$。在所设样方中调查并记录出现的种，随着调查面积的增大，出现的种数也增多，但到一定面积后，种数很少增加。以样地面积为横轴，种数为纵轴，在坐标平面上标出相关数据，绘出曲线。当曲线由陡峭上升转向水平延伸时，该点所指示的面积为最小面积S_0（图3-2）。

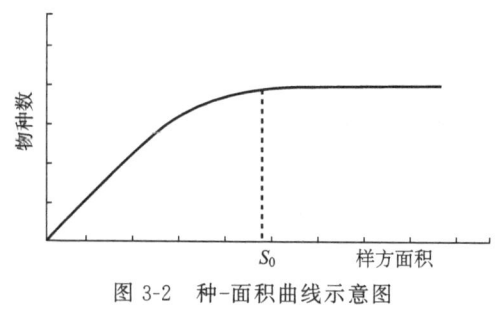

图 3-2　种-面积曲线示意图
（引自牛翠娟等，2007）

四、群落的物种多样性

物种多样性（species diversity）是指群落中物种的数目和每一物种的个体数目。第一种含义是物种的数目或丰富度（species richness），指物种数目的多寡；第二种含义是物种均匀度（species evenness），指群落中全部物种个体数目的分配状况。

生物多样性（biodiversity）是指生物中的多样化、变异性及生境的生态复杂性。生物多样性分为遗传多样性、物种多样性和生态系统多样性。

表示物种多样性的指数有辛普森多样性指数（Simpson diversity index）、香农-威纳指数（Shannon-Weiner index）和种间相遇概率（probability of interspecific encounter，PIE）。

Simpson 指数：在群落中随机抽取两个个体，它们不属于同一物种的概率有多大？

Simpson 指数为随机取样的两个个体属于不同种的概率=1－随机取样的两个个体属于同种的概率。设种 i 的个体数占群落中总个体的比例为 P_i，那么随机抽取种 i 两个个体的联合概率为 P_i^2，将群落中全部种的概率合起来，就得到 Simpson 指数 D，即

$$D = 1 - \sum P_i^2 \tag{3-2}$$

由于 $P_i = N_i/N$（N_i 为种 i 的个体数；N 为群落中全部物种个体数），所以，

$$D = 1 - \sum (N_i/N)^2 \tag{3-3}$$

Shannon-Weiner 指数：用来描述种的个体出现的紊乱和不确定性，不确定性越高，多样性也越高。其公式为

$$H = -\sum P_i \log_2 P_i \tag{3-4}$$

式中，P_i 为属于种 i 的个体在全部个体中所占的比例；H 为群落的 Shannon-Weiner 指数，对数的底可取 2、e 或 10，但相应单位为 nit（尼特）、bit（比特）和 dit（点）。

例 3-1　假定一个群落由 4 个多度相等的物种组成，那么每一次取样 P_i 所占的比例都为 0.25，即 $P_i=0.25$。0.25 的自然对数为 -1.386，因此 $(P_i)(\ln P_i)$ 为 $0.25\times(-1.386)=-0.347$。4 个物种该项值的累加就是 H'，可见 $H'=1.386$，$e^{H'}=4.00$，各项多样性指数的计算结果如表 3-1 所示。

表 3-1　几种常见的多样性指数计算实例

物种	群落 1	群落 2	群落 3	群落 4
A	50	20	39	35
B	4	20	39	33
C	5	20	39	30
D	21	20	39	234
E			39	23
F			39	28
G			39	21
H			39	26
I			39	16

续表

物种	群落1	群落2	群落3	群落4
J			39	19
K			39	2
L			39	1
$\sum$	80	80	468	468
多样性指数 S（物种丰富度）	4	4	12	12
$H'=\sum P_i \ln P_i$（信息指数）	0.97	1.39	2.48	1.80
$J=H'/\ln S$（物种均度）	0.70	1.00	1.00	0.73
$e^{H'}$	2.63	4.00	12.00	6.06
$\sum P_i^2$（Simpsom 指数）	0.47	0.25	0.08	0.28
$1/\sum P_i^2$（Simpsom 反指数）	2.15	4.00	12.00	3.59
$S/(\lg P_i - \lg P_s)$（Whittaker 指数）	3.65	0.00	0.00	5.06
$1-\sum (P_i^2)^{1/2}$（McIntonson 指数）	0.32	0.50	0.71	0.47

注：P_i 表示第 i 物种的个体数量和群落总个体数量之比，也可采用生物量和生产力比较单位

种间相遇概率：Hurlbert（1971）建议采用描述群落组织水平特征或相互关系的指数，即种间相遇概率来描述物种多样性，它根据不同种的活动在随机情况下个体间相遇的比率来决定，其公式为

$$\text{PIE} = \sum (N_i/N)[(N-N_i)/(N-1)] \tag{3-5}$$

式中，N_i 为第 i 种的个体数；N 为群落中总的个体数；S 为群落中总的种数。

群落物种多样性的高低，除了受取样大小、数量多少的影响以外，主要依赖于群落中种类数的多少以及个体数在各个种中的分布是否均匀，即多样性是群落丰富度（richness）和均匀度（evenness）的函数。群落的丰富度用群落的种类数（S）表示，而群落的均匀度是群落实测多样性与理论最大多样性的比值。

丰富度指数（richness index）：群落的丰富度指数包括 Gleason 指数（图 3-3）和 Margalef 指数。Gleason 指数公式为

$$dGl = (S-1)/\ln A \tag{3-6}$$

式中，A 为单位面积；S 为物种数目。

Margalef 指数公式为

$$dM = (S-1)/\ln N \tag{3-7}$$

式中，N 为样方中观察到的个体总数；S 为物种数目。

群落均匀度是指群落中各个种的多度的均匀程度，可通过多样性指数值与该样地种数、个体总数不变情况下的最大多样性值的比值来度量。

如果物种多样性指数的计算基于 Simpson 指数，则当 $n_i/N = 1/s$ 时，有最大的物种多样性：

$$SP_{\max} = s(N-1)/(N-s) \tag{3-8}$$

则物种均匀度为

$$E = SP/SP_{\max} \tag{3-9}$$

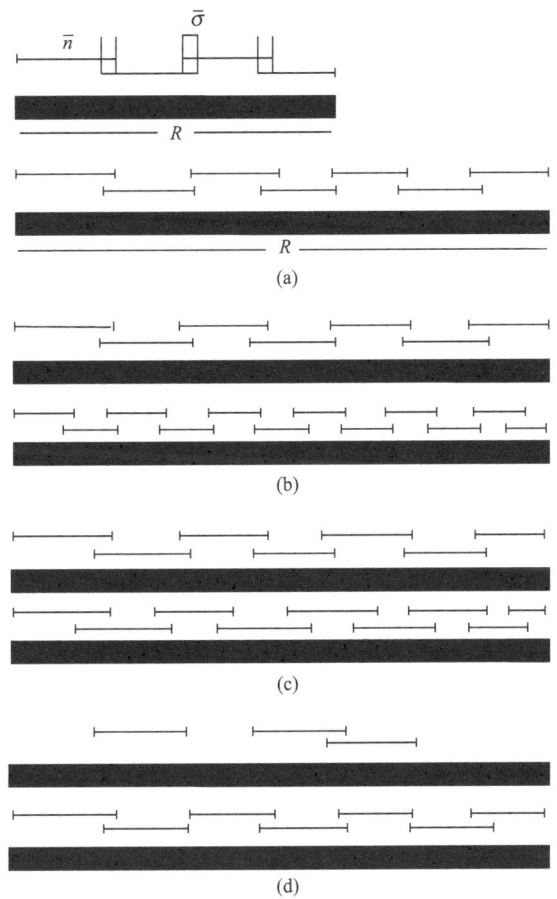

图 3-3 物种丰富度的简单模型（引自孙儒泳等，1993）

R. 群落有效资源范围；$\bar{n}$. 某一物种的生态位宽度；$\bar{\sigma}$. 平均生态位重叠

如果物种多样性指数的计算基于 Shannon-Wiener 指数，则最大的物种多样性为

$$SW_{\max} = -\sum(1/s)\ln(1/s) = \ln S \tag{3-10}$$

则物种均匀度为

$$E' = SW/SW_{\max} = SW/\ln S \tag{3-11}$$

五、物种多样性空间上的变化规律

物种多样性随纬度增高而逐渐降低，随海拔增高而逐渐降低，随海洋或淡水的深度增加而逐渐降低。

解释物种多样性空间变化有以下几个学说。①进化时间学说：热带群落比较古老，进化时间长，在地质年代中环境条件稳定，群落有足够的时间发展到高度多样化的程度，因此多样性较高。②空间异质性学说：从高纬度的寒带到低纬度的热带，生境类型增多，空间异质性增高，群落复杂性增大，物种多样性增高。③气候稳定学说：在生物进化的地质年代，热带的气候是最稳定的，出现了大量狭生态位和特化的种类，因此物种多样性高。而在高纬度地区，由于气候不稳定，出现了广适应性的生物，因此物种多样性少于低纬度地区。④竞争学说：在环境严峻的地区（如极地和温带），自然选择主要受物理因素控制，但在气候温和而稳定的热带地区，生物之间的竞争则成为进化和生态位分化的主要动力。热带动物和植物要求的生境狭窄，食性比较特化，物种生态位重叠较多，因此物种多样性也多。⑤捕食学说：捕食者的存在可以促进物种多样性的提高，因为捕食者将被食者的种群数量压到较低水平，减轻了被食者的种间竞争，竞争的减弱允许有更多的被食者共存，从而又支持了更多的捕食者种类。

第三节 群落的结构与动态

一、群落组织

许多群落生态学家认为，群落生态学的中心问题就是群落的整体结构是如何形成的，其机制如何，即所谓的群落组织（community organization）。群落组织这个概念与群落结构有所不同，后者强调形态，多是描述性的；前者强调形成整体结构的机理，深入到规律性问题。关于群落组织有两种观点，一种是机体论，另一种是个体论。机体论学派（organismic school）以 Clements（1916，1936）为代表，认为群落是具有明确边界的离散单位，或者说是自然界的一个基本组织单位，这就像人体是自然界的一个实体单位一样，它有诞生、生长、成熟和死亡的不同发育阶段。每个植物群落都要经历从先锋阶段到相对稳定的顶极阶段的演替过程。个体论学派（individualistic school）的代表人物是 Gleason（1926，1930），他认为群落绝不像一个生物体那样是一个个的离散单位，群落仅仅是一种偶然的生物组合，这些生物在特定的地点和特定的生物、非生物条件下，由于自身的适应性恰好能生活在一起（没有边界）。群落的存在依赖于特定的生境与不同物种的组合，环境的连续变化使人们无法划分出一个个独立的群落实体，群落是在空间和时间上连续的一个系列。

群落组织的机体论和个体论预测了生态梯度和地理梯度上物种的不同分布格局。机体论认为，每个物种的分布与群落分布的生态限制是一致的；而个体论认为，在一个特定群落中，每个物种与其共存物种都是独立分布的，这种群落没有自然边界的，成员物种可能独立地将分布范围扩展到其他群落中。

Clements 和 Gleason 对群落组织概念中关于物种沿生态梯度和地理梯度分布格局的预测是不一样的。Clements 认为，属于同一群落的所有物种彼此是密切相关的，每个物种分布的生态局限性同整个群落分布的生态局限性是一致的，这种类型的群落组织通常称为封闭群落（closed community）。Gleason 认为，每个物种都是独立分布的，与共同生活在同一群落内的其他物种的分布无关，这种群落组织类型通常称为开放群落（opened community）。开放群落的边界无需考虑群落中每个物种的生态分布和地理分布如何，这些物种可能各自独立地将其分布范围扩展到其他的生物组合中去（图 3-4）。

由于生境梯度与物种的生物学特征不同，经常出现 3 个类型的物种种群空间分布格局（图 3-5）。图 3-5 中所示的模型 1 表现了群落中的许多物种交错重叠；模型 2 表现了由于竞争或环境条件的截然不同，各物种间产生了明确的分界；模型 3 中的生境有两个明显的急剧变化，对各物种划定了严格的分布范围，中央的生态交错区是适应性广的物种重叠的区域，b、d 两个种的生态适应性比较宽，因此在交错区中重叠。

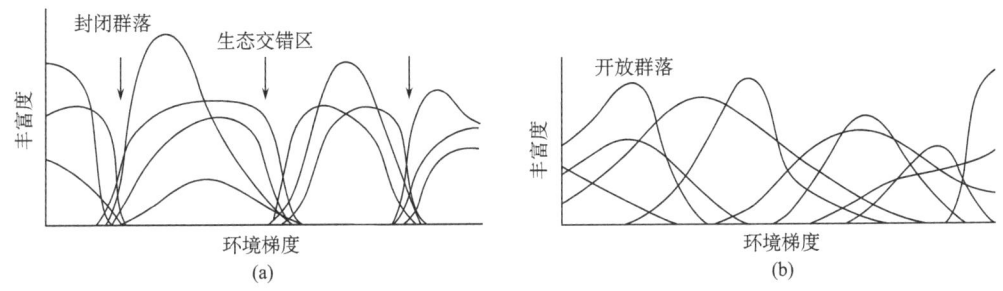

图 3-4 封闭群落（a）和开放群落（b）的物种分布图解

在开放群落的情况下，物种是沿着环境梯度随机分布的，在任何一小段
环境梯度内或任何一点所发现的物种都可认为是一个开放群落

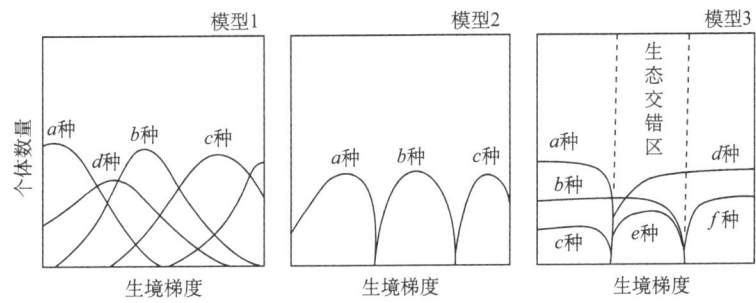

图 3-5 3种群落中物种的分布模型，说明物种分布与生境梯度的关系（仿 Terborgh，1971）

生态梯度分析：大多数的生态变化都是渐进的。地球上的主要生物群落占有许多渐变的生态条件梯度，一个梯度是从冷到热，另一个梯度是从干燥到潮湿，此外还会有许多其他的生态条件梯度。沿着这些梯度缓慢地发生变化可一直延伸到很远很远的地方。因此，研究物种沿湿度梯度或温度梯度分布时，会发现植物群落实际上是一种开放系统。Whittaker（1967）曾研究过好几个山区的植物分布状况，在这些山区，湿度和温度在很小范围内便可依海拔、坡度和照度而发生变化。当在相同的海拔，Whittaker 以每个物种沿土壤温度的分布为横坐标，以该物种在各地的数量为纵坐标作图时，发现每个物种都有自己特有的分布范围，在横坐标上彼此虽有部分重叠，但每种数量最多的分布点却绝不重叠（图 3-6）。

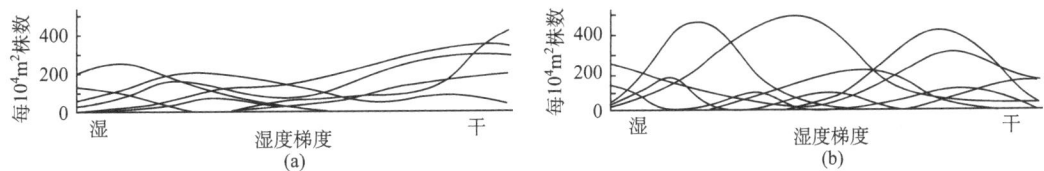

图 3-6 在海拔 460~470m 的 Siakyou 山（a）和海拔 1830~2140m 的 Santa Catalina 山
（b）物种沿湿度梯度分布图（仿 Whittaker and Niering，1965）

物种沿环境梯度变化有 3 种假说。①梯度假说（gradient hypothesis）：物种的分布界限取决于缓慢连续变化的环境因素。②竞争假说（competition hypothesis）：物种的分布界限取决于物种间的竞争排除关系。③生态交错区假说（ecotone hypothesis）：物种的分布取决于生境的不连续性，即取决于环境的突然变化（图 3-7）。

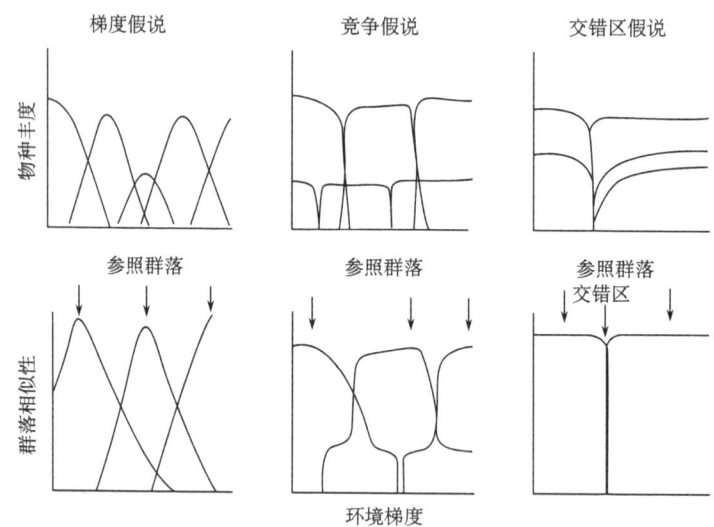

图 3-7 物种沿环境梯度变化的 3 种假说（仿 Terborgh，1971）

梯度假说：所有物种都是独立分布的，群落相似性是逐渐发生变化的；竞争假说：物种因竞争而被突然替代，但突然性的程度因种而不同，所以群落相似性的变化有一定的渐变性；交错区假说：群落成分因环境的突然变化而急剧改变

3 种假说的检验：1971 年，Terborgh 在秘鲁研究了鸟类沿海拔的分布。山高 600～3000m，植被类型从低山雨林到高山草甸，不同植被类型之间的交界处代表着鸟类的交错区，而高度变化则表示一个连续变化的气候梯度。以每 10m 鸟类种类变化的百分数为指标，发现除在低地和山地雨林交界处鸟的种类有较大增加以及在山地雨林与云雾林的交界处鸟的种类略有减少外，鸟类群落成分沿海拔梯度所发生的变化，基本上是连续的。这种变化特点表明生态交错区的存在对鸟类的交错区产生了一定的影响。

二、群落结构

群落结构包括物理结构和生物结构两个方面。观察一个群落时，最容易看到的实际上就是群落的物理结构，包括植物生长型、垂直结构、季节变化。群落的生物结构包括关键种、优势种、多度和相对多度、物种多样性，还包括群落的演变和群落内物种间的相互关系。群落的生物结构对物理结构有一定的依赖关系。群落的空间结构取决于各物种的生活型及相同生活型的物种所组成的层片，它们是群落的结构单元。生活型（life form）是指生物对外界环境适应的外部表现形式。同一生活型的生物，体态相似，适应特点也相似。高等植物五大生活型为高位芽植物、地上芽植物、地面芽植物、地下芽植物、一年生植物（图 3-8）。

统计某个地区或某个植物群落内各类生活型的数量比例称为生活型谱（表 3-2）。通过生活型谱可以分析某一地区或某一植物群落中植物与生境的关系。在不同的气候区，生活型的类别组成不同。在潮湿的热带地区，植物的主要生活型是高位芽植物，在干燥炎热的沙漠地区和草原地区，以一年生植物最多。

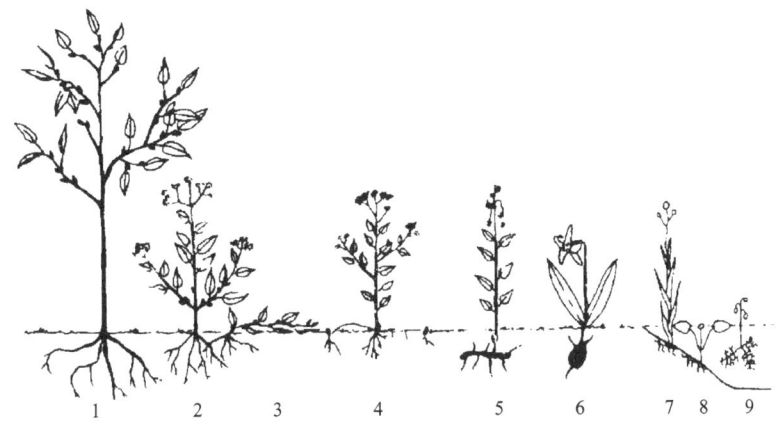

图 3-8 Raunkiaer 生活型图解（引自孙儒泳等，1993）
1. 高位芽植物；2、3. 地上芽植物；4. 地面芽植物；5～9. 地下芽植物

表 3-2 不同气候区的生活型谱

生活型谱	高位芽植物	地上芽植物	地面芽植物	地下芽植物	一年生植物
热带地区	61%	6%	12%	5%	16%
北极地区	1%	22%	60%	15%	2%
沙漠地区	12%	21%	20%	5%	42%
温带地区	7%	3%	50%	22%	18%
地中海地区	12%	6%	29%	11%	42%

资料来源：曲仲湘等，1983

层片（synusia）是指由相同生活型或相似生态要求的种组成的机能群落。针阔叶混交林由 5 类层片构成：第一类是常绿针叶乔木层片，第二类是夏绿阔叶乔木层片，第三类是夏绿灌木层片，第四类是多年生草本植物层片，第五类是苔藓地衣层片。

群落的外貌：组成群落的各种植物常常具有极不相同的外貌，根据植物的外貌可以把它们分成不同的生长型，如乔木、灌木、草本和苔藓等。对每一个生长型还可以作进一步的划分，如把乔木分为阔叶树和针叶树等。这些不同的生长型决定群落的层次性。

群落的垂直结构：群落的垂直结构就是群落的层次性（stratification）。大多数群落都具有清楚的层次性，群落的层次主要是由植物的生长型和生活型所决定的。苔藓、草本植物、灌木和乔木自下而上分别配置在群落的不同高度上，形成群落的垂直结构（图 3-9）。群落中植物的垂直结构又为不同类型的动物创造了栖息环境，在每一个层次上，都有一些动物特别适应于该层次的生活。

群落的层次：在一个发育良好的森林中，从树冠到地面可以看到有林冠层、下木层、灌木层、草本层和地表层。林冠层是森林木材产量的主要来源，对森林群落其他部分的结构影响也最大。如果林冠层比较稀疏，就会有更多的阳光照射到森林的下层，因此下木层和灌木层的植物就会发育得更好；如果林冠层比较稠密，那么下面的各层植物所得到的阳光就很少，植物发育也就比较差。

图 3-9 福建南靖南亚热带雨林自然保护区内森林群落的垂直结构（引自林鹏，1990）
1. 红栲；2. 乌来考；3. 红麟蒲桃；4. 厚壳桂；5. 黄桐；6. 华杜英；7. 翅子树；8. 鹅掌柴；16. 罗伞树；17. 九节木；18. 斜基粗叶木；19. 柏拉木；21. 刺沙椤；22. 海芋；23. 华山姜；25. 单叶新月蕨；26. 密花豆藤；27. 扁担藤；28. 花皮胶藤；29. 白背瓜馥木（其余略）

动物群落分层现象很普遍。例如，不同深度的土壤动物不相同；水中的生物群落，其垂直分布也不同；空气中的生物群落，由于各层提供的食料不同，动物的种类和数量也不一样。又如，在一个栎树林中，一些食树叶者居住在冠层，树干取食者居住于树干层，而取食低矮植物部分者则在树林间草本植物上生活。

决定分层现象的重要因素：植物之间竞争阳光是决定森林分层现象的一个重要因素，只要一种植物遮盖了另一种植物或同一植物的一些叶片遮盖了另一些叶片，都会出现对阳光的竞争。优势植物不仅要有大量的叶片，而且叶片要配置在最有利的位置以便拦截阳光。在很多情况下，高高在上是拦截阳光的最有利位置（图 3-10）。

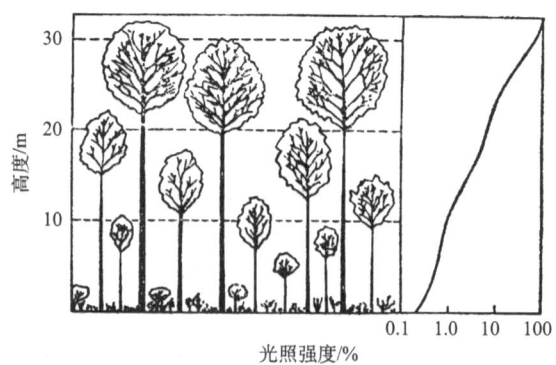

图 3-10 一个森林的垂直结构和自树冠层到地表的阳光递减情况（仿 Whittaker, 1975）

群落的水平结构：植物群落水平结构的主要特征是镶嵌性（mosaic），它是由植物个体在水平方向上的不均匀分布造成的，可形成许多小群落（microcoenose）。环境因子的不均匀性，是生物镶嵌分布的主要原因。地形和土壤条件的不均匀性引起植物在同一群落中镶嵌分布的现象更为普遍，群落环境的异质性越高，水平结构就越复杂。

群落的时间结构：生物种的生命活动在时间上的差异，形成了群落的时间结构。在某一季节，一些生物种类在群落中起主要作用，而另一些种类则在其他季节起主要作用，如植物的开花、结实。周期性就是植物群落在不同季节群落外貌变化的过程。草原群落中动物的季节变化也十分明显，草原鸟类冬天南迁，啮齿类进入冬眠，有些动物在夏季进入夏眠。时间的成层性在不同的群落类型中有不同的表现。落叶阔叶林的草本植物，在时间上有明显的特化结构，春季是短命植物层片，夏季是长营养期植物层片。

三、影响群落结构的因素

影响群落结构的因素有生物因素、干扰因素、空间异质性因素和岛屿因素。

竞争对群落结构的影响：因竞争而产生共存。例如，北美洲针叶林中的5种莺，因在树的不同部位取食，资源分隔，因而共存。竞争对物种组成与分布有重大影响，熊蜂群落的优势种有长吻、短吻和中长吻的种，移去一种，其余的种就扩大了资源利用范围。

捕食对群落结构的影响：选择性捕食者与泛化捕食者对群落结构的影响不同，如果被选择的喜食种属于优势种，则捕食能提高多样性；如果被选择的喜食种属于劣势种，则捕食能降低多样性。泛化捕食者（如兔）因把有竞争力的植物种吃掉，使竞争力弱的种生存，故能提高多样性。特化的捕食者，尤其是单食性的捕食者，很容易控制被食的物种，常常成为生物防治的理想对象。

干扰对群落结构的影响：干扰造成群落断层，如大风、砍伐、火烧、放牧等会形成斑块大小不一的林窗。断层抽彩式竞争（competive lottery）会被周围群落的种入侵而成为优势种，而哪一种能成为优势者完全取决于随机因素，称为对断层的抽彩式竞争。断层与小演替有密切的关系，先锋种的入侵会促进演替中期种的入侵，小演替各阶段的种类较多。断层形成的频率影响物种的多样性。

空间异质性影响群落结构：空间异质性（spacial heterogeneity）是指群落环境的不均匀性，空间异质性越高，意味着有多样的小生境，允许更多的物种共存。非生物环境的空间异质性的底质类型越多，淡水软体动物种数越多；在土壤和地形变化频繁的地段，群落有更多的植物种，平坦同质土壤的群落多样性低。植物空间异质性对群落结构的影响可以通过鸟类的取食多样性得到反映，即鸟类多样性与取食高度多样性有关，与森林层次和各层枝叶茂盛程度有关。

岛屿与群落结构的关系：物种面积随岛屿面积增加而增加，物种数目的对数与岛屿面积对数呈线性关系（图3-11）。MacArthur的平衡说认为，岛屿的物种数取决于物种的迁入与迁出，这是一种动态平衡（图3-12）。隔离是形成新物种的重要机制之一，岛屿的物种进化比物种的迁入的快。根据物种形成学说，隔离是形成新物种的

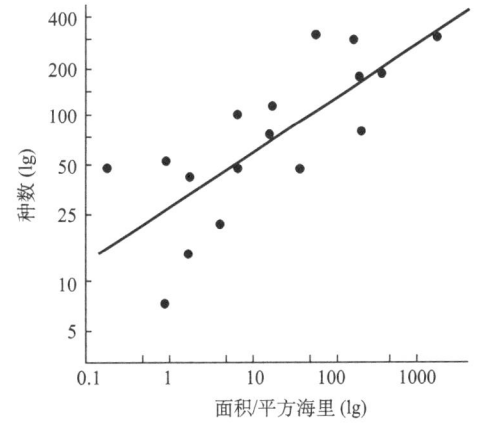

图3-11 Galapagos群岛的陆地植物种数与岛屿面积的关系（引自孙儒泳等，1993）

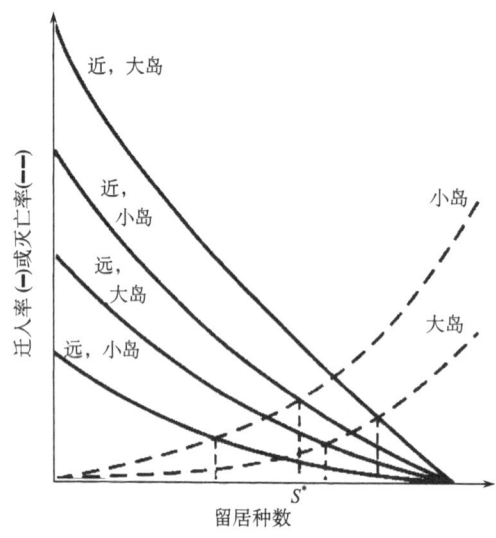

图 3-12 MacArthur 的岛屿生物地理平衡说（引自孙儒泳等，1993）

重要机制之一，离大陆遥远的岛屿，特有种可能较多，尤其是扩散能力弱的生物更有可能成为特有种。岛屿群落有可能是物种未饱和的，其原因可能是进化历史较短，不足以发展到群落饱和的阶段。

四、群落动态

群落动态主要指昼夜活动节律、季节变化、年变化、群落演替和群落进化。

昼夜活动节律：大多数鸟类是昼行性动物，蝙蝠和许多哺乳动物是夜行性动物，果蝇是晓暮行性动物，同地球 24h 自转相适应的有规律的节奏称为时辰节律。

大多数磷虾都有上下迁移的习性，每天垂直迁移达 100m 以上。磷虾的迁移与光强度密切相关，夜晚黑暗降临时游到海水的表层，白天则游向海水深层。这种迁移节律全年如此，夏季时，磷虾在表层水中停留的时间最短。磷虾向上迁移时的速率为 90m/h，向下迁移时的速率可达 130m/h（图 3-13）。

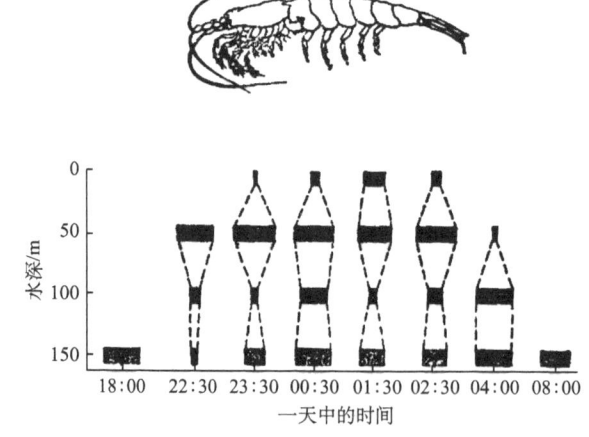

图 3-13　一种磷虾在苏格兰沿岸的日垂直迁移（引自 Mauchline and Fisher，1969）

群落的季节变化：群落随着季节的更替而呈现出明显的变化，因此任何群落的结构都是随着时间而改变的。陆生植物的开花具有明显的季节性，各种植物的开花时间和开花期的长短有很大不同。在湿地热带雨林中有季节落叶现象，但是不像在旱地阔叶林那样明显。热带雨林的落叶情况依树种而不同，一般来说，上层树种有较明显的季节性落叶和长叶现象，下层树种季节性表现不明显，而是全年陆续不断有旧叶脱落和新叶萌发。

传粉动物的季节性：植物的花朵常常要依靠动物来传粉，因此植物和传粉动物之间的协同进化过程也决定着群落的季节性。植物以花粉和花蜜为动物提供食物，而传粉动物则通过传粉促进了植物的异型杂交（远交），使各种遗传物质得到融合（图3-14）。植物的开花时间是在各种植物争夺传粉动物的自然选择压力下形成的。植物在进化过程中形成一定的开花期，有利于增加它们异花授粉的机会，同时减弱了植物之间为争夺传粉动物而进行的竞争。

湿地热带雨林季节开花类型：在湿地热带雨林中，树木的开花也有两种类型。长时间开花的树种大约占40%，开花期平均为5~6个月；季节性开花的树种大约占60%，平均开花期为6~7周。在旱地森林中，开花主要集中在旱季。旱地森林大约只有10%的树种是长时间开花树种，季节性开花树种共有59种，它们集中在旱季陆陆续续地开花。草甸草原4月初至5月末的开花季相如图3-15所示。

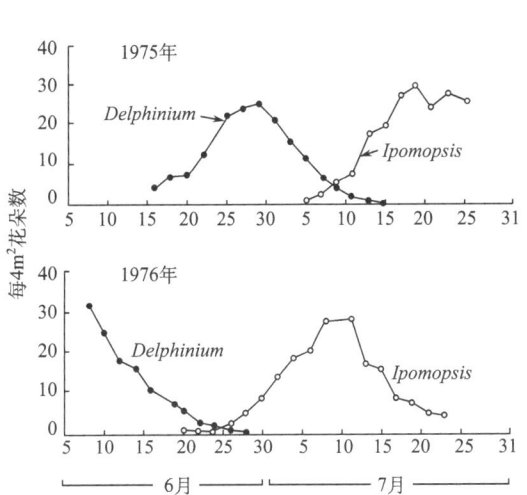

图3-14 两种多年生植物（*Delphinium nelsoni* 和 *Ipomopsis aggregata*）的开花物候学
（仿 Waser，1978）

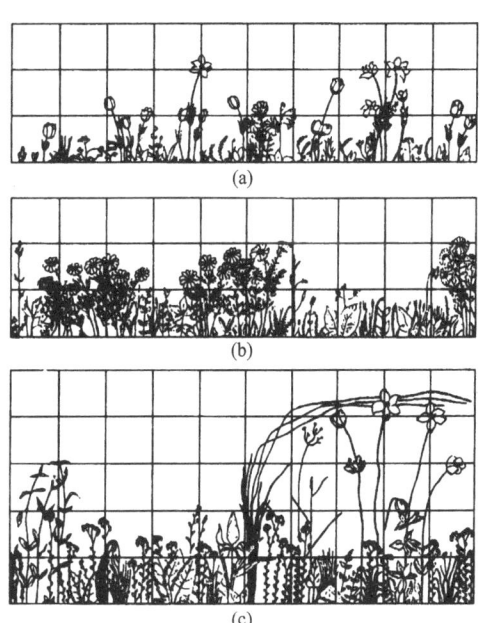

图3-15 草甸草原从4月初至5月末的季相变化（仿 White，1966）

(a) 4月初由薹草和伸展白头翁构成的棕色季相；(b) 4月末由侧金盏华构成的黄色季相；(c) 5月末由勿忘草构成的蓝色季相

群落的年变化：在不同年度之间，生物群落常有明显的变动，它反映了群落内部的变化，不产生群落大更替现象，称为波动（fluctuation）。群落的年变化大多由所在地区气候条件的不规则变化引起，其特点是群落区系成分相对稳定性，群落数量特征变化的不定性和可逆性。群落的波动有3种类型。①不明显波动：群落各成员的数量变化很小，群落外貌和结构基本保持不变。②摆动性波动：群落成分在个体数量和生产量方面的短期波动（1~5年）。例如，在乌克兰草原上，在干旱年份，旱生植物（针茅、羊茅等）占优势，草原旅鼠和社田鼠比较繁盛；在气温较高且降水比较丰富的年份，群落以中生植物占优势，喜湿性动物，如普通田鼠与林姬鼠增多。③偏途性波动：由于气候和水分条件的长期偏离而引起一个或几个优势种明显变更，这种波动的时期可能长达5~10年。例如，草原看麦娘占优势的群落在缺水时转变为以匍枝毛茛占优势的群落。

群落的波动具有可逆性，但这种可逆是不完全的。一个生物群落经过波动之后不可能完全恢复到原来的状态，只是向平衡状态发展。群落产物不断积累，到一定程度会发生质的变化，引起群落的演替。

第四节　群落交错区与边缘效应

一、群落交错区、生态交错带和生态过渡带

一个湖泊群落及其周围的陆地群落之间具有很明确的分界线，高山地带、森林群落和高山草甸群落之间的分界线也很明显。但是，沙漠群落和草原群落之间、草原群落和森林群落之间、针叶林群落和阔叶林群落之间的边界却难以截然划分。两个群落之间往往存在一个宽达几千米的过渡地带，在此地带内，一个群落的成分逐渐减少，而另一个群落的成分逐渐增加。这个过渡带称为群落交错区（ecotone），它是两个或多个群落之间的过渡区域，是一个交叉地带或物种竞争的紧张地带。在群落交错区中，种的数目及一些种群密度比相邻的群落大，这种现象称为边缘效应（edge effect）。

生态交错带最早由 Clements 提出，是指由气候决定的植物群丛交叠的应力区，主要包括 3 个类型：边缘（local edge 或 margin）、树线（tree line）和群落交错带（biome ecotone）。后来文献所阐释的概念多是基于两个群落之间的交错带，目前普遍认可的定义是："相邻生态系统之间的交错带，其特征由相邻生态系统相互作用的空间、时间及强度所决定。"

生态过渡带是指在生态系统中，处于两种或两种以上的物质体系、能量体系、结构体系、功能体系之间所形成的界面，以及围绕该界面向外延伸的过渡带。生态过渡带是多种要素的联合作用区和转换区，各要素相互作用强烈，是非线性现象显示区和突变发生区，是生物多样性的较高区。生态过渡带的生态环境抗干扰能力弱，对外力的阻抗较低，遭破坏后恢复原状的可能性很小。生态过渡带的生态环境变化速率快，空间迁移能力强，造成生态环境恢复困难。

二、生态交错带的特征

生态交错带有 7 个基本属性，即高的物种多样性、丰富的特有种、大量的外来种、频繁的物质流动、敏感的时空动态性、结构的异质性和脆弱性。生态交错带受到人们的关注，源于其表现了比相邻系统更高的物种多样性。随着生物多样性丧失的加剧及环境保护意识的增强，生态交错带的生物多样性特征越发受到重视。生态交错带存在丰富的特有种，但并不是每个交错带都会出现特有种。另外，生态交错带具有较高的外来种比例。

生态交错带的重要特征之一就是控制或调节横穿景观格局的生态流，即物质、能量和有机体的流动。它可作为生态流的通道（conduit）、过滤器（filter）、障碍（barrier）、源（source）和库（pool）。生态交错带物质流动的特性集中体现在河岸生态交错带和湿地交错带，以及主要生源要素碳、氮、磷和硫在生态交错带的运移、转化、输入及输出过程。生态交错带时空变化表现为植被组成、结构、优势种、生活史或土壤的营养条件变化等，包括区域变化和面积变化，还可能受气候、人类干扰等的影响。生态交错带的异质性，即群落镶嵌性明显，来自相邻生态系统或群落的物种因为边缘效应或生境斑块化，形成多种群落并存的

景观。生态交错带的脆弱性是指对干扰或环境变化的敏感性以及生态系统的难以恢复性,因此,有学者认为交错带即脆弱带。生态交错带脆弱性集中反映在农牧交错带、绿洲荒漠交错带等人地关系紧张区。生态交错带还有一些新的特征。例如,在生态交错带中,同一个种对同一个环境因子的响应可以表现出完全不同的几个特征,生态交错带不仅是一个植被分布非连续带,而且是环境因素梯度带,是一个如花粉传播特征、叶长、固氮能力、种子寿命等特征谱的非连续带。

生态交错区的物种更替:阔叶林群落和针叶林群落之间的过渡地带往往会伴随着土壤酸度的突然变化。草原群落和灌丛群落之间以及草原群落和森林群落之间,表面温度、土壤温度和光照强度的急剧变化往往会引起很多物种的更替。草原和灌丛之间明确的边界还具有边缘竞争效应。例如,草原植被由于降低了土壤表层的水分含量而阻止了灌木实生苗的生长,而灌木植被则由于有较强的遮阴作用而不利于草类萌发。

关于生态交错区物种多样性的基本原理或假说:①质量效应原理。交错带物种多样性的现象用空间质量效应(spatialmass effect)原理来解释,是指在一个区域不能建群的物种的某些个体在该区域能生存下来,也就是说一个种的某些个体从它自身能够成功建群的区域转移到一个不适宜其生存的区域。质量效应原理的存在,使交错带相邻生态系统的物种能够在交错带共存,表现出比相邻系统更多的物种多样性。②中等差异假说。当两个相邻斑块之间的差异处于中等程度时,质量效应最强,而当差异过大或过小时,质量效应较弱。很多交错带表现出物种减少的特点,即相邻系统物种不能跨越系统边界而在交错区域成活,这可能是两种相邻系统的差异较大,物理流加强,而生物流降低的结果。③繁殖体密度假说。繁殖体密度假说主要从相邻斑块种及种群特性影响质量效应的强度来解释交错区域景观特征受到的影响。一个植物种能够成功入侵相邻斑块的可能性在某种程度上取决于入侵繁殖体的数量,因此种子生产力高的品种将比种子生产力低的品种具有更强的在不适合生存的目的斑块生存的能力。种子扩散能力的种间差异也是一个重要因素,扩散更远的品种更容易跨越环境边界。④基因杂交区假说。生态交错带是一个基因杂交带,通过基因重组和突变,可能产生新种,即所谓的交错带特有种。特有种可能适宜这种镶嵌的生境并能被保持下来,交错带形成其特有的生境,这有利于提高交错带的生物多样性。⑤生境压力假说:生态交错带具有不同的环境因素,对相邻系统的物种构成了选择压力,有些物种可以跨越边界而在交错带存活。跨入生态交错带的物种和相邻系统的物种可能形成生殖隔离,随着选择压力和选择方向的不同,可能产生新种。但很多相邻系统的物种也许并不能穿越系统边界在交错带存活,使交错带因物种多样性降低而具有很高的不稳定性和脆弱性。⑥热力学第二定律。生态交错带相邻系统生产力不同,导致能量从高生产力斑块流向低生产力斑块,这符合热力学第二定律原理。生态交错带具有高的边缘/面积比率,这种特性导致生态交错带具有高的边缘周转和通透性,物质和能量流动加强。⑦系统演替假说。生态交错带构成了一个独立的生态系统,其在时间轴上处于动态连续的演替之中,生态交错带的识别及特征都依赖于时间轴上的点,不同时间点上生态交错带的大小及性质都会发生变化。在不同时间点上观察,生态交错带的植被或群落特征都会表现不同的特点,因此,生态交错带处于不断演替的状态。

三、边缘效应

边缘效应作为一种普遍存在的自然现象,既是生态交错带的显著特征之一,也是生态学和保护生物学中非常重要的概念。自从 Leopold 提出边缘效应的概念以来，绝大部分的研究是关于高等植物和脊椎动物方面的。随着生物多样性和景观生态学研究的不断深入，昆虫的边缘效应及对边缘效应的应用研究也日益见多。20 世纪 80 年代以来，中国在边缘效应研究领域得到迅速发展，王如松、马世骏将边缘效应的定义从单纯的地域性概念拓展为：在两个或多个不同性质的生态系统的交互作用处，由于某些生态因子或系统属性的差异和协合作用而引起系统某些组分及行为的较大变化。王伯荪、彭少麟组建了植物群落边缘效应强度的测度模式，并将其定义为：在植物群落的交错区，由于不同群落的相互渗透、相互联系和相互作用，引起交错区的种类组成、配置以及结构和功能具有不同于相邻群落的特性。奚为民等对四川缙云山亚热带常绿阔叶林林窗边缘效应也进行了研究。在解释边缘效应机制的研究方面，王如松等提出了解释边缘效应的 3 种理论：加成效应理论、协合效应理论和集肤效应理论。王伯荪、彭少麟在实例研究的基础上，指出边缘效应是多方面的综合过程，提出了边缘效应的生态位分化理论。目前，比较集中的意见认为，在两个或多个不同性质的生态系统（或其他系统）交互作用处，由于某些生态因子（可能是物质、能量、信息、时机或地域）或系统属性的差异和协合作用而引起系统某些组分及行为（如种群密度、生产力、多样性等）的较大变化，称为边缘效应。

根据空间尺度的不同以及边缘效应形成和维持因素，边缘效应分为大、中、小 3 个尺度类型，即大尺度的生物群区交错带、中尺度的景观类型之间的生态交错带和小尺度的斑块（生态系统）之间的群落交错区的边缘效应。大尺度类型的边缘效应主要是以植被气候带为标志的生物群区间的边缘效应，这种地带性的交错区主要受大气环境条件的影响。中尺度类型的边缘效应主要包括城乡交错带、林草交错带、农牧交错带等类型，是不同生态系统要素的空间交接地带，在物质、能量等相互流动的作用下变得更为复杂。小尺度类型的边缘效应是指斑块之间的交错所形成的边缘效应，受小地形等微环境条件及生物、非生物等因子的制约，研究主要集中在群落边缘、林窗边缘和林线交错带等方面。

大尺度水平边缘效应：在全球的大尺度水平上，能够清晰区分对象单元的要素就是气候。在这个尺度上，植被的区域划分是以气候为指导原则的，并形成生物群区的植被区划。与各个气候带相对应产生植被的地带性分布，主要包括纬向性、经向性的植被地带性分布。而由于海拔上升也会造成的相应的植被分异，称为海拔性植被分布。生物群区之间的交错区体现了大尺度水平上的边缘效应。

中尺度水平边缘效应：生态交错区是指不同景观类型之间的过渡区，属于中尺度类型。生态交错区并不是两个生态实体的机械叠加和混合，它是两个相对均质的生态系统相互过渡耦合而构成的有别于该两种生态系统的转换区域，其显著特征为生境的异质化，界面上的突变性和对比度。交错区是生态系统要素间的过渡带，具有过滤膜的作用，影响能量流动等生态流及生物有机体的流动，因而它通常是生物多样性出现较高的场所。在过渡带中，由于景观要素间的相互作用直接影响景观的功能与结构，过渡带又直接反映某些物种的独特生境，所以易导致种群遗传型的统一或特化。目前，对生态交错带的研究主要集中在与人类关系较为密切的几种类型以及对环境变化较为敏感的生态脆弱区，包括城乡交错带、林草交错带、农牧交错带、林农交错带、水陆交错带和森林沼泽交错带。

小尺度水平边缘效应：相对均质的生态系统内部存在着不同的斑块，如森林生态景观中的针叶林和阔叶林、草地生态景观中的草地和裸地等类型斑块等，由于不同群落的相互渗透,这些斑块之间存在边缘效应,称为小尺度水平上边缘效应。群落的边缘区(带)是群落与外界交流的主要场地,尤其是种类渗透、物质流动及其他信息交流的场所。自然群落所形成的边缘结构和边缘区的发展与变化动态,反映了在特定的生境下,群落间的相互作用过程中群落间的扩散特性,决定着景观斑块或景观元素的动态,而群落的边缘扩散又常常是演替与发展的结果。

边缘效应研究实例。

(1) 北洛河蝗虫群落的边缘效应。根据延安北洛河流域的生态特点,选取农田-草地、农田-灌草丛、农田-道路和草地-道路 4 种边缘类型进行调查与分析(图 3-16)。结果表明,草地-道路边缘利于蝗虫孳生,其物种数 (25 种) 和多样性指数 H' (2.5745) 都高于其他 3 种边缘;边缘效应强度除农田-灌草丛 (0.9160<1) 边缘外,其他类型均呈边缘正效应 (>1)(表 3-3)。

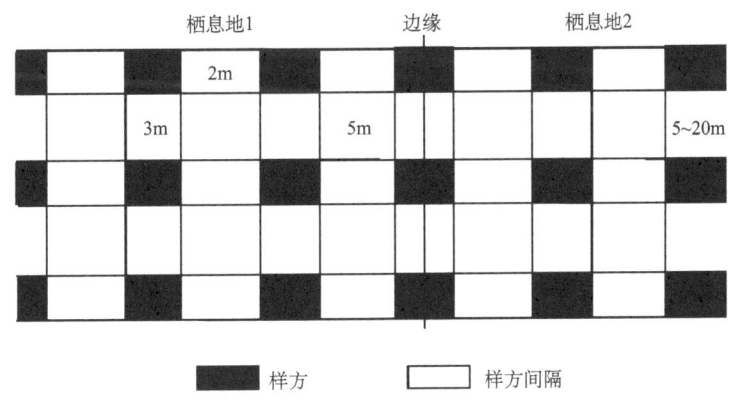

图 3-16 边缘效应研究的取样方法(引自李亚妮等,2011)

表 3-3 边缘效应强度分析

边缘效应强度	农田-草地边缘	农田-道路边缘	农田-灌草丛边缘	草地-道路边缘	平均
$E_{H'}$	1.0023	1.0017	0.9160	1.0567	1.2882
E_C	0.9379	0.9996	1.1528	0.9097	1.0000

注:$E_{H'}$ 为 Shannon-Wiener 指数强度;E_C 为优势指数强度。

资料来源:李亚妮等,2011

(2) 边缘效应对甲虫群落的影响。在卧龙国家自然保护区内,调查天然落叶阔叶林森林内部与森林边缘和周围草地之间地表甲虫群落多样性的差异,在科级水平上探讨边缘效应对地表甲虫群落的影响。调查共设 5 个重复样带(间距大于 500m);每个样带以距离梯度(25m)的方式设置样点,分别由边缘深入到森林内部和草地中央 100m,共设 45 个样点,通过巴氏罐诱法调查地表甲虫群落组成和季节变化。结果显示,甲虫的个体数量从森林内部、边缘到周围草地依次降低,而科多样性和均匀度则依次增高,都达到了显著差异。主坐标分析排序表明,森林内部和周围草地间的地表甲虫群落组成差异较大;而森林边缘的群落组成与上述两者都有较高程度的相似性,反映了森林边缘的地表甲虫群落已经与森林内部的地表甲虫群落在组成上发生明显分化(表 3-4)。图 3-17 从甲虫科丰富度、个体数量、多样性及均匀度的季节变化显示森林和草地的边缘效应。

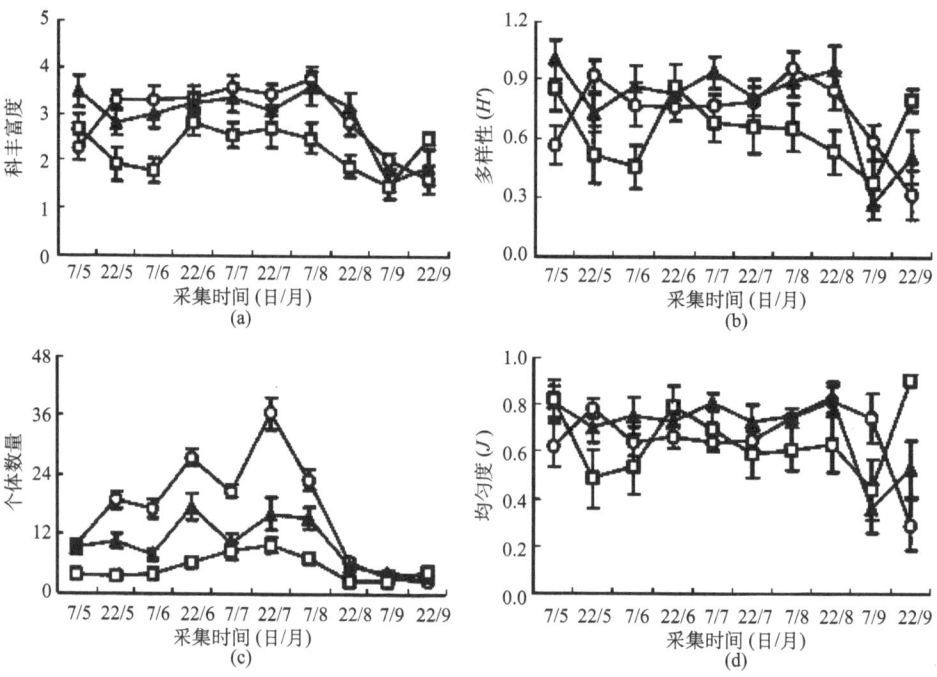

图 3-17 森林内部、边缘和草地间地表甲虫科丰富度（a）、个体数量（b）、多样性（c）及均匀度（d）的季节变化（引自于晓东等，2006）

表 3-4 地表甲虫数量分布

科	功能群	森林	边缘	草地	总计	所占比例/%
步甲科	PR	1508	642	193	2343	49.47
隐翅虫科	PR/FU	618	351	133	1112	23.48
叩甲科	PH	11	275	331	617	13.03
拟步甲科	SC/PH	174	44	0	218	4.60
金龟科	SC/PH	79	62	30	171	3.61
蚁甲科	PR	16	23	21	60	1.27
象甲科	PH	22	11	16	49	1.03
叶甲科	PH	8	19	18	45	0.95
埋葬甲科	SC	1	25	3	29	0.61
丸甲科	PH	0	6	13	19	0.40
球蕈甲科	FU	10	6	3	19	0.40
花萤科	PR	9	4	2	15	0.32
瓢虫科	PR	0	4	4	8	0.17
露尾甲科	FU	0	4	0	4	0.08
阎甲科	PR	1	2	0	3	0.06
朽木甲科	SC	1	1	1	3	0.06
芫青科	PH	0	3	0	3	0.06

续表

科	功能群	森林	边缘	草地	总计	所占比例/%
小蠹科	PH	1	0	2	3	0.06
红萤科	FU	1	1	0	2	0.04
豆象科	PH	0	1	1	2	0.04
天牛科	PH	0	0	1	1	0.02
锹甲	PH	0	1	0	1	0.02
肩圆甲科	PH	1	0	0	1	0.02
萤科	PR	0	0	1	1	0.02
花蚤科	PH	0	1	0	1	0.02
出尾蕈甲科	FU	1	0	0	1	0.02
隐食甲科	FU	0	0	1	1	0.02
郭公虫科	PR	1	0	0	1	0.02
其他		0	3	0	3	0.06
总计		2463	1499	774	4735	

注：PR.捕食类；PH：随食类；SC：腐食类；FU：菌食类。

资料来源：于晓东等，2006

第五节 群落物种生态位及其测度

一、生态位的概念

一个生物种群，只能生活在一定的环境条件下，利用特定的资源，并在一定时间内出现，这些因子综合描述了种群的生态位（niche）。生态位是指物种在生物群落或生态系统中的地位和角色，即指一个种群在时间、空间上的位置，与其他种群之间的功能关系，包括生境生态位、功能生态位、超体积生态位。有机体的发育能改变自己的生态位。例如，蟾蜍在变态前在水体生活，取食藻类和碎屑，变为成体时成为陆生并吃虫子。

每一种生态因子对应一种或一维生态位，按照生态元的类别，有基因、细胞、个体、物种、生态系统、城市、生物圈、地球生态位。根据竞争与否，生态位可分为基础生态位（竞争前）和实际生态位（竞争后）。在没有竞争和捕食的胁迫下，物种栖息的、理论上最大的空间称为基础生态位（fundamental niche）；一个物种实际占有的生态位称为实际生态位（realized niche）。动物的实际生态位因种间相互作用而受影响。

Grinnell（1917）认为，生态位是一个生物种所占有的微环境，强调的是空间生态位（spacial niche）的概念；Elton（1927）将生态位看成是物种的营养关系，强调的是营养生态位（trophic niche）；Hutchinson（1957）提出 N-维生态位（N-dimensional niche）的概念，认为每个条件和资源都是一维或一轴，一系列这样的维构成了生物的 N-维生态位（图3-18）。图3-19所示为灰蓝纳莺的觅食生态位，按其在加利福尼亚州橡树林中觅食的高度和猎物大小而定。

二、生态位宽度及其测度

生态位宽度（niche breadth）又称为生态位广度（niche width）、生态位大小（niche

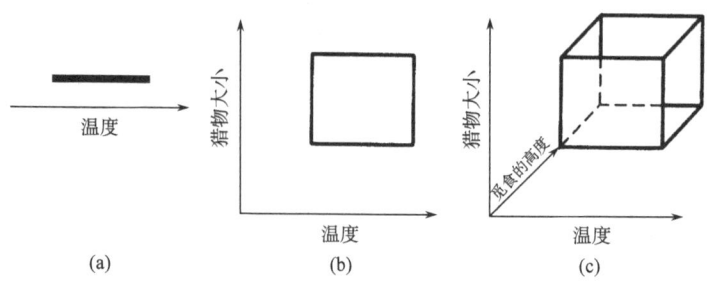

图 3-18 一种鸟的生态位维度（仿 Mackenzie et al., 1998）
(a) 一维生态位，覆盖温度耐受度；(b) 二维生态位，包括温度和猎物大小；
(c) 三维生态位，包括温度、猎物大小和觅食的高度

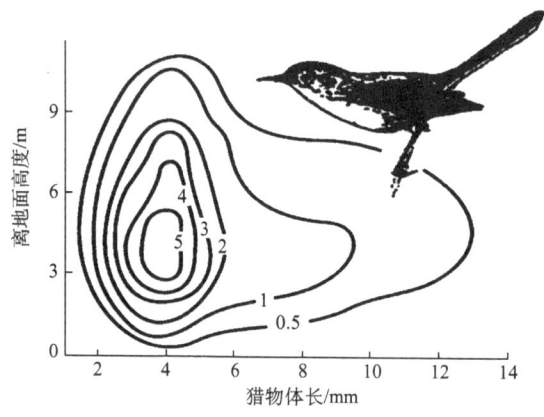

图 3-19 灰蓝纳莺的觅食生态位，按其在加利福尼亚州橡树林中觅食的高度和猎物大小而定（仿 Mackenzie et al., 1998）

size）。生态学家对生态位含义的认识不同，对生态位宽度的内涵也有不同界定，例如，在资源有限的多维空间中被一物种或一群落片段所利用的比例；在生态位空间内，沿着某一特定样线所通过的"距离"；种内生境多样性权重的平均值；被一个有机体单位所利用的各种资源的总和；物种利用或趋于利用所有可利用资源状态而减少种内个体相遇的程度；物种或种群生态专化性的倒数；种群的表现型内和表现型间两种组分在资源轴上获得资源的区间长度；种群利用资源的概率分布与可利用资源的概率分布之间的相似程度；物种沿资源轴可以持续生存的值域；物种或种群对生态资源的利用频度；等等。为了使生态位宽度能涵盖实际生态位和基础生态位两种情况，本书将生态位宽度定义为物种或种群适应环境和利用资源的实际幅度或潜在能力，是指在环境现有资源谱中，某种生态元能够利用多少（包括种类、数量及其均匀度）的一个指标。生态位与物种的耐受性有关，生态位宽度可用以 Shannon-Wiener 指数为基础的生态位宽度指数来度量。

生态位宽度计算模型种类很多，如 Levins 的模型、Schoener 的模型、Hurlbert 的模型、Cowell 等的模型、Petraitis 的模型、Feinsinger 等的模型、Smith 的模型、Pielou 的模型、映射函数模型、多维生态位宽度计算方法等。但在应用过程中，只有那些方法简捷、生物学意义明确的模型被广泛而长期使用，而那些形式繁琐、生物学意义含混的模型逐渐被淘汰。基于单一资源轴的生态位宽度计测研究目前在国内还属多数，但随着多维生态位计测在方法上的不断突破，今后，多维生态位研究将会受到更多关注，而多元统计分析方法将在其中扮演重要角色。

三、生态位重叠及其测度

生态位重叠是生态位计测过程中的一个重要指标，其基本含义包括：两个物种对某一资源的共同利用程度；两个物种在同一资源状态上的相遇频率；一定资源状态上物种的多样性程度；两个物种与其生态因子联系上的相似性。为了使生态位重叠能够涵盖实际生态位和基础生态位两种情况，本书将生态位重叠定义为两个或多个物种或种群在适应环境和利用资源的实际幅度或潜在能力方面所表现出的共同性或相似性。

生态位重叠的测度模型种类繁多，有曲线平均模型、对称 A 模型、非对称 A 模型、和 A 法与积 A 模型、信息函数模型、似然估计模型、概率比模型、种间缀块指数模型、方向性重叠计测模型、Morisita 指数模型、积-矩相关系数模型、百分比重叠指数模型、映射函数法、集合论模型、生态位重叠间接计测模型、生态位分离计测模型、生态位重叠间接计测模型、多种群生态位重叠模型、多维生态位计测模型等。但在应用过程中被普遍接受的模型首推形式简捷、生物学意义明确的模型。多元统计分析方法在生态位研究领域中将得到广泛应用，多维生态位重叠计测将会受到更多关注。

四、生态位分离及其测度

生态位狭窄的物种，其激烈的种内竞争将促使其扩展资源利用范围，导致两个物种的生态位靠近。另外，生态位越靠近，重叠越多，种间竞争越激烈，导致生态位分离。总之，种内竞争促使两个物种生态位接近，种间竞争又促使两个竞争物种生态位分离。图 3-20 所示为 3 个物种的资源利用曲线，显示生态位的宽与窄及其相互重叠的程度。

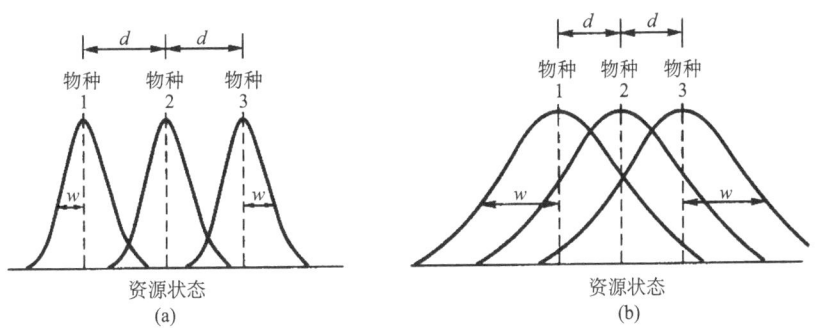

图 3-20　3 个共存物种的资源利用曲线（仿 Begon et al.，1986）
(a) 各物种生态位狭窄，相互重叠少；(b) 各物种生态位宽，相互重叠多。d 为曲线峰值间的距离，w 为曲线的标准差

生态位理论研究中的一个重要方面是基于"竞争排斥原理"的生态位重叠及其测度，而物种在资源状态上分布的相似性通常是重叠测度的基础。在已提出的生态位重叠测度公式中，资源状态沿着资源利用谱的位置通常被忽略，其结果是重叠测定值将随着资源维分割成资源状态数目的变化而变化。考虑 3 个物种（S_1、S_2、S_3）的频率或相对量在一资源维 X_1 上的 3 个资源状态（梯度）X_1、X_2、X_3 的分布。假设各个状态具有相同的可利用性，同时假设物种的分布频率具有 $P_{11}=P_{22}=P_{33}$，而 $P_{12}=P_{13}=P_{21}=P_{23}=P_{31}=P_{32}$。根据经典的生态位重叠测度公式，物种 S_1 与 S_2 之间的生态位重叠（O_{12}）将等于物种 S_1 与 S_3 之间的

重叠（O_{13}）。由于资源状态 X_{12} 比 X_{13} 更接近于 X_{11}，因此 S_1 与 S_2 在利用资源上的非相似性将低于 S_1 与 S_3 在利用资源上的非相似性。在生态位测度中，一连续资源维常被划分为不同资源状态或梯度，生态位重叠测度值常随资源状态数目大小而变化。基于上述考虑，余世孝等提出一种新的测度，即生态位分离（niche separation），以测定物种生态位非相似性。

假设一个物种的生态位为一超体积，图 3-21 所示为一生态位空间，假设这一空间可以分割，点 T_1，T_2，$\cdots$，T_k 指各个子空间（资源状态）的中点，令点 T_j 到生态位空间中一指定点 O 的距离为 D_j，则两个物种 h 与 i 之间的生态位分离为 k 个加权的绝对差值之和：

$$S_{hi} = \sum D_j \mid P_{hj} - P_{ij} \mid \quad (3-12)$$

式中，P_{hj}、P_{ij} 分别为物种 h 和 i 在中点坐标为（X_{1j}，X_{2j}，$\cdots$，$X_{\mu j}$，$\cdots$，X_{nj}）的第 j 个子空间的分布比例量；$X_{\mu j}$ 为第 j 个子空间中点在第 μ 个资源维上的坐标。假设生态位空间共有 n 维，第 μ 个资源维划分梯度数为 m_μ，则有 $k = \prod m_\mu$。由于 O 点是所有物种的公用点，对其的选择必然

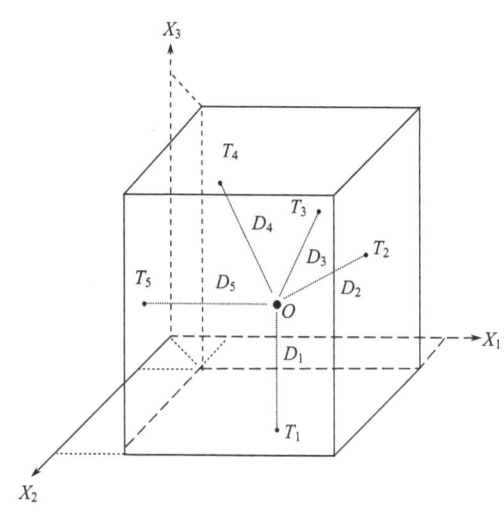

图 3-21 生态位空间中各点到理论生态位中心点的距离（引自余世孝，1995）

受到限制，所以采用理论生态位中心点。

五、生态位理论发展的历史回顾

早在 1894 年，美国密执安大学的 Steere 在解释菲律宾群岛上鸟类分离而居的现象时，就涉及物种生态位分离的问题，但他未对生态位这一概念作出详细说明。之后，Grinnell 和 Johnson 都使用了生态位这一术语，并把生态位作为物种的分布单位，但这时的生态位定义还不是十分完整和清晰。

美国加利福尼亚州大学的 Grinnell 在研究长尾鸣禽的生态位关系时，最先给生态位以完整的定义，即长尾鸣禽最终占据的位置特征，并提出没有两个固定定居于同一范围内的物种具有相同的生态位关系。这一思想被认为是竞争排斥原理的最初原形。1924 年和 1928 年，他又把生态位定义为生物种最终的生境单元，在这个最终的分布单元中，每一个物种因其结构和功能上的特殊性，其生态位界限得以保持。因其特别强调物种在空间分布上的意义，因此，该定义被后人称为空间生态位（spatial niche）。

Elton（1927）侧重个体生态学方面，并把生态位确定为生物体在其群落中的机能作用和地位（functional role and position），而且特别强调它与其他物种之间的营养关系（trophic relationship），如动物的捕食与被捕食关系等。

Gause（1934）采纳了 Elton（1927）的生态位概念，并在其著名的草履虫试验的基础上提出了竞争排斥法则，即 Gause 原理（或称为 Gause-Volterra 原理）。他认为，生态位是特定物种在生物群落中所占据的位置，即其生境、食物和生活方式等。如果出现在一个群落中的两个物种受到同一资源的限制，其中某一种具有竞争优势，那么另一个种将被排斥。

Lack（1947）进一步指出生态位关系可以为物种提供一个进化多样性的基础（evolutionary diversification of species）。Dice（1952）排除了生态位概念中的功能含义，只采纳其空间含义，认为生态位就是生境的一个亚单位（subunit），即物种在特定生态系统中所占据的生态位置。

Clarke（1954）认为，生态位更加强调物种在群落中的功能，而不是它在生境中的物理位置。如果"功能生态位"与"地点生态位"的概念在生态学中同时存在，应分别给以不同的命名，并指出在群落中，不同的动物、植物执行着不同的功能，但是在不同的地理区域内，同样的功能生态位也可能被完全不同的物种所占有。

Odum（1953，1959）对生态位理论作了新的评价：一个生物在群落或生态系统中的位置或地位取决于生物的结构适应、生理反应和特有行为［本能行为和（或）学习行为］。一个生物的生态位不仅取决于它的生活"位置"（position），而且取决于它的"职业"（profession）。

Hutchinson（1957）对生态位概念予以数学上的抽象，提出生态位是位于 n 维资源空间的超体积（hypervolume niche），并将其定义为：允许一个物种生存和繁殖的特定环境变量的区间，或一种生物与其他生物和生态环境全部相互作用的总和。在 n 维资源空间中的任何一点的环境条件，对物种的生存都是不受限制的。这一超体积可以定义为基础生态位（fundamental niche）、前相互作用生态位（preinteractive niche）、前竞争生态位（precompetitive niche）或真生态位（virtual niche）。如果物理环境和生态环境变量均被考虑在内，基础生态位可完全确定物种的生态学特性。由于竞争和其他相互作用，物种可能被限制在其基础生态位的特定部分中。被物种实际占据的、已经减小了的 n 维超体积被定义为现实生态位（realized niche）或后相互作用的（post interactive）、后竞争的（post competitive）生态位。现实生态位通常是基础生态位的子集（subset）。

Weatherly（1963）强调应将生态位的定义局限于动物在生态系统中的营养作用，即它同全部可得食物之间的关系。而另一些生态学家则喜欢更广泛的定义，必要时再把生态位区分为相应亚单位，如食物生态位和地点生态位等。Whittaker（1967）将物种的生态位定义为其与群落内其他物种、环境和空间，以及季节和昼夜活动时间有关的特殊方式。

Maguire（1967）则提出生态位为个体、种群或整个物种在遗传上和进化上所确定的对环境条件的生物学适应性容纳量（容许的范围）和格局。

MacArthur（1970）提出的生态位是资源利用函数生态位（resource utilization function niche），它是生物的利用量对应于一些数量性资源变量所形成的函数。资源利用函数生态位在生态位理论的研究历史上占有重要地位。把生态位的概念与资源利用谱（resource utilization spectra）相等同已经成为现代生态位研究的一种趋势（May，1976）。Wuenscher（1969）将物种的生态位空间视为多维矢量空间，生态位是所有环境变量和生物适应性的集合，对应于该生态位中一特定点的生境和生物适应性可用矢量表示。Whittaker 等（1973）认为，每个物种在群落中都有其特殊的生态位置。所谓生态位，不仅指空间，而且指该物种发育、活动的特殊的时间节律（被称为时间生态位），即每个物种在一定生境的群落中都有不同于其他物种的自己的时空位置及功能地位。

Vandermeer（1972）提出"偏生态位"（partial niche）的思想，以此对物种在其他种存在和不存在两种情况下的生态位进行区分。随后又进一步区分出 0 级偏生态位（既没有来自该物种也没有来自其他物种的密度制约效应时的生态位)、1级偏生态位(当一个物种的种群大小接近于环境容纳量时,以及只有种内密度制约效应时的生态位)和S级偏生态位(同时存在种内和种间相互作用时的生态位)。

Stern等(1974)对生态位的内涵作了遗传学解读,认为生态位是形成物种或种群的遗传结构的特征,是使一个种群得以永久生存并与该种群相互影响的生境条件的总和。

Kroes(1977)把由于产生、消耗和减少生态系统组分而形成的生态位称为"初级生态位"(primary niche),因此,其相当于营养级(trophic level)生态位。Grubb(1977)把生态位视为植物与其所处生境的总关系。后来,他又把生态位定义为植物与其所处的物理、化学及生态环境之间的总关系,并将生态位分为生境生态位、生活型生态位、物候生态位和更新生态位。Steinmueller(1980)认为,生态位是生态系统组分在环境因子的影响下相互作用的结果。Pianka(1983)认为,一个生物单位(包括个体、物种、种群)的生态位,是其适应性的总和。Odum(1983a)综合了前人的各种定义,认为生态位不仅包括生物占有的物理空间,还包括它在生物群落中的功能地位,以及它在温度、pH、土壤和生存的其他环境梯度中的位置。因此,某一生物种的生态位,不仅取决于它的生活位置,而且取决于它对环境要求的总和。

Odum(1983b)运用能量学的语言符号系统,描述了生态系统中生物单元与外界能量环境间的生态关系,并以向量的形式表示了生物单元的生态位。Colinvaux(1986)提出物种生态位是为了满足生物种获得资源、生存机会和竞争能力等一系列需要所具有的特殊能力。Mayr(1982)的物种定义融入了生态位的含义,即一个尚未取得与姐妹种共存的生态学独立性的新种,就还没有真正达到物种的地位。

王刚(1984)定义的广义物种生态位是,表征环境属性特征的向量集到表征物种属性特征的数集上的映射关系。孙鸿良(1987)把生态位概念概括为两个方面,并将生态因子空间扩展到经济-生态因子空间,提出经济生态位的思想。刘建国等(1990)进一步拓展了生态位的概念,认为生态元的生态位是在生态因子变化的范围内,能够被生态元实际和潜在占据、利用或适应的部分,而其余部分则称为生态元的非生态位。李德志(1995)和李德志等(2006)给出了生态位宽度和生态位重叠的新定义及其测度方法。

Litvak等(1990)引入集合论的思想,根据Hutchinson的生态位超体积模型,提出群落生态位是群落中所有物种生态位之并集。物种之间的关系可通过彼此生态位之间的重叠反映出来。王刚(1990)提出了植物群落的群落位概念(coenoniche),并将其定义为表征生境属性特征的n维点集到表征群落状态特征的m维集上的映射。

Shea等(2002)提出了物种生态位的新定义:物种对每个生态位空间点的反应和效应。生态位空间点是由物理因素(如温度、湿度等)和生物因素(食物资源、天敌等)在某一特定时、空的结合决定的。反应按种群动态变量来定义(如存活率、个体增长等),但更重要的是这些反应的总结果:单位个体增长率(per capita rate of increase)。效应则包含对资源的消耗、与其他有机体获取资源时的相互干扰、与天敌的相互作用及对空间的占有等。

Chase等(2003)尝试对经典的生态位理论与当代的各种生态位研究方法进行新的整合,这推动了生态位理论的进一步发展和完善。尽管Hubbell(2001)的中性理论(neutral theory)无视所有可能对现实生物群落内生态位分化起作用的生物学机制,但Chave(2004)仍坚持认为,生态位分化的机制在自然界中起着实质性的作用。

Silvertown (2004) 认为，生态位优先占据及种间竞争效应可以对海洋岛屿的地域性植物经常表现出的单一起源现象的成因，提供最为中肯的解释。Tilman (2004) 在经典的竞争理论的基础上提出了随机的生态位理论。与传统生态位理论不同的是，该理论强调定居的随机性，以及补充限制 (recruitment limitation) 过程与多样性生物限制 (biotic limitation of diversity) 之间的相互作用，可以更好地解释生物入侵和群落集结 (assembly) 格局的形成机制。

纵观生态位概念和理论的发展轨迹，可以将其大致分为几个重要时期。①生态位思想的萌芽和形成时期：1894 (Steere) ～1957 年 (Hutchinson)，其主要特点是由现象观察和发现，逐渐上升到概念和理论概括；②生态位概念和理论的规范化时期：1957 (Hutchinson) ～1970 年 (MacArthur)，其主要特点是通过把生态位定义为 n 维资源空间的超体积，使生态位理论逐渐走上了规范化的轨道；③生态位概念和理论的定量化时期：1970 (MacArthur) ～2003 年 (Chase)，通过提出资源利用函数生态位的思想，生态位逐渐成为可定量化和可测度的理论体系；④生态位理论的进一步完善和成熟时期：2003 年 (Chase) 到现在，其主要特点是重新强调生态位理论的重要性，通过对经典理论与现代方法进行适度整合与扩展，进一步丰富和完善了现代生态位理论。

第六节 群落演替与顶级群落

一、演替的概念

演替 (succession) 一词是法国生物学家 Mall (1825) 首次在生态学上使用的 (Spurr, 1980)。Thoreau (1863) 根据博物学家的观点，把演替描述为弃耕田向森林过渡的变化；Douglas (1875, 1888) 详细论述了森林演替和先锋树种的概念；Warming (1896) 和 Cowles (1901) 研究了沙丘植被发展的时间序列后提出了演替的定义。20 世纪初，Clements (1916) 系统地提出了演替学说，他认为植被是一个有机整体，演替是植被通过几个离散阶段发展为顶级的过程。与此相反，Gleason (1917, 1926, 1936) 认为，植被是由大量植物个体组成的，植被的发展和维持是植被个体的发展和维持的结果。20 年代 Clements 系统地提出演替学说以后，演替的理论和方法得到了迅速的发展。从传统的经典基础理论 (20 世纪初期，对演替的研究主要是以定性描述为主) 转向为对演替内在原因和机制的探讨。Clements 完成了植物演替近代概念的形成，提出了演替系、演替期及顶极群落的概念和分类方法。国内外学者对植物群落演替的现象、规律、机制，演替植物种类的生理生态特性，以及不同演替阶段起决定作用的优势种生理生态特性的变化等进行了大量研究。中国著名生态学家李顺卿、刘慎锷的博士学位论文研究的主题均为植被演替。50 年代以后，曲仲湘、董厚德等对植被演替的趋势、规律等作了较为详尽的研究。80 年代以来，受国际生物学规划 (IBP) 的推动，王伯荪、彭少麟以广东鼎湖山自然保护区作为研究基地，对森林植被的演替、森林群落多个植物种的演变过程进行了探讨，并从群落的物种联结性、相似性与聚类分析、线性演替系统与预测、生态优势度、稳定性与动态测度等方面进行了大量研究，开创了中国常绿阔叶林动态过程的定量研究。钟章成和刘玉成在四川缙云山对中国西部的常绿阔叶林动态做了大量工作，研究了缙云山常绿阔叶林次生演替序列群落结构、物种多样性和稳定性的关系，探讨了优势种群动态及时间演替序列上物种多样性的变化等。宋永昌等在浙江天童山对中国东部常绿阔叶林演替的特征、机制做了大量的研究，从生理生态的角度探讨了常绿阔叶林演替的机制，进一步推动植物群落演替的研究由以前的定性描述和定量分析向探索群落演替的生理生态机制方面发展。在云南哀牢山、福建武夷山等地逐步形成了中国各具区域特色的植被群落研究基地。由于数学方法、计算机技术、生理生态技术等被逐步应用到群落演替的研究中，使群落演替研究的方法和手段得到了进一步的改进。

群落演替的概念也可以从一个农场弃耕休闲后出现的变化来说明。初期出现一年生和二年生的田间杂草，随后多年生植物入侵并定居，抑制杂草的生长和繁殖，多年生植物取得优势地位，一个具备特定结构和功能的植物群落逐渐形成，适应于该植物群落的动物区系和微生物区系也逐渐确定下来，当它与当地的环境条件（气候和土壤）比较适应的时候，即成为稳定的群落。这种有次序的、按部就班的物种替代过程就是演替，也指某一地段一种生物群落被另一种生物群落所取代的过程。图 3-22 显示糖槭落叶阔叶林采伐迹地开始的演替 (Smith and Smith, 1998)。

图 3-22　糖槭落叶阔叶林采伐迹地开始的演替（引自 Smith and Smith, 1998）
(a) 1942 年的采伐迹地；(b) 1963 年时原来的篱笆已腐烂，白松已长成小树；
(c) 1972 年时杨树已长得很高大；(d) 1997 年这里已完全以糖槭和杨树占优势

演替的定义有广义和狭义之分，广义上的演替是指植物群落随时间变化的生态过程，狭义上的演替是指在一定地段上群落由一个类型变为另一类型的质变以及有顺序的演变过程。群落是一个动态系统，它在不断地发生变化，生物生生死死一代顶替一代，能量和营养物质不停地在群落中流动和循环。群落一旦受到干扰和破坏（如森林遭砍伐、草原被烧荒和珊瑚礁遭台风破坏等），它还能慢慢重建。首先是先锋植物在遭到破坏的地方定居，后来又被其他种植物所取代，直到群落恢复原来的外貌和物种成分。演替所达到的最终状态（物种组合达到稳定时）就称为顶极群落 (climax)。

植物群落演替一般是指"植物群落在干扰后的恢复过程或在裸地上植物群落的形成和发展过程"，是指群落在发展过程中由低级到高级，由简单到复杂，一个阶段接着一个阶段，一个群落代替另一个群落的演变现象。植物群落的形成包括植物的传播、定居和竞争 3 个方面。裸地包括原生裸地（primary bare area）和次生裸地（secondary bare area），是群落形成的场所。

发生演替有以下几种因素：①植物繁殖体的迁移或入侵是群落形成的首要条件，是植物群落变化和演替的主要基础；②群落内部环境的变化，使原来的群落解体，为其他植物的生存提供了条件，从而引起演替；③种内和种间关系的改变，使竞争力弱的物种被排挤，种间数量关系不断调整；④外界条件的变化（气候、地貌、土壤、火）成为引起演替的重要外部条件；⑤人类活动（炼山、砍伐森林、开垦土地、抚育森林、管理草原、治理沙漠）可使演替按照不同于自然发展的道路进行。

二、演替的类型

演替有以下几种类型。

（1）按时间进程划分：有快速演替、长期演替和世纪演替。快速演替是指在时间不长的几年内发生的演替，如草原撂荒的恢复演替；长期演替是指延续时间长达几十年甚至几百年的演替，如云杉林采伐后的演替；世纪演替是指以地质年代计算的演替，常伴随气候和地貌的变迁。

（2）按主导因素划分：有群落发生演替、内因演替和外因演替。群落发生演替是指在原生或次生裸地发生的演替；内因演替是指由植物所创造的环境变化决定，取决于植物内部的矛盾所发生的演替；外因演替是指由外界环境变化决定，如火成演替、气候性演替、土壤性演替、人为演替。

（3）按基质的性质划分：有水生基质演替系列和旱生基质演替系列。水生基质演替系列包括石生演替系列、砂生演替系列、水生演替系列；旱生基质演替系列包括黏土生演替系列、石生演替系列、砂生演替系列。

（4）按代谢特征划分：有自养性演替和异养性演替。

（5）刘慎谔划分：有时间演替、空间演替和植被发生类型演替。

（6）按演替发生的起始条件划分：有初（原）生演替（primary succession）、次生演替（secondary succession）、自发演替（autogenic succession）和异发演替（allogenic succession）。初生演替是指生物在裸地（此前从未被生物定居过的地点）的定居并将导致顶极群落对该生境的首次占有。例如，在沙丘上进行的演替就是初生演替；此外，在火山岩上、在冰川泥上及在大河下游的三角洲上所发生的演替都是初生演替。初生演替的基质条件恶劣严酷，演替时间很长。

次生演替是指演替地点曾被其他生物定居过，原有的植被受到人类或自然力（如野火、暴风和洪水泛滥等）破坏后再次发生的演替。例如，森林遭受砍伐或火烧之后，或农田弃耕之后所开始的演替就是次生演替。由于次生演替的基质条件较好（有机物质丰富、土壤层厚并遗留有少量的生物遗体、种子或孢子等），所以演替所经历的时间较短。

自发演替是指生态系统内自身变化所引发的演替，特别是指由生物群所引起的生境变化，如土壤的形成和营养物质的积累。如果土壤的上述改良可促进下一个群落取而代之，那么，这种类型的演替就称为自发演替。

异发演替是指由生态系统外力所引发的演替过程。例如，因为溪流流量减少而使沼泽水位逐渐下降，并导致一个适应较干沼泽地的新群落出现，那么这个变化过程就称为异发演替。在异发演替中，群落本身对生境的重大变化并无很大影响。自发演替和异发演替之间的概念差异是显而易见的，在自发演替中，植物和动物是变化的起因，而在异发演替中，植物和动物仅对发生变化的环境和地理因素作出反应。

异养演替：在每一个主要群落内部都包含着许多小群落（microcommunity）。朽木、动物尸体和粪便、植物虫瘿、树洞等为各种植物和动物群提供了一种演替基质，经过动物、植物在其上的演替，它们最终将会消失，变成群落自身营养的一部分，这类演替称为异养演替（heterotrophic succession），它最早的定居者都是异养生物。例如，生物在橡果上进行的演替，最先攻击橡果的是象甲，它把果皮咬成洞后进入胚胎，并在胚胎中产卵，幼虫孵出后将橡胚吃掉一半，这是演替开始阶段的先锋生物；当橡胚被先锋定居者消耗掉后，其他动物和真菌就进入橡果，其中最重要的是橡蛾；接着，一些分解纤维素的真菌也跟随进入橡果；在橡果的外面，以纤维素和木质素为食的真菌把橡果的外壳软化；随着橡果外壳越来越脆，一些较大的动物，如毛虫、多足虫和跳虫等也进入橡果，橡果内的含土量越来越多，当它的外壳软化到一定程度时，就会崩裂成一个小土墩，并渐渐成为土壤腐殖质的一部分。

三、演替的特征

1. 演替的方向性

从低等生物逐渐发展到高等生物，从小形生物逐渐发展到大形生物，生活史从短到长，群落层次从少到多，营养阶层从低到高，从简单到复杂，竞争从无到有，再发展到激烈，最后趋于动态稳定，这就是演替的方向性演替的方向是不可逆的。进展演替（progressive succession）就体现了演替的方向性，它是指随演替的进行，群落的结构和种类成分由简单到复杂，群落对环境的利用由不充分到充分，生产力由低到逐渐增高，群落逐渐发展为中生化，对外部环境的改造逐渐强烈。逆行演替（regressive succession）与进展演替相反，导致结构简单化，不能充分利用环境，生产力逐渐下降，不能充分利用地面，群落旱生化，对外部环境的改造轻微（图3-23）。

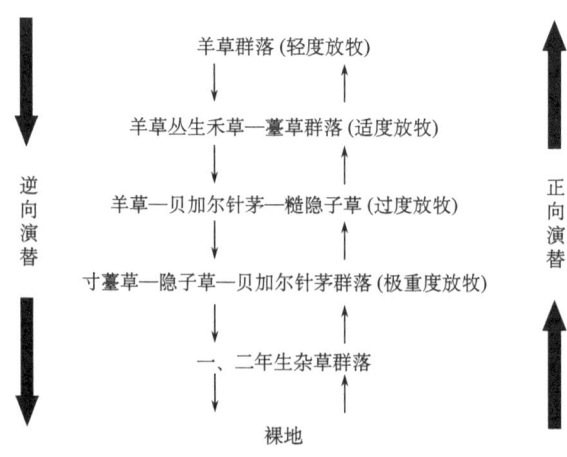

图 3-23 呼伦贝尔地区羊草群落的演替

2. 演替的速度

先驱物种要在荒原上形成种群，再发展为初级群落，是一个艰难长期的自然选择过程，速度极为缓慢。初级群落建立后，物种之间开始激烈竞争，物种组成不稳定，经常在数年或数十年就更换一系列物种。当强有力的优势种获得主导地位，演替速度减缓，最后群落在稳定平衡中只存在某种相对的波动。演替的时间进程与生态系统内主要生物的生活史有关。从新沉降的火山灰演替到森林的陆生演替过程通常要经历数十年甚至数百年；水生生物群落的演替和浮游生物之间的物种取代过程大多是季节性和周年期的；分解者在腐败有机物质内的演替过程在生态系统内是反复进行的，演替速度变化很大，一个动物尸体可以在几天内被完全分解，而一根倒木却可以分解好几百年。

3. 演替的阶段

群落演替的过程由侵入定居阶段、竞争平衡阶段和顶极平衡阶段组成。入侵定居阶段是指群落演替是从定居（colonization）开始的，在定居期间，一个尚未被占有的生境将会陆续被生物所占有。定居的首要条件是生物必须到达定居点，其次是要在那里立足。生物到达定居点的能力取决于生物的散布能力，最早的定居者一定是来自离定居点不太远的生态系统，而且要具备一定的在新生境定居的能力。在竞争平衡阶段，群落在发展，种群数量在增加，生境逐渐得到改造，资源利用逐渐由不完善发展到尽可能利用，种内竞争和种间竞争渐渐趋向平衡。稳定阶段就是演替的终点，称为顶极群落。演替可从千差万别的生境开始，但会逐渐缩小，逐渐趋向一致，发展成为一个相对稳定的气候顶极。除了气候顶极以外，还有土壤顶极、地形顶极、动物顶极、复合型顶极。在顶极平衡阶段，优势种的特征相对稳定，整个群落与环境之间保持一种动态平衡，群落结构复杂稳定。

4. 演替的效应

群落中的物种在自身发展过程中，经常对环境产生一些不利于自己生存而有利于其他物种生存的因素，因而在演替中创造了物种替代的环境条件。例如，拟谷盗在种群发展中产生大量的代谢废物和一些对自身存活很不利的有毒物质，成为抑制种群增长的重要因素。但同时却使一些微生物物种的数量繁盛起来，最后排斥取代了拟谷盗。

四、演替系列和演替系列群落

演替系列（sere）是指从生物入侵开始到顶极群落的整个顺序演变过程，包括地衣阶段、苔藓阶段、草本植物阶段、灌木阶段、树木阶段。

从最早定居的先锋植物开始，直到出现一个稳定的群落（可能经由地衣、苔藓、草本植物、灌木直到森林），这一系列的演替过程就称为一个演替系列（a sere）。在湿地上所发生的一个演替程序就称为水生演替系列（hydrosere）。湿地演替通常称为水生演替（hydrarch succession），旱地演替则称为旱生演替（xerarch succession）。水生演替系列出现自由漂浮植物阶段、沉水植物阶段、浮叶根生植物阶段、直立水生植物阶段、湿生草本植物阶段和木本植物阶段（图3-24）。旱生演替系列出现地衣植物群落阶段、苔藓植物群落阶段、草本植物群落阶段、灌木群落阶段和乔木群落阶段。

在一个演替系列中所包含的各个群落称为演替系列群落（seral community）。在一个地点最早出现的演替系列群落称为先锋群落（pioneer community）。演替过程以顶极群落（climax）告终，顶极群落是演替的终点，意味着演替结束。顶极群落的物种成分取决于生境的特性和当地气候，每个区域生境类型的顶极群落可以靠特有的优势植物来辨认。

密执根湖南岸沙丘上存在着明显不同的植被类型。离湖水越近的沙丘越年轻，离湖岸越

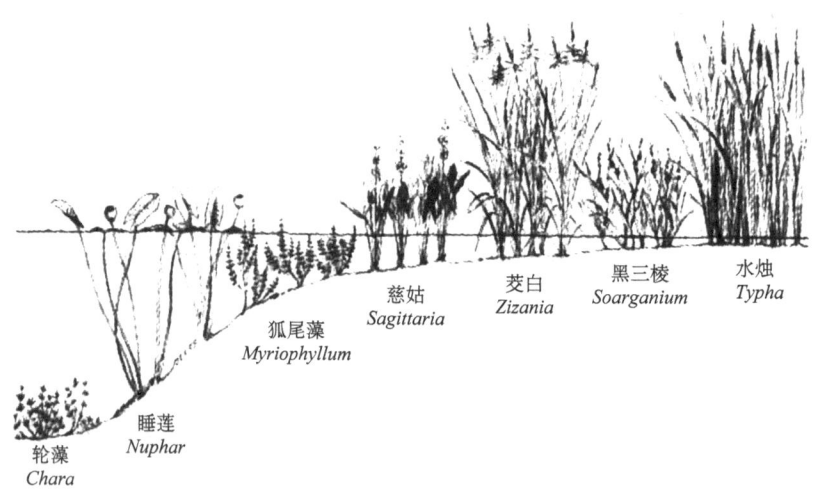

图 3-24　水生群落的演替系列（引自 Smith，1998）

远的沙丘形成的时间越遥远。在年轻的沙丘上只能看到一年生的匍匐植物，这些植物能迅速定居并能将沙丘稳住。在年轻沙丘的后面，离湖岸稍远的已固定沙丘上生长着丛生的草类，它取代了一年生的匍匐植物。在离湖岸更远的沙丘上，丛草又被三角叶杨所取代。离湖岸再远些，松树又取代了三角叶杨。最后，栎树取代了松树，成了主要的森林树种。这个演替过程是一个初生演替和自发演替过程（图 3-25）。

图 3-25　湖岸沙丘的演替（引自 McNaughton，1979）

五、演替中的物种取代和群落更新

很多陆地植物群落演替的趋势是逐渐占有优势的树种越长越高，从而增加树冠层的高度，使被遮盖在下面的下木层植物不得不在低光照的条件下生长。早期演替物种通常比顶极群落物种所生产的种子要多得多和小得多，这些种子萌发产生的幼苗在阳光充分照耀下具有很大的生长潜力。在弃耕农田发生的次生演替过程往往是一个迅速的物种取代过程，在演替的前 1~2 年，通常一年生植物占有优势，但很快它们就会被更长寿的植物所取代。表 3-5 所示为弃耕农田的演替系列，说明随着弃耕时间的延长，田中的优势植物不断变化，最初是马唐草，后来被飞蓬草取代，5 年后短叶松成为优势植物，50 年后变为硬木林。

表 3-5 弃耕农田的演替系列

弃耕年数	优势植物	其他常见植物
0~1	马唐草	
1	飞蓬草	豚草
2	紫菀	豚草
3	须芒草	
5~10	短叶松	火炬松
50~150	硬木林	山核桃

随着陆地植物群落的演替，栖居其中的动物也会发生相应的变化，图 3-26 显示动物随针叶林群落的演替而发生的变化。

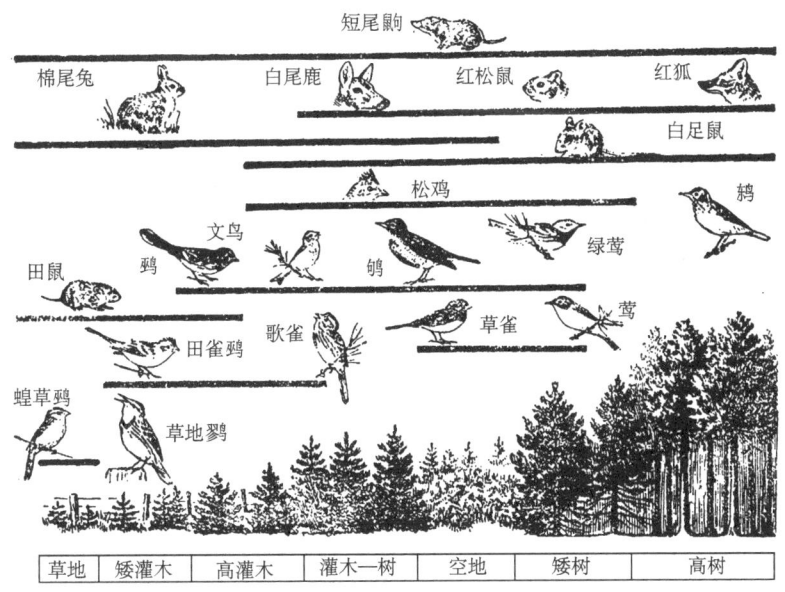

图 3-26 动物随针叶林群落的演替而发生的变化（引自 Smith，1980）

植物群落更新：植物群落的更新是比植物群落演替的时空范围要小的动态过程，它不是一个群落取代另一个群落的过程，而是同一种群或相似种群间的更替，其结果并不会引起群落总体结构和性质的改变。王伯荪指出，更新是当群落内某种群的个体死亡后，能由同一种群的新个体所替代的过程。群落演替的最基本点是指一个群落类型被另一个群落类型所取代的过程；而群落更新的基本点是不改变群落性质的新老个体的更替，由枯倒木和间伐、择伐等引起的林隙内新个体的生长均属于群落的更新。更新是"由植物个体衰老枯倒或自然的和人为的因素造成的林隙中，由原种群或相同性质的种群的新个体所更替的动态变化过程"。这个过程是以不影响群落的总体宏观结构和性质为标志的。

Aubrevill 提出了镶嵌或循环更新理论，其思想是：将一个广大面积的混合森林当成一个镶嵌，每个外缀单位是优势种的不同组合，在任何一个容纳不同组合的小面积上，表现为或多或少的循环式的更新而得以继承与维持。顶极群落的更新是指当群落内某种群，特别是建群种的个体死亡后，能由同一种群或相同性质的新个体所替代的过程。群落的更新主要通过建群种的更新实现，这种更新以个体冗余补充为主，更新的结果是同种或不同种新老个体的更替，这个过程是以不影响群落的结构和性质为标志的。群落的更新是维持顶极群落的重要基础，种子雨、种子库、幼苗库和克隆生长是群落实现更新的关键，林窗更新是维持森林群落结构的重要途径。

六、顶极群落

当一个群落或一个演替系列演替到同环境处于平衡状态时，演替就不再进行了，在这个平衡点上，群落结构最复杂、最稳定，只要不受外力干扰，它将永远保持原状。演替所达到的这个最终平衡状态就称为顶极群落（climax）。Odum 认为，演替系列中最后的、稳定的群落就是顶极群落，它始于物理环境取得平衡的自我维持系列。Clements 认为，顶极群落是一个有机整体，能够自我繁殖，忠实地重复其发育阶段，它是一个相对稳定的（相对于其他阶段有较长的持续时间）、可进行自我更替的系列阶段。

顶级群落的类型：顶级群落的特征和性质取决于影响群落演替的外部环境因子和内在生物的遗传特性及其相互作用状况。根据构造顶级群落的关键因素，可将顶级群落分成以下几个类型。

（1）气候顶级群落：具有正常地形与土壤特性，其特征不为邻近所出现的外力所干扰的顶级群落，称为气候顶级群落、正常顶级群落或地带性顶级群落。气候顶级群落最能反映大气候的特点。

（2）土壤顶级群落：由于土壤因素偏离正常特征使生长的植被在演替系列和顶级群落中发生特化，这类终极的群落为土壤顶级群落。

（3）地形顶级群落：由于局部地形（如温带地区的阳坡和阴坡）产生一种具有特色的植被，这类植被发展的顶级群落称为地形顶级群落。通常，特定的地形、地貌特征形成特殊的土壤条件，伴随特殊的小气候发展的顶级群落又称为地形-土壤顶级群落。

（4）动物顶级群落：任何群落除植被外，都会有许多直接或间接依靠植物为食或作为栖息场所的动物种群；有时一个植物群落的结构和组成为某种动物经常的、强有力的活动所制约，使原先的群落朝着这类动物所施压力相平衡的方向发展，即某种占优势的动物改变了植被，构成了一个与动物活动密切联系的动态系统，称为动物顶级群落。

顶极群落与非顶极群落的区别：首先，生物的适应特性不同。处于演替早期阶段的生物必须产生大量的小型种子，以有利于散布；而生活在顶极群落中的生物则相反。其次，生物的生活史不同。处于演替早期阶段的生物体积小、生活史短但繁殖速率快，而处于顶极群落中的生物则往往体积大、生活史长并且长寿。另外，群落能量学也不同在森林顶极群落中，树木的实生苗都具有在阴暗环境中进行缓慢而正常生长的能力，在群落演替的早期阶段，群落生产大于群落呼吸（$P>R$），随着演替的进行，越来越多的总生产量被用于呼吸消耗，当生产量等于呼吸消耗时（$P=R$），演替便不再进行（已达到顶极群落），此时的生产量将全部用于群落的维持（表 3-6）。

顶极群落的识别：在一个特定区域如何区分顶极群落和演替系列是一个比较复杂的问题。Odum 曾归纳出演替系列中群落和成熟群落之间存在的 24 种特征变化；Whittaker 提出了判断顶极群落的 10 个标准；宋永昌也概括了群落演替的一般趋势，列出了群落演替趋势的 20 个特征作为判断顶极群落的参考。这些方法主要是从以下几个方面来判断顶极群落的。

表 3-6 演替中群落和顶级群落的特征比较

比较项目	演替中群落	顶级群落
群落能量学		
1. 总生产量/群落呼吸（P/R）	$\geqslant 1$	$=1$
2. 总生产量/生物量（P/B）	高	低
3. 单位能流维持的生物（B/E）	低	高
4. 群落净生产量	高	低
5. 食物链	线状、牧食为主	网状、腐食
群落结构		
6. 有机物质总量	少	多
7. 无机营养物	生物外	生物内
8. 物种多样性	低	高
9. 生化多样性	低	高
10. 层次性和空间异质性	简单	复杂
生活史		
11. 生态位特化	宽	窄
12. 生物大小	小	大
13. 生活周期	短、简单	长、复杂
物质循环		
14. 无机物循环	开放	封闭
15. 生物与环境的物质交换	快	慢
16. 腐屑在营养物再生中的作用	不重要	重要
内稳定性		
17. 内部共生	不发达	发达
18. 营养结构	差	好
19. 抗干扰能力（稳定性）	弱	强
20. 熵	高	低
21. 信息	少	多

资料来源：Odum，1969

（1）根据群落组成和种群结构识别：Whittaker 和 Kimmins 认为，对顶极群落的判定可设定永久样地，通过对群落进行长时间的连续观察，建立该地区可能的演替系列顺序。彭少麟等通过在鼎湖山设立永久样地，发现鼎湖山植被演替遵循从马尾松群落经马尾松-锥栗-荷木群落、锥栗-荷木-马尾松群落、藜蒴群落、黄果厚壳桂-锥栗-厚壳桂-荷木群落到黄果厚壳桂-厚壳桂群落，黄果厚壳桂-厚壳桂群落是中生群落，也就是顶极群落。由于森林群落演替是一个长期（数十年至数百年）过程，不可能在短期内观察到演替的整个过程，而且对设立永久样地的大小和持续观察的时间仍然存在争议。所以采用另外一种方法，即对优势植被的种群龄级或径级结构进行分析，确认群落演替阶段。种群结构不仅对群落结构具有直接影响还能客观体现群落特征。如果优势种表现出 J 型龄级或径级频率曲线，可以大致判定该区域的植被处于顶极状态。浙江天童山国家森林公园常绿阔叶林主要树种的种群结构按胸径频率分类，第一优势种木荷为多峰型，从而判断该群落只是顶极阶段的前期，并未到达最终阶段。另有一项研究发现，天童山的云山稠-长叶石栎-大穗鹅耳枥群落中大穗鹅耳枥的年龄结构不规则，是衰退型种群。云山稠-长叶石栎群落中的优势种云山稠和亚优势种长叶石栎均呈增长趋势，由此认为云山稠-长叶石栎-大穗鹅耳枥群落是不稳定的，将会被云山稠-长叶石栎群落所取代，成为天童山体中上部稳定的群落。

(2) 根据群落稳定性识别：根据定义，稳定性是顶极群落的一个重要特征。生态学家采用数量、相对多度型、优势种、物种组成、生产力的变化来评估植被的稳定性。认为群落中的物种多样性越高，群落越稳定；随着群落的发展，多样性将会增加。彭少麟等在鼎湖山厚壳桂群落演替的研究中发现，用物种多样性指数反映群落稳定性效果很好。但按中度干扰假说，演替中期群落的物种多样性比顶极群落的要高，因此物种多样性只可在顶极群落之间进行比较，不能用于顶极群落稳定性的判断。用物种多样性来反映群落的稳定性及演替特征有一定的意义，但不能机械地以多样性的高低来判断某具体群落的稳定性，要结合群落的结构、物种多样性、树种特性、立地生境等进行具体分析，否则易产生片面的结论。在帕拉莫(Paramo)的群落次生演替研究中发现，物种相对多度的变化比物种更替明显得多，在演替早期，顶极种已经出现，只是生长缓慢而已。同时，草本植物和树木幼苗的物种丰富度的改变不说明群落是否处于稳定状态。党承林等认为，群落稳定性的本质是冗余结构的稳定性。演替阶段群落与顶极群落的区别仅在于冗余结构的复杂程度和冗余补充速率。演替早期的冗余结构以简单并联结构和快速的冗余补充为特征，顶极群落以多重并联结构和缓慢的冗余补充为特征。

(3) Whittaker认为，顶极群落也表现出能量流动和物质循环的稳定状态，顶极群落中群落的总呼吸量与总第一性生产量的比率接近1，当比率为1时，生物量的累积比率（生物量与净年产量的比）达到了稳定的最大值。但是在演替系列群落从幼龄、成熟、衰老、枯倒的任一阶段中，总呼吸量与总生产量之比也会发生变化，而且，还没有证据证明顶级群落中总呼吸量是否等于总生产量。

(4) 根据群落特征与外界环境的一致性识别：一种特殊的生境类型应该生长着一个适应于这种生境的顶极群落，相似的顶极群落分布在相似的环境中，生境显著不同的群落不会向同样组成的顶极群落汇聚。顶极群落应占有最成熟的土壤，顶极群落也与气候条件一致。然而这些判定方法在实际中没有标准可循。

关于顶极群落的3种理论：第一种理论是单元顶极理论(monoclimax theory)；第二种理论是多元顶极理论(polyclimax theory)；第三种理论是顶极型理论(climax pattern theory)。

单元顶极理论：单元顶极理论是美国生态学家Clements(1916)首先提出来的，其理论要点是：在同一个气候区内只能有一个顶极群落，而这个顶极群落的特征完全由当地的气候决定，因此又称为气候顶极。在任何一个特定的气候区内，所有的演替系列最终都将趋向于被一种单一的植物群落所覆盖。Clements相信，气候是植被的决定因素，任何一个地区的顶极群落都是当地气候的一个函数。

多元顶极理论：多元顶极理论是英国生态学家Tansley提出的，其理论要点是：一个区域的顶极植被由几种不同类型的顶极群落镶嵌而成，而每一种类型的顶极群落由一定的环境条件所控制和决定；在同一气候区域内可以有多个顶极群落同时存在，这种顶极群落的镶嵌体由相应的生境镶嵌所决定。

顶极型理论：1953年，Whittaker提出了顶极型理论，该理论强调：一个自然群落是对诸环境因素（如气候、土壤、火、生物因素和风等）的整个格局所发生的适应；强调各个顶极群落类型的连续性，其沿着环境梯度是逐渐变化的，生物种群同环境梯度处在动态平衡之中。顶极型理论发展了连续统一体的概念，并对植被采用了梯度分析的研究方法。

七、群落演替理论

群落演替理论包括促进作用理论、抑制作用理论和忍耐作用理论。

1. 演替的促进作用理论

促进作用理论由 Clements 提出，他认为群落是一个高度整合的超有机体，通过演替，群落只能发展成为一个单一的气候顶极群落（climatic climax）；群落的发育是逐渐的和渐近的，从一个简单的先锋植物群落最终发育为顶极群落；演替的动力仅仅是生物之间的相互作用，最早定居的动物和植物改造了环境，从而更有利于新侵入的生物，这种情况一再发生，直到顶极群落产生为止。该理论的一个重要前提条件是：物种之所以相互取代是因为在演替的每一个阶段，物种都把环境改造得对自身越来越不利而对其他物种越来越适宜定居，因此，演替是一个有序的、有一定方向的和可以预见的过程。该理论又称为促进作用理论。

2. 演替的抑制作用理论

演替的第二个主要理论是由 Egler（1954）提出来的，称为抑制作用理论。该理论认为演替具有很强的异源性，因为在任何一个地点的演替都取决于谁首先到达那里；物种取代不一定是有序的，因为每一个物种都试图排挤和压制任何新来的定居者；没有一个物种会对其他物种占有竞争优势，首先定居的物种无论是谁，都将面临所有后来者的挑战；演替通常是由短命物种发展为长寿物种，但这不是一个有序的取代过程。该理论又称为抑制作用理论。

3. 演替的忍耐作用理论

演替的第三个主要理论是由 Connell 和 Slatyer（1977）提出来的，称为忍耐作用理论。该理论认为，早期演替物种的存在并不重要，任何物种都可以开始演替；某些物种可能占有竞争优势，这些物种最终在顶极群落中有可能占有支配地位；较能忍受有限资源的物种将会取代其他物种，演替是靠这些物种的侵入或原来定居物种逐渐减少而进行的，这主要取决于初始条件。图 3-27 以 A、B、C 和 D 4 个代表物种说明群落演替的 3 种理论。

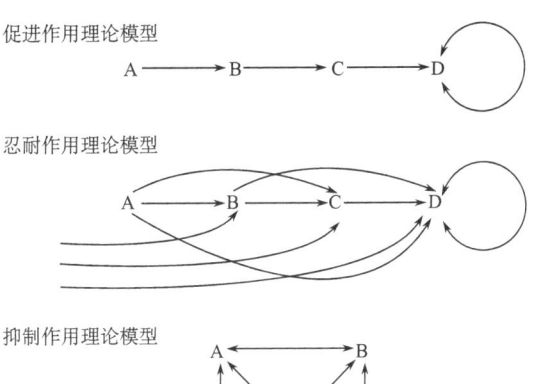

图 3-27 以 A、B、C 和 D 4 个代表物种说明群落演替的 3 种理论（引自 Krebs，1985）

箭头指示被取代。在 Connell 和 Slatyer 的理论中，后来物种可以取代先来物种，但当后者不存在时，前者也可侵入。在 Egler 的理论中，彼此都有可能取代，主要取决于谁先到达演替地点

3 种群落演替理论的共同点：3 种演替理论都一致预测，在一个演替过程中，先锋物种总是最早出现，因为这些物种有许多适于定居的特性，如生长速率快、种子产量高和具有极

大的散布能力等。但这些定居物种通常都是短命的和易消失的,因为它们总是使环境变得对它们自己不利。

3种群落演替理论的重要区别:3种演替理论的重要区别在于物种取代的机制不同,在Clements的经典理论中,物种取代是受前一个演替阶段所促进的;在Egler的演替理论中,物种取代受到已定居物种的抑制,直至这些定居物种受到损害或死亡;在Connell和Slatyer的理论中,物种取代不受现存物种的影响。

近年来,现代演替理论研究强调个体的生命史特征、进化对策、干扰等因素的作用,包括时空尺度和等级理论的综合研究、演替的定量研究、演替机制及演替过程中格局与干扰的研究,在原有的基础上补充了新的内容。

(1) 促进作用理论:由Clements(1916)首先提出来,其主要观点是:①植物群落是一个高度统一的整体,群落的发展是渐进的和有序的,从一个简单的先锋植物群落通过演替最终发展为复杂的气候顶级群落;②演替的动力主要来自于生物之间及生物与环境之间的相互作用,最早定居的植物改造了群落的生存环境,有利于更多新物种的定居生存,直到产生顶级群落;③演替是有一定方向的,演替过程是可以预见的。Clements将群落不断发展,最终达到平衡的演替过程分为裸地的形成、迁移、定居、反应、演替、稳定6个阶段。

(2) 抑制作用理论(或初始植物区系学说):由Egler(1954)提出来,其主要观点是:①演替具有很强的异源性,任何一个地点的演替都取决于哪些物种首先到达那里;②植物种的取代不一定是有序的,每一个种都试图排挤和压制新来的定居者,使演替带有较强的个体性;③演替的方向不定,演替的详细途径是难以预测的;④演替通常是由个体较小、生长较快、寿命较短的种发展为个体较大、生长较慢、寿命较长的种。这种学说认为,替代是种间的而不是群落的,演替系列是连续的而不是离散的。

(3) 适应对策演替理论:由Grime(1989)在新的植物的3种基本对策基础上提出的,其3种基本对策是:①R-对策种,适应临时性丰富的环境;②C-对策种,竞争力强,生境状态良好,又称为竞争种;③S-对策种,适应于资源贫瘠、恶劣的生境,称为耐胁迫种。R-C-S对策模型反映了植被演替是胁迫强度、干扰和竞争之间平衡的结果。该理论认为:①次生演替过程中的物种对策格局是有规律的,是可以预测的;②一般情况下,先锋种为R-对策种,演替中期的种多为C-对策种,而顶级群落中的种则多为S-对策种。

(4) 资源比率理论:由Tilman(1985)提出来,该理论认为一个种在限制性资源比率为某一值时表现为强竞争者,而当限制性资源比率改变时,由于种的竞争能力不同,组成群落的植物种也随之改变,它是通过资源的变化而引起竞争关系变化来实现演替的。

(5) 等级演替理论:Pickett等(1987)提出的关于演替原因和机制的等级概念框架,称为原因等级系统。该理论认为:①裸地的可利用性,物种对裸地利用能力、适应能力是有差异的;②裸地可利用性取决于干扰的频率和程度,种对裸地的利用能力取决于种的繁殖体生产力、传播能力、萌发能力和生长能力等;③立地、种的因素和行为及其相互作用是演替的本质。

(6) 螺旋式上升演替理论:由范竹华等(2005)提出来,其主要观点是:①所有生态植被均处于演替状态,当没有外力破坏作用,或植被内在生理机制的反作用超过外力破坏作用时,为进展演替,否则为逆行演替;②植被的内在生理机制决定演替的方向和趋势,植被的演替是植被所在的空间生态位、时间生态位和信息生态位3种因素综合交织作用的结果;

③一个气候区只有一个气候顶极,当达到顶极后,由于顶极群落内在生理机制的局限,它最终要回到原来演替的某一阶段,产生新的生物群落,同时,群落对环境的改造作用更加强烈,继续向气候顶级演替,生物多样性不断增加,群落的生产力不断提高,对环境具有越来越强的改造作用,是一种螺旋式上升过程;④逆行演替过程中,当外力破坏作用停止,或群落内在生理机制的反作用超过外力破坏作用时,就进行进展演替,进入上述的演化循环状态。

八、群落稳定性

群落稳定性是指群落的自我维持能力,包括对干扰的抵抗能力和复原能力两个方面。群落之所以能够达到稳定,是因为群落中的生物个体能够抵制干扰,如能有效地抵御昆虫、火、啃食和竞争侵入等。如果一个群落具有复原力,那么在受到干扰后,它就会借助于演替过程恢复稳定的平衡。

稳定性判断:顶极群落的稳定性主要反映这样一个事实,即顶极群落中的优势物种以人生的时间尺度衡量都是长命的。如果把稳定性理解为群落中的长命个体(它们的种群很稳定)不会被迅速置换,而且能抵制其他物种的入侵,那么这种群落成熟后就是一个稳定群落。顶极群落的稳定性还与下述事实有关,即群落中的每一个个体都将被本物种的其他个体所置换,与平均物种组成成分达到平衡。

第七节 群落的分类与排序

一、群落的分类

群落分类就是对群落实体(或属性)集合按其实体(或属性)数据所反映的相似关系把它们分成组,使同组内的成员尽量相似,而不同组的成员尽量相异。有两种分类方法:一类为群丛单位理论或机体论(association unit theory),代表人物有俄国的Cykayeb、法国的Braun-Blanquet和美国的Clements,他们认为群落类型是自然单位,有明确边界;另一类为个体论,认为群落是连续的,没有明确边界,它不过是不同种群的组合,代表人物有俄国的Pamehckhh,美国的Gleason、Whittaker和McIntosh。

法瑞学派群落分类的代表人物Braun-Blanquet(1928)提出了一个植物区系-结构分类系统(floristic-structural classification),称为群落分类中的归并法(agglomerative method)。它以植物区系为基础,从基本分类单位到最高级分类单位,都是以群落的种类组成作为分类依据。它的分类过程是通过排列群丛表(association table)来实现的,首先在野外做大量的样方,样方数据取多度-盖度和群集度,然后通过排表,找出特征种、区别种,从而达到分类的目的。

英美学派的群落分类是根据群落动态发生演替原则的概念来进行群落分类的,称为动态分类系统(dynamic classification),代表人物是Clements和Tansley,他们对演替的顶级群落和未达到顶级的群落在分类处理的方法上不同,建立了两个平行的分类系统,即顶级群落和演替系列群落。

二、群落的分类单位

植物群落分类的基本单位是群丛（association），此外，群系（formation）和植被型（vegetation type）也是分类单位。目前，各学派对植物群落分类单位的理解和侧重点有所不同，英美学派用优势种原则，把群系作为分类的最大单位；法瑞学派的分类系统原则是建立在群落植物区系的亲缘基础上，并考虑植物群落其他方面的特征；北欧学派以基群丛作为基本单位；前苏联学派以群丛、群系、植被型为主要单位，并在各单位之间采用群丛组、群丛纲、群系组、群系纲等辅助单位。

分类的基本单位介绍如下。

（1）植被型：在植被型组内，把建群种生活型相同或相似，同时对水热等生态条件要求一致的植物群落联合为植被型，如寒温性针叶林、夏绿阔叶林等。

（2）群系：凡是建群种或共建种相同的植物群落联合为群系，如凡是以大针茅为建群种的任何群落归为大针茅群系。

（3）群丛：凡是层片结构相同，各层片的优势种或共优种相同的植物群落联合为群丛，它是植物群落分类的基本单位。

中国植被分类单位以植被型、群系、群丛为基本单位；在各基本单位之上，各设一个辅助单位；在其之下也设一个亚级辅助单位。主要分类单位分为3级：植被型（高级单位）、群系（中级单位）、群丛（基本单位）。每一等级单位之上和之下又各设一个辅助单位和补充单位。高级单位的分类依据侧重外貌、结构和生态地理特征，中级和中级以下分类单位侧重种类组成。

中国植被分类单位：

植被型组（vegetation type group）
 植被型（vegetation type）
  植被亚型（vegetation subtype）
   群系组（formation group）
    群系（formation）
     亚群系（subformation）
      群丛组（association）
       亚群丛（subassociation）

三、群落的数量分类

数量分类的过程是首先将生物概念数量化，包括分类运算单位的确定、属性的编码（code）、原始数据的标准化；其次以数学方法实现分类运算，如相似系数计算（包括距离系数、信息系数）、聚类分析、信息分类、模糊分类等，其共同点是把相似的单位归在一起，而把性质不同的群落分开。群落的相似性（similarity）是在不同生态条件下将群落进行两两比较而存在的，它是群落组成（包括种类、个体数量及其他可以作为统计量的属性特征）上相似程度的定量指标，在一定程度上反映了群落的演替变化和相互关系。衡量两个群落之间相似程度的数量指标称为群落相似性指标。有两类相似性指标，一类是真正的相似性指标，它的数值大小直接反映两个成员间的相似程度；另一类是相异性指标，其数值的大小反映两个成员的差异程度。前者数值越大表示两个成员越相似，后者则数值越小表示两个成员越相似。下面介绍两种相似性指标。

（1）群落系数：两个群落没有共同种的群落系数为 0，两个群落种的组成及其定量值都相同的群落系数为 1，于是，群落系数的计算公式为

$$C = 2W/(a+b) \tag{3-13}$$

式中，W 为两个群落共有种的两个相对值中低值的总和；a 为第一个群落所有值的总和；b 为第二个群落所有值的总和。

（2）欧氏距离：把群落的每一个属性指标作为 m 维空间的一个点，并把 m 维空间相近的群落划为一类，定义 m 维空间的距离 d_{ij} 为

$$d_{ij} = \sqrt{\sum (X_{ik} - X_{jk})^2} \tag{3-14}$$

式中，d_{ij} 为 i 群落与 j 群落之间的欧氏距离；X_{ik} 为 i 群落第 k 个指标的值；X_{jk} 为 j 群落第 k 个指标的值；m 为选用属性指标的数目。

种间关联：在一个群落中，如果两个种共同出现的次数高于期望值，它们就具有正关联；如果两个种共同出现的次数低于期望值，它们就具有负关联。种间是否关联，常采用关联系数（association coefficient）来表示，关联系数的公式为

$$V = (ad - bc)/\sqrt{(a+b)(c+d)(a+c)(b+d)} \tag{3-15}$$

关联系数计算步骤：先列出 2×2 列联表如表 3-7 所示，表中 a 为两个种均出现的样方数，b 和 c 为仅出现一个种的样方数，d 为两个种均不出现的样方数。如果两个种是正关联的，那么绝大多数样方为 a 型和 d 型；如果两个种是负关联的，则为 b 型和 c 型；如果没有关联的，则 a、b、c、d 各型出现的概率相等，即完全是随机的。

表 3-7　列联表

		种 B		
		＋	－	
种 A	＋	a	b	a+b
	－	c	d	c+d
		a+c	b+d	n

四、群落的聚类分析

群落聚类是指根据各群落间的相似关系将群落分成若干组，使组内的群落尽量相似，而组间的群落尽量相异，从而实现对群落的分类。最近邻体法（nearest-neighbour），或称为最短距离法是使用较广的聚类方法，其步骤如下所述。

第 1 步：确定聚类统计量，如欧氏距离、绝对距离、明氏距离，或各种相似指数、关联指数、群落系数等。

第 2 步：计算各群落两两之间的相似性指标。表 3-8 所示上半部分为重庆北碚区 5 种不同稻型的寄生蜂群落的相似性值，下半部分为将上半部分的相似性值转化为相异性值。

表 3-8 不同稻型的寄生蜂群落的相似性值和相异性值表 [C(0)]

稻型	双季早稻 G_1	常规中稻 G_2	杂交中稻 G_3	双季晚稻 G_4	杂交制种田 G_5
双季早稻 G_1		0.5627	0.5583	0.4179	0.3381
常规中稻 G_2	0.2783		0.8172	0.6563	0.4392
杂交中稻 G_3	0.2917	0.0328		0.4798	0.4783
双季晚稻 G_4	0.4321	0.1973	0.3702		0.4994
杂交制种田 G_5	0.5119	0.4108	0.3717	0.3506	

资料来源：赵志模和周新远，1984

第 3 步：选择 C（0）中的最短距离，即相异性最小的一对群落间的相异系数，表 3-8 中 G_2 和 G_3 的相异性最小，为 $C_{23}=0.0328$，因此把 G_2 和 G_3 合并为一类 C_6，即 $C_6=\{G_2, G_3\}$。

第 4 步：按最近邻体法计算新类 C_6 与各类之间的相异系数：

$C_{61} = \min\{G_{21}, G_{31}\} = \min\{0.2783, 0.2917\} = 0.2783$

$C_{64} = \min\{G_{24}, G_{34}\} = \min\{0.1973, 0.3702\} = 0.1973$

$C_{65} = \min\{G_{25}, G_{35}\} = \min\{0.4108, 0.3717\} = 0.3717$

按以上计算结果和 C（0）表中的数据作 C（1）表（表 3-9）。

表 3-9 C（1）表

	G_1	G_6	G_4	G_5
G_1				
G_6	0.2783			
G_4	0.4321	0.1973		
G_5	0.5119	0.3717	0.3506	

资料来源：赵志模和周新远，1980

第 5 步：对 C(1) 表重复第 3、4 步选最小相异系数，$C_{64}=0.1973$，因此将 C_6 和 C_4 合并为 C_7，则

$C_7=\{G_6, G_4\}=\{G_2, G_3, G_4\}$，并重新计算 C_7 和各类之间的最小相异系数：

$C_{71} = \min\{G_{61}, G_{41}\} = \min\{0.2783, 0.4321\} = 0.2783$

$C_{75} = \min\{G_{65}, G_{45}\} = \min\{0.3717, 0.3506\} = 0.3506$

按以上结果和 C(1) 表中的数据作 C(2) 表（表 3-10）。

表 3-10 C(2) 表

	G_1	G_7	G_5
G_1			
G_7	0.2783		
G_5	0.5119	0.3506	

资料来源：赵志模和周新远，1980

根据 C(2) 表，因为 $C_{17}=0.2783$ 为最小，因此将 C_1 和 C_7 合并为 C_8，即

$C_8 = \{G_7, G_1\} = \{G_2, G_3, G_4, G_1\}$。计算 C_8 和其余类的最小相异系数：
$C_{35} = \min\{G_{75}, G_{15}\} = \min\{0.3506, 0.5119\} = 0.3506$

至此可将上述 5 种不同稻型的寄生蜂群落归并为一组。

上述的聚类也可以用树枝图表示（图 3-28），树的每个分枝点（节点）代表两个下级群落合并成一个上级组，节点的高度表示此次聚类时的相似系数（也可以是相异性指标）。

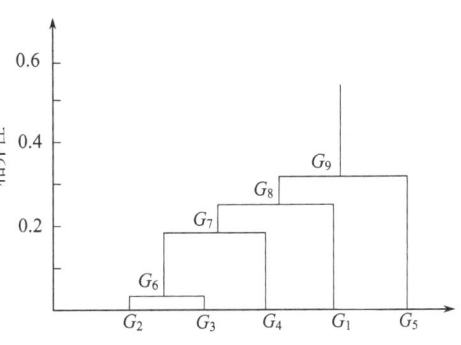

图 3-28 不同稻型寄生蜂群落聚类树
（引自赵志模和周新远，1980）

五、群落的排序分析

排序是把一个地区内所有调查的群落样地，按照相似度来排定各样地的位序，分析各样地之间的相互关系。把实体作为几何空间的点在以属性为坐标轴的 P 维空间（P 格属性）中按其相似关系把它们排列出来。按属性区排序实体称为正分析（normal analysis）或 Q 分析（Q analysis），按实体排序称为逆分析（inverse analysis）或 R 分析（R analysis）。

如果用一个轴（一维）的坐标来描述实体，则实体点就排在一条直线上；如果用两个轴（二维）的坐标来描述实体，则实体点就排在平面上。排序尽量用二维、三维的图形表示实体，以便直观了解实体点的排列。但要注意降维引起的信息损失，即最小畸变的发生。

排序可以显示实体在属性空间中位置的相对关系和变化趋势。如果它们构成分离的若干点集，可以达到分类的目的；如果用物种组成数据和环境因素数据排序同一实体，可以揭示物种与环境的关系；排序结合其他生态技术，还可研究群落演替过程。有两类排序方法：①直接排序（direct ordination），又称为直接梯度分析（direct gradient analysis）或梯度分析（gradient analysis），它以群落生境或其中某一生态因子的变化排定样地生境的位序；②间接排序（indirect ordination），又称为间接梯度分析（indirect gradient analysis）或组分分析（composition analysis），它是用群落本身属性（如种的出现与否、种的频度、盖度等）排定样地的位序，它的特点是通过分析物种及其群落自身特征对环境的反应而求得其在一定环境梯度上的排序和分类。下面介绍主分量分析等有关的间接梯度分析法。

主分量（主成分）分析（principal component analysis）：它是指将一个综合考虑许多性状（如 p 个）的问题（p 个属性就是 p 维空间），在尽量少损失原有信息的前提下，找出 1~3 个主分量，然后将各个实体在一个二维或三维的空间中表示出来，从而达到直观明了地排序实体的目的的排序方法。图 3-29 所示为内蒙古呼盟羊草草原 40 个样方的二维排序。

极点排序法（polar ordination）：它是由美国 Wisconsin 学派创立，称为 Bray-Curtis 方法

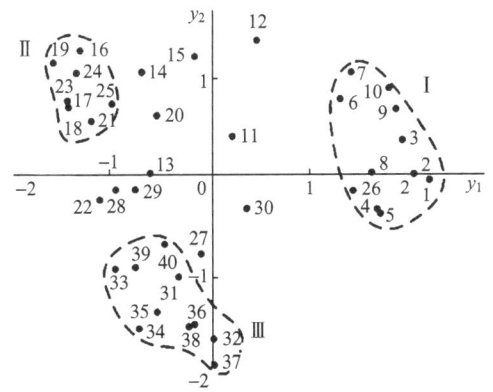

图 3-29 内蒙古呼盟羊草草原 40 个样方的二维排序（引自阳含熙和卢泽愚，1983）

(BC法), 20世纪50年代广泛应用。

无倾向（消拱）对应分析法（detrended correspondence analysis, DCA）：它克服了普通对应分析、主分量分析中的拱形（马蹄形）现象，有利于从群落数据中提取由真实环境因子变化而引起的群落结构变化。如图3-30所示，天山山脉中段山地植物群落在DCA排序下，沿湿度梯度和热量梯度两个方向，清晰地显示出一个中心两个极点的分布模式。

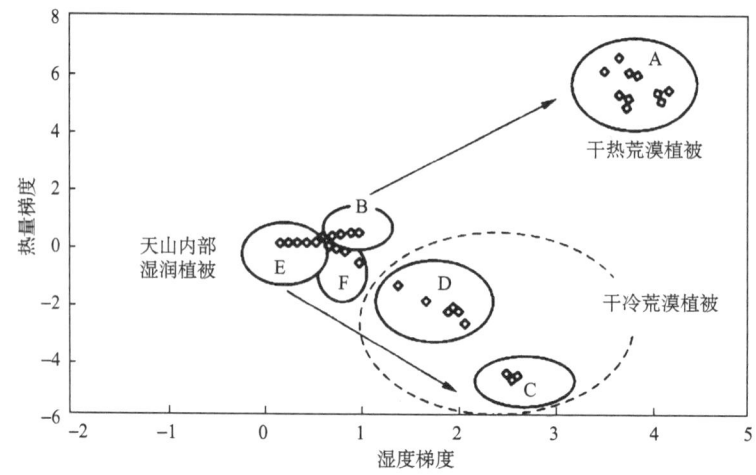

图3-30 天山山脉中段植物群落的DCA二维分布图（引自牛翠娟等，2007）

Whittaker排序法：它适用于植被变化明显取决于生境因素的情况。Whittaker沿坡向垂直方向设置一系列50m×20m的样带作为研究样地，将坡向从深谷到南坡分为5级，称为湿度梯度，然后将每一样带中的树种按对土壤湿度的适应性分为4个等级，对每一个等级

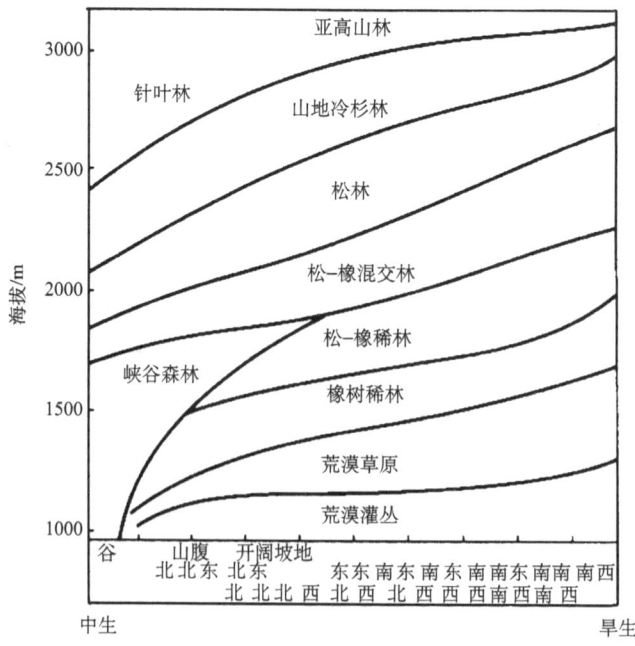

图3-31 美国圣卡塔利拿山脉植被分布图（引自孙儒泳等，1993）

依次指定一个数字，中生为 0、亚中生为 1、亚旱生为 2、旱生为 3。假如在某一林带内有 10 株糖槭、15 株铁杉、20 株红乐、55 株松树，则此林带的一个土壤湿度的数量指标是各数字等级的加权平均数。用这种湿度指标为横坐标，再用样带的海拔为纵坐标，将各个样带排序在一个二维图形中（图 3-31）。

第八节　群落的主要类型

群落的主要类型有北方针叶林、温带落叶阔叶林、热带雨林、草原群落、苔原群落、沙漠群落、淡水生物群落、海洋生物群落。

1. 北方针叶林

北方针叶林又称为泰加林，大部分位于北纬 45~57℃，是世界木材的主要产地。北方针叶林气候寒冷，但雨量比较丰富，降雨多集中在夏季，如中国东北和新疆北部的森林。北方针叶林主要是由常绿的针叶树种组成，主要种类有红松、白松、云杉、冷杉和铁杉等，栖息在北方针叶林中的哺乳动物有驼鹿、熊、鹿、熊貂、貂、猞猁、狼、雪兔、金花鼠、松鼠、鼩鼱和蝙蝠等。

2. 温带落叶阔叶林

温带落叶阔叶林分布于北半球气候温和的温带地区，主要树种为落叶阔叶乔木，最常见的有槭、山毛榉、栎、山核桃、椴、栗、悬铃木、榆和柳等。温带落叶阔叶林中最大的食草动物是鹿，最大的食肉动物是黑熊，其他哺乳动物还有红狐、林猫、鼬、负鼠、浣熊和很多小食草动物（如田鼠、家鼠、松鼠和金花鼠等）等。温带落叶阔叶林中还栖息着种类繁多的鸟类，如红眼绿鹃、林鸦、灶鸟、榛鸡、山雀、吐绶鸡和各种啄木鸟。爬行动物、两栖动物和昆虫的种类也很多。

3. 热带雨林

热带雨林分布在亚洲东南部、非洲中部和西部、澳大利亚东北部，以及中美洲和南美洲的赤道附近，全年温度和湿度都很高，植物生长迅速。热带雨林的层次性非常明显，中国海南岛的一块热带雨林，乔木树可分为 3 层：第一层由蝴蝶树、青皮、坡垒、细子龙等散生巨树组成，树高可达 40m；第二层由山荔枝、厚壳桂、蒲桃、木坚樫木和大花弟伦桃等组成；第三层由粗毛野桐、几种白颜、白茶和阿芳等组成。热带雨林中灵长类动物最为丰富，如各种猴类、长臂猿、猩猩、黑猩猩和大猩猩等，小型食肉兽有山猫、美洲虎、虎猫、长尾猫和小耳犬等。热带雨林中的鸟类极为丰富，鹦鹉科鸟类和猿猴是热带雨林的特有类群。热带雨林的昆虫种类也很丰富。

4. 热带雨林的动物

热带雨林没有大型的草食动物，最大的草食动物是两种貘，大多数草食动物都生活在树上。热带雨林中的灵长类动物最为丰富，如各种猴类、长臂猿、猩猩、黑猩猩和大猩猩等。热带雨林缺乏大型食肉兽，小型食肉兽有山猫、美洲虎、虎猫、长尾猫和小耳犬等。热带雨林中的鸟类极为丰富，鹦鹉科鸟类是热带雨林的特有类群，热带雨林中很多鸟类都有鲜艳的羽色，特别是极乐鸟。昆虫种类丰富，已知地球上最大的昆虫（蜚蠊）、最重的昆虫（犀甲）和最长的昆虫（竹节虫）都产于热带雨林。此外，蚁类和蚊类昆虫也是热带雨林的优势种类。总之，单位面积热带雨林所含有的植物、昆虫、鸟类和其他生物种类比其他任何群落所含有的都多。

5. 草原群落

地球上最大的两个草原群落都分布在北温带，一个起自欧洲东部，经过前苏联南部、伊朗和阿富汗，一直延伸到中国；另一个是分布在美国和加拿大南部的大平原。此外，在南美洲、澳洲和非洲有一些比较小的草原。北美洲的草原可明显地分为高草草原（东部）和矮草草原（西部），高草草原的降水量比矮草草原的多得多。分布于南美洲的草原属于热带草原。

6. 苔原群落

苔原群落又称为冻原或冰土带，主要分布在北纬60°以北环绕北冰洋的一个狭长地带。苔原地带没有树木，其他植物生长得也很矮小。构成苔原群落的植物种类贫乏，地衣是极地苔原群落最典型的植物。苔原群落最主要的食草动物是驯鹿、麝牛、北极兔、田鼠和旅鼠等，肉食动物有北极狐和狼。

7. 沙漠群落

沙漠群落主要分布在年降水量不足250mm的世界各地，地球上比较大的沙漠大都分布在北纬30°和南纬30°之间。沙漠植物对干旱的主要适应是减少叶表面的面积，在极端干旱时落叶，植物的根系也存在对干旱的适应。动物对沙漠生活的适应主要表现在增加皮肤的不适水性、排泄尿酸（不是尿素）和充分利用体内的代谢水等。大多数哺乳动物都是夜行性的或限于早晨和黄昏活动，如狐、更格芦鼠、沙漠兔和袋鼠等。昆虫中以沙漠蝗最为典型。

8. 淡水生物群落

淡水分为流水和静水两种类型，流水包括溪流和河流。沿着溪流下行，逐渐会出现漂浮植物和挺水植物，还有营固着生活的无脊椎动物和在底泥中营钻埋生活的动物，如蛤和穴居蜉蝣（图3-32）。

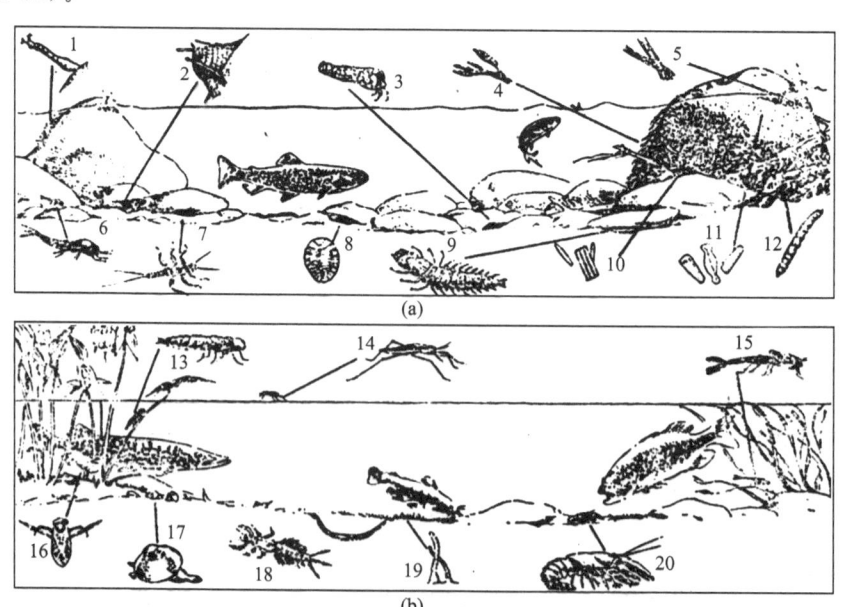

图3-32 淡水生态系统中的流水类型（a）和静水类型（b）

1. 蚋；2. 网石蚕；3. 石石蚕；4. 水藓；5. 丝藻；6. 蜉蝣；7. 石蝇；8. 龟甲虫；9. 鱼蛉；10. 硅藻；11. 蓝绿藻；12. 大蚊幼虫；13. 蜻蜓稚虫；14. 水黾；15. 豆娘稚虫；16. 松藻虫；17. 蚌；18. 穴居蜉蝣；19. 摇蚊幼虫；20. 虾蛄

静水群落分为 3 个主要带，即沿岸带、湖沼带和深水带（图 3-33）。栖息在沿岸带的动物有青蛙、蜗牛、蛇、蛤及各种昆虫的成虫和幼虫等。湖沼带生活着各种浮游植物（硅藻和蓝绿藻）和各种浮游动物（从原生动物到小甲壳动物），以及各种自游动物（如鱼类、两栖动物和比较大的昆虫）。深水带的动物有河鲈、狗鱼和金等鲈等。

9. 海洋生物群落

海洋生物群落依生物栖息的环境特点可以分为海岸带、浅海带、远洋带和海底带。在岩石海岸，栖息着大量固着生物，如海藻、藤壶和海星等；在沙质海岸，生物多在沙中营钻埋生活，如沙蟹和各种沙蚕等；在泥质海滩上，栖息着大量

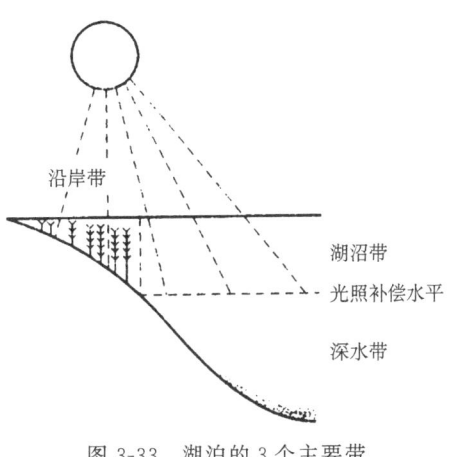

图 3-33　湖泊的 3 个主要带
（引自孙儒泳等，1993）

的蛤、沙蚕和甲壳动物。浅海带的生物种类丰富，生产力也很高。海底有大型海藻群落（如海带）和各种较小的单细胞、多细胞藻类。瓣鳃类、腹足类软体动物、多毛类（沙蚕）和棘皮动物（海星、海胆、海参和海蛇尾等）也是海底最常见的动物。远洋带海面的浮游植物主要是硅藻和双鞭甲藻等，浮游动物主要是桡足类甲壳动物和箭虫等，自游动物有虾、水母和栉水母等。海洋带还有露脊鲸和蓝鲸这样巨大的哺乳动物（图 3-34）。

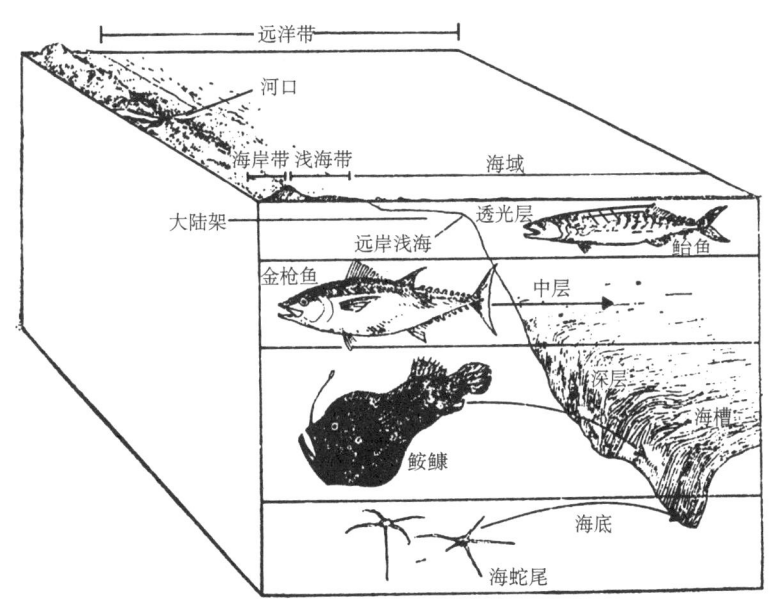

图 3-34　海洋的分带（海岸带、浅海带、远洋带）
和分层（透光层、中层、深层、海底层）

复 习 题

一、问答题

1. 试述群落的概念及其基本特征。
2. 试述群落成分沿环境梯度变化的 3 种假说。
3. 试述群落的主要类型。
4. 试述群落的垂直结构和季节变化。
5. 试述植物的生长型和生活型。
6. 试述关键种、优势种、物种多样性、物种多度和相对多度的概念。
7. 掌握利用 Shannon-Wiener 指数公式计算物种多样性指数。
8. 试述群落演替的 3 个重要理论。
9. 试述群落演替的主要类型。
10. 试述群落演替的过程、特征及物种取代机制。
11. 比较演替中的群落与顶极群落的特征。
12. 试述群落的两类排序方法。
13. 试述群落聚类方法中的最近邻体法（最短距离法）。
14. 试述生态位（包括生态位宽度、生态位重叠、生态位分离）的概念。

二、名词解释

1. 群落（community）
2. 优势种（dominant species）
3. 关键种（keystone species）
4. 优势度（dominance）
5. 多度（abundance）
6. 物种多样性（species diversity）
7. 封闭群落（closed community）
8. 开放群落（opened community）
9. 生态交错区（ecotone）
10. 边缘效应（edge effect）
11. 顶极群落（climax community）
12. 梯度假说（gradient hypothesis）
13. 竞争假说（competition hypothesis）
14. 生态交错区假说（ecotone hypothesis）
15. 生物带（biome）
16. 生长型（growth form）
17. 植物群系（formation）
18. 生活型（life form）
19. 植物生活型谱（life form spectrum）
20. 群落的层次性（stratification）
21. 演替（succession）
22. 初生演替（primary succession）
23. 次生演替（secondary succession）
24. 自发演替（autogenic succession）
25. 异发演替（allogenic succession）
26. 先锋群落（pioneer community）
27. 异养演替（heterotrophic succession）
28. 群落更新（community update）
29. 群丛（association）
30. 中性理论（neutral theory）
31. 种库（species pool）
32. 最近邻体法（nearest-neighbour）

第四章 生态系统生态学

第一节 生态系统概述

一、生态系统的概念

生态系统（ecosystem）一词由英国生态学家坦斯利（A. C. Tansley）于 1935 年最先提出。事实上，在 19 世纪末期，几乎同时出现了许多关于生态系统方面的论述，如 1877 年德国的默比乌斯（KarlMobius）提出的"生物群落"、1887 年美国的福布斯（S. A. Forbes）提出的"小宇宙"（microcosm）等。坦斯利在前人的基础上，吸取其他学科的精华，突破了经典生态学的束缚，提出了"生态系统"。他认为，"生态系统不仅包括生物复合体，而且还包括人们称为环境的各种自然因素复合体"，他强调生物与环境是不可分割的整体，并强调了生物成分和非生物成分在功能上的统一，把生物成分和非生物成分当成一个统一的自然实体——生态系统。

在同一个时代，前苏联的植物生态学家苏卡乔夫提出了"生物地理群落"的概念，即生物地理群落是指地球表面的一个地段内，动物、植物、微生物与地理环境组成的功能单位。他强调在一个空间内，生物群落中各个成员和自然地理环境因素之间是相互联系在一起的整体。在坦斯利提出生态系统以后，又有许多学者提出了类似的概念，如生物系统和生物宇宙体等，但因它们不如生态系统的概念简明，而没有得到广泛使用。实质上，生态系统和生物地理群落的概念都是把生物和非生物环境看成是相互影响、彼此依存的统一体，因此，在 1965 年的丹麦哥本哈根会议上统一了这两个概念，自此以后，生态系统得到了广泛的使用。

生态系统的地位被确立后，对其定义也随着认识的深入而发生了变化，著名生态学家尤金·奥德姆（Eugene P. Odum）在 1971 给生态系统的定义是：生态系统就是包括特定地段中的全部生物（生物群落）和物理环境相互作用的任何统一体，并且在系统内部，能量的流动导致形成一定的营养结构、生物多样性和物质循环（生物与非生物之间的物质交换）。目前，生态系统的定义为：生态系统是在一定时间和空间范围内，生物和非生物成分通过物质循环、能量流动和信息交换而相互作用、相互依存所构成具有一定结构和功能的一个生态复合体。

生态系统构成至少有 3 个条件：①系统是由许多成分组成的；②各成分间不是孤立的而是彼此互相联系、互相作用的；③系统具有独立的、特定的功能。

生态系统具有共同特性，它是生态学上的一个结构单位和功能单位；内部具有自调节、自组织、自更新能力；具有能量流动、物质循环、信息传递功能；营养级数有限；是一个动态系统。生态系统有时间和空间的概念，并且通过物质循环、能量流动和信息传递把这些生物与环境统一起来，形成一个以生物为主体，具有完整生态功能的复合体。

生态系统的范围非常广泛，大到地球上最大的生态系统——生物圈（biosphere），小到一个池塘、一块草地，甚至于一个小小的脚印，由于雨水积聚而含有一些简单的生物生存，都可看成是一个生态系统。

二、生态系统的基本结构

生态系统基本结构的一般性模型：图 4-1 所示代表生态系统结构的一般性模型，模型包括 3 个亚系统，即生产者亚系统、消费者亚系统和分解者亚系统。图 4-1 中还表示了系统组成成分间的主要相互作用。生产者通过光合作用合成复杂的有机物质，使生产者植物的生物量（包括个体生长和数量）增加，所以称为生产过程。消费者（包括直接取食植物的食草动物和间接取食食草动物的肉食动物）摄食植物已经制造好的有机物质，通过消化、吸收再合成为自身所需的有机物质，增加动物的生产量，所以也是一种生产过程，所不同的是生产者是自养的，消费者是异养的。分解者的主要功能与光合作用相反，它是把复杂的有机物分解为简单的无机物，称为分解过程。生产者、消费者和分解者 3 个亚系统，加上无机的环境系统（图 4-1 中简化为无机营养物质和二氧化碳），都是生态系统维持其生命活动所必不可少的成分。由生产者、消费者和分解者这 3 个亚系统的生物成员与非生物环境成分间通过能流和物流而形成的高层次的生物组织，是一个物种间、生物与环境间协调共生，能维持持续生存和相对稳定的系统。它是地球上生物与环境、生物与生物长期共同进化的结果。

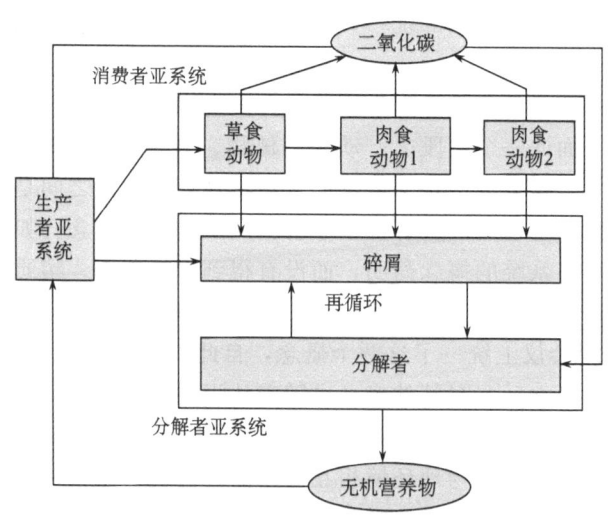

图 4-1 生态系统结构的一般性模型（仿 Anderson，1981）

三、生态系统的组成成分

生态系统的组成成分是指系统内所包括的若干类相互联系的各种要素。任何一个生态系统都由生物成分和非生物成分组成，也称之为生命系统和环境系统或生命成分和非生命成分，如图 4-2 所示。

1. 生物成分

生态系统的生物成分（biotic component）按其功能可划分为 3 个部分：生产者、消费者和分解者。

（1）生产者（producer）：这里的生产者主要指初级生产者，是指能利用以太阳能为主的各种能源将简单的无机化合物合成复杂的有机物的所有自养生物，主要包括绿色植物、藻

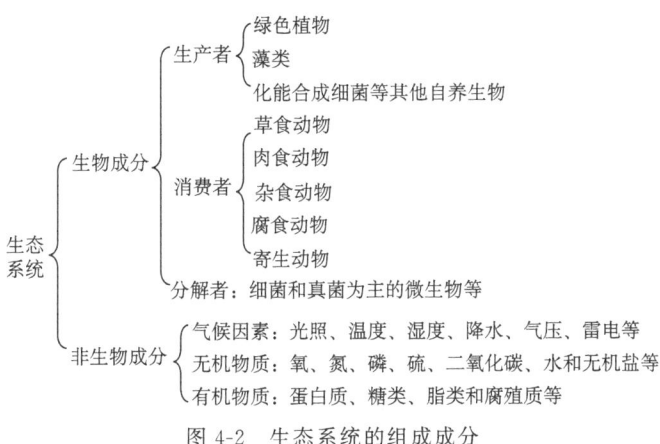

图 4-2 生态系统的组成成分

类和少数化能合成细菌等自养生物,其中主要以绿色植物为主。绿色植物通过光合作用把水和二氧化碳等无机物合成碳水化合物、蛋白质和脂肪等有机化合物,并把太阳辐射能转化为化学能,储藏在有机物的化学键中,既为植物体本身的生存、生长、发育和繁殖等提供营养物质和能量,又直接或间接为消费者和分解者提供能量来源,所以生产者是生态系统所需一切能量的基础,是生态系统的核心。

对于淡水池塘来说,生产者主要是有根的植物或漂浮植物,通常只生活于淡水中。另外还有体形小的浮游植物,主要是藻类,分布在光线能够透入的水层中,一般用肉眼看不到,但对水池来讲,其比有根植物更重要,它是有机物质的主要制造者。因此,池塘中几乎一切生命都依赖它们。对于森林、草地、荒漠和农田生态系统来说,生产者是有根的绿色植物。

(2) 消费者 (consumer):消费者是以生物或有机质为食物而获得生存能量的异养生物,主要是各类动物,它们不能直接利用太阳辐射能或其他非生物能源,只能利用植物所制造的现成的有机物,直接或间接地利用植物而获得营养和能量。消费者包括的范围很广,按其食性可分为:草食动物 (herbivore),又称为一级消费者,是直接以植物为食的动物,如牛、马、羊、鹿、植食昆虫等;肉食动物 (carnivore),以草食动物或其他肉食动物为食的动物,又可分为二级、三级等消费者。直接以草食动物为食的肉食动物为二级消费者,如蜘蛛、蛙、肉食昆虫等;以二级消费者为食的肉食动物为三级消费者,如狐、狼、蛇等;以三级消费者为食的肉食动物为四级消费者,如狮、虎、豹、鹰等凶禽猛兽等;依次类推。

(3) 分解者 (decomposer):分解者是异养生物,它把动物体和植物体的复杂有机物分解为生产者能重新利用的简单化合物,并释放出能量。池塘中的主要分解者有细菌、真菌、软体动物、蠕虫等,而森林、草地中枯枝落叶和土壤上层的主要分解者还有蚯蚓和螨等无脊椎动物。

2. 非生物成分

非生物成分 (abiotic component) 包括参加物质循环的无机元素和化合物,如无机物质氧、氮、磷、硫、二氧化碳、水和无机盐等,有机物质蛋白质、糖类、脂质和腐殖质等,物理气候因子温度、湿度、光照、气压、降水和雷电等。

四、食物链和食物网

1. 食物链

生产者所固定的能量和物质,通过一系列取食和被取食的关系在生态系统中传递,各种生物按其食物关系排列的链状顺序称为食物链(图4-3)。自然生态系统主要有3种类型的食物链。

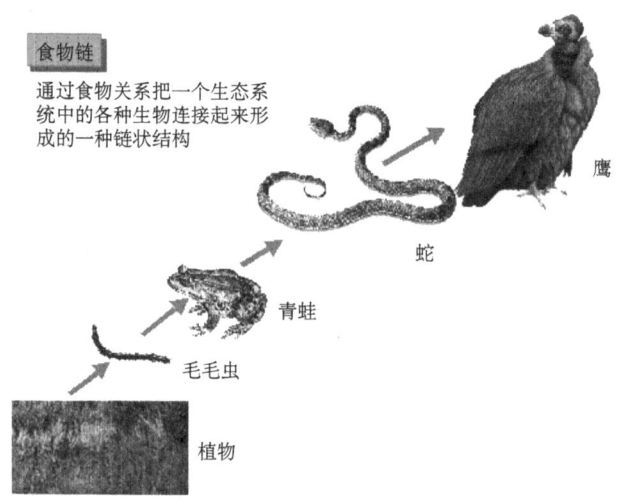

图4-3 植物-毛毛虫-青蛙-蛇-鹰食物链

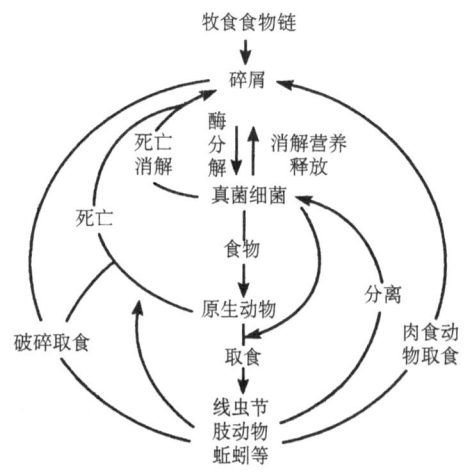

图4-4 碎屑食物链基本形式示意图(引自祝廷成和董厚德,1983)

(1)牧食食物链或捕食性食物链:是以活的绿色植物为基础,从食草动物开始的食物链,如小麦→蚜虫→瓢虫→食虫小鸟。

(2)碎屑食物链或分解链:是以死的动物和植物残体为基础,从真菌、细菌和某些土壤动物开始的食物链,如动物和植物残体→蚯蚓→动物→微生物→土壤动物(图4-4)。

(3)寄生食物链:以活的动物和植物有机体为基础,从某些专门营寄生生活的动物和植物开始的食物链,如鸟类→跳蚤→鼠疫细菌。

2. 食物网

在生态系统中,一种生物不可能固定在一条食物链上,而往往同时属于数条食物链。生产者如此,消费者也如此。实际上,生态系统中的食物链很少是单条、独立出现的,它们往往交叉链索,形成复杂的网络式结构,即食物网(图4-5、图4-6)。它形象地反映了生态系统内各生物有机体间的营养位置和相互关系。生物正是通过食物网发生直接和间接的联系,保持着生态系统结构和功能的相对稳定性。

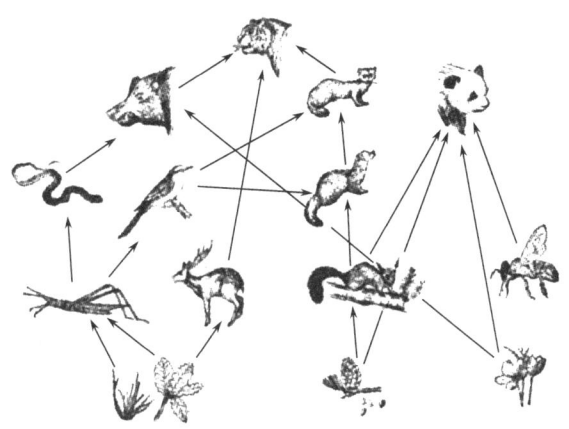

图 4-5　一个简化的温带针阔叶混交林中的食物网（引自祝廷成等，1983）

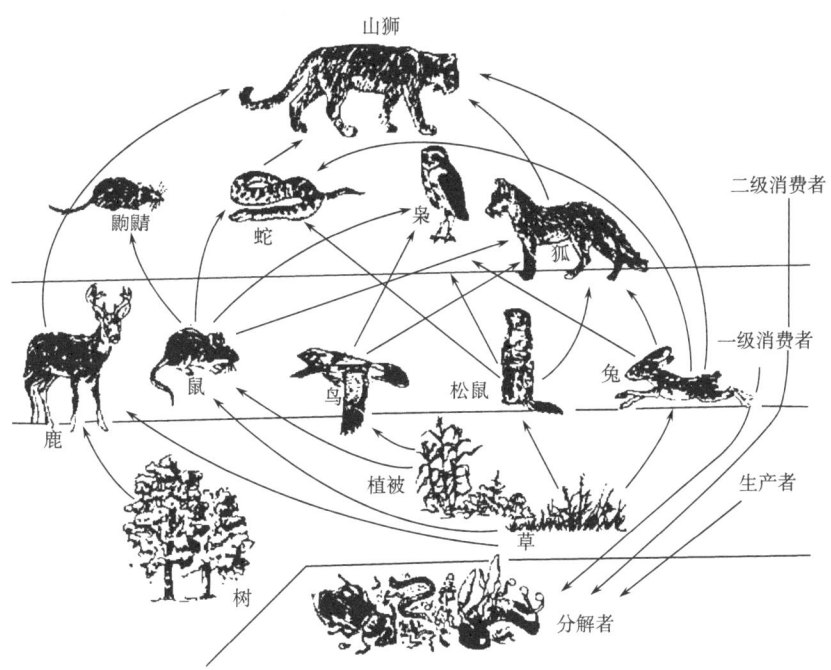

图 4-6　一个陆地生态系统的部分食物网（引自牛翠娟等，2007）

五、营养级与生态金字塔

营养级是指处于食物链某一环节上的所有生物种的总和。例如，作为生产者的绿色植物和所有自养生物都位于食物链的起点，共同构成第一营养级。所有以生产者（主要是绿色植物）为食的动物都属于第二营养级。第三营养级包括所有以草食动物为食的肉食动物。依此类推，还可以有第四营养级（第二级肉食动物营养级）和第五营养级。

生态系统中的能量流是单向的，通过各个营养级的能量是逐级减少的，减少的原因包括：①各营养级消费者不可能百分之百地利用前一营养级的生物量，总有一部分会自然死亡和被分解者所利用；②各营养级的同化率也不是百分之百的，总有一部分变成排泄物而留于环境中，被分解生物所利用；③各营养级生物要维持自身的生命活动，总要消耗一部分能量，这部分能量变成热能而耗散掉。生态系统中的各种生物之所以能维持有序的状态，就是依赖于这些能量的消耗。

由于能量流在通过各营养级时会急剧减少，所以食物链就不可能太长，生态系统中的营养级一般只有四级、五级，很少有超过六级的。能量通过营养级时减少，所以如果把通过各营养级的能流量，由低到高画成图，就成为一个金字塔形，称为能量锥体或能量金字塔。同样，如果以生物量或个体数目来表示，可能得到生物量金字塔和数量金字塔，上述3种金字塔统称为生态金字塔（ecological pyramid）。能量金字塔是以单位时间内，生态系统中各营养级生物所获得的能量数值为指标绘制成的金字塔。塔底是第一营养级，其能量最多，相邻两个营养级间的能量传递效率为10%~20%。在生态系统中，一条食物链中一般不超过5个营养级。能量金字塔在自然生态系统中不会出现倒置现象。数量金字塔反映的是营养级与生物数量的关系，是以单位空间内各营养级的生物个体数为指标制成的金字塔。一般每个营养级所包括的生物数量随着营养级的上升而递减，但个别情况下考虑各营养级个体的数目及个体的大小，有时会出现金字塔倒置的现象。生物量金字塔是以各营养级生物的重量为指标绘制而成的，每一台阶表示一个营养级现存生物的重量。生物量金字塔的形状一般与能量金字塔形状相似，但它也有可能出现倒置。例如，在海洋生态系统中，由于生产者（浮游植物）的个体小、寿命短，又会不断被浮游动物吃掉，所以某一时刻调查到的浮游植物的生物量可能低于浮游动物的生物量，这时生物量金字塔的塔形就呈倒置状。当然，这不能说流过生产者的能量要比流过消费者的能量少（图4-7、图4-8）。

六、生态系统的基本特征

（1）有时空概念的复杂大系统：生态系统通常是指与一定的时间、空间相联系，以生物为主体，呈网络式的多维空间结构的复杂系统。它又是一个由多要素、多变量构成的系统，而不同变量及其不同组合和多种不同组合又构成了很多亚系统。

（2）有一定的负荷力：生态系统负荷力是涉及用户数量和每个使用者强度的二维概念。在实践中可将有益生物种群保护在一个环境条件所允许的最大种群数量，此时，种群的繁殖最快。

（3）有明确的功能：生态系统不是一个生物分类单元，而是一个功能单元。首先，能量的流动，绿色植物通过光合作用把太阳能转变为化学能储藏在植物体内，然后再转给其他动物，营养就从一个取食类群转移到另一个取食类群，最后由分解者重新释放到环境中。其次，在生态系统内部生物与生物之间、生物与环境之间不断进行着复杂而有序的物质交换，这种交换周而复始、不断地进行着，对生态系统有着深刻的影响。

（4）有自我维持、自我调控功能：任何一个生态系统都是开放的，不断有物质和能量的输入和输出。一个自然生态系统中的生物与其环境条件是经过长期进化适应，逐渐建立的相互协调关系。生态系统的自我调控机能主要表现在3个方面：第一，同种生物种群密度的调控，这是在有限空间内比较普遍存在的种群变动规律；第二，异种生物种群之间的数量调控，多出现在植物与动物、动物与动物之间。第三，生物与环境之间互相适应的调控，生物经常不断地从所在生境中摄取所需的物质，生境也需要对其输出进行及时的补偿，两者进行

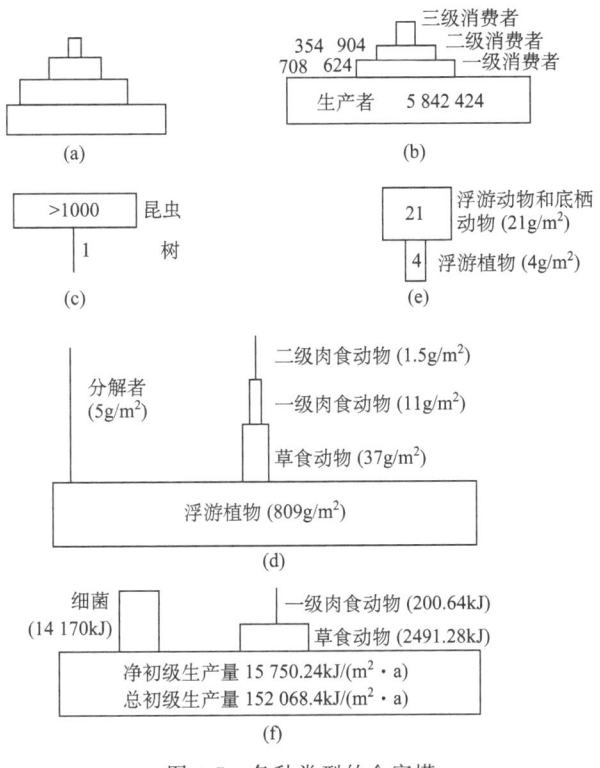

图 4-7 各种类型的金字塔

(a) 生态金字塔；(b) 数目金字塔；(c) 倒数目金字塔；
(d) 生物量金字塔；(e) 倒生物量金字塔；(f) 生产力金字塔

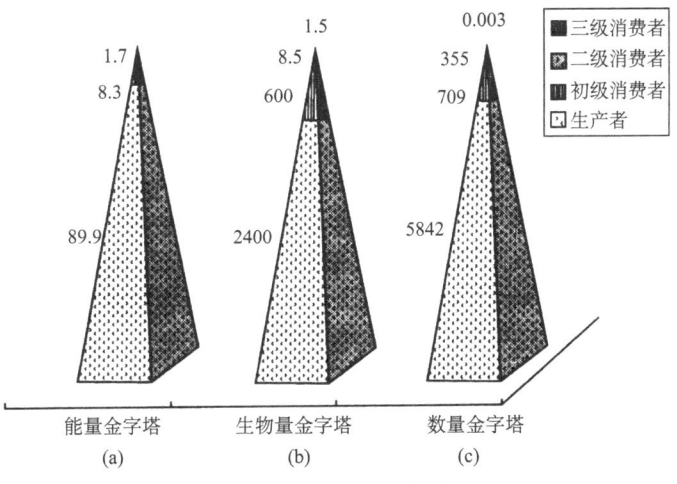

图 4-8 3 种生态金字塔（仿郝道猛，1978）

(a) 明尼苏达湖的能量金字塔；(b) 北海大叶藻群落生物量金字塔；(c) 草地上的数量金字塔

着输入与输出之间的供需调控。

（5）有动态的、生命的特征：生态系统与自然界许多事物一样，具有发生、形成和发展的过程。生态系统可分为幼年期、成长期和成熟期，表现出鲜明的历史性特点，从而具有生态系统自身特有的整体演变规律。换言之，任何一个自然生态系统都是经过长期历史发展而成的。

（6）有健康、可持续发展特性：自然生态系统是在数十亿年中发展起来的整体系统，为人类提供了物质基础和良好的生存环境，然而长期以来人类活动已损害了生态系统的健康。因此，加强生态系统管理、促进生态系统健康和可持续发展是全人类的共同任务。

第二节 生态系统的能量流动

一、初级生产和次级生产

初级生产和次级生产是生态系统能量流动的两个主要过程。生产（production）是指生物积累能量的过程；生产力（productivity）是指实质生产的速率或能力，即单位时间内生产有机物的速率，常用个 $g/(m^2 \cdot a)$、$kg/(m^2 \cdot a)$ 等单位表示；生产量是指任何一段时间中，单位面积上生产有机质的数量；生物量（biomass）是指生物生产有机物质的总量，常用单位面积（或体积）上的生物重量（干重或湿重）或所含能量（kJ）表示；现存量（standing crop）是指观察时某一时间内活的生物量；周转率（turnover rate）是指在一定时间新生产的生物量占总生物量的比例。

1. 初级生产和初级生产力

绿色植物的生产称为初级生产（primary production）；初级生产者积累能量的速率称为初级生产力或第一性生产力（primary productivity）；总初级生产（gross primary production，GPP）是指生产者光合作用所转化的有机物总量；净初级生产（net primary production，NPP）是指自养生物呼吸后所剩下的有机物总量。设 P_g 为总初级生产，P_n 为净初级生产，R 为呼吸量，那么

$$P_g = P_n + R \tag{4-1}$$

如果 $P_g = R$、$P_n = 0$，系统收支平衡；如果 $P_g > R$、$P_n > 0$，系统有利于发展；如果 $P_g < R$、$P_n < 0$，系统入不敷出，衰退。

初级生产量的测定方法有以下几种。①收获量测定法：用于陆地生态系统。定期收割植被，烘干至恒重，然后以每年每平方米的干物质重量来表示。取样测定干物质的热量，并将生物量换算为 $g/(m^2 \cdot a)$。②氧气测定法：多用于水生生态系统，即黑白瓶法。用 3 个玻璃瓶，其中一个用黑胶布包上，再包以铅箔。从待测的水体深度取水，保留一瓶（初始瓶）以测定水中原来的溶氧量。根据初始瓶、黑瓶、白瓶的溶氧量，即可求得净初级生产量、呼吸量、总初级生产量。③CO_2 测定法：用塑料帐将群落的一部分罩住，测定进入和抽出空气中的 CO_2 浓度。如同氧气测定法中黑白瓶法比较水中溶氧量那样，本方法也要用暗罩和透明罩，也可用夜间无光条件下的 CO_2 增加量来估计呼吸量。④放射性标记物测定法：把放射性 ^{14}C 以碳酸盐的形式放入含有自然水体浮游植物的样瓶中，沉入水中经过短时间培养，确定光合作用固定的碳量。因为浮游植物在暗中也能吸收 ^{14}C，因此还要用"暗呼吸"作校

正。⑤叶绿素测定法：通过薄膜将自然水进行过滤，然后用丙酮提取，将丙酮提取物在分光光度计中测量光密度值，再通过计算，转化为每平方米含叶绿素多少克。测定所用的仪器设备有彩色扫描仪、辐射计、美国专题制图仪、欧洲斯波特卫星等遥感器的应用等。

2. 次级生产和次级生产力

次级生产或第二性生产（secondary production）是将第一性生产转化的有机物再次利用和生产转化成次级生物量的过程，其特点是伴有大量能量的消耗。

$$P_s = C - F - U - R \tag{4-2}$$

式中，P_s 为第二性生产量；C 为消费量；F 为排泄或粪便；U 为分泌物；R 为呼吸量。

次级生产量的测定：①按同化量和呼吸量估计生产量；②净生产量=生长+出生，即

$$P = P_g + P_r \tag{4-3}$$

式中，P_r 为生殖后代的生产量；P_g 为个体增重的部分。

各种生态系统中的食草动物利用或消费植物净初级生产量的效率是不相同的（表4-1）。植物种群增长率高、世代短、更新快，其被利用所占比例就比较高；草本植物的支持组织比木本植物的少，能提供更多的净初级生产量为食草动物所利用；小型浮游植物的消费者（浮游动物）密度很大，利用净初级生产量比例最高。

表4-1　几种生态系统中草食动物利用植物净生产量的比例

生态系统类型	主要植物及其特征	被捕食所占比例/%
成熟落叶林	乔木，大量非光合生物量，世代时间长，种群增长率低	1.2～2.5
1～7年弃耕田	一年生草本，种群增长率中等	12
非洲草原	多年生草本，非光合生物量少，种群增长率高	28～60
人工管理牧场	多年生草本，非光合生物量少，种群增长率高	30～45
海洋	浮游植物，种群增长率高，世代短	60～99

资料来源：引自Krebs，1978

次级生产的特点：①次级生产最终是以初级生产为基础的，初级生产的质和量对次级生产有着直接或间接地影响。②从理论上讲，净初级生产量可以全部被异养动物利用，转化为次级生产量。然而，任何一个生态系统中的净初级生产量总是有相当一部分不能被利用，在转化过程中要丢失一定的能量。因此，各级消费者所利用能量仅仅是被食者生产量中的一部分。

二、生态系统的分解

生态系统的分解（decomposition）是指死的有机物质逐步降解的过程。分解时，无机元素从有机物质中释放出来，称为矿化。分解作用是碎裂、异化和淋溶3个过程的综合。由于物理和生物的作用，把尸体分解为颗粒状的碎屑称为碎裂；有机物质在酶的作用下，从聚合体变成单体，进而成为矿物成分，称为异化；淋溶是指可溶性物质被水淋洗出来，是一种纯物理过程。在尸体分解过程中，上述3个过程是交叉进行、相互影响的。所以分解者系统是一个包括食肉动物、食草动物、寄生生物和少数生产者的复杂的食物网。

分解过程是由一系列阶段组成的，开始分解后，物理的和生物的复杂性逐渐增加，分解

者生物的多样性也逐渐增加。随着分解过程的进行，分解速率逐渐降低，待分解有机物质的多样性也降低，直到最后只有矿物元素存在。进入分解者亚系统的有机物质通过营养级而传递，在这个过程中，未被利用的物质、排出物和一些次级产物又可成为营养级的输入而再次被利用，称为再循环。这样，有机物质每通过一种分解者生物，其能量、碳和可溶性矿质营养再释放一部分，如此一步步释放，直到最后完全矿化为止。

影响分解的因素：待分解资源的物理性质和化学性质影响分解的速率，资源的物理性质包括表面特性和机械结构，资源的化学性质则随其化学组成而不同。理化环境也影响待分解资源的速率，温度高、湿度大的地带，土壤中资源的分解速率高，而低温和干燥的地带，资源的分解速率低。此外，各类分解生物的相对作用对分解速率地带性变化也有重要影响。在热带土壤中，除微生物分解外，无脊椎动物对分解活动的贡献高于温带和寒带。而在寒带和冻原土壤中，土壤动物对分解过程的贡献甚小，土壤有机物的积累主要取决于低温等理化因素。

一个表示生态系统分解特征的指标是

$$K = I/X \tag{4-4}$$

式中，K 为分解指数；I 为死有机物输入年总量；X 为死有机物现存总量。

一般用地面残落物输入量（I_L）与地面枯枝落叶现存量（X_L）之比来计算 K 值。Whittaker（1975）曾对 6 类生态系统的分解过程进行比较，发现每年输入的枯枝落叶量要达到 95％的分解（相当于 3/K 值），在冻原需要 100 年、在北方针叶林需要 14 年、在温带落叶林需要 4 年、在温带草地需要 2 年，而在热带雨林仅需要半年。

三、生态系统中的能量转化

1. 生态效率

为了定量地描述生态系统中能量转化的效率，采用了生态效率这个概念。生态效率是能量流动过程中各个不同点上能量输出和输入之间的比率（常以百分数表示）；所生产的物质量与生产这些物质所消耗的物质量的比率，为次一级的生态效率。生态效率分别用同化效率、生长效率、利用效率和林德曼效率进行描述，从不同层面对生态系统的能量流动进行分析。为了便于比较生态效率，首先要对能量流参数加以明确，其次要指出生态效率是无维的，在不同营养级间各能量参数应以相同单位表示。

摄取量（I）表示一个生物所摄取的能量。对于植物来说，I 代表被光合作用所吸收的日光能；对动物来说，I 代表动物吃进的食物能。同化量（A）表示在动物消化道内被吸收的能量，即消费者吸收的所采食的食物能；对分解者来说是指细胞外产物的吸收；对植物来说是指在光合作用中所固定的日光能，常以总初级生产量（GP）来表示。呼吸量（R）是指生物在呼吸等新陈代谢和各种活动中所消耗的全部能量。生产量（P）是指生物呼吸消耗后所净剩的同化能量值，它以有机物质的形式累计在生物体内或生态系统中。对于植物来说，它是指净初级生产量（NP）；对于动物来说，它是同化量扣除维持消耗后的能量，即 $P = A - R$。利用以上参数可以计算生态系统中能量流的各种效率。

2. 营养级位内的生态效率

营养级位内的生态效率用以量度一个物种利用食物能的效率，即同化能量的有效程度。

同化效率（A_e）是指被植物吸收的日光能中被光合作用所固定的能量比例，或被动物摄食的能量中被同化了的能量比例。

$$植物同化效率 = 被植物固定的能量 / 吸收的日光能$$
$$动物同化效率 = 被动物吸收的能量 / 动物的摄食量 \quad (4\text{-}5)$$

即
$$A_e = A_n / I_n$$

式中，n 为营养级数。

一般肉食动物的同化效率比植食动物的同化效率稍高，因为肉食动物的食物在化学组成上更接近其本身的组织。

生长效率：包括组织生长效率（TG_e）和生态生长效率（EG_e）。

$$组织生长效率 = n\,营养级的净生产量 / n\,营养级的同化能量 \quad (4\text{-}6)$$

即
$$TG_e = NP_n / A_n$$

$$生态生长效率 = n\,营养级的净生产量 / n\,营养级的摄入量 \quad (4\text{-}7)$$

即
$$EG_e = NP_n / I_n$$

通常植物的生长效率大于动物的生长效率，大型动物的生长效率小于小型动物的生长效率，生物的组织生长效率高于其生态生长效率。

3. 营养级间的生态效率

营养级位之间的生态效率用来量度营养级位之间的转化效率和能流通道的大小。

$$消费效率（C_e） = (n+1)\,营养级的摄入量 / n\,营养级的净生产量 \quad (4\text{-}8)$$

即
$$C_e = I_{n+1} / NP_n$$

$$利用效率（U_e） = (n+1)\,营养级的同化量 / n\,营养级的净生产量 \quad (4\text{-}9)$$

即
$$U_e = A_{n+1} / NP_n$$

消费效率可用来量度一个营养级位对前一个营养级位的相对采食压力。

4. 林德曼效率

林德曼效率是 R. L. Lindeman 在经典能量流研究中提出的理论，它相当于同化效率、生长效率和消费效率的乘积。但也有学者把营养级之间的同化能量之比值视为林德曼效率。根据林德曼测量的结果，这个比值大约为 1/10，曾被认为是一项重要的生态学定律。但这仅是湖泊生态系统的一个近似值，在其他不同的生态系统中，高则可达 30%，低则可能只有 1% 或更低。

四、生态系统能量流动的基本原理

（1）生态系统中能量流动严格遵循热力学定律：生态系统内的能量流动遵循热力学第一定律和热力学第二定律。热力学第一定律指出，自然界能量可以由一种形式转化为另一种形式；在转化的过程中按严格的当量比例进行。能量既不能消灭，也不能凭空创造。热力学第二定律指出，生态系统的能量从一种形式转化为另一种形式时，总有一部分能量转化为不能利用的热能而耗散。

（2）生态系统中能量是单向流：能量以光能的状态进入生态系统后，就不再以光的形式存在；从总能量流的途径而言，能量只是单程流进生态系统；生态系统的能量流动是单向的、非循环的，它只能一次流过生态系统，单程前进，决不可逆（热力学第二定律）。

（3）能量在生态系统内流动的过程，就是能量不断递减的过程：生态系统中各营养级的

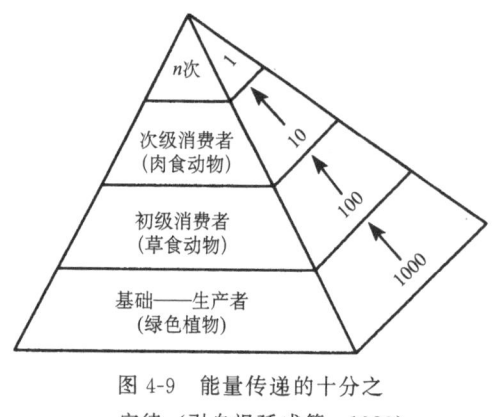

图 4-9 能量传递的十分之一定律（引自祝廷成等，1983）

消费总不能完全利用前一营养级的生物量和能量，总是要耗散掉一部分。能量沿着食物链方向流动，在其流动时，生物中的能量由于各个营养级生物维持自身生命消耗而逐级减少，估计每经过一个营养级的剩余能量为原有能量的 1/10 左右，其余的都消耗了（图 4-9）。

（4）能量在流动中，质量在提高：能量在生态系统流动中，是把较多的低质量能转化为另一种较少的高质量能。从太阳辐射能输入生态系统后的能量流动过程中，能量的质量是逐步提高和浓集的。

五、生态系统物质循环与能量流动的关系

生态系统中物质循环与能量流动是互相依存、互相制约、密不可分的。但能量在生态系统中是被消耗、单向循环（流动）、不可逆的。而物质循环是可逆的，多向、可返回原来的化学形态，并可逃逸、脱离生态系统（图 4-10）。

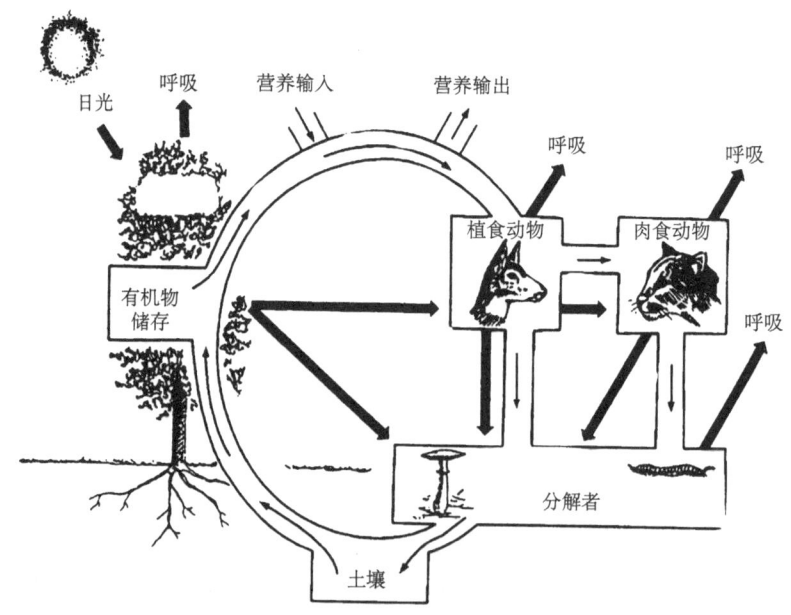

图 4-10 生态系统中的能量流动（—）和物质循环（→）

第三节 生态系统的物质循环及信息传递

生态系统的物质循环又称为生物地球化学循环（biogeo-chemical cycle）。它是指无机化合物和单质通过生态系统的循环运动。

一、生物地球化学循环概述

1. 生物地球化学循环的概念

生命的维持不但需要能量,而且也依赖于各种化学元素的供应。生态系统从大气、水体和土壤等环境中获得营养物质,通过绿色植物吸收,进入生态系统,被其他生物重复利用,最后再归还与环境中,此为物质循环,又称为**生物地球化学循环**(图 4-11)。

生态系统中的物质循环可以用库(pool)和流通(flow)两个概念加以概括。库是由存在于生态系统某些生物或非生物成分中一定数量的某种化合物构成的,物质在生态系统中的循环实际上是物质在库与库之间的彼此流通。流通量(率)是指单位时间、单位面积内通过的营养物质的绝对值,用周转率(turnover rate)和周转时间(turnover time)表示有关库的相对重要性。

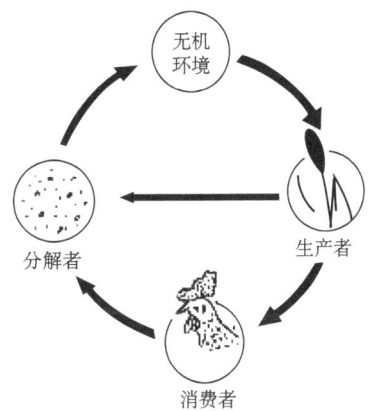

图 4-11 生态系统生物地球化学循环示意图

周转率 = 流通率 / 库中营养物质总量

周转时间 = 库中营养物质总量 / 流通率

周转时间表达了移动库中全部营养物质所需要的时间。

2. 生物地球化学循环的类型

生物地球化学循环可分为三大类型,即水循环(water cycle)、气体型循环(gaseous cycle)和沉积型循环(sedimentary cycle)。生态系统中所有的物质循环都是在水循环的推动下完成的,因此,没有水的循环,也就没有生态系统的功能,生命也难以维持。在气体型循环中,物质的主要储存库是大气和海洋,循环与大气和海洋密切相连,具有明显全球性,循环性能最为完善。凡属于气体型循环的物质,其分子或某些化合物常以气体的形式参与循环过程。气体型循环速率比较快,物质来源充沛,不会枯竭。沉积型循环,如磷、硫循环的主要储蓄库与岩石、土壤和水相联系。沉积型循环速率比较慢,参与沉积型循环的物质,其分子或化合物主要是通过岩石的风化和沉积物的溶解转变为可被生物利用的营养物质,而海底沉积物转化为岩石圈成分则是一个相当长的、缓慢的、单向的物质转移过程,时间要以千年来计。气体型循环和沉积型循环虽然各有特点,但都受能流的驱动,并都依赖于水循环。

二、物质循环及其特点

1. 水循环

水和水循环(water cycle)对于生态系统具有特别重要的意义,它是地球上各种物质循环的中心循环。通过降水和蒸发这两种形式,使地球水分达到平衡状态(图 4-12)。此外,水循环通过地表径流将各种营养物质从一个生态系统搬到另一个生态系统,补充某些生态系统营养物质的不足。植被在水循环过程中起着重要作用。海洋是水的主要来源,太阳辐射使水蒸发并进入大气,风推动大气中水蒸气的移动和分布,并以降水形式落到海洋和大陆。大陆上的水可能暂时储存于土壤、湖泊、河流和冰川中,或通过蒸发、蒸腾进入大气,或以液态经过河流和地下水最后返回海洋。

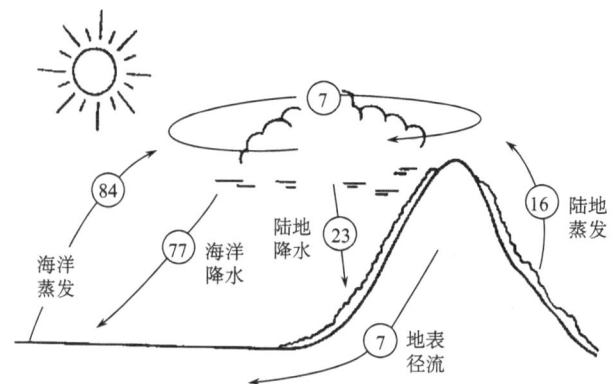

图 4-12　全球水循环示意图（引自 Smith，1992）

全球水循环概况：地球表面的总水量约为 $1.4 \times 10^9 km^3$，其中 97% 包含在海洋库中，其余的包含在两极冰盖、地下水、湖泊河流、土壤、大气和生物体中。陆地的降水量为 111 000 km^3/a，陆地蒸发-蒸腾量为 71 000 km^3/a，海洋蒸发量为 425 000 km^3/a，降水量为 385 000 km^3/a。许多海洋蒸发的水分被风带到大陆上空，以降水落到地面，最后流回海洋（图 4-13）。人类的活动，如森林砍伐、农业活动、湿地开发、河流改道、建坝等，都可能改变全球的和局部的水循环。

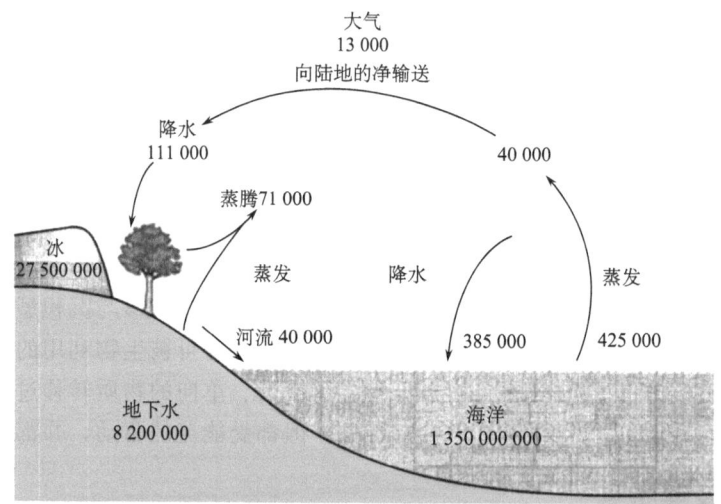

图 4-13　全球水循环（仿 Ricklefs and Miller，1999）
库含量以 km^3 为单位，流通率单位为 km^3/a，图中不包含岩石圈中的含水量

水循环的主要特点如下。①生物在水循环中发挥了巨大的作用。生物，特别是植物在水循环中的作用巨大，每生产 1g 初级生产量，植物蒸腾约 500g 的水。②水的时空分布是不均衡的。低纬度地区高于高纬度地区，赤道低纬度地区是地球上最大的降水区。③地球上各种水体的周转期不同。各种水体，除生物水外，以大气中和河川中水的周转期为最短，一般在两周以内，这部分水可以得到不断的更替。停留在地表以下的地下水，一般停留 10~100 年。

大量的淡水以冰的形式储存在南极和格陵兰冰层中，平均停留0.1万～10万年。

2. 碳循环

全球碳储存量约为 26×10^{15} t，绝大部分以碳酸盐的形式禁锢在岩石圈中。生物可直接利用的碳是水圈和大气圈中以二氧化碳形式存在的碳。碳循环（carbon cycle）包括以下过程。①生物的同化过程和异化过程，即光合作用和呼吸作用，绿色植物通过光合作用，把大气中的二氧化碳固定，转化为碳水化合物；光合作用产物供各营养级利用、重组、呼吸、分解等，以二氧化碳形式回到大气。②大气和海洋之间的二氧化碳交换。③通过燃烧煤炭、天然气、石油及火山爆发等产生的二氧化碳。④碳酸盐的沉淀作用，脱离循环，被永久禁锢（图4-14）。

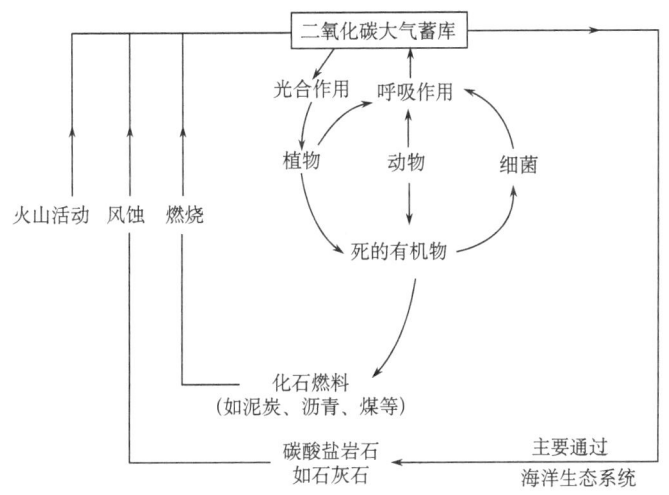

图4-14 生态系统中的碳循环示意图

全球碳循环概况：全球最大的碳库是海洋，含碳量为 $38\,000\times10^{15}$ gC，大约是大气的50.6倍，而陆地植物的含碳量为 560×10^{15} gC。最重要的碳流通率是大气与海洋之间的碳交换，分别为 90×10^{15} gC/a 和 92×10^{15} gC/a，大气与陆地植物之间的碳交换量分别为 120×10^{15} gC/a 和 60×10^{15} gC/a（图4-15）。

大气二氧化碳的含量从1750年工业革命以后迅速上升，第二次世界大战以来，大气中二氧化碳的浓度几乎增加了25%，科学家预测，2025～2075年，大气层二氧化碳的水平将是工业革命前的2倍。人类活动向大气净释放碳大约 6.9×10^{15} gC/a，导致大气二氧化碳浓度上升 3.2×10^{15} gC/a，被海洋吸收的二氧化碳为 2.0×10^{15} gC/a，未知去向的二氧化碳为 1.7×10^{15} gC/a。

碳库主要包括大气中的二氧化碳、海洋中的无机碳和生物有机体中的有机碳。释放二氧化碳的库称为源（source），吸收二氧化碳的库称为汇（sink）。为了维持全球碳平衡，应注意每年碳的去处和动态问题。方精云（2000）在碳循环各个构成元素分析的基础上，提出了中国陆地生态系统碳循环模式（图4-16），并把生态系统中碳收入和碳支出的差值定义为生态系统的净生产量（net ecosystem production，NEP），如果NEP为正值，则表明生态系统是二氧化碳的汇，反之表明生态系统是二氧化碳的源。

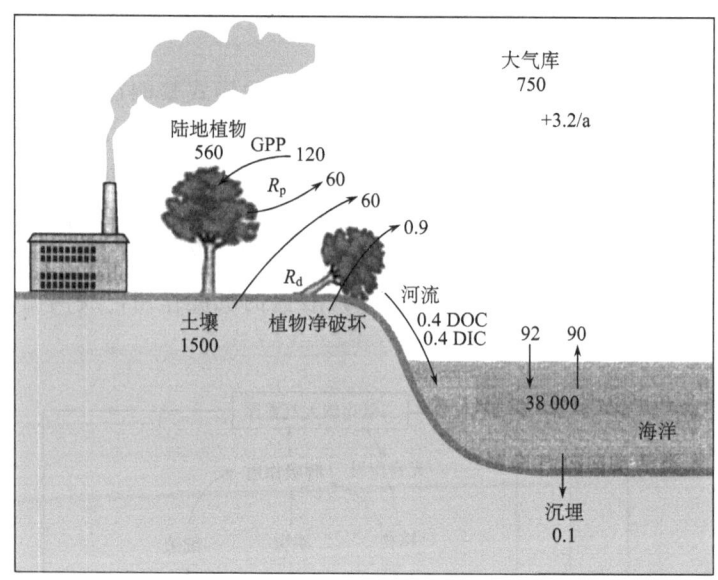

图 4-15 全球碳循环（Schlesinger，1997；转引自 Krebs，2001）
库含量以 10^{15} gC 为单位，流通率以 $\times 10^{15}$ gC/a 为单位；GPP 为总初级生产率，R_p 为生产者的呼吸量，R_d 为植被破坏中的呼吸率；DOC 为溶解的有机碳，DIC 为溶解的无机碳

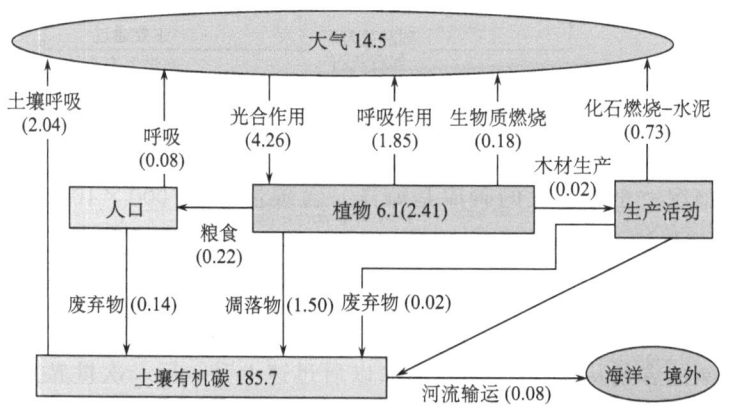

图 4-16 中国陆地生态系统的碳循环（以 1991 年为基础）（仿方精云，2000）
加括号者为年变化量（10^9 tC/a），未加括号者为库存量（10^9 tC）

碳循环的特点：碳循环在生态系统中基本上是伴随着光合作用和能量流动的过程而进行的，其主要特点有：①绿色植物通过光合作用将大气中的二氧化碳和水转化成有机物，构成全球的基础生产；②含碳分子中，二氧化碳、甲烷和一氧化碳是最重要的温室气体，而二氧化碳是生物地球化学循环最重要的核心之一；③各类生态系统固定二氧化碳的速率差别很大，北极冻原和干旱沙漠区的固定速率仅相当于热带雨林区的 1%。

生态系统中碳循环不平衡引起的生态效应：二氧化碳增加引起的温室效应（greenhouse effect），致使全球变暖，将对 5 个生物层次产生潜在影响。①生物圈层次：海平面上升，淹没大片海岸湿地，陆地生物区变化。②生态系统层次：农业生态系统，作物减产，病虫害加重，影响牲畜食欲；森林生态系统，导致干旱、增加森林大火风险，森林害虫增加，影响森林对物质的吸收；水生生态系统，使海洋静水层和沉淀层的微生物活动加快，水中含氧量减少，影响许多海洋动物的生存，导致藻类繁殖速率加快，使鱼类产量减少。③生物群落层次：影响生物群落结构，使植物群落中有些优势种竞争能力下降，加速物种的灭绝，加速某些物种的迁移。④种群层次：改变某些植食性动物的食性，导致某些种群的互相作用增强。⑤个体层次：提高水分利用，提高光合作用，促进作物生长，改变植物形态结构。

保持碳循环相对平衡的生态对策：①减少二氧化碳的排放，提高能源的利用效率，发电采用高效先进技术；②大力发展不含碳能源和低碳能源代替煤炭，水力发电、核能发电、充分利用各种再生能源（太阳能、风能、潮汐能等）、天然气、生物能（如沼气利用）等；③大力开展对二氧化碳的吸收、固定和利用，海洋交换吸收、陆地植树种草、保护森林植被。

3. 氮循环

氮是蛋白质的基本组成成分，是一切生物结构的原料。氮循环（nitrogen cycle）是一个复杂的过程，图 4-17 为生态系统氮循环的示意图。大气中有 79% 的氮，但一般生物不能直接利用，必须通过固氮作用将氮与氧结合成为硝酸盐和亚硝酸盐，或与氢结合形成氨以后植物才能利用。固氮作用（nitrogen fixation）有 3 条途径：①闪电、宇宙射线、火山爆发活动等的高能固氮，形成氨或硝酸盐，随降水到达地面，为 $8.9 \text{kg}/(\text{hm}^2 \cdot \text{a})$；②工业固氮（化肥的制造），目前全世界已达 $1 \times 10^8 \text{t}$；③生物固氮（最重要途径），为 $100 \sim 200 \text{kg}/(\text{hm}^2 \cdot \text{a})$。

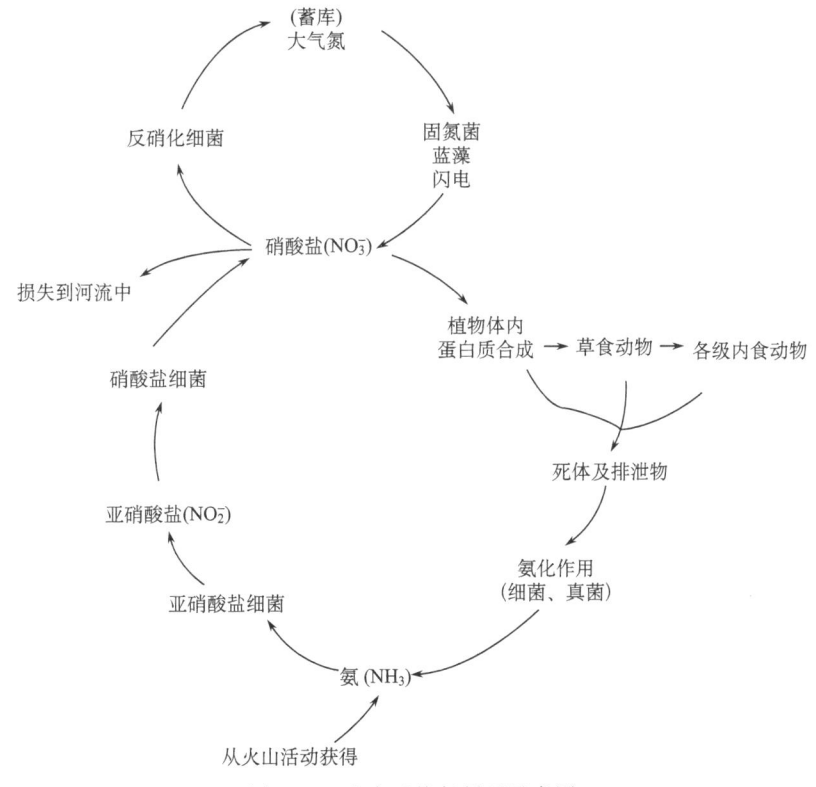

图 4-17　生态系统氮循环示意图

氨化作用（ammonification）是指由氨化细菌和真菌的作用将有机氮分解成为氨与氨化合物。硝化作用（nitrification）是指氨化合物被亚硝酸盐细菌和硝酸盐细菌氧化为亚硝酸盐和硝酸盐。反硝化作用（denitrification）也称为脱氨作用，是指反硝化细菌将亚硝酸盐转变成大气氮，回到大气库中。

全球氮循环（图 4-18）显示，大气氮库含 3.9×10^{21} gN，土壤和陆地的氮库分别含 3.5×10^{15} gN 和 $95 \times 10^{15} \sim 140 \times 10^{15}$ gN。生物固氮大约为 140×10^{12} gN/a，而闪电固氮大约为 3×10^{12} gN。固定的氮通过河流进入海洋的氮大约为 36×10^{12} gN/a，陆地植物吸收利用的氮为 1200×10^{12} gN/a，陆地生态系统反硝化作用的氮大约为 $12 \times 10^{12} \sim 233 \times 10^{12}$ gN/a。生物物质燃烧释放到大气的氮高达 50×10^{12} gN/a，海洋通过降水每年接受的氮为 30×10^{12} gN，通过海洋反硝化作用还回大气的氮约为 110×10^{12} gN/a，沉埋于海底的氮大约为 10×10^{12} gN/a。

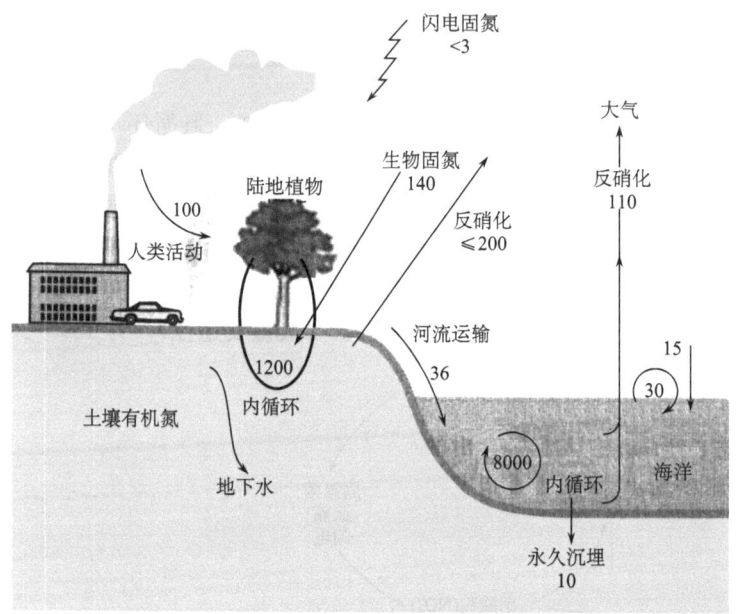

图 4-18　全球氮循环（引自 Schlesinger，1997；转引自方精云等，2000）
单位：10^{12} gN/a

4. 磷循环

磷是生物不可缺少的成分，它是细胞遗传信息携带者 DNA 的构成元素，也是细胞代谢中三磷酸腺苷（ATP）的构成元素，在能量储存、利用和转化方面起着关键作用。它还制约着生态系统，尤其是水域生态系统的光合生产力。另外，磷还是动物骨骼和牙齿的主要成分。所以，没有磷就没有生命，也就不会有生态系统中的能量流动。

磷循环（phosphorus cycle）的过程：磷循环的起点源于岩石的风化，终止于水中的沉积。由于风化侵蚀作用和人类的开采，磷被释放出来，由于降水成为可溶性磷酸盐，经由植物、草食动物和肉食动物而在生物之间流动，待生物死后被分解，又回到环境中。溶解性磷酸盐也可随着水流进入江河湖海，并沉积在海底。其中一部分磷酸盐长期留在海里，另一部分磷酸盐可形成新的地壳，风化后再次进入循环（图 4-19）。

全球磷循环概况：磷在生态系统中缺乏氧化-还原反应，因此一般情况下磷不以气体成

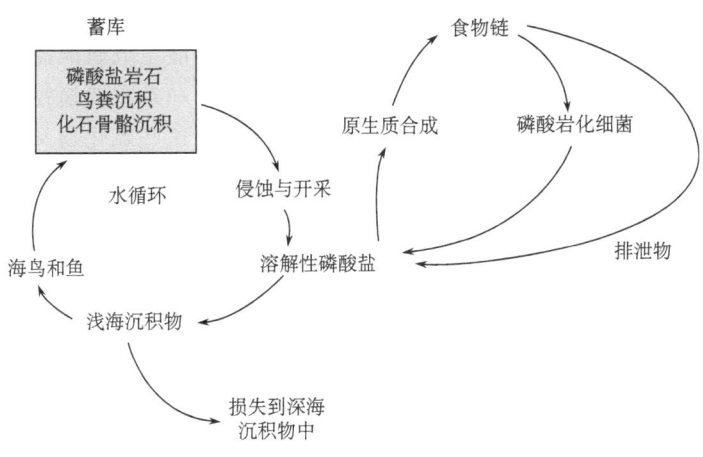

图 4-19　生态系统中的磷循环示意图

分参与循环。生物与土壤之间磷的流通率约为 $200\times10^{12}\,gP/a$，生物与海水间磷的流通率为 $50\times10^{12}\sim120\times10^{12}\,gP/a$。全球磷循环的最主要途径是磷从陆地土壤库中通过河流运输到海洋，达到 $21\times10^{12}\,gP/a$。磷从海洋返回陆地十分困难，大部分磷以钙盐的形式沉淀，因此长期离开循环而沉积起来（图 4-20）。

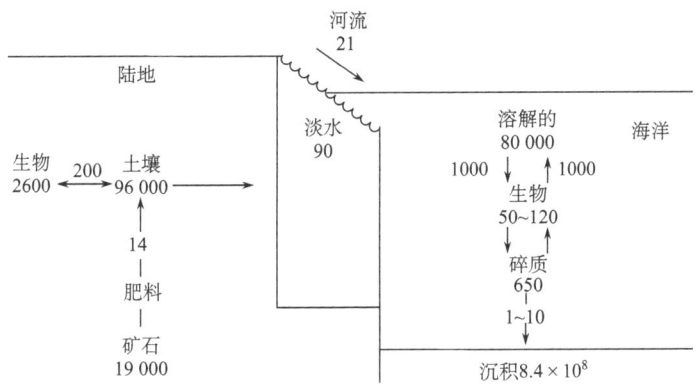

图 4-20　全球磷循环（仿 Ricklefs and Miller，1999）
库含量以 $10^{12}\,gP$ 为单位，流通率以 $10^{12}\,gP/a$ 为单位

磷循环有以下特点：①磷的主要储存库是沉积岩，磷的循环主要以固态进行，因而循环速率缓慢；②与其他主要元素循环的一个显著不同是几乎没有气体成分参与循环；③由于磷元素的匮乏和农业生产的需要，磷的循环备受人类的关注。从长远来看，磷元素有可能成为农业生产的限制因素。

5. 硫循环

硫是原生质体的重要组分，它的主要蓄库是岩石圈，但它在大气圈中能自由移动，因此，硫循环（sulphur cycle）有一个长期的沉积阶段和一个较短的气体阶段。在沉积相，硫被束缚在有机或无机沉积物中。

硫循环的过程：岩石库中的硫酸盐主要通过生物分解和自然风化作用进入生态系统。化能合成细菌在利用硫化物中含有的潜能的同时,通过氧化作用将沉积物中的硫化物转变成硫酸盐;这些硫酸盐一部分可以为植物直接利用,另一部分仍能生成硫酸盐和化石燃料中的无机硫,再次进入岩石蓄库中。从岩石库中释放硫酸盐的另外一条重要途径是侵蚀和风化,从岩石中释放出的无机硫由细菌作用还原为硫化物,土壤中的这些硫化物又被氧化成植物可利用的硫酸盐。自然界中的火山爆发也可将岩石蓄库中的硫以硫化氢的形式释放到大气中,化石燃料的燃烧也将蓄库中的硫以二氧化硫的形式释放到大气中,可被植物吸收。硫循环要经过气体型阶段(图 4-21)。

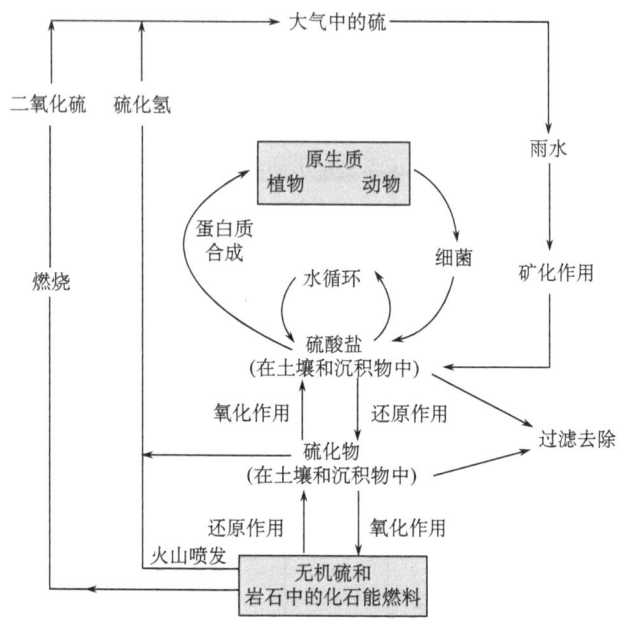

图 4-21 生态系统硫循环示意图

全球硫循环概况:硫从陆地进入大气的途径包括:①火山爆发释放的硫平均达 $5×10^{12}$ gS/a;②由沙尘带入大气的硫约为 $8×10^{12}$ gS/a;③化石燃料释放的硫为 $50×10^{12}$~$100×10^{12}$ gS/a,平均为 $90×10^{12}$ gS/a;④森林火灾和湿地等陆地生态系统释放的硫为 $4×10^{12}$ gS/a。大气中的硫大部分以干沉降和降水形式返回陆地,约为 $90×10^{12}$ gS/a,被风传输到海洋的硫约为 $20×10^{12}$ gS/a,经大气传输到陆地的硫约为 $4×10^{12}$ gS/a(图 4-22)。

硫循环有以下特点:①硫的主要储存库是岩石,以硫化亚铁的形式存在,海洋也是巨大的硫库;②硫循环既属于沉积型,也属于气体型,沉积阶段的沉积物只有通过风化和分解才被释放出来;气体阶段可以在全球范围内流动;③酸沉降、温室效应乃至臭氧层耗损均与硫污染有关。

6. 有毒、有害物质循环

有毒、有害物质的循环是指那些对有机体有害的物质进入生态系统,通过食物链富集或被分解的过程。二氯二苯三氯乙烷(DDT)是一种人工合成有机氯杀虫剂,它的问世对农业发展起了很大作用,但它是有机毒物。生态系统通过两个途径吸入人类喷洒的DDT并通过食物链加以富集:①通过植物茎叶、根系进入植物体→草食动物→肉食动物→逐级浓缩;②喷洒的

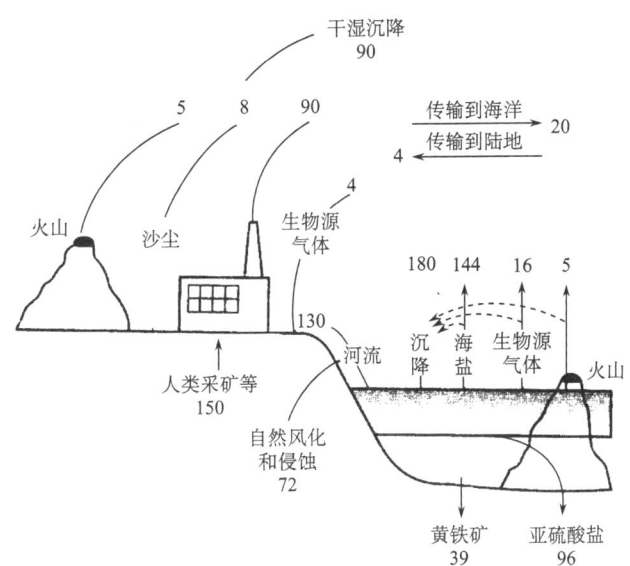

图 4-22　全球硫循环（Schlesinger，1997；转引自方精云，2000）
库含量以 10^{12} gS 为单位，流通率以 10^{12} gS/a 为单位

DDT 落入地面经土壤动物吃用富集→陆上动物→逐级浓缩（图 4-23）。营养级越高，富集能力越强，积累量越大。其危害主要是影响生殖，导致人类、动物产生怪胎（图 4-24）。

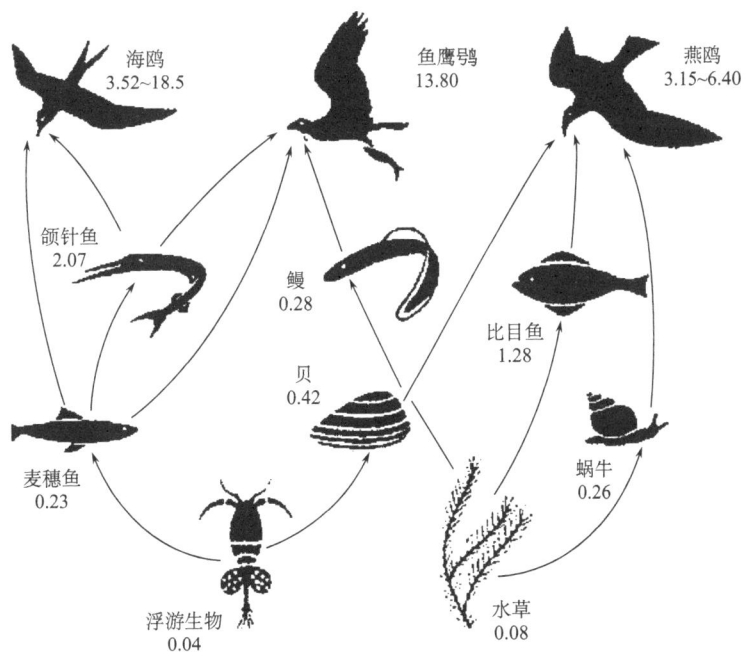

图 4-23　从浮游生物到水鸟的食物链中 DDT 质量分数
（$\times 10^{-6}$）的增加（引自 Ahlheim，1989）

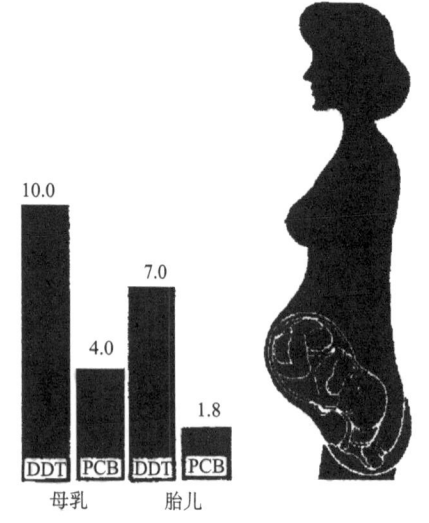

图 4-24 母乳与未出生婴儿身体中的 DDT 和多氯代联苯（PCB）的含量（引自李博等，2000）
单位：mg/kg

汞（Hg）作为工业用催化剂和电极材料被不断输入生态系统。它以痕量出现在大气、土壤、岩石及动物和植物的组织中，但通过生物浓缩可从水中不到 1mg/L 到海藻中的 100mg/L、到鱼体中的 1122mg/L。汞的危害包括：与神经系统某些酶类结合，产生神经错乱；与一种 DNA 一起发生作用的蛋白质形成专一性，引起汞中毒先天性缺陷；转化为有机化合物，如甲基汞，毒性更强，进入人体可分布全身，尤其进入肝脏、肾脏，最后到达脑部，且不易排泄。

有毒、有害物质循环的特点：在食物链营养级上进行循环流动并逐级浓缩富集；在生物体代谢过程中不能被排泄而被生物体同化，长期停留于生物体内；有些有毒、有害物质不能分解，而且经生态系统循环后使毒性增加。

三、生态系统中的信息及其传递

生态系统的功能除了体现在生物生产过程、能量流动和物质循环外，还表现在系统中各生命成分之间存在着信息传递。信息传递是双向的。生态系统中包含多种多样的信息，大致可分为物理信息、化学信息、行为信息和营养信息。

1. 物理信息及其传递

光信息：光的强弱、光质、光照时间长短是重要的光信息。太阳能是光信息的重要初级信息源。声信息：鸟类婉转多变的叫声，蝙蝠、鲸类发达的声呐定位系统。电信息：特别是鱼类，有 300 多种能产生 0.2～2V 微弱电压，电鳗产生的电压能高达 600V。磁信息：鱼类遨游迁徙于大海，候鸟成群结队长途飞行……这都靠动物自己的电磁场与地球磁场互相作用确定方向、方位。

2. 化学信息及其传递

动物和植物间的化学信息，如植物产生气味、不同动物对植物气味有不同反应、蜜蜂取食与传粉靠植物的化学信息素。动物之间的化学信息，如动物通过外分泌腺向体外分泌某些信息素、动物利用信息素标记所表现的领域行为、动物向体外分泌性信息素以沟通种内两性个体的性信息交流。植物之间的化学信息，如化学他感作用，有亲和性的，也有相互拮抗性的。

3. 行为信息和营养信息

许多植物的异常表现和动物异常行动传递了某种信息，可通称为行为信息。生态系统中，生物的食物链是一个生物的营养信息系统。

四、物质流分析

物质流分析（material flow analysis，MFA；substance flow analysis，SFA）是指在某

一空间和时间范围为系统边界的条件下,在其众多的相关代谢物质中,研究其中一种或几种物质的组合,或化学元素的流动,揭示一定区域内的物质流动特征和转化效率,通过影响政策的制定[信息流（information flow，IF）]进而促进资源的再生利用。

种养一体化作为一个相对独立的生态经济系统,主要以养殖、废弃物处理和种植3个子系统间通过能量流动和物质循环而维持整个系统的动态平衡和稳定发展。养殖子系统是核心,其对整个系统的功能主要表现在为种植业子系统提供有机肥料能源和提供畜产品能量输出,废弃物处理子系统是纽带,种植子系统为废弃物物质和能量转化的基础,后两者的规模、发展、运行和取舍都基于养殖子系统的需要来确定,进而确定整个系统的环境容量。

物质流、能量流和信息流是种养一体化系统结构和功能的主要内容,其通过多种形式、多种渠道进行着物质循环和能量转化,构成了种养一体化系统的物质流、能量流和信息流的网络系统。把物质、能量和信息等在时间、空间和数量上最佳、最合理、最持久地运用起来,并在一定的条件下调整、利用系统的能量流和物质流,可减小阻力、降低成本、节能减排,提高物流效率和用能效率。

第四节 生态系统变化与系统分析

一、生态系统的变化

1. 生态系统变化的种类

生态系统是不平衡的,它从不平衡开始,永远处于不断地变化和发展之中,这种变化有自然变化和人为变化两种。①生态系统的自然变化：生态系统的结构和功能随时间的改变而发生变化的过程就是生态系统的自然变化。这些变化体现在下列两个特征上。能量和物质循环特征, P_g(第一性生产)$/R$(呼吸)>1,呼吸消耗后余下的有机物质加入到系统内部,系统是增长型的,物质循环开放性,外流少；$P_g/R<1$,系统是衰退型的,系统库存量消耗速率超过补偿速率,系统趋衰老,物质循环也是开放性的,外流多；$P_g/R \approx 1$,系统是稳态的(相对平衡),物质循环是封闭的。②生态系统的人为变化,主要表现在农业、林业的过度开垦,都市化、工业化和现代化对环境的污染,包括城市垃圾（生活垃圾和工业垃圾）、废水、废气、农药与化肥的不合理使用等。

2. 生态系统的反馈调节和生态平衡

宇宙中有两类系统,一类是封闭系统,即系统和周围环境之间没有物质和能量的交换；另一类是开放系统,即系统和周围环境之间存在物质和能量交换（图4-25）。除了宇宙之

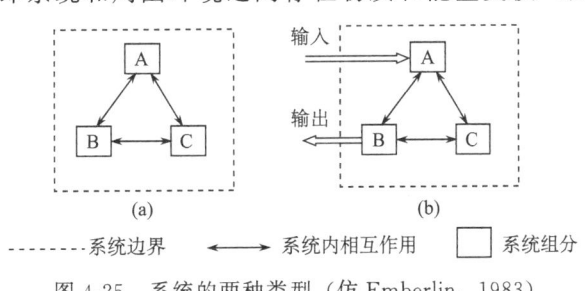

图 4-25 系统的两种类型（仿 Emberlin，1983）
(a) 封闭系统；(b) 开放系统

外，自然界所有的系统都是开放系统，但各生态系统的开放程度有很大不同。例如，一个溪流系统开放的程度就比一个池塘系统大得多，因为在溪流系统中，水携带着各种物质不停地流入和流出。

开放系统必须由外界环境输入能量，如果能量输入一旦停止，系统也就失去了功能。开放系统如果具有调节其功能的反馈机制，该系统就成为控制系统。所谓反馈，就是系统的输出变成了决定系统未来功能的输入；一个系统，如果其状态能够决定输入，就说明它有反馈机制的存在。要使反馈系统能起控制作用，系统应具有某个理想的状态和位置点，系统能围绕该位置点进行调节。

正反馈和负反馈：正反馈：一个受污染的鱼塘，使塘里的鱼的数量减少，鱼的腐烂进一步使鱼的数量减少。这种现象是正反馈现象。负反馈是比较常见的一种反馈，它的作用是能够使生态系统达到和保持平衡或稳态，反馈的结果是抑制和减弱最初发生变化的那种成分所发生的变化。例如，如果草原上的食草动物因为迁入而增加，植物就会因为受到过度啃食而减少，植物数量减少以后，反过来就会抑制动物数量（图 4-26 和图 4-27）。

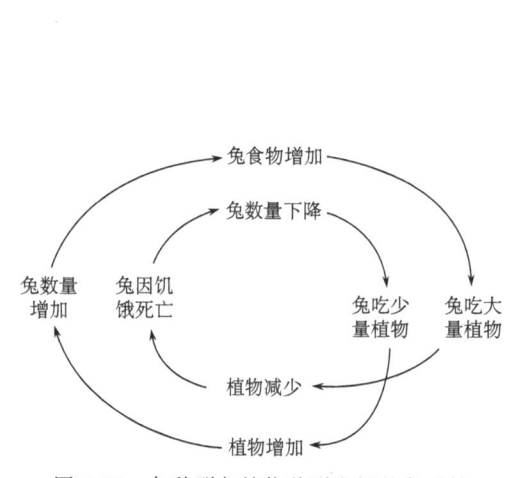

图 4-26　兔种群与植物种群之间的负反馈

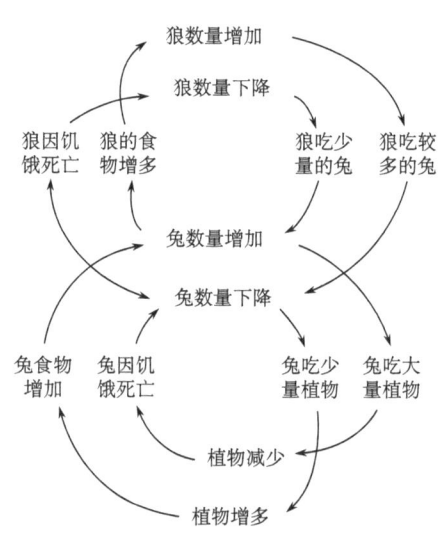

图 4-27　两个负反馈之间的相互关系

3. 生态系统的稳定性

在介绍系统稳定性之前，先了解生态系统的抵抗力和恢复力的概念。当有一种直接干涉型压力引起生态系统主要功能偏离正常作用的范围时，偏离的程度就是对抵抗力的一种量度；而恢复所需的时间是对恢复力的一种量度。

生态系统稳定性有两类：①抵抗稳定性（resistant stability），是指一个生态系统抵抗直接干涉和保护自身的结构和功能不受损伤的能力；②恢复稳定性（resilient stability）是指一个生态系统被干扰、破坏后恢复的能力。生态系统的稳定性是动态的而不是静态的。系统中的生物类群在不断变化，外界环境条件也在不断变化。生态稳定性有一定的作用范围，在此范围内，稳定性有可能保持，如果超出范围，稳定性就会受影响。在一定范围内，系统本身的调节作用能校正自然和人类所引起的直接干涉型和不稳定现象。系统本身的调节作用是有限度的,超出一定界限,系统的调控就受阻或不起作用,从而使整个系统遭到伤害和破坏(图4-28)。

维护生态系统的相对平衡,要积极保护森林植被,保护生物多样性,植树种草;既要工业现代化更要环境优质化,加强环境污染的综合治理;要大力发展环境科学研究。

二、系统分析

系统生态学(system ecology)是指用系统科学的概念与方法研究生态学问题。系统科学是发源于电学工程的一种数学理论,它专门研究由各式各样的实体所构成的系统在结构上与因果关系上的共同问题,从中找出某些具有普遍意义的一般特性。它的核心问题是系统的可观察性、可预测性、可控制性、稳定性以及设计与最佳设计等。

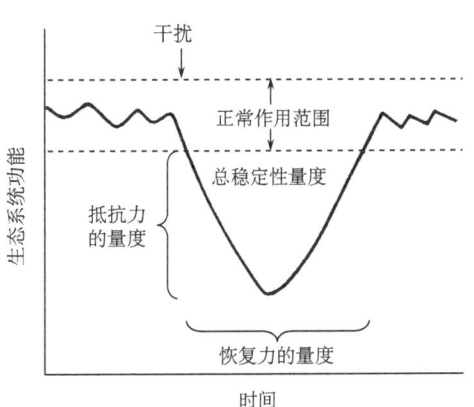

图 4-28 生态系统的抵抗稳定性和恢复稳定性(引自 Odum, 1983)

系统(system)是由多个"成分"组成的一个整体,一个大的或复杂的系统可分成若干个"子系统"乃至"子子系统"。系统的各个成分通过输入(input)与输出(output)彼此相连接,并与环境相联系。状态(state)表示系统所处的现状,如种群密度、性比例等。向量(vector)是有一定排列顺序的量,具有大小与方向。例如,广东某地 1990~1995 年的年平均气温,按年份顺序排列分别为 21.1℃、20.4℃、19.9℃、19.9℃、20.3℃、20.0℃,这 6 个有顺序的温度记录即构成一组温度向量。将种群在几个环境因素,如温度、湿度、风速、气压、雨量等条件下的种群表现(如种群数量),看成是该系统(种群)在上述五维空间的一个状态。

系统分析(system analysis)是指对现存的生物对象拟定系统模型并进行分析的过程。首先,把所研究对象的现实情况划分成为系统与环境;其次,把系统划分为若干个成分,并对每一个成分作详细的生态学研究(观察、测量、资料综合预分析),对各个成分的行为表现以数学模型进行概括,形成子模型;最后,把各个子模型综合成一个总模型。

对一个生态系统建立模型的一般过程如下:首先,确定所研究的系统的范围,即区分系统与环境;其次,确定把该系统划分为若干成分,并对各成分一一标以数码;再次,研究每一个成分的输入项、输出项及其所处的状态,把表示输入、输出与状态的数值标在相应的图上;最后,把各成分间的输入与输出项联系起来,构成该系统的模型的示意图,并列出相应的数学模型。只要各参数值和系统的初始状态值已知,就可以定量地估计任何时刻该系统的状态。

第五节 生态系统的主要类型与分布

一、生态系统的主要类型

生态系统的主要类型有水生生态系统(包括海洋生态系统、淡水生态系统)和陆地生态系统(包括热带雨林、亚热带常绿阔叶林、温带夏绿阔叶林、北方针叶林、草原、荒漠、冻原和青藏高原的高寒植被）两大类型（表 4-2）。

表 4-2 生态系统类型划分

水生生态系统				陆地生态系统	
淡水生态系统		海洋生态系统			
流水（溪、河）	急流	海岸线	岩石岸	荒漠	热荒漠
	缓流		沙岸		冷荒漠
静水（湖、池）	滨水带	浅海		苔原	
	表水层	上涌带		极地	
	深水层	珊瑚礁		高山	
		远洋	远洋上层（表层）	草原	干草原
			远洋中层（中层）		草甸草原
			远洋深层（中层）	稀树干草原	
			极深海（底层）	寒温带针叶林	
				温带落叶阔叶林	
				亚热带常绿阔叶林	
				热带森林	热带雨林
					热带季雨林

资料来源：Nughton，1985

图 4-29 表示地球上生态系统的类型。

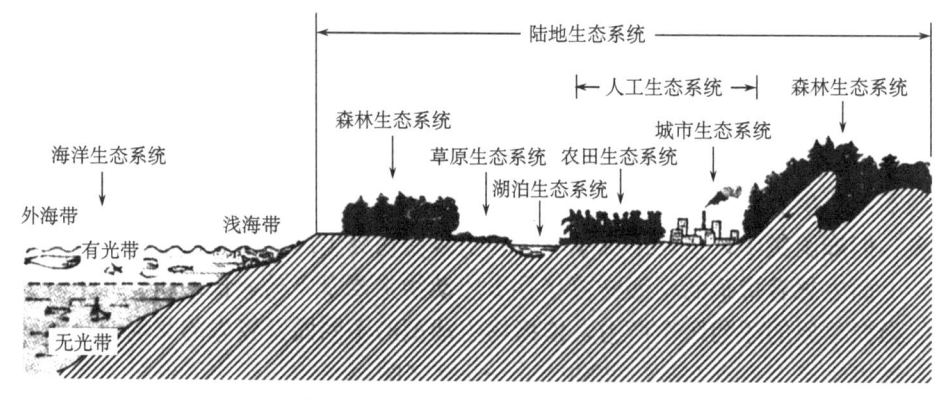

图 4-29 地球上生态系统类型示意图（仿祝廷成等，1983）

二、陆地生态系统分布的基本规律

1. 植被分布的纬度地带性与经度地带性

（1）植被分布的纬向地带性：植被沿纬度方向有规律地更替分布，主要受热量、水分和土壤影响，不同气候带出现相应的植被，从热带到寒带，植被依次为热带雨林→亚热带常绿阔叶林→温带夏绿阔叶林→寒温带针叶林→寒带冻原和荒漠。

（2）北美洲植被的经向变化：北美大陆东西两岸降水多、温度高，因而从东到西的植被依次为森林→草原→荒漠→森林。

（3）垂直地带性分布：长白山植被垂直带结构自下而上为落叶阔叶林→针阔叶混交林→

寒温性常绿针叶林→矮曲林→高山冻原。

1933年，Brookman-Jerosch和Rubel根据欧洲和非洲西海岸植被分布状况，编制了理想大陆植被分布模式（图4-30）。

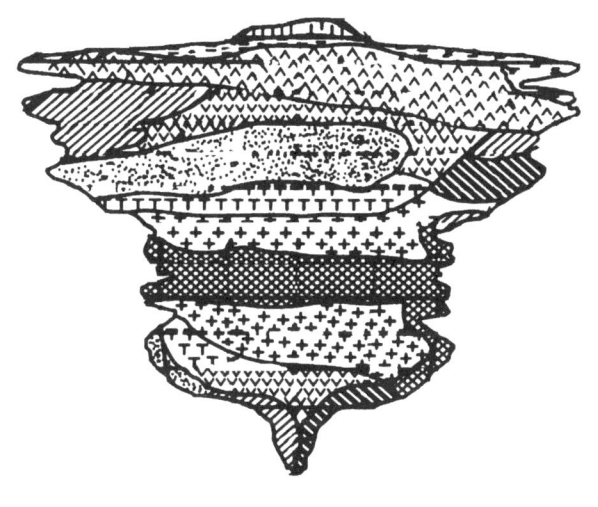

图4-30 理想大陆植被分布模式（引自孙儒泳等，1993）

1. 热带雨林及其变体；2. 常绿阔叶林及其变体；3. 落叶阔叶林；4. 北方针叶林；5. 温带草地；6. 萨王纳及疏林；7. 干旱灌丛及萨王纳；8. 荒漠；9. 冻原；10. 冻荒漠

2. 中国植被分布的水平地带性规律

中国植被分布的水平地带性如图4-31所示，从图中可以看出如下趋势。

（1）经度地带性分布：由东南沿海到西北内陆有三大植被区域，即东部湿润森林区、中部半干旱草原区、西部内陆干旱荒漠区。

（2）东部的纬向变化：自北向南分布着针叶落叶林→温带针叶落叶阔叶林→暖温带落叶阔叶林→北亚热带含常绿成分的落叶阔叶林→中亚热带常绿阔叶林→南亚热带常绿阔叶林→热带季雨林、雨林。

（3）西部的纬向变化：自北向南分布着温带半荒漠、荒漠带→暖温带荒漠带→高寒荒漠带→高原草原带→高原山地灌丛草原带。

植被分布的垂直地带性随着海拔的增高，气温、降水、风速、土壤、辐射依次成带状更替。长白山植被垂直带结构自下而上依次为落叶阔叶林→针阔叶混交林→寒温性常绿针叶林→矮曲林→高山冻原。

植被带大致与山坡等高线平行，并具一定垂直厚度，称为植被垂直带性。山地植被垂直带的组合排列和更替顺序形成一定的体系，称为垂直带谱或垂直带结构。植被垂直带谱大致

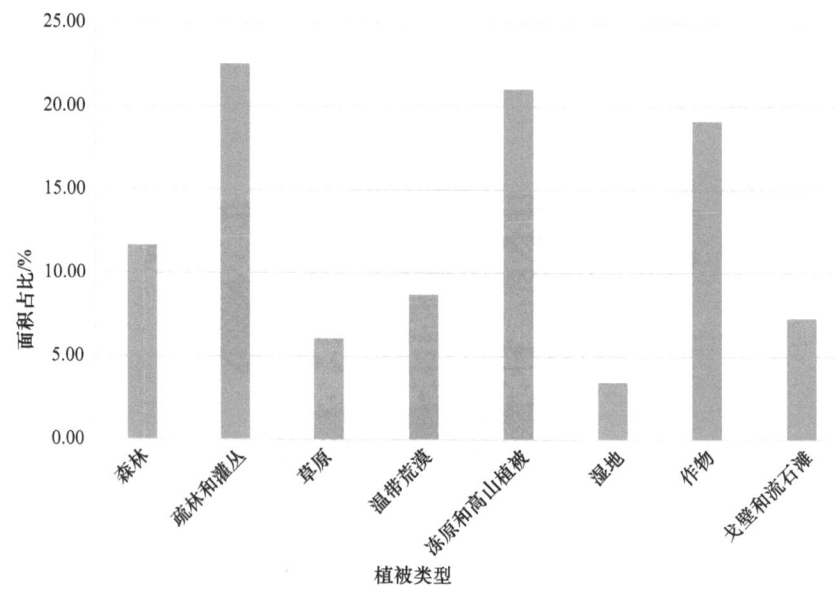

图 4-31 中国植被水平分布示意图

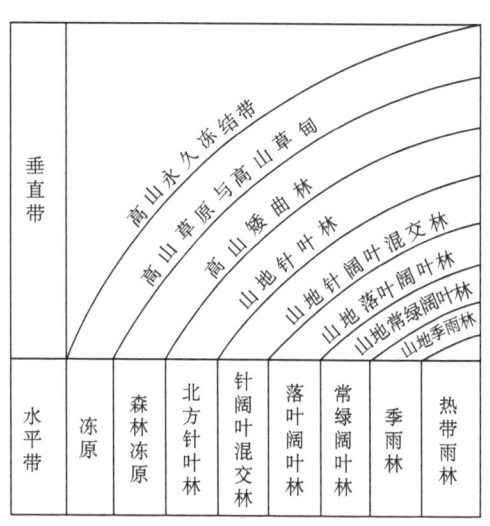

图 4-32 植被垂直带性与水平带性示意图（引自孙儒泳等，1993）

反映了不同植物群落类型沿纬度方向交替分布的规律，相当于将纬度向地带性垂直竖立起来。植被垂直带性与水平带性的关系如图 4-32 所示。

三、生态系统类型

1. 生物圈生态系统

生物圈也称为生态圈，它由大气圈下层、水圈、土壤岩石圈及活动于其中的生物组成。距地球表面 23km 的高空及 11km 的海槽都属于生物圈的范围。生物圈是地球表面最大的生态系统。地球在长期演化的过程中形成了大气圈、水圈、土壤岩石圈等不同的圈层，这 3 个圈层互相重叠、互相渗透、互相作用，形成水中有气、气中有水、土中有水有气的适合生物生存的环境。生物依靠 3 个圈层提供的物质和太阳辐射能量生存发展。同时，在发展过程中各圈层的成分和性质又不断地被改造。在生物圈的不同空间内，生物种类的多少、密度的大小和活动能力的强弱是不同的。地表以上、水面以下各 100m 的范围内，阳光比较集中，绿色植物能够繁茂生长，直接或间接依靠植物生活的动物、微生物也能频繁活动，这个范围称为活跃生物圈。

2. 水域生态系统

（1）海洋生态系统：海洋总面积约为 $3.6 \times 10^8 km^2$，占地球表面面积的 70% 以上，平均水深 2750m，占全球水量的 97%，是生物圈内面积最大、层次最厚的生态系统。从海岸线到远洋，从表层到深层，随着水的深度、温度、光照和营养物质状况不同，生物的种类、活动能力和生产水平等差异很大，从而形成了不同区域的亚系统。

海岸带位于海洋和陆地交界处，是海洋外圈的浅水带。水体的光照条件比较好，水温和盐度变化大，地形、地质比较复杂多样。生产者是一些固定着生长的大型植物，如红树、大叶红藻、绿藻、棕藻等。消费者是以这些大型植物为食的海洋动物，如牡蛎、蟹、沙蚕等。这一地带也是人类经济活动比较频繁的区域。

浅海带是位于水深200m以内的大陆架部分，约占海洋总面积的7.5%。浅海带也受大陆输入物的影响，营养物质、光照条件、生产力水平仅次于海岸带。主要的生产者为浮游植物，如硅藻、裸甲藻等。初级消费者为摄食浮游植物的浮游动物，它们与浮游植物一起为大量的海洋动物（如虾、蟹、海鸥、牡蛎等）提供了食料。

远洋带是指水深在200m以上的远洋海区。它是海洋生态系统的主体，约占海洋总面积的90%。这一带按深度不同可分为远洋表层带、中层带、深海带和海底带，还包括上涌带和珊瑚礁。海洋表层光照充足，水温较高，生活着很多小型的、单细胞的浮游藻类和浮游动物，许多远洋的鱼类都生活在这一带。随着深度的增加，光照减弱，水层压力加大，生产者不能生存，消费者依靠大量碎屑食物和上层生物为生，多为肉食者。尽管生物种类和个体数量都很少，但在万米深的海底仍有动物生存。

(2) 淡水生态系统：淡水生态系统包括江河、溪流、泉水与湖泊、池塘、水库的陆地水体，总面积为 $4.5 \times 10^7 \text{km}^2$。水的来源主要靠降水补给，含盐度低。根据水的流速不同，可分为流水和静水两类，它们之间常有过渡类型，有时难以把流水与静水截然分开。

流水生态系统包括江、河、潭、泉、水渠等。流动水发源于山区，纵横交错的各级支流汇合成江河，最后多注入大海。随水流的流速不同，还可分为急流和缓流。在急流中，初级生产者多为由藻类等构成的附着于石砾的植物类群，初级消费者多为具有特殊附着器官的昆虫；次级消费者为鱼类，一般体形较小。在缓流中，初级生产者除藻类外，还有高等植物；消费者多为穴居昆虫和鱼类，它们的食物来源，除了水生植物外，还有陆地输入的各种有机腐屑。

静水生态系统包括湖泊、池塘、沼泽、水库等。静水并非绝对静止，只是水流没有一定方向，水的流动缓慢。静水生态系统又可分为滨岸带、表水层和深水层。从滨岸向中心，因水的深度不同，初级生产者的种类也不相同，依次分布着湿生树种（如柳树、水松等）、挺水植物（如芦苇、香蒲、莲等）、浮叶植物（如菱、睡莲等）、沉水植物（如苦草、狐尾草、金鱼藻等）。消费者为浮游动物、虾、鱼类、蛙、蛇和水鸟等。表水层因光照充足，温度比较高，硅藻、绿藻、蓝藻等浮游植物占优势，氧气的含量也比较充足，吸引了许多消费者（如浮游动物和多种鱼类等）。深水层由于光线微弱，不能满足绿色植物的需要，固底栖动物以各种下沉的有机碎屑为生。

(3) 湿地生态系统：湿地由于其特殊的水文及地理特征，具有调节水循环、净化环境的基本生态功能，作为栖息地养育着丰富的生物，具有较高的生物多样性。一些科学家把湿地称为"自然之肾"，其原因在于湿地在水分和化学物质循环中所表现出的功能，以及在下游作为自然和人类废弃源的接收器的功能上；湿地还可以容纳地下水和地面水，具有排洪、蓄洪的功能。在某种意义上湿地在景观中为动植物区系提供了独立的生境。

(4) 湖泊湿地：湖泊湿地是指陆地到开敞湖面的过渡带，在宏观上（至少季节性的）具有陆地景观，并以湿生植物为标志，它是湖泊与其周围环境间物质和能量交换的重要通道。湖泊湿地主要分布在河流三角洲前缘，在地貌结构上介于陆上三角洲向湖区上常年淹水区的延伸过渡带，由天然堤与堤外洼地所组成的三角洲前缘湖泊湿地，兼有水陆生态特点。每当湖水退却时，天然堤逐渐显露水面，形成背向河岸缓缓倾斜的草滩。最高连续出水时间可达140～310天，光热条件优越。富含有机质的草甸土，因年复一年的植被自生自灭与鸟粪的积累，土质肥沃，使淹水时处于休眠状态的湿生草本植物随着退水相继萌发，而水生植物则退缩到地势最低的积水洼地。同时，湖泊湿地为鱼类和其他水生动物提供了丰富的饵料及优越的栖息条件，具有较高的渔业生产能力。

（5）沼泽：沼泽的基本特征是地表常年过湿或有薄层积水，在沼泽地表除了具有多种形式的积水外，还有小河、小湖等沼泽水体，以及饱含于泥炭层的水分。沼泽半水半陆的生态环境决定了其植物群落和动物群落具有明显的水陆相兼性和过渡性。沼泽植物群落包括乔木、灌木、小灌木、多年生乔木科和其他多年生草本植物，以及苔藓和地衣。沼泽动物是生态系统中的消费者，又受作为生产者的沼泽植物影响。沼泽动物种类有舍禽、游禽、两栖动物、哺乳动物和鱼类等，其中有的是珍贵的或有重大经济价值的动物。沼泽生态系统蕴藏着较大的生物生产力。沼泽地草本植物生长茂密、土地肥沃、有机质含量高，排干后可开垦为耕地。素有"鱼米之乡"美称的珠江三角洲、江汉平原、洞庭湖平原、太湖平原等，都是从沼泽上开发出来的。沼泽上的纤维植物和泥炭具有广阔的利用前景。纤维植物（小叶樟、大叶樟、芦苇等）是很好的造纸和人造纤维原料。泥炭有机质含量丰富，氮、磷、钾等的含量也较高，是良好的肥料，并可用泥炭来改良土壤，提高土壤肥力。此外，泥炭在工业、农业、医药卫生等方面有广泛的用途。

（6）海滨湿地：海滨湿地生态系统主要有以海滨盐生沼泽湿地为生境的红树林生态系统及以热带和温带海域的浅水海岸带为生境的海草生态系统。红树林是热带、亚热带河口海湾潮间带的木本植物群落。以红树林为主体的区域中的动物、植物和微生物组成一个整体，主要分布于隐蔽海岸。这种海岸因风浪较弱、水体运动缓慢而多淤泥沉积。因此，红树林与珊瑚礁一样都是"陆地建造者"。红树林的主要建群种类为红树科的木榄、海莲、红海榄、红树和秋茄等，红树植物是能忍受海水盐分的木本挺水植物。红树林中占优势的海洋动物为软体动物，还有多毛类、甲壳类及一些特殊鱼类。此外，红树林区作为滨海盐生湿地，也是鸟类的重要分布区。海草是指生活于热带和温带海域的浅水海岸带、一般在潮下带浅水6m以上（少数可达30m）环境中的单子叶植物（限于水鳖科和眼子菜科）。海草适于生长在近海浅水域和河口海湾环境，普遍生长在珊瑚礁的潟湖和大陆架的浅水里，在淡水区完全不存在。海草的多数种类分布在东半球印度洋和西太平洋地区，部分种类分布在西半球加勒比海地区。海草具备4种机能以适应其海生生活：①具有适应于盐介质的能力；②具有一个很发达的支持系统来抗拒波浪和潮汐；③当完全为海水覆盖时，有完成正常生理活动以及实现花粉释放和种子散布的能力；④在环境条件较为稳定的情况下，具备与其他海洋生物竞争的能力。

3. 陆地生态系统

全球陆地面积为 $1.5 \times 10^8 km^2$，约占地球表面总面积的30%。陆地生态系统主要以大气和土壤为介质，生态环境极为复杂。从炎热的赤道到严寒的两极，从湿润的近海到干旱的内陆，形成各种各样的陆地生态环境。按其生境特点和植物群落的生长类型，又可分为森林、草原、荒漠、冻原等生态系统。

(1) 森林生态系统：世界森林面积约为 $3.3\times10^7 km^2$，占陆地面积的 22%。森林生态系统主要分布在湿润和半湿润气候地区。按地带性的气候特点和相适应的森林类型，可分为热带雨林、亚热带常绿阔叶林、温带落叶阔叶林和北方针叶林等。

热带雨林：分布于赤道及其两侧的湿润热带地区，是目前地球上面积最大、对维持人类生存环境作用最大的森林生态系统。主要分布在 3 个区域：一是南美洲的亚马孙盆地；二是非洲的刚果盆地；三是东南亚一些岛屿，往北可伸入中国西双版纳和海南岛南部，澳大利亚局部地区也有分布。分布区的气候特点是：高温、高湿、常夏无冬，年降水量超过 2000mm，且分配均匀，无明显旱季。热带雨林的优异生态环境，使之具有极为丰富的物种，层次结构也很复杂。初级生产者以高大乔木为主，并附有多种木质藤本及其他附生植物。消费者有各种大型珍贵动物，如长颈鹿、象、猴、蟒等，鸟类和昆虫的种类数量很丰富。

亚热带常绿阔叶林：亚热带常绿阔叶林指分布在亚热带湿润气候条件下并以壳斗科、樟科、山茶科、木兰科等常绿阔叶树种为主组成的森林生态系统，它是亚热带大陆东岸湿润季风气候的产物，主要分布于欧亚大陆东岸北纬 22°～40°。亚热带常绿阔叶林分布区夏季炎热多雨，冬季少雨而寒冷，春秋温和，四季分明。亚热带常绿阔叶林的结构较之热带雨林简单，高度明显降低，乔木一般分为两个亚层：第一层林冠整齐，一般高 20m 左右，很少超过 30m，以壳斗科、樟科、山茶科常绿树种为主；第二亚层树冠多不连续，高 10～15m，以樟科、杜英科等树种为主，灌木层较稀疏，草本层以蕨类为主。藤本植物与附生植物常见，但不如热带雨林繁茂。

温带落叶阔叶林：温带落叶阔叶林又称为夏绿林，分布于中纬度湿润地区。分布区的气候特点为：四季分明，夏季炎热多雨，冬季严寒，年平均气温为 8～14℃，年降水量为 500～1000mm，且多集中在夏季，土壤为褐色土和棕色森林土，较为肥沃。这类森林主要分布于北美洲中东部、欧洲及中国温带沿海地区。温带落叶阔叶林，夏季盛叶，冬季由于寒冷，树木叶子枯死并脱落。初级生产者主要是各种以落叶方式越冬的落叶树种，如栎、檬、桦等。林下常有一个明显的灌木层和草本层。消费者多为松鼠、鹿、狐狸、狼和鸟类等。

北方针叶林：主要分布在北半球高纬度地区和高海拔地带，面积约 $1.2\times10^7 km^2$，仅次于热带雨林。分布区的气候特点是：夏季凉爽而冬季严寒，植物生长期短，年降水量一般为 300～600mm，在季风所及范围或山区降水量可达 1000mm，土壤为棕色土，土层浅薄，由于气候严寒，土壤有永冻层，不适于耕作，所以自然面貌保存较好。初级生产者多为云杉、冷杉、松树等，结构比较简单，林下常有耐阴的灌木层和适于冷湿生境的苔藓层。消费者有兔、鹿、鼠和鸟类，还有名贵的皮毛兽，如貂、虎、熊等。

此外，在各类森林的过渡地带还有针叶、落叶、阔叶混交林，落叶、常绿阔叶混交林等。

(2) 草原生态系统：全世界草原面积约为 $3.2\times10^7 km^2$，占陆地面积的 21%，主要分为干草原和湿草原（草甸草原）两种。干草原主要分布在温带、大陆性气候强、雨量较少的地区（年降水量为 250～450mm，且多集中于夏季）。典型干草原区，因雨量不足，蒸发量往往超过降水量的几倍，森林绝迹。但干草原区晴朗天气多，太阳辐射总量较大，为初级生产者提供了有利条件。构成干草原生态系统的生产者为多年生草本植物。如针茅、羊茅、冷蒿、隐子草和羊草等，它们大多有适应干旱气候的构造。例如，叶片缩小，有蜡层和毛层以减少蒸腾，防止水分过度损耗。消费者为草食性昆虫（如蝗虫等）、草食动物和鸟类等。湿草原主要分布在森林气候地区或高山上，由于地下的高水位或雨量较少，有利于草本植物对木本植物的竞争。另外，高海拔的低温和大风也可能限制森林的生长，因而形成了湿草原（高山上形成的湿草原又称为高山草甸）；森林被破坏后也可形成草甸草原。草甸草原的初级生产者主要是生长较高的多年生草本植物，消费者为草食动物、啮齿类动物、鸟类和肉食动物，如鼬、狼、猛禽等。

（3）荒漠、冻原生态系统：荒漠和冻原面积约为 $5 \times 10^7 \, km^2$，约占陆地面积的 30%。荒漠生境的特点是水分稀少，年降水量低于 250mm。依据温度状况不同，荒漠又可分为热荒漠和冷荒漠。热荒漠主要分布在高气压的亚热带和大陆性气候特别强烈的地区。初级生产者多为旱生和短命植物，主要是半灌木和草本植物。冷荒漠主要分布在极地或高山严寒地带，环境条件极为恶劣，植物种类贫乏，多呈垫状或莲座状生长，分布非常稀疏。由于气候严寒，生长期短，一年生植物难以开花结实，所以几乎所有植物都是多年生的。荒漠生态系统的消费者主要是蝗虫、啮齿类小动物和鸟类等，它们都具有适应水分稀少的特殊能力。冻原分布在高纬度地带和高山树线以上，总的特点是气候严寒（最热月平均温度不超过 10℃），生长期短（不超过 2 个月），离地面不远就是永冻层，夏季土壤仅解冻到 15~20cm 深处。冻原的基本特点之一是森林绝迹，但在过渡地带，可有片段森林出现，称为森林冻原。初级生产者以苔藓和地衣为主，也分布有一些草类和矮小的木本植物。消费者有驯鹿、北极狐、北极熊、鼠、迁移鸟类和昆虫等。

（4）农业生态系统：农业生产的对象是生物，无论是栽培的植物还是饲养的动物，它们的生命活动都离不开自然环境，都要受气候、土壤等自然环境要素的影响和制约。农业生产的目的是为了获得丰富的农产品，因而人类积极地介入自然生态系统，干预自然和改造自然。因此，农业生态系统可定义为：人类有目的的利用农业生物与非生物环境之间、生物种群之间的相互作用规律，通过建立合理的生态系统结构和高效的生态机能，进行物质循环、能量转化和信息传递，并按人类理想要求进行物质生产的综合体系。根据农业生态系统的驯化特征可将其分为原始农业生态系统、传统农业生态系统和现代农业生态系统。

原始农业生态系统是指以刀耕火种的方法清理土地，通过次生演替的方式恢复地力的农业生态系统。这种系统结构单一，系统生产力主要依赖自然生产力，人工投入仅限于简单的播种和收获。作物生长过程中土壤肥力下降很快，一般种植 3 年以后进行轮歇，通过轮歇恢复地力，这种系统生产力低下。

传统农业生态系统是指连年种植作物并通过轮作倒茬和有机能源投入维持系统生产力的农业生态系统。主要农业生物为人工选育的作物和家畜、家禽等，人力和畜力是农业的主要动力，人畜肥、堆沤肥、绿肥等为主要肥源，作物种植采用间作、混作、套种、轮作等方式。该系统立足于利用地方资源及系统内的物质和能量，具有较高的生态合理性，但缺乏经济合理性，人们满足于温饱，商品生产不发达，经济效益处于次要地位。

现代农业生态系统是指利用现代科学技术，通过大量工业能投入，维持系统高产出的农业生态系统。其特点是机械化程度高，人力、物力投入量大，大量自然生态系统过程被人工化，产出高，但产投效益较低；商品生产发达，生产的目的是获得较高的经济效益。

（5）城市生态系统：城市生态系统是指城市居民及生存环境相互作用的网络结构，也是人类对自然环境适应、加工和改造而建设起来的特殊的人工生态系统。城市生态系统的组成，除了生物与非生物要素之外，还包括人类和社会经济要素。这些要素通过人类的生产、消费，实现系统能量与物质的流通转化，从而形成一个内在联系的统一整体。人类发展可分为3个历史阶段，即主要靠自然生态系统谋生的游牧生活阶段、靠农田生态系统谋生的田园生活阶段及主要靠城市生态系统谋生的工业化阶段。实际上，城市生态系统也是从自然生态系统驯化、演化过来的，只是随着人类社会经济及科学技术的发展，自然过程逐渐被人工过程所取代、自然目的越来越被人类的目的所改变，以至于城市生态系统成为靠系统外物质、能量的输入来维持运转的异养型系统。

城市生态系统有以下特点：① 以人为主体，人是城市生态系统的重要组成成分，它既是消费者，又是主宰者。城市的所有设施是人创造的，人类的经济活动对城市生态系统的发展起着支配的作用。② 开放度大，系统中的主要消费者是人，其所消费的食物量大大超过系统内绿色植物所能提供的数量。因此，必须依靠其他生态系统（如农田、淡水和海洋生态系统等）人为地输入。城市中人类生产和生活排出的大量废弃物不能完全在本系统内分解、利用，也必须输送到其他系统中。所以，城市生态系统对其他生态系统有很大的依赖性，是一种非独立的生态系统。③ 高能消耗，以大量燃料供能为特征。生产、建设、交通、运输、生活都需要供能，人口越多，需要量越大。城市生态系统必须依靠不断地输入燃料、食物等能量和物质，在系统内通过人类生产消费实现流通转化，逐渐消耗，以维持系统的稳定。自然生态系统依靠绿色植物转化太阳能，维持系统的正常结构和功能；而城市生态系统则依靠人类加工、改造各种一次能源，如将煤、原油等转化为电力、煤气、蒸汽、各种石油制品等，以满足人类对各种能量的需要。

第六节 生态系统过程、功能与服务

一、生态系统过程、功能与服务的定义与内涵

生态系统过程：生态系统是指生物群落及其地理环境相互作用的自然系统，由生产者、消费者、分解者和无机环境4部分组成。构成生态系统的各种生物及非生物因素之间通过物质、能量和信息的传输而发生的一系列复杂的相互作用，称为生态系统过程（ecosystem process）。

生态系统功能：著名生态学家 Odum 在其著作 *Fundamentals of Ecology* 中认为，生态系统功能是指生态系统的不同生境、生物及其系统性质或过程。可以从两个层面理解 Odum 关于生态系统功能的定义。第一，生态系统功能即生态系统的过程或性质。过程是为达到一定的结果而发生的一系列事件、反应和作用。因此，生态系统过程就是指构成生态系统的生物及非生物因素为达到一定的结果（物质、能量和信息的传输）而发生的一系列复杂的相互作用。在这个意义上，生态系统具有了物质循环、能量流动和信息传递三大基本功能。第二，生态系统功能是生态系统本身所具备的一种基本属性，它独立于人类而存在。

工业化以来，人类以前所未有的强度影响和改变着地球生态系统，并在其中扮演着越来越重要的角色。因此，从为人类服务的角度出发，不少学者为生态系统功能引入了新的含义。最具代表性的是 Groot 关于生态系统功能的定义，他认为生态系统功能是生态系统为人类直接或间接提供服务的能力，并将生态系统功能分成调节功能（regulation function）、生

境功能（habitat function）、产出功能（production function）和信息功能（information function）四大类。

生态系统服务：第一次提出生态系统为人类提供"服务"这一概念的著作是《人类对全球环境的影响》。该著作首次使用了"环境服务"的概念，并列出了一系列自然系统提供的"环境服务"，如害虫控制、昆虫传粉、渔业、土壤形成、水土保持、气候调节、洪水控制、物质循环与大气组成等方面。1974年，Holdren和Ehrlich研究了生态系统在土壤肥力与基因库维持中的作用，系统分析了生物多样性的丧失将会怎样影响生态服务，以及能否用先进的科学技术替代自然生态系统的服务等问题，并将"环境服务"概念拓展为"全球环境服务"。1977年，Westman提出应该考虑生态系统收益的社会价值，以使社会可以做出更加合理的政策和管理决定，并将这些社会收益称为"自然的服务"。1981年，Ehrlich等对"环境服务"、"自然服务"等相关概念进行了梳理和统一，将Westman的"自然的服务"称为"生态系统服务"。1997年，Daily在 *Nature's Service：Societal Dependence on Natural Ecosystem* 一书中提出生态系统服务是指自然生态系统及其物种所提供的能够满足和维持人类生活需要的条件和过程。同年，Constanza等指出生态系统产品（如食物）和服务（如废弃物处理）是指人类直接或间接从生态系统功能中获得的收益，并且将产品和服务两者合称为生态系统服务，即生态系统服务是指人类从生态系统功能中获得的收益。千年生态系统评估（millennium ecosystem assessment，MEA）的报告对生态系统服务的定义基本上采用了Costanza的观点，认为生态系统服务是人们从自然系统获得的收益，并将生态系统服务分为支持（supporting）、调节（regulating）、提供（provisioning）和文化（cultural）服务四大类。Boyd和Banzhaf认为，生态系统服务并不是人类从生态系统获得的收益本身，而是能为人类提供福利的生态组分。这个定义包括两个方面的含义：①生态系统服务是一种现象或过程；②这些现象或过程应该直接或间接为人类服务。在这种概念之下，生态系统服务就包括了能被人类直接或间接利用的生态系统结构、过程或功能，当生态系统过程或功能对人类有用时就成了生态系统服务。

目前，国内采用MA对生态系统服务的定义来进行生态系统服务价值的评估工作。例如，谢高地等认为，生态系统服务是通过生态系统的功能直接或间接得到的产品和服务；李文华认为，生态系统服务是人们从生态系统获取的效益，生态系统服务的来源既包括自然生态系统，也包括人类改造的生态系统，包含了生态系统为人类提供的直接的和间接的、有形的和无形的效益；孙儒泳则采用了Costanza的观点，认为生态系统服务是指对人类生存和生活质量有贡献的生态系统产品和服务。

可以看出，人们对生态系统服务一词的内涵存在着不同的理解。有时，从生态学的角度来阐释生态系统服务，从而强调对人类有益的生态系统内在功能和过程；有时又从经济学和社会学的角度出发，描述人类从生态系统获得的收益。

二、生态系统服务的分类

生态系统服务包括来自自然资本的物流、能流和信息流，它们与人造资本和人力资本结合在一起产生人类的福利。生态系统服务为人类提供着广泛的生活必需品和服务，是人类生存和社会发展的基本保证。

Costanza等将生态系统服务功能归纳为17类（表4-3），并按照远洋、海湾、海草/海藻、珊瑚礁、大陆架、热带森林、温带/北方森林、草原/牧场、潮汐带/红树林、沼泽/洪泛平原、湖泊/河流、沙漠、苔原、冰川/岩石、农田和城市 16 种生态系统类型对其生态系统服务以货币形式进行估算。该研究揭示了全球生态系统的市场和非市场价值，分析了地球生态系统对人类的服务价值。

表 4-3　生态系统服务 17 项分类方法

序号	生态系统服务	生态系统功能	举例
1	气体调节	调节大气化学组成	二氧化碳/氧气平衡，臭氧对紫外线 B 的防护，二氧化硫的浓度水平
2	气候调节	调节区域或全球尺度上的温度、降水及其他生物参与的气候过程	调节温室气体，生成影响云形成的 DMS
3	干扰调节	生态系统对环境干扰的容量、抑制和整合响应	主要是由植被结构控制的生境对环境变化的响应，如防止风暴、控制洪水等
4	水调节	调节水流动	为农业（灌溉）、工业过程和运输提供水
5	水供给	储存和保持水	由流域、水库和地下含水层提供水
6	控制侵蚀和保持沉积物	生态系统内的土壤保持	防止风力、径流和其他动力过程造成土壤流失，将淤泥储存于湖泊和湿地
7	土壤形成	土壤形成过程	岩石的风化和有机质的积累
8	养分循环	养分的储存、内部循环、处理和获取	固氮，氮、磷和其他元素和养分的循环
9	废物处理	易流失养分的再获取、过剩或异类养分和化合物的去除或降解	废物处理、污染控制、解毒作用
10	传粉	植物配子的移动	为植物种群的繁殖供给传粉媒介
11	生物控制	生物种群的营养动态调节	关键是捕食动物对被捕食动物种类的控制，高级肉食动物使食草动物数量减少
12	提供避难	为定居和迁徙种群提供生境	育雏地、迁徙种群和栖息地，当地重要物种的区域生境，越冬场景
13	食物生产	总初级生产中可用作食物的部分	通过渔、猎、采集及农耕，获取鱼、猎物、坚果、水果、作物等的生产
14	原材料	总初级生产中可用作原材料的部分	木材、燃料和饲料的生产
15	基因资源	特有生物材料和产品的来源	医药、材料科学的产品，抵抗植物病原和作物害虫的基因，装饰物种（宠物和园艺植物品种）
16	休闲	提供休闲活动的机会	生态旅游，体育垂钓，其他户外休闲活动
17	文化	提供商业用途的机会	生态系统的美学、艺术、教育、精神和科学价值

资料来源：尹小娟和钟方雷，2011

为了用标准化的环境核算单位衡量自然对人类福利的贡献，Boyd 等提供了一种与各种具体利益相关的分类体系（表 4-4）。

千年生态系统评估将生态系统服务分为 4 类：供给服务、调节服务、文化服务和支持服务（表 4-5）。供给服务是指人类从生态系统获得的各种产品，如食物、燃料、纤维、洁净水及生物遗传资源等。调节服务是指人类从生态系统过程的调节作用获得的收益，如维持空气质量、调节气候、控制侵蚀、控制人类疾病及净化水源等。文化服务是指通过丰富精神生活、发展认知、大脑思考、消遣娱乐及美学欣赏等方式，使人类从生态系统获得的非物质收益。支持服务是指生态系统生产和支撑其他服务的基础功能，如初级生产、制造氧气和形成土壤等。

表 4-4 与具体利益相关的服务

类型	获取效益	生态系统服务
产量	管理型收获	授粉者数量,土壤质量,避难所,水资源可利用量
	维持生存	目标捕鱼量,农作物产量
	非管理型收获	目标海洋族群量
	制药	生物多样性
令人愉快和满足	美学	自然风景区
	遗产、精神、感情	荒地,生物多样性,不同的自然土地覆盖
	存在效益	相关的物种种群
防治灾害	健康	空气质量,饮用水质量,不利于疾病传播的土地利用或捕食者数量
	财产	湿地,森林,自然土地覆盖
废物吸收	免除清理成本	地表水和地下水,空地
	免除处理成本	含水层及地表水质量
饮用水供应	免除抽取、运输成本	可利用含水层
娱乐	捕鸟	相关种群物种
	徒步旅行	自然土地覆盖、景观、地表水
	钓鱼	地表水、目标总体、自然土地覆盖
	游泳	地表水,海滩

资料来源:尹小娟,2011

表 4-5 生态系统服务 4 类 20 项分类法

类型	生态系统服务	类型	生态系统服务
供给服务	粮食	文化服务	精神与宗教
	淡水		消遣旅游
	薪柴		美学
	纤维		激励
	生物化学物质		教育
	遗传资源		地方感
调节服务	气候调节		文化遗产
	控制疾病	支持服务	土壤形成
	调节水资源		养分循环
	净化水源		初级生产

资料来源:尹小娟,2011

三、生态系统服务的量化

生态系统服务强调调节、支持和文化等服务功能。按照 Costanza 等的分类,具体包括大气调节、气候调节、扰动调节、侵蚀控制、土壤形成、养分循环、授粉、生物控制、栖息地供给、基因资源供给、娱乐和文化服务 12 类。在以陆地环境系统为主的区域中,各种生物群落对应的生态系统服务价值如表 4-6 所示。湿地在大气调节(维持碳氧平衡等)、干扰调节(应对灾害等环境突变)、文化和娱乐等方面的价值较高,森林在气候调节、侵蚀控制、养分循环和娱乐方面的价值也较高,河湖对休闲娱乐具有一定贡献,草地和耕地生态价值相对要小。

表 4-6　生态系统服务全球年平均价值（1994 年）　　[单位：$/(hm^2 \cdot a)$]

生物群落	大气调节	气候调节	干扰调节	侵蚀控制	土壤形成	养分循环	授粉	生物控制	栖息地供给	基因供给	娱乐	文化	总价值
1. 森林		141	2	96	10	361		2		16	66	2	696
热带森林		223	5	245	10	922				41	112	2	1 560
温带/北温带森林		88			10			4			36	2	140
2. 草地	7	0		29	1		25	23		0	2		87
3. 湿地		133	4 539						304		574	881	6 431
潮沼地/红树林			1 839						169		658		2 666
沼泽地/河漫滩		265	7 240						439		491	1761	10 196
4. 河/湖											230		230
5. 耕地						14	24	—					38

注：空白表示缺乏数据；"—"表示无此价值或可忽略。
资料来源：刘仁志和夏琳琳，2011

生态系统服务的量化参数：自然生态系统的生态系统服务功能大多源自植物的新陈代谢过程或与之相关，这些过程包括光合作用、蒸腾作用、物质循环等，而这些与植物叶片的面积、特征（叶绿素浓度、气孔密度等）及其他环境因素有关，其中叶面积在很大程度上起着决定作用。叶面积指数可用于表征生态系统服务功能的大小。对于区域而言，可采用综合叶面积指数反映其生态系统服务功能大小，它是区域内各种生物群落/土地覆盖类型叶面积指数的加权和，其中权重为相应土地利用类型的面积占区域总面积的比例。

根据 Scurlock 等、Costanza 等和冉圣宏等对生物群落/土地覆盖的价值评估，生物群落/土地覆盖类型的平均叶面积指数见表 4-7 和表 4-8。

表 4-7　四分差 IQR 分析后的 1932～2000 年野外测定生物群落的叶面积指数统计分布

生物群落	样本数	平均值	标准偏差	最小值	最大值
北温带落叶阔叶林	58	2.58	0.73	0.6	4.0
北温带常绿阔叶林	94	2.65	1.31	0.48	6.21
农作物	88	3.62	2.06	0.2	8.7
沙漠	6	1.31	0.85	0.59	2.84
草地	28	1.71	1.19	0.29	5.0
人造林	77	8.72	4.32	1.55	18.0
灌木丛	5	2.08	1.58	0.4	4.5
北温带/温带落叶针叶林	17	4.63	2.37	0.5	8.5
温带落叶阔叶林	187	5.06	1.60	1.1	8.8
温带常绿阔叶林	58	5.70	2.43	0.8	11.6
温带常绿针叶林	215	5.47	3.37	0.002	15.0
热带落叶阔叶林	18	3.92	2.53	0.8	8.9
热带常绿阔叶林	61	4.78	1.70	1.48	8.0
苔原	13	1.88	1.47	0.18	5.3
湿地	6	6.34	2.29	2.5	8.4
总计	931	4.51	2.52	0.002	12.1

资料来源：刘仁志和夏琳琳，2011

表 4-8　生物群落/土地覆盖类型的平均叶面积指数　　　（单位：m^2/m^2）

生物群落/土地覆盖类型	耕地	园地	林地	草地	湿地	河、湖	建设用地	其他
平均叶面积指数	3	3	5	2	6.5	0	0.5	1.0

资料来源：刘仁志和夏琳琳，2011

生态系统服务的量化过程如下所述。

（1）基于土地利用调查更新或遥感影像解译，结合实地调查确定区域内的生物群落/土地覆盖类型。

（2）确定生物群落/土地覆盖类型占地面积 S_i 及其占区域总面积的比例 W_i：

$$W_i = S_i/S \tag{4-10}$$

式中，$S=\sum S_i$；$\sum W_i = 1$。式中，S_i 为第 i 种生物群落/土地覆盖类型的占地面积，hm^2；S 为研究区域土地总面积，hm^2；W_i 为第 i 种生物群落/土地覆盖类型面积占区域总面积的比例。

（3）计算区域综合叶面积指数 LT：

$$LT = \sum W_i L_i \tag{4-11}$$

式中，LT 为区域综合叶面积指数，m^2/m^2；L_i 为第 i 种生物群落/土地覆盖类型的平均叶面积指数，m^2/m^2；W_i 为第 i 种生物群落/土地覆盖类型面积占区域总面积的比例。

第七节　生态系统退化与修复

一、生态系统退化

1. 生态系统退化的概念

生态系统退化（degraded ecosystem）与健康生态系统（healthy ecosystem）相比，退化生态系统是一类病态的生态系统。所谓退化生态系统是指由于各种干扰破坏了原生性生态系统，使之退化并形成处于不同演替阶段的生态系统。

退化生态系统的类型：自然干扰和人类干扰所形成的退化陆地生态系统类型繁多，主要类型有：①裸地（barren）或称为光板地，通常具有较为极端的环境条件，或较为潮湿、干旱、盐渍化程度较深、缺乏有机质甚至无有机质、基质移动性强等；②森林采伐迹地（logging slash），是指人为干扰形成的退化类型，其退化状态随采伐强度和频度而异；③弃耕地（abandoned till，discard cultivated），是指人为干扰形成的退化类型，其退化状态随弃耕的时间而异；④沙漠（desert），可由自然干扰或人为干扰而形成；⑤采矿废弃地（mine derelict），是指被采矿活动所破坏的、非经治理而无法使用的土地；⑥垃圾堆放场（waste stack bank），或称为堆埋场，是指人为干扰形成的家庭、城市、工业等堆积废物的地方。除以上陆地退化生态系统外，还有由于水体富营养化、干涸等引起的水生退化生态系统及由于全球气候变化和大气污染引起的大气退化生态系统。

2. 生态系统退化的特征、规律与过程

以湿地生态系统退化为例，湿地是植物、水和土壤等要素在空间结构上的有机耦合系统。植物群落结构特征、功能群组成、物种多样性等是反映湿地生态系统时间和空间演替规

律的重要指标。湿地植物的生长主要受环境条件控制，尤其是水环境、土壤条件对其影响显著。土壤是植物生长繁育的基础，其理化性质及养分状况与植物群落之间存在密切的关系。它不仅影响植物群落的发育、生物量和物种多样性，而且影响植物群落演替的方向和速率。水环境变化是湿地生态系统退化的敏感指标，水环境的变化规律预示了湿地生态系统的演替方向。

近年来，受排水垦殖、过度放牧、无序旅游、砍伐森林和城市排污等人类活动的强烈干扰，中国云南省的纳帕海湿地已出现不同程度的退化。特别是过度放牧干扰改变了湿地环境，影响植物群落物种的分布、数量、水平配置等。水分梯度是影响湿地生态系统形成、发育、演化和退化的决定性因素，人为活动严重干扰了群落的自然演替过程。在人为活动强烈干扰下，纳帕海湖滨湿地植物群落演替速率加快，特别是由沼泽化草甸植物群落向草甸植物群落退化后，群落结构复杂，景观破碎化程度严重，群落中出现了大量的中生植物，牲畜适口性植物比例大幅度下降，鹅绒委陵菜、北水苦荬、矮地榆等杂类草所占比例高，并出现大狼毒（*Euphorbia jolkinii*）等植物，受到过度放牧的部分区域甚至出现裸地。

在湿地退化过程中，湿地水的矿化度、硬度、碱度有所降低，而氨氮、总磷含量呈逐渐上升趋势，但总氮、硝态氮含量变化不明显。一方面，过度放牧，牲畜的排泄物污染导致水中氮、磷过量输入，而且牲畜践踏导致土壤结构破坏、功能减弱或丧失，有机物分解加速使土壤氮、磷等营养物质进入沼泽地表水中，使总氮和总磷严重超标；另一方面，湿地退化后，净化水质能力下降，环境容量减小，水质逐渐恶化。氨氮和总磷在湿地植物群落演替过程中表现出逐渐上升趋势。

随着湿地退化加剧，湿地土壤pH、有机质和全氮含量逐渐降低。纳帕海沼泽湿地土壤处于淹水状态，通气性较差，嫌气条件下微生物分解能力弱，有利于有机物质的积累。湿地退化后，土壤通气性变好，矿化作用增强，土壤有机质含量因微生物分解作用加剧而不断降低，全氮因向速效氮转化而含量逐渐下降。湿地土壤全磷和全钾含量的变化主要取决于湿地植物吸收和植物残体死亡后的累积，在退化演替序列上群落生产力逐渐提高，土壤全磷、全钾含量呈逐渐上升趋势。随着湿地水被排干，土壤通气性增加，导致硝化作用增强，全氮被分解为速效氮，速效氮含量增加；当沼泽化草甸向草甸演替时，群落生产力提高，导致土壤速效氮被植物吸收和微生物利用而含量有所下降，土壤速效磷也具有这一特点。随湿地植物群落演替进行，速效氮和速效磷均先上升后下降。

湿地水的氨氮与物种丰富度、多样性指数和湿生、中生植物重要值呈显著相关，氨氮是湿地植物生长的限制性因子。土壤pH、全磷和湿地水的氨氮与植物群落特征因子相关性十分密切，是影响纳帕海湖滨湿地植物物种分布和群落演替的关键因子。

3. 生态系统退化诊断

对生态系统状况进行诊断评价的研究方法主要有指示物种法和指标体系法。指示物种法虽然简便易行，但存在一些问题，如需选择组织水平不同的物种进行研究、要考虑不同的尺度等。因此，必须建立指标体系对复杂的指标进行筛选分类。以上海崇明东滩海岸带生态系统为例，以压力—状态—响应（PSR）概念模型和生态承载力理论为基础，分别建立适用于近海、湿地和农田生态系统的3层评价指标体系。该指标体系的第1层次为目标层，用以诊断和评价崇明东滩海岸带生态系统退化状况及其空间结构特征；第2层次为项目层，包括压力（P）、状态（S）、响应（R）3个项目；第3层次为指标层，包含可直接测量或收集计算得到的指标。生态系统评价指标及各评价指标的量化方法见表4-9和表4-10。

表 4-9　崇明东滩海岸带生态系统评价指标体系

目标层	项目层	权重	指标层	单位	权重
湿地生态系统	压力	0.46	环境污染	mg/kg	0.20
			土地利用强度	—	0.16
			外来物种入侵	%	0.10
	状态	0.38	底栖生物量	g/m^2	0.11
			景观多样性指数	—	0.11
			植被覆盖层	%	0.16
农田生态系统	响应	0.16	珍稀鸟类多样性指数	—	0.10
			经济产出	×10^{4}元	0.06
	压力	0.48	环境污染	mg/kg	0.26
			土地利用强度	—	0.22
	状态	0.35	景观多样性指数	—	0.16
			植被覆盖度	%	0.19
近海生态系统	响应	0.17	珍稀鸟类多样性指数	—	0.08
			经济产出	×10^{4}元	0.09
	压力	0.65	环境污染	mg/kg	0.65
	状态	0.09	底栖生物量	g/m^2	0.09
	响应	0.26	珍稀鸟类多样性指数	—	0.26

资料来源：朱燕玲等，2011

表 4-10　崇明东滩海岸带生态系统评价指标的量化方法

指标	量化方法
环境污染/(mg/kg)	用重金属含量（P）表示，计算公式为 $P=(Pb+Cr+Cu+Zn)/4$。式中，Pb、Cr、Cu 和 Zn 分别为铅、铬、铜和锌 4 种重金属含量。首先，通过实地采样得到 2005 年采样点的重金属值，然后利用 ArcGIS 下的 Geostatistical Analyst 模块所提供的直方图工具和 QQPlot 工具对数据进行检验，数据分布为非正态分布，但从数据的均值与中值来看非常接近正态分布，因此可以运用克立格法进行插值（下面用到的克立格插值与该处理相同）
土地利用程度	用土地利用综合指数（Ld）表示，计算公式为 $Ld=100\times\sum_{i}^{n}A_i\times C_i$。式中，$A_i$ 为第 i 类土地利用程度的分级指数，根据土地利用类型，该指数分别取 1、2、3、4；C_i 为第 i 类土地利用程度分级面积百分比；n 为区域土地利用程度分级指数。首先，解译 2005 年 11 月的崇明东滩 Landsat TM 遥感影像，得到土地利用类型图，然后在 ArcGIS 软件下分别得到 A_i 和 C_i，最后得到整个研究区的 Ld
外来物种入侵/%	用互花米草（*Spartina alterniflora*）盖度表示。首先，解译 2005 年 11 月的崇明东滩 Landsat TM 遥感影像，然后进行图像分割得到每个斑块内互花米草占该斑块总面积的比例
植被覆盖	用植被覆盖率表示。在 ENV1 遥感处理软件下计算 2005 年 11 月的崇明东滩 Landsat TM 遥感影像的 NDVI 值，然后根据公式 $f=(NDVI-NDVI_{min})/(NDVI_{max}-NDVI)$，得到研究区植被覆盖率
底栖生物量/(g/m^2)	用底栖动物生物量表示。采用烘干法得到 2005 年各测定样点的各类底栖动物生物量，然后运用克立格插值法得到每个斑块上的底栖生物量值
景观多样性指数	$H=-\sum_{i=1}^{m}(P_i\ln P_i)$。式中，$H$ 为 Shannon-Wiener 指数；P_i 为第 i 类景观占景观总面积的比例；m 为景观类型数目；计算每个评价单元上的 Shannon-Wiener 指数，再将数值赋予每一评价斑块
鸟类多样性指数	用珍稀鸟类的多样性表示，对 2005 年实测样点上得到的鸟类多样性值运用克立格法得到整个研究区的值
经济产出/×10^{4}元	用芦苇以及蟹、河蚬、螺、缢蛏等底栖动物的经济产出表示，即计算实测样点上上述各物种的经济产出，再运用克立格法对实测样点数据进行插值

资料来源：朱燕玲等，2011

由于评价指标体系中各指标的类型复杂，且不同指标的量纲不同，加之各指标之间缺乏可比性，因此，需对各评价指标的原始数据进行标准化处理。按照正指标和负指标将原始数据变换为 [0，1]，采用极差法计算评价指标的无量纲值（p_i）。当评价指标为正指标时：

$$p_i = (c_j - c_{\min})/(c_{\max} - c_{\min}) \tag{4-12}$$

当评价指标为负指标时：

$$p_i = (c_{\max} - c_j)/(c_{\max} - c_{\min}) \tag{4-13}$$

式中，p_i 为各指标标准赋值结果；c_j 为评价指标的值；$c_{\max}$ 为某指标的最大值；$c_{\min}$ 为某指标的最小值。

为了保证指标权值的客观有效，采用客观赋权的熵权法与主观赋权的层次分析法（AHP）相结合的方法确定指标权重。首先，基于已构建的海岸带生态系统诊断指标体系，应用 AHP 法求权重 α_i；其次，用熵权法求得权重 β_i；最后，采用乘法合成法对评价指标进行组合赋权，即先对上述主观、客观赋权法所确定的权重系数对应相乘，最后将乘法进行归一化处理。归一化公式如下：

$$\omega_i = (\alpha_i \beta_i)/\sum(\alpha_i \beta_i) \quad (i = 1, 2, \cdots, n) \tag{4-14}$$

式中，α_i 和 β_i 分别为利用 AHP 法和熵权法确定的第 i 个评价指标的权重；ω_i 为第 i 个评价指标的组合权重。

基于 ArcGIS 软件对各指标进行赋值：对数据点较少的指标进行插值（如 Kriging 法）可得到整个面上的数据，使每个评价单元都有指标值的分布。利用极差标准化对指标数据进行标准化处理，并且结合权重计算得到新的标准化数据。

由于各生态系统所用到的指标不同（表 4-9），因此需分别对每个生态系统做退化诊断。首先，在 ArcGIS 平台下，按照表 4-9 中的权重对各生态系统的指标数据进行加权计算；其次，在 MATLAB 平台下，将加权后的结果数据做模糊 C-均值法聚类分析，得到聚类结果，该聚类结果是文本文件；最后，将聚类的文本文件导入 ArcGIS 软件，对空间聚类结果做叠置分析，按照文本文件中退化等级字段进行显示，得到各生态系统的退化等级分布图。

二、退化生态系统的修复

生态恢复与重建（rehabilitation and reconstruction）是指根据生态学原理，通过一定的生物、生态及工程的技术与方法，人为地改变和切断生态系统退化的主导因子或过程，调整、配置和优化系统内部及其与外界的物质、能量和信息的流动过程及其时空秩序，使生态系统的结构、功能和生态学潜力尽快地、成功地恢复到一定的或原有的乃至更高的水平。

1. 退化草原生态系统的修复

锡林郭勒草原是中国四大草原之一，是亚洲中温带半干旱草原的典型代表。它是全国重要的放牧畜牧业基地，又是北方和京津地区重要的绿色屏障。近年来在利用强度不断增加及不利自然因素影响下，草地大面积退化。在草地生态学领域，国内外许多研究者从群落生产力、种的形态、数量和分布格局、物种多样性、土壤物理、化学和生物学性状的变化等多方面研究了放牧退化和围封恢复演替过程。导致草原群落退化的机制性环节是植物个体小型化，这一过程引起以植物群落生产力下降和优势种更替为主要特征的草原生态系统退化。

为了使退化草原得到较好的恢复，这里以锡林郭勒盟白音锡勒牧场典型草原为例，说明在不同起始状态下的草原群落，经过 6 年的自然恢复，其各自的群落组成，地上生物量及共有种的植株高度、节间长、叶长、叶宽，土壤紧实度和容重都出现了变化。①不同放牧率（SR）的植物群落，经过 6 年的禁牧恢复，群落类型发生了变化且群落趋于一致。②当放牧率 SR≤5.33 羊/hm² 时，演替起始状态对草原群落地上生物量的恢复没有影响；当放牧率 SR>5.33 羊/hm² 时，演替起始状态对草原群落地上生物量的恢复产生影响，其结果是导致当前生物量降低，不利于草原的恢复。③不同放牧率植物群落的植物个体特征趋于一致，"个体小型化"现象消失。④不同放牧率植物群落的土壤紧实度和容重经过 6 年的禁牧恢复，没有得到完全恢复，但均达到一致的水平。

2. 退化草坡生态系统的自然恢复

由于人类干扰，加之缺乏合理的开发利用，保护和整治未得到足够的重视，使原有的自然生态系统遭到很大的破坏，失去再生产能力。这类退化生态系统土地贫瘠、水资源枯竭、生态环境恶化，从而严重地制约着农业生产的发展，并将影响人类生存空间的质量。退化生态系统一旦停止干扰，便发生进展演替，向原群落方向发展，其恢复过程可视为原群落结构、功能的相似度从低向高的发展过程。自然恢复是指无需人工协助，只依靠自然演替来恢复已退化的生态系统。退化群落自然恢复的终极是达到与原顶极群落相同的植被型，其外貌、层片、组成结构类同，不一定是群落组成完全一致的群丛。

广东鹤山丘陵退化草坡是地带性植被在人类长期干扰下退化而成的演替早期群落，经过 20 年的自然恢复，群落虽有阳生乔木入侵，但仍处于草本和灌丛占优势的生物多样性较低的阶段。土壤中的有机质、水解氮、有效磷和有效钾等营养元素已基本恢复到同地带顶级森林群落的水平。虽然群落的空间结构与生物多样性尚未恢复，但其部分生态功能已经恢复，其中水土保持最先恢复，生产力等功能还需要较长的时间恢复。对于鹤山草坡这类一般退化生态系统来说，可能需要通过构建合适的人工林来加速生物多样性和生物量等指标的恢复过程，仅仅通过自然恢复是难以在较短时间内迅速恢复其物质循环等功能的。自然恢复可以使土壤中的营养状况和水土流失很快达到顶级群落的水平，但是对于生态系统的其他功能，需通过构建合适的人工林来可加速这一过程。通过人工造林以恢复乔木层植被，进而引来林下植物的多样性。此外，还可根据自然条件，采用乔木、灌木等林木与草本植物，建立各种复合农林业生态模式。

3. 中国西部石质山地退化生态系统的恢复

（1）自然恢复。采取自然恢复（封山育林）可使天然植被能较充分利用石质山地区的各类小生境资源，如石面、石缝、石沟等。石质山地封山育林形成的林分常具有树种组成较多、结构较复杂的特点，对资源的利用更合理和更充分，加上石质山地区经济落后、交通闭塞、自我发展活力差、造林绿化经费投入有限，所以在此条件下，自然恢复植被的途径就具有了更重要、更现实的地位和作用。

（2）人工促进生态恢复。人工促进生态恢复主要是指人工重建，即人工造林，总体上以发挥各种防护功能的防护林为主，如山脊水源林、坡面水土保持林、坡耕地农田防护林等，而以用材林和经济林为辅。其造林模式可归纳为 3 类：以水源涵养水土保持功能为主的多树种复层混交林模式、以农田防护功能为主的林农复合经营模式、以经济产品为主的经济林模式。

（3）自然恢复与人工促进相结合。将封山育林与人工植树造林进行相结合，可以互相补充，有利于提高退化生态系统恢复的速率和质量。

4. 中国西部草原退化生态系统的恢复

（1）自然恢复。由于生态系统均具有自愈能力，因而退化仅十几年的土壤质地并未完全恶化且植物种质资源也未从系统中完全消失的草原退化生态系统，其自然恢复速率较快。所以对于这一类草原进行围栏封育、排除放牧使其自然恢复，不失为一种经济而有效的恢复措施。

（2）人工促进生态恢复。对于某些退化的草原生态系统而言，如土壤理化性状恶化的草原生态系统，其自然恢复是极其缓慢的，要采取人工措施对其进行恢复与重建，包括改善土壤物理性状、松土浅耕翻等措施；改善土壤营养状况的措施，对草原施肥尤其是施氮肥效果较为明显；改善退化草原生态系统种源条件，补播或混播豆科牧草；通过轻度合理放牧来促进草地恢复等措施，改善草原生态系统的物质循环，促进植物生长，达到改良草地状况的目的。

5. 中国西部黄土高原退化生态系统的恢复

（1）生物措施。以生物措施为本，改善土壤水分状况。

（2）以工程措施、农艺措施及生化措施为辅，人工模拟天然生态系统，促进系统内部高度和谐。在植被的恢复与重建过程中，为建造一个生物与环境相协调的生态系统，可以选取一个与恢复区环境特征相近的、发育良好的天然生态系统，模拟其结构，包括群落中各层的物种组成、种群的分布格局，甚至个体和物种的数量比例等进行全面的模拟。在水热条件较好的黄土高原暖温带湿润半湿润森林区和暖温带半湿润半干旱森林草原区，选取该区发育较好的落叶阔叶林与针叶林森林生态系统，对其进行模拟；在中温带半干旱典型草原区、中温带干旱半干旱荒漠草原区及中温带干旱草原化荒漠区，模拟与该生物气候区对应的典型草原与灌丛生态系统。重建先锋物种，减少人为干扰，促进生态系统的进展演替。

6. 中国西部荒漠及荒漠草原退化生态系统的恢复

（1）盐化土质荒漠退化生态系统及其治理。轻-中度盐化亚类可适合于各种作物，以农业改良措施为主、水利改良措施为辅，进行退化系统的改良；强盐化和盐土开垦后以水利改良措施为主，排水压盐后，通过草田轮作阶段，巩固脱盐效果，进一步巩固与提高土壤肥力。

（2）碱化土质荒漠退化生态系统及其治理。自然的碱化土质荒漠生态系统一般由半灌木、小半灌木荒漠植物群落和碱化干旱土组成，在开垦后的碱化土质荒漠退化生态系统，通过施肥、酸性改良剂、草叶轮作农牧结合等改良措施，在灌溉管理水平比较高的情况下，可以向绿洲化方向发展，系统生产力逐步提高，形成较好的荒漠绿洲生态系统物质循环。

（3）砂质荒漠退化生态系统及其治理。中国西北荒漠大多为极端干旱缺水而利用价值低的沙漠生态系统，沙质荒漠退化生态系统的分布随着中国沙漠化的发展，分布面积有所扩大，对于此类生态系统应以保护为主。

（4）砾质荒漠退化生态系统及其治理。此类生态系统在干旱区广布的砾漠有着漫长的地质历史，有严酷的干旱与风蚀条件，初级生产力极低，应以保护为主。

7. 湖滨带退化生态系统的恢复

湖滨带的生态恢复可概括为湖滨带生境恢复、湖滨带生物恢复和湖滨带生态系统结构与功能恢复3个部分，相应地，湖滨带的生态恢复技术划分为三大类：①湖滨带生境恢复与重建技术，包括湖滨带基底恢复、水文条件恢复、水质恢复和土壤恢复等。基底恢复技术包括物理基底改造技术、生态堤岸技术、水土流失控制技术、生态清淤技术等。水文条件恢复通常是通过调控湖泊水位、河流廊道恢复、配水工程等措施来实现的。水质恢复技术包括污水处理技术、湖泊富营养化控制技术等。土壤恢复技术包括土壤污染控制技术、土壤肥力恢复技术等。②湖滨带生物恢复与重建技术主要包括物种选育和培植技术、物种引入技术、物种保护技术、种群扩增及动态调控技术、种群行为控制技术、群落演替控制与重建技术、群落结构优化配置与组建技术等。③湖滨带生态系统结构与功能恢复技术主要包括生态系统结构及功能的优化配置与调控技术、生态系统稳定化管理技术、景观设计技术等。在上述生态恢复理论的指导下，选择洱海西岸小关邑村附近的湖滨滩地进行了约3年的湖滨带生态恢复与重建试验示范研究。结果表明，通过生境修复（去除人为干扰、物理基底修复）和植被重建，试验区湖滨湿地生态功能得到改善和强化，生态效益明显。湖滨带湿地生态系统的生物多样性和稳定性增加；水质净化作用显著，主要污染物总氮、总磷、化学耗氧量（高锰酸盐氧化-化学测量法）（COD_{Mn}）、PO_4^{3-}、硫浓度都明显下降；湖滨带浅水区藻类受到抑制，浮游动物的构成和数量发生变化。

第八节　生态系统管理

一、生态系统管理的概念

生态系统管理（ecosystem management）起源于传统的自然资源管理和利用领域，形成于20世纪90年代。它是指基于对生态系统组成、结构和功能过程的最佳理解，在一定的时空尺度范围内将人类价值和社会经济条件整合到生态系统经营中，以恢复或维持生态系统整体性和可持续性。

什么是生态系统管理？由于科学家们的研究对象、目的和专业角度不同，生态系统管理的定义和理论框架尚处在争议之中，一些比较有影响的生态系统管理定义如下所述。①Agee和Johnson（1988）：生态系统管理是指调控生态系统内部结构和功能、输入和输出，使其达到社会所期望的状态；②Overbay（1992）：生态系统管理是指精心巧妙地利用生态学、经济学、社会学及管理学原理，来长期经营管理生态系统的生产、恢复或维持生态系统的整体性及所期望的状态、利用、产品、价值和服务；③ Society of American Foresters（1993）：生态系统管理是对一个集合体中的全部森林的价值与功能配置进行景观水平维持的一种策略，包括全部所有者在内的景观水平上的协调管理；④Forest Ecosystem Management Team，USA（1993）：生态系统管理与单一生物种的规律相反，是通过关联生态系统中所有生命体来管理生态系统的一种策略或计划；⑤American Forest and Paper Association（1993）：生态系统管理是在可以接受的社会、生物和经济风险条件下生产必需的生活品，在满足公众需求和期望的同时维持生态系统健康和生产力的一种资源管理系统；⑥Grumbine等（1994）：生态系统管理是以长期地保护自然生态系统的整体性为目标，将复杂的社会、政治及价值观念与生态科学相融合的一种生态管理方式，这种管理是以顶极生态系统为主要对象，维持生态系统结构和功能的长期稳定性，保护当地（顶极）生态系统长期的整体性；⑦Wood（1994）：生态系统管理是综合利用生态的、社会的和经济学的原理，经营管理生物和物理系统，以保证生态系统可持续性、自然界多样性和景观生产力；

⑧Christensen等（1996）：生态系统管理是具有明确且可持续性的目标的，由政策、协议和实践活动来保证实施的一种管理活动，它在对维持生态系统组成、结构与功能所必要的生态相互作用和生态过程的最佳理解基础上从事研究和监测，以不断改进管理的适合性；⑨Boyce和Haney（1997）：生态系统管理是对生态系统进行合理经营管理以确保其可持续性，生态可持续性是指维持生态系统的长期发展趋势或过程，并避免损害或衰退；⑩Dale等（1999）：生态系统管理是考虑了组成生态系统的所有生物体及生态过程，并且基于对生态系统的最佳理解的土地利用决策和土地管理的实践过程；⑪任海等（2000）：生态系统管理是基于对生态系统组成、结构和功能过程的最佳理解，在一定的时空尺度范围内将人类价值和社会经济条件整合到生态系统经营中，以恢复或维持生态系统整体性和可持续性。

不难看出，生态系统管理学是生态学、环境学和资源科学的交叉学科，为了保障人类社会的可持续发展，通过有效管理政策和技术来建立可持续生态系统，以维持良好的生态系统结构和功能状态，保护自然景观、生态系统和生物多样性，实现自然资源的最低消耗和有效更新。生态系统管理是在探索人类与自然和谐发展过程中逐渐形成和发展的一种新的管理思想，它基于对生态系统组成、结构和功能的理解，将人类的经济活动和文化多样性看成是重要的生态过程，并融合到一定时空尺度的生态系统经营中，以恢复或维持生态系统的完整性和可持续性。

二、生态系统管理的要素

由于生态系统的广泛含义及其定义的多样化，使得人们在理解和应用生态系统管理方法时常常充满疑惑，为了从整体上形成对这个概念实质内容的理解，国内外许多学者总结了各领域生态系统管理方法所包含的要素，提出共性的内容，构成了生态系统管理的基本概念框架（表4-11）。

表 4-11　生态系统管理的基本要素

基本要素	要素含义
可持续性	生态、社会、经济和文化的可持续发展是生态系统管理的前提，理解生态系统和构建生态模型，以了解和描述生态系统的特征，实行生态系统管理
系统视角	多尺度性：生态系统涉及基因、物种、种群和景观等多个层次，且层次间存在着相互作用关系 复杂性和相关性：多尺度间的相互关系及其导致的复杂系统结构，以及复杂结构支持的重要生态过程 动态性：生态系统不是静止不变的，始终处于变动和进化过程中
广泛的时空尺度	生态系统过程发生在一系列不同的时空尺度上，应该在生态边界内实行生态系统管理，即传统的资源管理面对的时空尺度都不足够大。生态系统管理往往是跨越行政、政治和所有权尺度的

续表

基本要素	要素含义
人是系统的一部分	人影响着生态系统，不应该将人从自然中分离出来，而应该在寻求生态系统可持续发展的过程中将人类作为一分子考虑进来
制定社会目标	生态系统管理是一个社会过程，人类的价值取向在管理目标的设定过程中起着决定性的作用
共同决策	生态系统管理的空间大尺度特性使得管理必然是一个共同决策的过程，涉及政府机构、民间组织、非政府机构和私营主与工业企业

资料来源：田慧颖等，2006

三、生态系统管理的框架

根据生态系统管理的主要构成要素，确定生态系统管理的框架如下（图 4-33）：①制定管理目标；②确定管理的时空尺度；③生态系统及其服务状况评估；④分析生态系统及其服务变化的驱动因素；⑤确定和调整管理计划；⑥实施管理计划；⑦监测和研究管理措施的效应及影响；⑧对实施管理的生态系统及其服务进行评价；⑨调整管理计划。

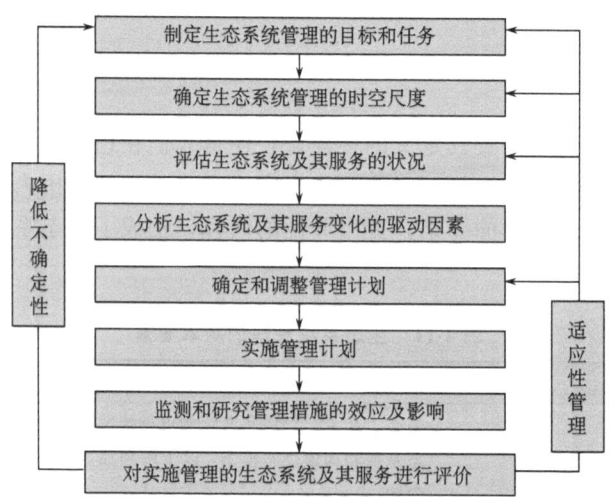

图 4-33 生态系统管理的框架（引自张永民和席桂萍，2009）

由于生态系统变化的驱动机制极其复杂，而且往往具有许多不确定性。因此，应该根据生态系统途径的要求，在生态系统管理中采取适应性管理，即根据生态系统本身的特征、自然因素的变化及人类活动正负两个方面的影响，适时地调整生态系统管理的对策和措施，并对调整后的每一项措施所产生的效果进行监测、评估、经验学习和再调整，如此循环往复和信息反馈，不断完善管理框架，从而实现可持续地获得期望生态系统服务的目标。

四、生态系统管理的内容

生态系统管理的内容包括：①依靠控制污染或改变营养物和污染物对大气圈、水域、土壤或直接对植被的输入来调节化学条件；②调节物理参数，如依靠大坝来控制水的释放或控制盐水浸入沿岸蓄水区；③改变生物间的相互关系，如依靠控制放牧和捕食，或防止灌木和树木侵入草地和灌丛，或依靠火烧或刈割来干涉植被的发展和动态；④控制人类对生物产品的使用，如限制化肥和杀虫剂的使用、调节渔网的孔径大小等；⑤在考虑保护的利益时介入文化、社会和经济过程，如依靠对农业的补贴来降低人们的操作强度。

于贵瑞等在研究特定区域或全球尺度生态系统可持续管理的过程中，明确提出了区域尺度生态系统管理的主要科学问题：①生态系统的综合评价与适应性管理；②自然资源保护、生态系统健康与退化生态系统恢复的生态学基础；③生态系统管理的基础生态学过程；④生态系统网络研究、监测和成果集成；⑤区域尺度生态系统管理的综合研究等。

五、生态系统管理的原则

生态系统管理的原则有几种代表性的观点。《国土资源情报》载文提出应用于生态系统管理方法和可持续发展的原则主要有 8 项：①保持生态系统的功能和完整性；②认识生态系统界线和跨界线问题；③保持生物多样性；④认识变化的必然性；⑤将人类作为生态系统的一部分；⑥认识以知识为基础的适当管理；⑦认识多部门协作的必要性；⑧使生态系统管理成为主流发展方向。

Pavikakis 等认为，生态系统管理的主要原则包括以下 4 个方面：①必须强调生态系统管理所涉及的相互协作；②考虑生态系统管理所涉及区域内居民的特性、目标和行为的敏感性；③必须允许和鼓励局部水平的多种利用和行为，以达到区域的长期管理，同时需要对个人利用加以法律约束，必要时禁止个人利用；④在规划、设计和决策过程中，需要收集关于区域的高质量的科学信息，以便对整个管理过程提供帮助。

Sibthorp 研讨会提出生态系统管理的 10 项原则。指导性原则包括：①管理目标是社会的抉择；②生态系统的管理必须考虑人的因素；③生态系统必须在自然的分界内管理；④管理必须认识到变化是必然的；⑤生态系统管理必须在适当的尺度内进行，保护必须利用各级保护区。操作性原则包括：①生态系统管理需要从全球考虑，从局部着手；②生态系统管理必须寻求维持或加强生态系统结构与功能；③决策者应当以源于科学的适当工具为指导；④生态系统管理者必须谨慎行事；⑤多学科交叉的途径是必要的。

沃科特（K. A. Vogt，2002）的观点如下：①生态系统管理必然要将自然科学的工具和数据与政治和社会科学的技术相融合，必须在物理学和生态系统生物学事实与同样真实的人类因素之间要找到一个平衡点；②生态系统管理要求积极地管理，这既针对自然的系统，也针对与这个系统所发生作用的人为因素或外部影响；③生态系统的功能应该用两个参数度量，即生物多样性和生产能力，要考虑生态系统的功能和过程；④生态系统管理认为识别阈值是必须的，生态系统科学家及管理者的一个重要职能就是开发用以识别阈值的工具，为生态系统确定出不同的阈值水平，并将所获得的数据提供给决策者；⑤生态系统管理要求系统地、科学地研究人类对生态系统的利用及对其造成的影响，生态系统管理要让二者达到均衡；⑥"没有免费的午餐"，在人类扩大开发利用与生态系统功能之间必然有一方要做出牺牲，这样，生态系统管理最终要提供备选和折中的方案，并对这些选择的成本和收益情况进行评估和监测，理解和接受损失是生态系统管理的一个组成部分；⑦因管理目标和管理对象的变化，生态系统管理的尺度必须有足够的弹性，时间尺度也必须有足够的可调节性，以允许灾变干扰后重构一个完整的生态系统循环；⑧可调节性管理是生态系统管理的一个基本组成部分，规则和标准不仅要有足够的弹性以适应生物物理状态、人类行为及对象的不断变化，还要适应科学的发展，生态系统管理需要一个能从本身所犯错误中学习的系统，这是一个具有反馈作用的非僵化的系统。他进一步提出好的管理原则要考虑并包括下列内容：①空间和时间尺度至关重要；②考虑到系统能力的限制因素；③生态系统管理寻求问题的根源，而不是头痛医头、脚痛医脚；④考虑社会约束力；⑤科学为决策提供信息；⑥对系统的功能及结构进行研究（系统的存留及输出）。

六、生态系统管理的步骤

实施生态系统管理的行动步骤，有以下代表性的意见。赵云龙等依据前人的观点，得出生态系统管理方法论的9个步骤：①调查确定系统的主要问题；②当地居民的认知和参与；③政策、法律和经济分析；④确认管理的目标和对象；⑤生态系统管理边界的确定，尤其是确定等级系统结构，以核心层次为主，适当考虑相邻层次内容；⑥制订管理计划，将社会经济数据和生态数据在一个适宜的模型中关联；⑦实施和调控；⑧评价、明确管理方案的缺陷和局限性；⑨制定矫正措施，通过反馈机制进一步促进适应性管理的进行。

于贵瑞提出的生态系统管理步骤和行动包括：①定义可持续的、明确的和可操作的管理目标；②收集适当的数据，在对生态系统复杂性和系统内各种要素相互作用关系充分理解的基础上，提出合理的生态模型，分析并检测生态系统的动态行为；③明确被管理生态系统的空间尺度和空间边界，尤其是要合理确定生态系统管理的等级关系，以核心等级为主，考虑其相邻等级的内容；④分析和综合生态系统的生态、经济和社会信息，制定合理的生态系统管理政策、法规和法律；⑤确定管理的时间尺度，并制订年度财政预算和长期的财政计划；⑥履行生态系统的适应性管理和责任分工，注意协调管理部门与生态系统管理者、公众的合作关系；⑦发挥科学家的科学研究和组织实施作用，及时对生态系统管理效果进行确切的评价，提出生态系统管理的修正意见，真正落实生态系统的适应性管理计划。

以上一些意见或观点都明确地指出生态系统管理是维持自然资源与依赖于自然资源的社会经济系统之间的一种平衡。所谓生态系统管理是在社会经济自然（生态）复合生态系统的视角下进行的管理活动，与传统的自然资源管理有着本质的区别。

七、基于生态系统的海洋管理

1. 基于生态系统的海洋管理的内涵

1992年里约热内卢地球峰会上，生态系统途径（ecosystem approach，EA）作为生物多样性保护的基础概念被提出，在海洋管理领域，生态系统途径更多地被称为基于生态系统的管理（ecosystem-based management，EBM）。EBM从传统生态系统管理的基础上发展而来，继承了部分传统管理的属性，两者有相似之处，但是，两者存在根本差别（表4-12）。

表 4-12　EBM 和传统管理方式之间的比较

比较方面	传统管理方式	EBM
管理的关注对象	单一的物种	生态系统
空间尺度	小的空间尺度	多层次空间尺度
视野	短期目光	长远视野
人类与生态系统关系	人类独立于生态系统	人类是生态系统的一部分
科学研究与管理的关系	管理和科学研究脱节	适应性管理
管理目标	获得产品	持续的产品和服务供给

EBM 内涵中包含了 3 个方面的基本要素：①EBM 是综合管理，管理行动中综合考虑了生态、经济、社会和体制等各方面因素；②管理对象是对生态系统造成影响的人类活动，而不是生态系统本身，这是 EBM 与传统生态系统管理模式最大的不同之处；③管理的目标是维持生态系统健康和可持续利用。

2. EBM 所包含的原则

（1）以生态系统特征定义的管理范围。基于生态系统的海洋管理空间范围不是随意划定的，而必须遵循以下原则：打破传统的由行政边界分割形成的管理范围，改变为根据生态系统分布的空间范围划定管理范围，保证每一个管理单元所包含的都是相对完整的生态系统；管理范围本身具有多层次多尺度性，基于生态系统海洋管理的国家战略包含了国家、区域和地方等不同空间尺度上的策略。

（2）管理目标的长远性和全面性。管理目标必须具备长远性，符合可持续发展的原则；目标必须具备全面性，能考虑到所有相关方的利益所在，包括支撑经济发展、维持生态系统健康、满足社会需求等。

（3）适应性管理。由于对海洋的了解很有限，社会、经济和生态环境又处在发展变化过程中，有可能导致管理措施实施的结果偏离预定目标的情况，必须通过经常性的监测评价检验管理措施的有效性，及时发现并纠正偏离目标的情况；在管理实施过程中为可能产生的不确定性做好充分预案。

（4）鼓励广泛的合作和参与。海洋管理涉及渔业、矿产、交通运输、环境保护、旅游等行业和部门，要求涉海部门通力合作；需要运用最可靠的科学知识（社会、经济和生态）作为决策基础，要求跨学科、跨部门的科学家积极参与、集思广益；海洋管理涉及不同团体的利益，如政府、渔民、旅游者、商人等，鼓励所有相关利益者共同参与，以保证管理结果能最大限度地符合相关者的利益。

3. EBM 的实践

基于生态系统的海洋管理已经得到学术界、各海洋大国和相关国际组织的高度关注和认可。1998 年，澳大利亚颁布了《澳大利亚海洋政策》，使其成为世界上第一个专门针对海洋环境保护和管理制定国家级综合规划的国家，倡导通过制订《区域海洋规划》并实施基于生态系统的海洋管理。2002 年 5 月，欧洲联盟通过了关于在欧洲实施海岸带综合管理的建议，用基于生态系统的方法保护海洋环境，保护其整体性和功能，可持续地管理海岸带地区的海洋和陆地自然资源。2002 年 7 月，《加拿大海洋战略》明确提出基于生态系统的海洋管理和保护措施。2003 年 3 月，美国国家海洋与大气局颁布了 2003～2008 年战略计划，确定用以生态系统为基础的管理方式，保护、恢复和管理好海洋和海洋资源。2004 年，基于生态系统的方法被定为 21 世纪美国海洋管理的基本方法。

1994 年，中国开始了海岸带综合管理（integrated costal management，ICM）实践，在厦门市建立海岸带综合管理示范区。1997 年，在广西的防城市、广东的阳江市、海南的文昌市进行海岸带综合管理试验。ICM 和 EBM 理念都强调"综合"，但是两个综合有所区别，ICM 强调的综合是指建立综合的管理体制和运行机制，EBM 强调的综合是指综合考虑生态、经济和社会等因素，综合管理在完整的生态系统上的所有人类活动。已经启动的黄海大海洋生态系项目是通过跨边界生态环境问题诊断分析，形成并实施国家和区域的黄海战略行动计划，从而实现有效地减轻该海域所承受的社会、经济发展带来的压力，推进对黄海大海洋生态系的可持续利用和管理，促进黄海周边国家社会、经济的发展。

复 习 题

一、问答题

1. 试述生态系统的成分与结构。
2. 试述生态系统能量流动的渠道：食物链和食物网。
3. 试述生态效率和十分之一定律。
4. 试述物质循环的概念和特点。
5. 试述生态系统中有毒物质的循环。
6. 试述生态系统稳定性的概念及维护生态系统平衡的措施。
7. 试述全球变化的概念及其主要现象。
8. 试述全球生态学的基本原理。
9. 试述生物多样性的概念及保护措施。
10. 试述持续发展的概念、原则、特征与措施。
11. 试述生态安全问题及其对策。
12. 试述生态系统过程、功能和服务的概念。

二、名词解释

1. 生态入侵（ecological invasion）
2. 生态安全（ecological security）
3. 全球变化（global change）
4. 生物多样性（biological diversity）
5. 物种多样性（species diversity）
6. 遗传（基因）多样性（gene diversity）
7. 生物群落多样性或生态系统多样性（ecosystem diversity）
8. 初级生产（primary production）
9. 初级生产力或第一性生产力（primary productivity）
10. 总初级生产（gross primary production，GPP）
11. 净初级生产（net primary production，NPP）
12. 次级生产或第二性生产（secondary production）
13. 食物链（food chain）
14. 食物网（food web）
15. 营养阶（trophic level）
16. 生态金字塔（ecological pyramid）
17. 能量金字塔（energy pyramid）
18. 数量金字塔（pyramid of number）
19. 生物量金字塔（biomass pyramid）
20. 生物地球化学循环（biogeo-chemical cycle）
21. 生物地球化学循环分三大类型：水循环（water cycle）、气体型循环（gaseous cycle）和沉积型循环（sedimentary cycle）
22. 温室效应（greenhouse effect）
23. 抵抗稳定性（resistant stability）
24. 恢复稳定性（resilient stability）
25. 生态系统过程（ecosystem process）
26. 生态系统功能（ecosystem function）
27. 生态系统服务（ecosystem service）

第五章 景观生态学

第一节 景观生态学的基本理论

一、景观生态学的概念

景观的定义：景观一般是指反映内陆地形地貌景色的图像，如草原、森林、山脉、湖泊等；或是某一地理区域的综合地形特征；或是人们放眼所映获的自然景色。在生态学中，景观的定义可概括为狭义和广义两种。狭义景观是指几十公里至几百公里范围内，由不同生态系统类型所组成的异质性地理单元，而反映气候、地理、生物、经济、社会和文化综合特征的景观复合体称为区域。狭义景观和区域可统称为宏观景观。广义景观则是指出现在从微观到宏观不同尺度上的、具有异质性或缀块性的空间单元。广义景观概念强调空间异质性，其空间尺度随研究对象、方法和目的而变化，而且突出了生态学系统中多尺度和等级结构的特征。

景观生态学是研究景观单元的类型组成、空间格局及其与生态学过程相互作用的综合性学科。它源自地理学中的景观学和生物学中的生态学的交叉，把地理学对地理空间相互作用的横向研究与生态学对生态系统功能相互作用的纵向研究结合为一体，以景观为对象，通过能量流、物质流、物种流及信息流与价值流在地球表层的交换，研究景观空间结构、内部功能、时间与空间的相互关系及时空模型的建立等。

景观生态学的发展历程：1939年，著名的德国地理植物学家特罗尔（C. Troll）在利用航空相片研究东非土地利用问题时，首先提出了景观生态学。1981年，黄锡畴和刘安国首次在中国介绍了景观生态学。1989年10月，第一届全国景观生态学学术讨论会在沈阳召开。同年，北京大学城市与环境系设立景观生态研究室，此后北京大学、南京大学等各大院校开设景观生态学或相关课程，推动了景观生态学在中国的发展。1991年，肖笃宁根据相关学科理论，提出了景观生态学的七大理论基础。1992年，中国生态学会景观生态专业委员会成立，此后，中国出版了一系列有关景观生态学的专著。2009年9月第六届全国景观生态学术讨论会在成都召开，全面总结了中国景观生态学的发展。近年来，学者们对景观异质性、景观连通性、生态学尺度和尺度转换等主要问题进行了大量研究。

二、景观生态学的研究对象和内容

景观生态学的研究对象和内容可概括为3个基本方面（图5-1）：①景观结构，即景观组成单元的类型、多样性及其空间关系；②景观功能，即景观结构与生态学过程的相互作用，或景观结构单元之间的相互作用；③景观动态，即景观在结构和功能方面随时间推移发生的变化。

景观生态学的发展与土地规划、管理和恢复等问题密切联系，包括在保护生物学、景观规划、自然资源管理等方面的应用。传统生态学思想强调生态学系统的平衡态、稳定性、均质性、确定性及可预测性。但是，生态学系统并非处在"均衡"状态，时间和空间上的缀块

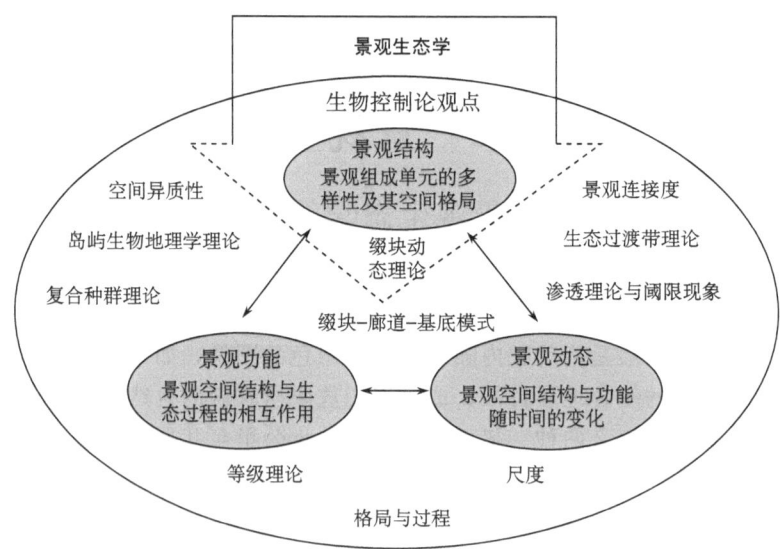

图 5-1　景观结构、功能和动态的相互关系及景观生态学中的
基本概念和理论（引自邬建国，2000）

性或异质性是它们的普遍特征。不断增加的人为干扰使这些特征越加突出，因此，强调多尺度上空间格局和生态学过程相互作用，以及等级结构和功能的景观生态学观点，为解决实际环境和生态学问题提供了一个更合理、更有效的概念构架。

景观生态学研究的重点主要集中在下列几个方面：①空间异质性或格局的形成及动态；②空间异质性与生态学过程的相互作用；③景观的等级结构特征；④格局-过程-尺度之间的相互关系；⑤人类活动与景观结构、功能的反馈关系及景观异质性（或多样性）的维持和管理。

三、景观生态学的理论要点

景观生态学的主要理论包括尺度及其有关概念、格局与过程、空间异质性和缀（斑）块性、等级理论、边缘效应、缀（斑）块动态理论、缀（斑）块-廊道-基底模式、种-面积关系和岛屿生物地理学理论、复合种群理论、景观连接度与渗透理论、景观中性模型、"源""汇"景观理论。

1. 尺度及其有关概念

尺度是指对某一研究对象或现象在空间上或时间上的量度，分别称为空间尺度（spatial scale）和时间尺度（time scale）。组织尺度（organizational scale）的概念，即在由生态学组织层次（如个体、种群、群落、生态系统、景观、区域、全球）组成的等级系统中的位置，也广为使用。在景观生态学中，尺度往往以粒度（grain）和幅度（extent）来表示。空间粒度是指景观中最小可辨识单元所代表的特征长度、面积或体积。例如，在不同观察高度上放眼望去，同一森林景观，其最小可辨识结构单元会随着距离而发生变化，在某一观察距离上的最小可辨识景观单元则代表了该景观的空间粒度。对于空间数据或图像资料而言，其粒度对应于最大分辨率或像元（pixel）大小。时间尺度是指某一现象或事件发生的频率或时期间隔。例如，某一生态演替研究中的取样时间间隔或某一干扰事件发生的频率，都是时间粒度的例子。幅度（range）是指研究对象在空间或时间上的持续范围。在景观生态学研究中往往需要利用某一尺度上所获得的信息或知识来推测其他尺度上的特征，这一过程即为尺度推绎（scaling）。尺度推绎包括尺度上推（scaling up）和尺度下推（scaling down），由于生态学系统的复杂性，尺度推绎往往以数学模型和计算机模拟作为其重要工具。

2. 格局与过程

格局是指空间格局（spatial pattern），即缀块和其他组成单元的类型、数目，以及空间分布与配置等。空间格局可粗略地描述为随机型、规则型和聚集型。过程（process）强调事件或现象发生、发展的程序和动态特征。景观生态学涉及的生态学过程包括种群动态、种子或生物体的传播、捕食者和猎物的相互作用、群落演替、干扰扩散、养分循环等。

3. 空间异质性和缀（斑）块性

空间异质性（spatial heterogeneity）是指生态学过程和格局在空间分布上的不均匀性及其复杂性，可理解为是空间缀（斑）块性（patchiness）和梯度（gradient）的总和。而缀（斑）块性则主要强调缀（斑）块的种类组成特征及其空间分布与配置关系。

4. 等级理论

复杂系统具有离散性等级层次（discrete hierarchical level），处于等级系统中高层次的行为或动态常表现出大尺度、低频率、慢速率特征；而低层次的行为或动态则表现出小尺度、高频率、快速率的特征。不同等级层次之间还具有相互作用的关系，即高层次对低层次有制约作用（constraint），而低层次为高层次提供机制和功能。等级系统具有垂直结构（等级层次）和水平结构。对垂直结构而言，有巢式和非巢式等级系统。在巢式系统中，每一层次均由其下一层次组成，二者具有完全包含与被包含的对应关系；在非巢式系统中，不同等级层次由不同实体单元组成，因此上、下层次之间不具有包含与被包含的关系。在巢式系统中，高层次的特征常常可由低层次的特征来推测。对等级系统的水平结构来说，每一层次由不同的亚系统或整体元（holon）组成。整体元具有两面性或双向性，即对其低层次表现出相对自我包含的整体特性，对其高层次则表现出从属组分的受约束特性。

5. 边缘效应

边缘效应（edge effect）是指缀（斑）块边缘部分由于受外围影响而表现出与缀（斑）块中心部分不同的生态学特征的现象。缀（斑）块中心部分在气象条件（如光、温度、湿度、风速）、物种的组成及生物地球化学循环方面，都可能与其边缘部分不同。缀（斑）块周界部分常常具有较高的物种丰富度和第一性生产力。有些物种需要较稳定的生物条件，往往集中分布在缀（斑）块中心部分，故称为内部种（interior species）；而另一些物种适应多变的环境条件，主要分布在缀（斑）块边缘部分，称为边缘种（edge species）。边缘效应是与缀（斑）块的大小以及相邻缀（斑）块和基底特征密切相关的，当缀（斑）块的面积很小时，内部-边缘环境分异不复存在。

6. 缀（斑）块动态理论

生态系统是缀（斑）块镶嵌体，缀（斑）块的个体行为和镶嵌体综合特征决定生态系统的结构和功能。20世纪70年代以来，缀（斑）块动态概念被广泛运用于种群和群落生态学的理论与实践研究中，Wu 和 Loucks 在总结前人研究工作的基础上，提出了等级缀（斑）块动态范式（paradigm），其要点包括：①生态学系统是由缀（斑）块镶嵌体组织的等级系统；②生态学系统的动态是缀（斑）块个体行为和相互作用的总体反映；③格局-过程-尺度观点，即过程产生格局，格局作用于过程，而二者关系又依赖于尺度；④非平衡观点，即非平衡现象在生态学系统中普遍存在，局部尺度上的非平衡和随机过程往往是系统稳定性的组成部分；⑤兼容机制（incorporation）和复合稳定性（metastability）。兼容是指小尺度上、高频率、快速率的非平衡态过程，被整合到较大尺度上稳定过程的现象，这种在较大尺度上表现出来的"准稳定性"称为"复合稳定性"。

7. 缀（斑）块-廊道-基底模式

组成景观的结构单元有3种，即缀（斑）块、廊道和基底。缀（斑）块（patch）泛指与周围环境在外貌或性质上不同，但又具有一定内部均质性（homogeneity）的空间部分，缀（斑）块包括植物群落、湖泊、草原、农田、居民区等。廊道是指景观中与相邻两边环境不同的线性或带状结构。常见的廊道包括农田间的防风林带、河流、道路、峡谷和输电线路等。廊道类型的多样性，导致了其结构和功能方法的多样化，其重要结构特征包括宽度、组成内容、内部环境、形状、连续性以及与周围缀（斑）块或基底的作用关系。廊道常常相互交叉形成网络（network），使廊道与缀（斑）块和基底的相互作用复杂化。基底是指景观中分布最广、连续性也最大的背景结构，常见的有森林基底、草原基底、农田基底、城市用地基底等。

8. 种-面积关系和岛屿生物地理学理论

景观中缀（斑）块面积的大小、形状及数目对生物多样性和各种生态学过程都会有影响。例如，物种数量（S）与生境面积（A）之间的关系常表达为

$$S = cA^z \tag{5-1}$$

式中，c 和 z 为常数。

考虑到景观缀（斑）块的不同特征，物种丰富度（或种数）与生境多样性、干扰、缀（斑）块面积、演替阶段、基底特征、缀（斑）块隔离程度等有密切关系。

岛屿生物地理学理论将生境缀（斑）块面积和隔离程度与物种多样性联系在一起，其数学表达式为

$$dS/dt = I - E \tag{5-2}$$

式中，S 为物种数；t 为时间；I 为迁居速率，是种源与缀（斑）块间距离 D 的函数；E 为绝灭速率，是缀（斑）块面积 A 的函数。

9. 复合种群理论

复合种群是由空间上相互隔离但又有功能联系（繁殖体或生物个体的交流）的2个或2个以上的亚种群（subpopulation）组成的种群缀（斑）块系统。亚种群生存在生境缀（斑）块中，而复合种群的生存环境则对应于景观镶嵌体，"复合"一词正是强调这种空间复合体特征的。复合种群理论有两个基本要点：一是亚种群频繁地从生境缀（斑）块中消失［缀（斑）块水平的局部性绝灭］；二是亚种群之间存在生物繁殖体或个体的交流［缀（斑）块间和区域性定居过程］，从而使复合种群在景观水平上表现出复合稳定性。因此，复合种群动态涉及 3 个空间尺度：①亚种群尺度或缀（斑）块尺度（subpopulation or patch scale）。在这一尺度上，生物个体通过日常采食和繁殖活动发生非常频繁的相互作用，从而形成局部范围内的亚种群单元。②复合种群和景观尺度（metapopulation or landscape scale)。在这一尺度上，不同亚种群之间通过植物种子和其他繁殖体传播，或动物运动发生较频繁的交换作用，这种经常靠外来繁殖体或个体维持生存的亚种群所在的缀（斑）块称为"汇缀（斑）块"（sink patch），而提供给汇缀（斑）块生物繁殖体和个体的缀（斑）块称为"源缀（斑）块"（source patch）。③地理区域尺度（geographical region scale）。这一尺度代表了所研究物种的整个地理分布范围，即生物个体或种群的生长和繁殖活动不可能超越这一空间范围。在这一区域内可能有若干个复合种群存在，但一般来说它们很少相互作用。

10. 景观连接度与渗透理论

景观连接度（landscape connectivity）是对景观空间结构单元相互之间连续性的量度。它包括结构连接度（structural connectivity）和功能连接度（functional connectivity）。前者是指景观在空间上直接表现出的连续性，可通过卫星图片、航片或视觉器官观察来确定；后者是以所研究的生态学对象或过程的特征尺度来确定的景观连续性。例如，种子传播距离、动物取食和繁殖活动的范围，以及养分循环的空间幅度等，都与景观结构连续性相互作用，并共同确定景观的功能连接度。景观连接度对生态学过程（如种群动态、水土流失过程、干扰蔓延等）具有临界阈限特征（critical threshold characteristics）。渗透理论最突出的要点，就是当媒介的密度达到某一临界值（critical density）时，渗透物突然能够从媒介的一端到达另一端。生态学中存在不少临界阈限现象。例如，流行病的暴发与感染率、潜在被传染者和传播媒介之间的关系；大火蔓延与森林中燃烧物质积累量及空间连续性之间的关系；生物多样性的衰减与生境破碎化（habitat fragmentation）之间的变化，都在不同程度上表现出临界阈限特征。此外，害虫种群暴发和外来种侵入过程也表现出类似特征。因此，渗透理论对研究景观结构（特别是连接度）和功能之间的关系具有理论和实践意义。

11. 景观中性模型

生态学中性模型是指不包含任何具体生态学过程或机制的、只产生数学上或统计学上所期望的时间或空间格局的模型。Gardner 等将景观中性模型定义为"不包含地形变化、空间聚集性、干扰历史和其他生态学过程及其影响的模型"。景观中性模型的最大作用就是为研究景观格局和过程的相互作用提供一个参照系统。通过比较真实景观和随机渗透系统的结构和行为特征，可以检验有关景观格局和过程关系的假设。渗透理论基于简单随机过程，并有显著的而且可预测的阈限特征，因此是非常理想的景观中性模型。

12. "源""汇"景观理论

"源""汇"是大气污染研究中常用的方法，能清楚地反映大气污染物的来源和去向。景观生态学中研究格局与过程的关系时，可以借用"源""汇"的观念，来达到将格局和过程有机结合在一起的目的，为景观格局与生态过程的定量化分析提供基础。"源"是指一个过程的源头，"汇"是指一个过程消失的地方。"源"景观是指在格局与过程研究中，那些能促进生态过程发展的景观类型；"汇"景观是那些能阻止延缓生态过程发展的景观类型。对于非点源污染来说，一些景观类型起到了"源"的作用，如山区的坡耕地、化肥施用量较高的农田、城镇居民点等；一些景观类型起到了汇的作用，如位于"源"景观下游方向的草地、林地、湿地景观等；但同时一些景观类型起到了传输的作用。对于水土（养分）流失来说，"源"景观将是径流、土壤和养分流失的地方，如果在"源"景观下游缺少"汇"景观，那么由"源"景观流失的水土和养分将会直接进入地表或地下水体，形成非点源污染。对于大气温室气体排放来说，释放二氧化碳、甲烷等温室气体的景观类型，如城镇居民地区，可以称为二氧化碳的"源"景观；对于城镇地区具有吸收二氧化碳的草地、城市林地等绿地景观，应该是城市地区二氧化碳的"汇"景观。对于生物多样性保护来说，能为目标物种提供栖息环境、满足种群生存基本条件及有利于物种向外扩散的资源斑块，可以称为"源"景观；不利于物种生存与栖息，以及生存有目标物种天敌的斑块可以称为"汇"景观。

根据"源""汇"景观理论，在地球表层存在的物质迁移运动中，有些景观单元是物质的迁出源，而另一些景观单元则是接纳迁移物质的聚集场所，被称为汇。同样，对于污染物来说，不同的农田景观类型也可以被看成是不同的"源"、"汇"景观。如果能够在流域生态规划中合理地设置这些"源"、"汇"景观的空间格局，就可以使非点源污染物质在异质景观中重新分配，从而达到控制非点源污染的目的。如果将物种栖息斑块与周边的资源斑块看成是目标物种的"源"景观，那么在区域中不适合目标物种生存的斑块，如人类活动占据的斑块、天敌占用的斑块等，在一定意义上可以认为是目标物种的"汇"景观。评价一个地区景观格局是否有利于目标物种的生存和保护，可以通过评价目标物种生存斑块与周边斑块之间的空间关系确定。如果目标物种的栖息地周边分布有更多的资源斑块，那么这种景观格局应该更有利于目标物种的生存；如果周边地区分布有较多的"汇"景观，那么这样的景观格局将不利于目标物种的保护和生存。

城市景观类型包括灰色景观（人工建筑物，如大楼、道路等）、蓝色景观（如河流、湖泊等）、绿色景观（如城市园林、草坪、植被隔离带等），不同的景观类型在城市的热岛效应中所起的作用明显不同。城市热岛效应主要是由于灰色景观过度集中分布引起的，其可以看成是热岛效应的"源"，而蓝色景观、绿色景观可以起到缓解城市热岛效应的作用。但是由于城市土地资源的有限性，蓝色景观和绿色景观的发展受到较大限制，为了减少城市热岛效应，如何在有限的土地资源条件下，合理布置各种景观类型空间格局将至关重要。在研究城市热岛效应时，应根据热岛效应的"源"与"汇"特征，从空间上调控灰色景观、蓝色景观和绿色景观，有效地降低城市热岛效应的形成。

第二节 景观格局与动态

一、景观格局及其影响因素

景观格局（landscape pattern）是指景观的空间结构特征以及大小和形状等不同景观要素在空间上的排列，它是景观组成单元的类型、数目及空间分布与配置，景观要素的组成和构型是其基本特点。景观要素组成是指景观格局的要素类型及各类型在景观中所占的比例，景观要素构型是指不同景观要素的空间排列方式。景观异质性是指景观格局在空间上和时间上的复杂性及变异性，即景观要素的组成和构型在时空上的变化。景观空间格局研究景观的结构组成特征及其空间配置关系，并借助一定的手段（如文字、图表、景观格局指数等）对其进行描述。格局分析的目的是从看似无序的景观要素镶嵌中，发现潜在的有意义的规律性，并确定产生和控制空间格局的因子和机制。

景观由景观要素或景观组分组成，而景观组分是相对均质的生态系统，每一个景观单元可以认为是由不同生态系统或景观组分组成的镶嵌体。因此，不同景观具有显著的差异，但是所有景观又具有共性，即景观总是由斑块、廊道和基质等景观组分组成的，这些组分的空间分布表示为景观格局。各组分的结构和功能在时间上的变化称为景观动态。对景观格局与生态过程（植被演替、生物多样性、放牧格局、捕食关系、扩散、营养动态、干扰的传播等）相互作用的研究，有助于在宏观上解决物种的保护与管理、环境资源的经营管理、土地利用规划、生物多样性保护与维持、人类对景观及其组分的影响等。

景观中斑块的类型、起源、形状、面积大小、空间格局和动态是景观的重要代表特征。斑块的空间分布表示为景观格局，所以，对景观格局的研究大多从斑块着手。景观格局是景观区域内若干生物过程和非生物过程长期综合作用的产物，对各种生物过程或非生物过程有直接或间接的影响。

景观多样性是指景观在结构、功能和时间动态上的多样化和变异性，它揭示了景观的复杂性，是对景观水平上生物组成多样化程度的表征。景观多样性分为类型多样性（landscape type diversity）、斑块多样性（patch diversity）和格局多样性（pattern diversity）3 种。类型多样性是指景观中类型的丰富度和复杂性，指景观中不同景观类型的数目及其所占面积的比例，其测定指标包括类型的多样性指数、优势度、均匀度和丰富度等。斑块多样性是景观中斑块的数量、大小和形状的多样性和复杂性，测定指标包括斑块的数目、面积、形状、破碎度、分维数等。格局多样性是景观类型空间分布的多样性及各类型之间及斑块间的空间与功能关系，测定指标包括修改分维数、聚集度、连通性等。

景观异质性（landscape heterogeneity）是指一个区域内，一个景观对一种或更高级生物组织的存在起决定性作用的资源（或某种形状）在空间上（或时间上）的变异程度（或强度）和复杂性，表现为空间异质性和时间异质性。其理论内涵是景观组分和要素，如斑块、基质、廊道、动物和植物、生物量、热能、水分、空间矿质养分等在景观中总是不均匀分布的。景观异质性主要来源于 3 个方面：自然干扰、人类活动和植被的内源演替或种群的动态变化。景观格局是由景观中异质性景观要素的种类、数量、规模、形状及其空间分布模式决定的。景观异质性是产生景观格局的基础和主要原因，即景观异质性导致景观格局的存在，而景观格局是景观异质性的具体体现，它决定着资源和物理环境的分布形式及组分，并制约着各种景观生态过程。通过景观的生物、水分、养分与物质流取决于景观格局，而景观异质性影响着景观内物质流、物种流、能量流和信息流，影响着景观的稳定性、景观类型存在的持久性、对干扰的抵抗力及恢复力等，并对各种景观生态学过程产生影响。

景观分类是景观格局及其动态的基础：景观组分和要素在景观中是不均匀分布的，从而构成不同的景观生态类型，因此具有异质性；同时，景观在自然界中的不同尺度上有着不同的意义和内容，从而具有等级性。景观分类是景观格局及其动态过程研究的基础，而景观异质性则是景观分类的基础。在一定的空间尺度上，每一个景观类型是相对均质的，其内部组成和结构具有相对一致性。在景观分类过程中通常将具有显著异质性的部分确定为不同的景观或景观要素类型，而将相对均质的部分确定为相同的景观或景观要素类型。例如，在区域尺度上，黄土丘陵区土地利用通常可以划分为森林、灌丛、草地、农用地、建设用地、未利用土地及水域这几种主要类型。景观分类最重要的是对景观类型进行准确的识别，提取景观类型的方法很多，早期的研究通常是集中农业、林业、测绘部门的土地覆被/利用数据。随着技术的进步，遥感数据大量应用于景观格局研究，成为提取景观信息的重要手段。监督和非监督分类是两种最传统的遥感图像分类方法，它们都是基于光谱信息统计模式分类的。非监督分类方法比较简单，在不清楚待分类别类型的情况下也可以使用，但是判别精度较差，一般只在待分类数目通常不是很多，地物、地形信息较为简单的情况下应用。监督分类精度较高，但是需要事先建立训练样本，需要对分类地物、地形事先有足够的了解。近年来，人们对这两种方法进行了一些改进，如优化迭代非监督分类等，提高了分类的精度。人工智能技术在遥感分类领域中的应用越来越广泛和深入，典型的有人工神经网络分类和专家系统分类方法。许多学者也提出应用神经网络（back propagation，BP）、模糊神经网络、自组织映射模型等多种分类器对遥感图像进行分类。

景观格局在生产建设领域有广泛地应用，如国土整治、资源开发、土地利用、农业生产、自然与生物多样性保护、环境治理、区域规划、城乡建设、旅游发展等领域。

二、景观格局生态规划

景观格局生态规划应考虑如下原则。

基本格局：基本景观生态规划是规划优先考虑的原则，即格局中包含有涵养水源的一些大型自然植被，保护水系或水道和满足关键物种在斑块间扩散的绿色廊道，以及为增加景观的多样性，在发达地区或建成区设置的小斑块。这些要素能实现主要的生态或人类目标，应成为景观生态规划的基础，此种格局是景观生态规划的基本格局。

集中与分散相结合格局：它包括以下7种景观生态属性。①大型自然植被斑块用以涵养水源，维持关键物种的生存；②粒度大小，既有大斑块又有小斑块，满足景观整体的多样性和局部点的多样性；③注重干扰时的风险扩散；④基因多样性的维持；⑤交错带减少边界抗性；⑥小型自然植被斑块作为临时栖息地或避难所；⑦廊道用以物种的扩散及物质和能量的分布与流动。这一格局有许多生态学上的优越性，一方面，这一格局有大型植被斑块也有小的人为斑块，提高了景观多样性，达到生物多样性的保护；另一方面，大型植被斑块可为人们提供旅游度假和隐居的去处，小的人为斑块可作为人们的工作区和商业集中区，高效的交通网络方便人们的活动。

区域景观的类型是区域景观结构的基础，景观格局分布反映出区域景观的交错程度与生态系统的繁简。根据研究区域景观斑块的特点与区域空间尺度，采用二级分类系统，将开发区景观分为六大类：①绿地，主要指旱地、菜地、高覆盖草地、低覆盖草地；②林地景观，主要指林地、灌木林、疏林地；③建设用地，主要指城镇居民地、农村居民地、大型文教用地、工业仓储用地、交通建设用地、工矿用地；④水域，主要指水库坑塘、江河湖泊；⑤耕地，主要指农业生产用地；⑥未开发用地，主要指裸地（空地）、待开发用地。

景观格局的生态效应：异质景观内不同的土地利用格局深刻影响着流域的径流和产沙过程，如何从景观尺度上探索不同景观格局对流域水土流失过程的影响，将水土流失过程与流域景观格局联系起来是目前景观生态学面临的一个重要难题。农业用地比率、森林覆被率及其标识景观空间格局的景观多样性指数对流域水土流失过程有重要影响。森林覆被率和植被指数对土壤流失具有负效应、对流域径流具有正效应，可以调节径流和输沙稳定性；农业用地对土壤侵蚀具有正效应，加剧了流域土壤流失；景观空间格局可以有效地降低流域水土流失，对流域水土流失变率也有一定影响。黄土丘陵沟壑区是中国水土流失最严重的地区之一，近30年来，国家启动"陡坡耕地退耕，重建秀美山川"项目，土地利用格局已经发生了显著的变化，对土壤、水文和侵蚀特征产生了重大影响。土地利用格局对土壤侵蚀的影响主要表现在斑块大小、形状及斑块排列顺序。研究表明，水土流失过程沿景观梯度具有明显的梯度变异，好的景观结构有利于保持水土和养分；对于流域不同时期的土地利用变化，在增加植被覆盖以及减少坡耕地和裸地面积比例的后期土地利用，产流能力较前期下降。

中国具有丰富的农业文化遗产。例如，有些山区在高山森林的树木下种植经济作物草果；有的地方在半山腰的荒山坡地种植包谷、荞子、薯类等作物，在村寨周围、房前屋后种植桃、梨等水果和蔬菜；有的少数民族地区在半山腰以下及河谷地带种植香蕉、菠萝等热带亚热带经济果木，在高山梯田田埂上种植利于固持田埂的黄豆等作物，在低山梯田田埂上则种植喜热的棉花等。这些在空间上形成的林、寨、田、河四度同构的生态景观正是当代生态学家所推崇的。保护农业文化遗产是保护它的整体性和系统性，不是保护某一农艺措施，而是重视农业生产系统的结构调整；不强调单一的技术，而是重视技术的综合集成。核心是重视农业系统中各要素、各子系统的组合关系及相互作用机制。

三、景观动态与分析

景观动态是景观遭受干扰时发生的现象，是一个复杂的多尺度过程。目前，国内研究景观格局的动态，主要是分析景观要素的变化、景观功能、生物量与生产力的变化等，但更多的是讨论景观各要素类型所占面积的变化、各景观要素类型在一定时期内的面积增减及其向其余各种景观要素类型转变的百分率（转移概率）。常用的方法是转移矩阵，它是一种基于马尔科夫模型的研究方法。近年来，渗流模型也广泛地应用于景观格局的研究，它是一种零假设模型，以渗流理论为基础，研究网络空间随机过程所产生的单元群的数量大小和形状，以及其在临界渗流状态下的变化。

景观动态分析是对景观结构和功能随时间的变化过程进行地分析，包括不同组分之间的相互转化。国内现有的景观变化研究大多采用遥感和地理信息系统（GIS）相结合的手段，以航空相片为主要研究资料，采用"航空相片判读-转绘-校核-清绘-数字化-编辑-属性数据录入"的工作程序，在 ARCANFO 支持下，应用 GIS 技术，揭示景观格局动态规律。"R 度量分析"、"点空间排布"、"空间方程"及"近邻分析法"也被用来研究动植物种群或生态系统的空间分布规律。国内现有的景观动态变化研究一般偏重于景观组分面积和数量的时序变化特征，基于边界的某些结构特征进行景观尺度上的动态分析。利用优势边界的数量特征和斑块个体的边型特征可以获取景观结构动态变化的细节信息、景观类型面积变化速率及转变方向，可以预测景观格局演变的动态发展趋势。

"3S"技术和计算机技术的发展使海量数据和图形的储存、加工、计算成为可能，随着一系列数学模型的出现，景观生态学由定性评价走向定量预测。常用的模型有结构模型和动态模型两种。结构模型是一种数量分析方法；动态模型又称为景观斑块动态模型，常见的有林窗模型、空间直观景观模型、异质种群模型、细胞自组织模型等。应用马尔科夫模型研究景观动态变化的实例很多，它是揭示景观组分转移的有效手段，能较好地回顾景观动态变化进程。林窗模型（GAP model）是以个体模拟为对象，模拟样地尺度上的生态过程，它的特点是对于称为林窗的斑块内每个单木的新生、成长、死亡作出动态描述，并能够反映群落内的光照、温度、水分和养分等环境要素对树木生长的胁迫作用。空间直观景观模型是指在异质景观中模拟景观尺度上生态过程的空间直观模型，包含 3 个方面的内容：①景观异质是景观模型的最基本特点，传统的生态模型都是在一个中性的景观上模拟各种生态过程；②景观尺度生态过程的模拟，是空间直观景观模型区别于传统林窗模型的基本特点；③考虑目标的空间位置及相互作用，在空间直观模型中，不同空间位置的生态过程及个体间的相互作用是不一致的。

景观动态的驱动因子：景观变化的驱动因子分为自然驱动因子和人为驱动因子两大类。自然驱动因子主要是指在景观发育过程中对景观形成起作用的自然因素，包括地貌形成、气候影响、生命定居、土壤发育及自然干扰等；人为驱动因子包括人口、技术、政经体制、政策和文化等。很多学者借助景观地理学与景观生态学原理分析景观变化的主要原因，目前主要有两种观点：第一种观点认为景观动态变化过程是自然因素和人为活动双重作用的结果，人为干扰作用是景观动态变化的主要驱动因素，经济发展过程中任何较大的政策性改变均对景观动态变化过程形成显著影响，通过对变化方向和速率的调控可实现景观的定向演变和可持续发展；第二种观点认为人为影响与自然环境因素一样，是景观动态变化的主要驱动力来源。随着研究方法和遥感、GIS 等技术的引入，景观格局的动态演变，即时间异质性问题成为研究的重点。时间异质性的研究主要集中在景观动态变化分析、模拟和景观动态驱动因子分析等方面，这有助于对人-地关系的深刻理解，有利于对生物多样性、自然资源的有效保护，因而成为当前众多研究案例的热点。

景观格局与生态过程的关系：景观格局的形成反映了不同的景观生态过程，与此同时景观格局又在一定程度上影响着景观的演变过程。从某种意义上说，景观格局是各种景观生态演变过程中的瞬间表现。由于生态过程的复杂性和抽象性，很难直接、定量地研究生态过程的演变特征，往往采用景观格局的变化来反映生态过程。对景观格局与生态过程（植被演替、生物多样性、放牧格局、捕食关系、扩散、营养动态、干扰的传播等）相互作用的研究，有助于在宏观上解决物种的保护与管理、环境资源的经营管理、土地利用规划、生物多样性保护与维持、人类对景观及其组分的影响等问题。在同一研究区域内，可能同时存在多种不同类型的生态过程，如水土流失、物种迁移等。不同的生态过程会与不同性质的景观要素发生作用，具有明显的针对性。探讨不同生态过程与格局的相互作用关系，需要一系列针对特定生态过程且具有明确指示意义的景观格局指数。例如，针对水土流失的景观格局分析，需要能够反映土地利用类型、结构及其海拔和坡度的景观格局指数；而针对物种迁移的景观格局分析，则需要能够反映物种食物的分布、栖息地面积及其连通性的景观格局指数。

景观格局分析与模拟：景观格局特征和格局演变的研究方法有空间统计分析、转移矩阵分析、景观指数分析以及基于元胞自动机的景观模拟等。空间统计分析是最基础的分析方法，根据土地利用/覆被变化遥感分类结果，可以统计各个类型土地的面积、比例以及不同时期各类型土地的增减状况等。马尔科夫转移矩阵分析是根据不同时期遥感影像的分类结果，采用转移矩阵数学模型，通过叠加分析得到土地利用变化转移矩阵，依据此矩阵可以直观地看出某种类型土地的流失方向以及某一类型土地新增面积的来源。景观指数分析是从景观分析的角度，借用空间格局分析方法来分析和认识土地利用/覆被变化的基本格局特征及演变规律。常用的景观指数有斑块面积、斑块周长、斑块形状指数、斑块分形分维数、斑块平均面积、斑块面积标准差、破碎度指数、多样性指数、均匀度指数、优势度指数、聚集度指数等，这些指数可以从斑块尺度、类型尺度和景观尺度 3 个层次来反映土地利用/覆被变化的格局特征。利用 FRAGSTATS 和 APACK 等景观分析软件能计算有关景观指数。元胞自动机是指一类由许多相同单元组成的、根据一些简单的邻域规则及在系统水平上产生复杂结构和行为的离散性动态性模型。在景观格局变化研究中，元胞自动机能够利用邻域规则，根据局部小尺度上的数据信息模拟较大尺度的景观动态变化特征。

此外，景观格局的研究还有地统计学（geostatistics）、波谱分析（spectral analysis）、聚块样方方差分析、趋势面分析及分形分析等，它们是格局分析的简捷方便的数学工具。地统计学是以区域化变量理论为基础的空间统计，可以定量地定义生态格局研究的抽样和预测的"代表性"，尤其是空间局部估计和克立格法制图，可以在格局分析中精确地描述所研究的变量在空间上的分布、形状、大小、地理位置或相对位置。波谱分析系列数据的周期性，是揭示空间格局周期性规律的有效方法。聚块样方方差分析通过对不同大小的样方进行方差分析，可以确定斑块大小和空间格局的等级结构。趋势面分析通过拟合空间数据而建立空间格局统计模型。利用分形分析将分维数作为一种指标来描述景观形状的复杂性程度，分维变量的自相似性使人们可以通过选择最佳观察尺度来研究某个生态过程，并推断该过程在其他尺度上的变化规律。对景观格局的定量描述是分析景观结构、功能和过程的基础，通过格局分析可以把景观的空间特征与时间过程联系起来，从而能够比较清楚地分析景观的内在规律。

第三节 景观规划与设计

一、景观生态规划的概念

景观生态规划是在一定尺度对景观资源的再分配，通过研究景观格局对生态过程的影响，在景观生态分析、综合及评价的基础上，提出景观资源的优化利用方案。它强调景观的资源价值和生态环境特性，协调景观内部结构和生态过程及人与自然的关系，正确处理生产与生态、资源开发与保护、经济发展与环境质量的关系，进而改善景观生态系统的功能，提高生态系统的生产力、稳定性和抗干扰能力。

景观生态规划的思想可以追溯到19世纪末，那时的景观规划集中在农业土地的重新分配，如田间道路的设置及排、灌水系统的建设等，以提高农作物产量及土地生产力。但一些学者已经开始认识到自然保护的重要性和人类对环境影响的严重性，主张规划设计时，充分考虑人与环境的协调关系，在注重提高农业生产的同时，还要考虑自然保护。

20世纪初，景观设计开始强调自然过程与人类活动的协调，追求人地共生，至此景观生态规划的思想初步形成。20世纪中期，随着社会的发展、工业化、城市化，人们对景观的干扰不断加剧，生境破碎化及森林砍伐导致景观结构发生变化，致使景观生态功能失调。遥感和计算机等新技术在景观研究和规划中的应用，促进了景观生态规划的迅速发展。I. Mcharg是这一时期的代表，他把土壤学、气象学、地质学和资源学等学科综合起来考虑，并应用到景观规划中，提出了自然设计模式，突出各项土地利用的生态适宜性和自然资源的固有属性，重视人类对自然的影响，强调人类、生物和环境三者之间的伙伴关系。

20世纪70年代，Mazur和Ruzicka等景观生态学家的研究工作逐步发展并形成了比较完整的景观生态规划的理论方法。进入80年代，景观生态规划已经发展成为综合考虑生态、社会过程及二者之间时空耦合关系，利用景观生态学的知识及原理经营管理景观资源以达到既要维持景观生态功能，又要满足持续利用土地的一个重要分支学科。它强调景观空间格局对过程的影响，通过格局的改变来控制景观功能、物质流和能量流，成为景观生态规划方法论的又一次转变。

二、景观生态规划的原则

1. 自然优先原则

保护自然景观资源（森林、湖泊、自然保留地等）和维持自然景观过程及功能，是保护生物多样性及合理开发利用资源的前提，是景观资源持续利用的基础。

2. 持续性原则

景观生态规划以可持续发展为基础，立足于景观资源的可持续利用和生态环境的改善，保证社会经济的可持续发展。因为景观是由多个生态系统组成具有一定结构和功能的整体，是自然与文化的复合载体，所以要求景观生态规划必须从整体出发，对整个景观进行综合分析，使区域景观结构、格局和比例与区域自然特征和经济发展相适应，谋求生态、社会、经济三大效益的协调统一，达到景观的整体优化利用。

3. 针对性原则

景观生态规划针对的是某一地区特定的农业、城市或自然景观，不同地区的景观有不同的结构、格局和生态过程，规划的目的也不尽相同，如为保护生物多样性的自然保护区设计、为农业服务的农业布局调整以及为维持良好环境的城市规划等。因此，具体到某一景观生态规划时，针对规划目的应选取不同的分析指标，采用不同的评价及规划方法。

4. 综合性原则

景观生态规划是一项综合性的研究工作。其一，景观生态规划基于对景观的起源、现状、变化机制的理解，景观生态规划需要多学科学者的合作，包括景观规划者、土地和水资源规划者、景观建筑师、生态学家、土壤学家、森林学家、地理学家等。其二，景观生态规划是对景观进行有目的的调整，调整的依据是内在的景观结构、景观过程、社会条件、经济条件及人类价值观。因此，要求在全面和综合分析景观自然条件的基础上，同时考虑社会经济条件、经济发展战略和人口问题，还要进行规划方案实施后的环境影响评价。

三、景观规划要素与景观韵律

1. 城市景观规划要素

城市景观规划体系应该从"斑块-廊道-基质模式"扩展为"斑块-廊道-网络-基质-景观体模式"，其中斑块是城市景观结构的基本功能单元，廊道是城市景观流交换的通道，网络是斑块和廊道组成的更为复杂的功能结构体系，城市基质是景观斑块、廊道和网络的生存基础，景观体是上述景观要素叠加组合的三维景观空间系统。"斑块-廊道-网络-基质-景观体模式"与城市规划中常常运用的"点-线-网-面-体模式"具有同一内涵。图5-2对规划体系各结构要素之间的关系作了简单说明：①图5-2中的黑线表示从左到右"点-线-网-面-体"是一个连续的过程，它们之间没有明确的界线；②点的聚集和排列可以构成线，点线的连接可以构成网，网的加密可以构成面，面的叠加可以构成体；③黑线的上下分别表示传统城市规划的术语和城市景观生态规划使用的术语，它们在概念上是一致的和相通的。

点	线	网	面	体
斑块	廊道	网络	基质	景观体

图5-2 城市景观规划要素（引自宗跃光和甄峰，2006）

2. 景观韵律

斑块空间格局的对称性、交错性、时间过程的周期性、节律性等代表一种韵律。斑块排列成廊道形成的是一种线性韵律，廊道组合成网与各种网孔结合起来形成方格、菱形、多边形、圆形等多种韵律。网的加密可以组成基质，基质在层面上可以分为三大类：绿色的自然基、白色的人工基和灰色的自然人工混合基。各种基质的组合本身就代表一种韵律。景观体的空间韵律包括景观体的高低大小组合、形态周期变化、天际线的波浪结构等（图5-3）。

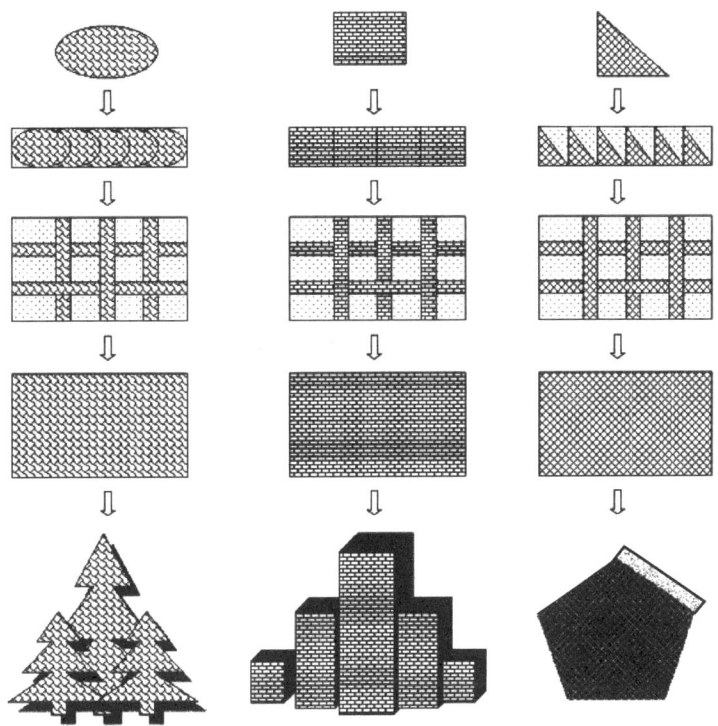

图 5-3　各种景观韵律（引自宗跃光和甄峰，2006）

景观韵律分为 10 种类型。

（1）形状韵律：形状韵律表现的是景观要素的形状变化规律（图 5-4），其中最明显的是边长的变化。从图 5-4 中可以看到，斑块从三角形到圆形经历了边数不断增加的过程。

图 5-4　形状韵律的部分特征（引自宗跃光和甄峰，2006）

（2）结构韵律：结构韵律表现的是景观要素的结构变化规律（图 5-5），水系、山脉等自然景观具有自己独特的韵律，各类人工景观同样也表现出不同的韵律，如自然水面的圆形韵律、农田的块状韵律、街区的格网状韵律等。其中，网孔的大小和形状已经成为研究景观体系的重要内容之一。

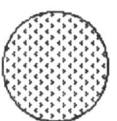 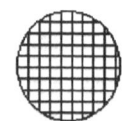 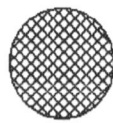  

图 5-5　结构韵律的部分特征（引自宗跃光和甄峰，2006）

(3) 层次韵律：景观层次性是自然界最伟大的韵律之一（图 5-6），地球的岩石圈、水圈、生物圈和大气圈层结构本身就表现了一种层次韵律。在生物圈中，植被的水平地带性和垂直地带性也是一种韵律。此外还有植物群落中的层间分布等，其中的生态系统金字塔表现的是十分之一能量转换规律作用下的典型层次韵律。在城市景观中，克里斯泰勒的中心地等级表现出城镇体系的层次韵律，中心商务区的摩天大楼、立交桥的结构同样表达城市景观的某种空间层次韵律。

图 5-6　层次韵律的部分特征（引自宗跃光和甄峰，2006）

(4) 组分韵律：组分韵律表达的是景观要素的空间组合，也称为景观镶嵌结构（图 5-7）。在自然生态系统中，最稳定的森林生态系统是由多样化的物种组成的，在空间上构成独特的组分韵律。在城市生态系统中，伴随着城市的增大，组分趋向于多样化和复杂化。多样性组分韵律可以用 Shannon-Weiner 指数或 Simpson 指数描述。

  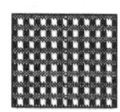 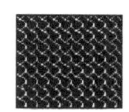 

图 5-7　组分韵律的部分特征（引自宗跃光和甄峰，2006）

(5) 形态韵律：形态韵律表达的不是景观要素的空间形状，而是景观要素的空间表现形态（图 5-8），包括阶梯形、锯齿形、波浪形、脉冲形、人字形、弧形、U 形、花朵形、枝形、叶形等多种形态。例如，建筑体的形态、水网和道路网的形态、城市形态等。

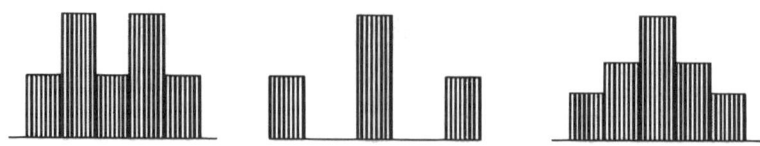

图 5-8　形态韵律的部分特征（引自宗跃光和甄峰，2006）

(6) 配置韵律：配置韵律是由于景观要素的空间配置不同产生的各种韵律（图 5-9），包括中心配置、对称配置、辐射配置、点轴配置、网络配置、远近高低配置及疏密配置等。

在配置韵律的作用下，可以形成各种景观格局。

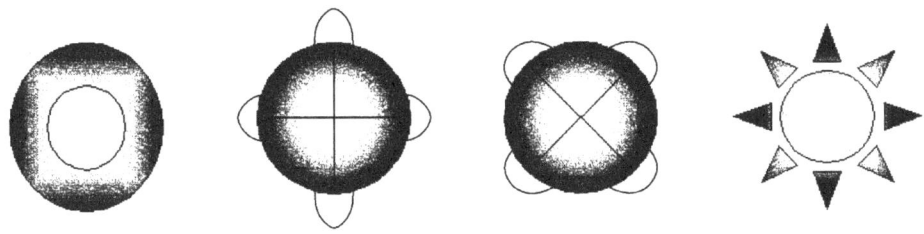

图 5-9　配置韵律的部分特征（引自宗跃光和甄峰，2006）

（7）连通韵律：连通韵律可以分为斑廊连通韵律、网络连通韵律等（图 5-10），网络连通韵律可以进一步分为枝状网、环状网等，环状网可以进一步分为细胞网、环射网等。由于网络结构对于自然生态系统和人类社会的各种生态流的传送都是至关重要的，因此道路网、水网、基础设施网、绿化网等是景观规划的重要内容。

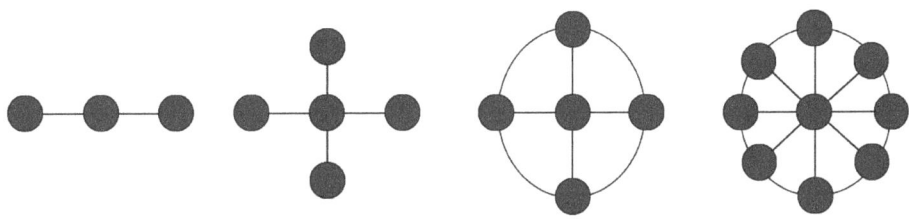

图 5-10　连通韵律的部分特征（引自宗跃光和甄峰，2006）

（8）辐射韵律：辐射韵律可以分为中心辐射、廊道辐射、对称辐射、网络辐射、面辐射和体辐射等多种形态（图 5-11），表现出辐射源的空间影响强度、范围和梯度变化。景观上的植被交错带、城乡交错带、河流和道路影响带等都是辐射韵律的表现形态。

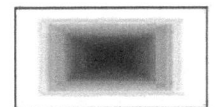 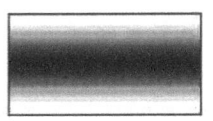  

图 5-11　辐射韵律的部分特征（引自宗跃光和甄峰，2006）

（9）尺度韵律：景观尺度有小型、中型、大型和超大型尺度之分（图 5-12），景观尺度一般是以人的视野和活动范围来划分的，同样一种景观要素在不同尺度下会表现出不同的景

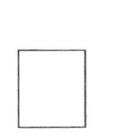 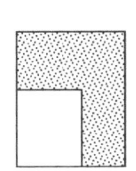 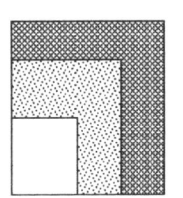 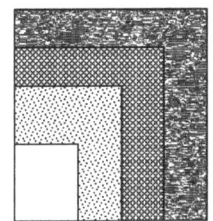

图 5-12　尺度韵律的部分特征（引自宗跃光和甄峰，2006）

观形态与结构。

（10）时序韵律：时序韵律的变化是多种多样的，增长过程与消亡过程代表某种韵律（图 5-13），此外还有介于这两者之间的各种脉动过程。

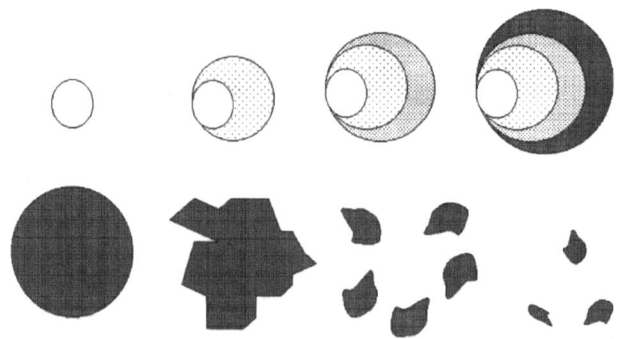

图 5-13　时序韵律的部分特征（引自宗跃光和甄峰，2006）

3. 景观度量

景观韵律表达的是规划区内景观要素的空间结构，可以用景观度量学（landscape metrics）的数学模型来描述。Forman 则直接把景观韵律描述为斑块的空间几何镶嵌格局。景观韵律是一种伴随时间而变化的动态过程，Leitao 等认为，景观韵律学和景观度量学描述的是特定时段的景观空间镶嵌格局的信息，包括各种景观要素的组成比例和类型，以及形状、大小、排序、等级、对称、交替、节律、梯度、周期等空间结构和空间过程。因此，景观韵律可以定义为一定区域内特定时段景观要素的镶嵌格局与空间配置规律。

Leitao 等把景观度量分为 3 种基本类型：组分度量（composition metrics）、配置度量（configuration metric）及连通度量（connectivity metrics）。组分度量包括斑块形状（patch shape）、大小（size）、均衡性（proportion）、丰富度（richness）、平均性（evenness）、优势度（dominance）和多样性（diversity）等。例如，某一景观要素面积的比例、等级、类型等。配置度量是景观韵律的空间外在表现特征及其景观格局。例如，Forman 等曾经用周长比率研究景观要素的尺寸和形状比（ratio of perimeter），Keitt 等根据渗透理论采用螺旋半径（radius of gyration）研究构形特征。此外，配置度量还包括区位性、对称性、开放性、散布性、蔓延性及边缘差异性等。有人提出分形（fractal dimension）也是一种配置度量。连通度量是景观规划中的一个重要概念，在景观破碎化状态下，景观廊道的连通及景观网络的形成对生物种群的生存都是至关重要的。连通度量不仅体现在廊道上，而且是一种将斑块和廊道组合在一起的景观网络韵律。因此，Forman 等曾经根据图论的方法研究连通网络。Linehan 等则在新英格兰中心的绿网规划中，运用图论评价景观生态网络韵律的连通度和协调性。

四、景观要素设计与规划

1. 斑块的设计与规划

（1）斑块大小：斑块大小不但影响物种的分布和生产力水平，而且影响能量和养分的分布，决定斑块甚至整个景观的生态功能。大型斑块比小型斑块内有更多的物种，能提高碎裂种群的存活率，更有能力维持和保护基因的多样性。小型斑块占地小，可分布在人为景观中，提高景观多样性，起到临时栖息地的作用。小斑块可为景观带来大斑块所不具备的优点，应将其看成是对大斑块的补充。最优景观是由几个大型自然植被斑块组成，并与众多分散在基质中的小斑块相连而形成的一个有机景观整体。

（2）斑块数目：斑块数目越多，景观和物种的多样性就高；斑块数目少，就意味着物种生境的减少，物种灭绝的危险性增大。对大型动物的保护来说，一般至少需要4~5个大型斑块，这样对维持景观的结构及斑块内物种的长期生存比较合适。

（3）斑块形状：斑块的形状不仅影响生物的扩散、动物的觅食以及物质和能量的迁移，而且对径流过程和营养物质的截流也有显著影响，斑块形状的主要生态学效应是边缘效应。维持景观功能和生态过程的理想斑块应包括一个较大的核心区和一些有导流作用及与外界发生相互作用的形状各异的缓冲带，其延伸方向与流的方向一致。紧凑或圆形的斑块有利于保护内部资源。斑块形状与许多生态过程有密切关系，弯曲的边界通过生境物种活动或动物逃避捕食等活动加强了与相邻生态系统间的联系。

（4）斑块位置：相邻或相连的斑块内物种存活的可能性要比一个孤立斑块大得多，孤立斑块内物种不易扩散和迁移，进而影响种群的大小，加快了灭绝的速率；而相邻或相连斑块之间物种交换频繁，增强了整个生物群体的抗干扰能力。设计连续的斑块，有利于物种的扩散和保护。

2. 廊道的设计与规划

（1）廊道的数目：廊道数目的规划，除考虑相邻斑块的利用类型（商业区、保护区和农业区等）外，还要考虑经济的可行性和社会的可接受性。若斑块是农业区，则廊道（道路和渠道）两条或三条即可。而保护区设计时，因为廊道有利于物种的空间运动和本来是孤立的斑块内物种的生存和延续，所以廊道数目应适当增加。

（2）廊道的构成：相邻斑块利用类型不同，廊道构成也不同。例如，连接居民区和商业区的廊道多由道路构成，方便人们的生活和工作；而连接保护区的廊道最好由本地植物种类组成，并与作为保护对象的残遗斑块相近似。

（3）廊道的宽度：根据规划目的和区域的具体情况，确定适宜的廊道宽度。例如，进行保护区设计时应仔细分析保护对象的生物学和生态习性，廊道宜宽则宽，宜窄则窄。若保护对象是一般动物，廊道宽度1km左右，而大型动物则需几千米宽。

（4）廊道的形状：生态学家需要对斑块内的物种如何在景观中迁移（是沿直线、曲线还是随机迁移）进行长期的定位观测才能决定廊道的形状。

五、景观生态规划的步骤

1. 确定规划范围与规划目标

规划前必须明确规划区域及需解决的问题。规划范围由政府决策部门确定，规划目标可分为3类：①为保护生物多样性而进行的自然保护区设计；②为自然（景观）资源的合理开发而进行的设计；③为当前不合理的景观格局（土地利用）而进行的景观结构调整。

2. 景观资料的搜集

搜集包括生物（植被、野生动物等）、非生物（地理、地质、气候、水文和土壤等）两个方面的资料，景观的生态过程及与之相关联的生态现象（人口、文化及人的价值观等）和人类对景观影响程度等的资料。

3. 景观生态分类和制图

根据现有资料，综合分析规划区的自然特征、人类需要和社会经济条件；根据规划目标和原则，选取影响景观格局、分布规律、演替的主导因子作为分类指标，进行景观生态类型制图，以此作为景观生态适宜性评价的基础。

4. 景观生态适宜性分析

以景观生态类型为评价单元，根据区域景观资源与环境特征、发展需求与资源利用要求，选择有代表性的生态因子（如降水、土壤肥力、旅游等），分析某一景观类型内在的资源质量及与相邻景观类型的关系（相斥性或相容性），确定景观类型对某一用途的适宜性和限制性，划分景观类型的适宜性等级。同时进行不同景观利用类型的经济效益、生态效益和风险分析，达到既维持生态平衡，又提高社会效益和经济效益。

5. 景观生态规划与设计

根据景观生态适宜性的分析结果，以满足景观生态系统的环境服务、生物生产及文化支持三大基础功能为目的，依据景观生态规划的自然优先原则、持续性等原则构建合理的景观结构。

6. 景观生态规划实施和调整

根据提出的景观空间结构，确定规划实施方案，制定详细措施，促使规划方案的全面实施。随着时间的推移，客观情况的改变，需要对原来的规划方案进行不断修正。

六、适应气候变化的城市规划实例

德国为应对气候变化，从构建气候变化区域模型入手，探讨了一系列气候适应性发展策略，开展了气候适应性区域规划和城市规划实践。例如，减少交通出行，鼓励公共交通、自行车交通和步行，倡导节约用地的居住区结构及有利于气候保护的功能布局。

1. 德国气候适应性的城市规划与实践

（1）KlimaMORO 项目：项目前期研究的重点集中在区域生态多样性、农业和林业、地下水和饮用水、居住区结构、交通等方面，每个区域针对自身气候变化和面临的威胁提出发展对策和具体措施。例如，德国北部滨海地区，由于地下水位下降，海平面上升，面临着雨水减少、淡水咸化和季节性缺水的问题，因此，保护淡水资源、收集雨水和提升地下水位成为该区域发展的目标。在中南部黑森区，其面临的主要气候变化为高温干燥、特殊降水及暴风雨，针对高温干燥气候的对策主要是在城市结构上规划绿色通风廊道，如公园、林地及水域，并对绿色廊道进行分类，从大环境上创造适宜气候。斯图加特东北区域根据气候生态价值对区域进行了划分，对气候生态价值高（如通风廊道、水域山地）地区的建设严格限制。

（2）KLIMZUG-NORD 项目：项目的目的是通过规划和科技等手段降低气候影响以适应社会经济发展的需要，通过制定 2050 年区域气候应对总体策略、经济测算及其具体方案，加强区域间技术和规划合作。KLIMZUG-NORD 项目的核心是整合的区域规划与城市规划，以保证区域工业生产安全和居民生活质量。项目在针对易北河洪水流域的规划中，进一步明确了洪水可能泛滥的区域范围，通过计算机模拟岸线林地植被对洪水的作用后，在不同深度和位置的淹没区进行了相应的自然与生态规划，变"洪水防御"为"洪水规划"。

2. 气候适应性城市规划案例

(1) 弗莱堡案例：2007 年在对气候保护发展方案修正案，弗莱堡计划到 2030 年把二氧化碳排放量比 20 世纪 90 年代降低 40%。为了达到这一目标，城市每年投入 200 万欧元用于住宅节能改造和新建被动式住宅。另外，大力发展居住建筑太阳能发电装置，满足居住用电自给供应。弗莱堡的居住建筑能耗标准于 1992 年制定，于 2009 年被进一步深化并全面覆盖。在交通出行上，人口为 20 万的弗莱堡每天有 3.5 万人采用自行车出行，占 30% 的交通出行量。弗莱堡有 420km 的自行车道路，90% 的单行线成为自行车道路。自行车配套设施由自行车交换点和交换中心及其他设施组成。在公共交通出行上，弗莱堡推出了优惠的月票和环保票，使公共交通出行人数增长 3 倍。

(2) 法兰克福案例：2014 年有 19 个欧洲城市参加欧洲绿色城市竞选活动，法兰克福是德国唯一的参加竞赛城市。法兰克福作为欧洲的经济和工业中心，其竞选内容包括 4 个方面：经济和消费、可持续的交通文化、城市高密度区的规划和建设、气候和外部空间。作为国际大都会，法兰克福将高密度空间和高质量居住环境融为一体。完善的公共交通系统、自行车道路网及步行空间保证了市民的绿色出行。作为欧洲就业最密集的城市，法兰克福内每一个点的 300m 范围内均设有一个公交站点。全方位的交通方式混合是法兰克福解决交通问题的钥匙。面对不断增加的城市人口，法兰克福没有从城市外围绿地入手，而是从城市内部寻找空间，在城市外围建设新的居住区并不是可行的解决办法，更好地利用和改造已建成区是法兰克福的对策；同时，气候变化的影响必须在城市规划中予以考虑，在高密度区保留绿带可以提高居住质量，保证新鲜空气供给，80% 的法兰克福市民与绿地的距离不超过 300m，最小绿地面积不小于 $1hm^2$；除了开辟绿带外，沿美因河形成了居住与工作中心，使内城发展、生活质量提高和气候保护有机地结合在一起。在过去的 10 年里，法兰克福的休闲空间增长了 17%。在太阳能利用、节能改造和绿色旅游等方面法兰克福也取得了惊人的成绩。

第四节 景观生态学在农业上的应用

一、农业景观与生物多样性保护

农业景观是指农田与非耕地（草地、防护林地、树篱、居民点、设施温棚及道路等）多种景观斑块的镶嵌，包括尺度、空间格局和镶嵌动态。现代景观生态学的研究显示，人类干扰导致的生境减少和景观结构的变化已成为近代生物多样性丧失的重要原因，这促进了生物多样性保护途径从传统的、以物种为中心的自然保护途径向强调对景观，甚至是整个生态系统保护的景观规划途径的转换。

1. 农业景观对生物多样性的影响

斑块大小和空间异质性的影响：一般情况下，大的、高异质性的斑块由于拥有多样化的环境条件以及内部与边界条件间较大的差异性而支持更多的物种。同时，斑块的大小和异质性决定生物活动空间及边缘效应作用的大小，影响生物运动的阻力和随机性，进而影响物种的迁移和生存。面积较大的斑块，有利于动物觅食和生存，面积较小的斑块则具有相反的功能，并可能导致物种灭绝。景观异质性的大小对动物运动和迁移的影响主要取决于动物对各景观要素的敏感性。对一般动物来说，异质性高的景观适宜于更多的物种生存，但不利于动物的迁移和觅食，原因是由于物种在异质性高的景观中运动时遇到天敌的可能性较大，并且动物在运动过程中发现可利用资源斑块的可能性减小。

边界形状的影响：边界形状对生物的影响与边缘效应有关，边界形状不同则边界生境和核心生境的比例不同。由于生物对边界生境和核心生境的需求不同，斑块的形状会对生物群落产生影响。边界形状也可以影响生物的运动或迁移过程，不同形状的边界上，生物运动或迁移的速率可能不同。

生境连接度的影响：连接度（connectivity）反映景观有利于或不利于生境缀（斑）块间运动的程度。植物和动物需要适合其运动和迁移的生境以维持种群，适宜生境的连接度决定某些区域的可通达性和不可通达性，从而限制了物种的空间分布。

廊道的影响：作为生境缀（斑）块间的物理连接，廊道可为生物提供繁殖场所，或作为生物的扩散生境、障碍物、过滤器等，因而廊道的存在与否影响景观的连接度，从而影响物种的空间分布。但廊道所能提供的功能受廊道结构、廊道在景观中的位置及生物的生物学特征等影响。廊道能减少甚至抵消由于生境破碎化对生物多样性产生的负面影响。廊道的存在可使破碎化的景观得以连接从而减少物种灭绝的概率，可以被农业景观中的小型哺乳动物、鸟类等多种生物利用。同时，廊道对景观连接度有显著影响，其组成物质、宽度、形状、长度等影响景观连接度的水平，而农业景观的连接度又是决定物种空间分布和多样性的重要因素。

景观背景（landscape context）的影响：景观背景是指周围景观的特征，包括周围景观的组成状况、异质性等。景观背景对局部种群有显著影响，即局部生境中生物多样性的状况不仅受局部生境特征的影响，也受周围景观特征的影响。

景观尺度的影响：自然生境、半自然生境等非农作生境的存在与否及其所占比例对生物多样性状况具有重要影响。农业景观中高比例的非农作生境的存在能够增加农业景观中的物种数量，不同的土地利用类型/生境类型（包括不同的农业用地类型）往往具有不同的集约化程度，对应不同的物种组成和多样性状况。例如，集约化程度较低的小麦/玉米轮作地中步甲科（Carabidae）群落的多样性显著高于集约化程度较高的棉花地。景观尺度的异质性、生境多样性对物种的多度有重要影响。例如，$5km^2$ 范围内蝴蝶的多度与景观异质性呈正相关，$1km^2$ 范围内生境的多样性对应较高的云雀多度，作物中广食性昆虫的多样性随生境多样性的增加而增加。

地块间尺度的影响：作物的多样化可维持较高的田间生物多样性，如周围种植多种作物白菜地中的植食性昆虫和捕食性昆虫的多样性均高于单一种植白菜地的。非农作生境，包括农田边界、灌木带、林地、水塘、沟渠和休耕地等能够满足农田生物持续存在的需求，包括为农田生物提供物种源、避难所、繁育场所和迁移的廊道等，从而实现农田景观物种多样性的保护。非农作生境是农田边缘带（field margin），由具有一定结构的农田边界（field boundary），如树篱、围墙、草本植物覆盖的田埂或沟渠等构成，其对农业景观物种多样性的保护和恢复具有显著效果。农田边缘带可以是杂草、草地、灌木、林地、水生群落或这些植物群落复合体所构成的半自然地带，也可以是人工播种的不同植被群落构成的带状区域。农田边缘带的位置具有重要的生态作用。例如，与林地连接的农田边缘带通常能够维持较多的林地物种，而与道路相连接的农田边缘带可能会起到隔离生境的作用。农田边缘带的宽度也有重要的生态作用。例如，在耕地边缘引入人工播种的农田边界时，边界宽度只有大于或等于 3m 才能够有效地减轻肥料和杀虫剂等飘落物的影响并且为生物创建新的栖息地。

地块内尺度的影响：农田内部的植被密度可能影响农田内物种的分布。例如，一些鸟类和野禽在密集的植被中筑巢和觅食以防止被捕食者发现；珩科鸟和云雀选择植被相对稀疏的开阔地，因为它们可通过对捕食者灵敏的提前感知来躲避捕食者。地块内植被缀（斑）块的分布是否有利于物种的筑巢和取食同样很重要。例如，一些晚成雏的鸟类在筑巢期通常只在以巢穴为中心的附近区域取食，需要周围分布一些食物丰富的缀（斑）块，以保证这些鸟类能够取得足够的食物，而过度破碎化的景观则导致种群变得不可持续。

地块内植被的异质性同样影响物种的多样性，均一化的植被可能使物种更容易暴露于天敌物种，增加其被捕获的机会，也可能增加农田病虫害暴发和传播的机会。而植被异质性的增加则可能有利于地块内物种多样性的维持，如地块内作物的间作、套作、轮作和混作等措施。多样化种植作物一方面因可以吸引和维持更多的物种而起到增加地块内物种多样性的作用，如与向日葵间作的有机蔬菜地中的食虫性鸟类平均多度显著高于没有间作有机蔬菜地中的；另一方面有利于对农田杂草、虫害的控制，从而减少化学农药的施用，对生物多样性起间接的保护作用。

2. 农业生物多样性保护的景观途径

在景观尺度上，构建多样化、异质化的景观有利于生物多样性的保护，主要途径有：保护非农作生境，注意自然、半自然生境的保护并维持其在景观中的较高比例；注意农业用地及种植作物类型的多样化，防止集约化生产导致的过度均一化景观；注意树篱、河流等有利于生物迁徙和运动的廊道的保护及建设，保持农业景观的连接度，防止生境隔绝导致的局部种群灭绝；合理规划农用地类型或农用地类型之间的转换有利于农田景观生物多样性的保护。

在地块间尺度上，通过构建带状非农作生境连接不同的地块和构建高异质性的农田镶嵌体是有效的景观途径。构建农田边缘地带在欧洲地区得到了高度重视和广泛应用，如德国和荷兰的自然保护计划都极为重视农田边界的管理，应采用多种措施鼓励农民建立农田边界。目前，欧洲国家已成功地建立了多种类型的人工播种的农田边缘带，包括播种的多年生草地、草地和野生开花植物的混生植物带、野生开花植物和自然再生植物的混生植物带等。在规划农田边缘带以实现农田生物多样性保护为目标时，要根据实地情况，合理地规划农田边缘带的植被构成、位置和宽度等因素。此外，地块间种植作物的多样化也是促进田间较高生物多样性的重要景观途径。

在地块内尺度上，景观结构对生物多样性的影响主要体现在作物结构、作物缀（斑）块空间分布、作物多样性所导致的空间异质性对生物的影响上。因此，在地块间尺度上，可通过规划种植密度、作物空间分布，以及采取间作、套作、轮作、混作等种植方式，实现物种多样性的保护和农田系统的稳定性。例如，在冬小麦地中保留没有条播的缀（斑）块或增加播种行距，使云雀在繁殖季节的大部分时间内能够成功地筑巢和取食，从而提高其在农田景观中的密度。水稻多品种多作物混栽技术不仅在同一区域实现了生物多样性，挽救了一批濒临灭绝的传统品种，而且降低了水稻病害的发生，减少了化学农药的使用量，在某种程度上也减少了化学农药对其他生物的危害。

二、农业景观与害虫防治

景观生态学理论早期多用于生物多样性研究，而后逐渐应用于农田害虫治理。了解景观结构对害虫、益虫的分布及对丰富度的影响对农田系统的持续管理非常关键。

早期的农田景观生态理论，多集中于作物的异质性和布局对农田生物多样性、害虫多度、分布格局影响的研究，现已扩及害虫治理。农田生态系统可以区分为作物生境和邻近作物的非作物生境。研究表明，与特定作物田块相联系的植被类型和结构能够影响害虫及其天敌迁居的种类、数量和时间。通过农田作物布局或改变大田周围非生物生境的植被组成及特征，能改变农业生态系统中害虫与天敌的相互关系，提高天敌对害虫的控制效能。

农田景观结构影响自然生物控制作用，其作用机制包括影响天敌群落结构、天敌扩散特性、种间关系等。农田生境破碎化严重地影响了天敌群落的建立，导致对害虫生物控制力的降低，害虫暴发的可能性增加。破碎景观干扰了捕食者和寄生者的觅食行为，降低了捕食率和寄生率，造成寄主害虫的大发生。

景观结构对寄主-寄生物关系的影响：景观结构和生境类型对植物-害虫-寄生物群落有明显的影响，同一群落中，物种占据空间范围的大小取决于其营养水平的高低，高营养位物种较低营养位物种占有更大尺度的生态空间，破碎生境复杂程度对食物链中高营养位物种的影响更为明显。田间试验结果显示，大于100m的斑块隔离才会影响昆虫功能团组成和种间关系。生境破碎化改变了斑块中寄主和宿主的数量，使稳定的寄生关系发生改变。一些寄生物显示出明显的边缘效应，在作物边缘地带，害虫寄生率明显增高。Thies 等用多空间尺度分析了不同农业景观复杂程度（32%～100%耕地占有率）麦田中蚜虫与寄生物的相互作用，发现复杂景观与由寄生引起的蚜虫死亡率密切相关。

景观结构对捕食者-猎物关系的影响：生境破碎化、斑块面积减小和间距增大，使捕食者与猎物关系发生相应变化。破碎化生境干扰了捕食者的觅食行为，降低了捕食率，造成猎物害虫的大发生。Karevia 等设置不同大小油菜地研究其对瓢虫与蚜虫相互关系的影响，结果显示，破碎化斑块干扰了七星瓢虫的搜索和聚集行为，斑块大小（≤1m）影响了瓢虫的寻找行为和寻找效率，导致蚜虫局部暴发。

景观格局对种群参数的影响：生境破碎到什么程度会影响捕食者活动或寻找行为呢？景观模型模拟结果显示，当生境面积下降到20%以下时寻找成功率大幅度下降。在瓢虫寻找试验中，当生境面积降低到20%以下，一些运动参数显示出阈值反应。在农田景观中，作物面积下降到20%时害虫被寄生率急剧下降。当生境面积下降至30%～36%时，即能起到有效的生物控制作用。在景观结构与其干扰捕食者寻找效应之间，以及自然天敌聚集度与害虫生物控制力关系之间存在着一个阈值。在景观格局与寄生率阈值模拟方面，Elzinga 等建立斑块面积和种群存活率关系模型进行寄生物发生最小生境面积评估，以寄生率曲线急剧下降拐点所对应的生境面积作为寄生蜂发生的最小面积。

农田边界对生物多样性的影响：农田边界即农田过渡带，通常由草带、篱笆、树、沟渠、堤等景观要素组成。农田边界具有多种功能，如农业功能、环境功能及文化和历史功能等。农业功能有防风固沙、防止水土流失、控制杂草、降低虫害与病害等，环境功能主要表现在防止水体遭受除草剂和杀虫剂污染、水体富营养化等，文化和历史功能如墨西哥的农田边界可以反映它遭受的殖民统治。根据对生物的保护功能和管理方法，可以把农田边界分成昆虫栖息地、保育边行、草本植物边界、休耕边界、无植被边界、开花植被边界及无栽培作物野生生物边界等。昆虫栖息地是一条人工构建的农田间的杂草条带，主要为取食农田害虫的节肢动物提供栖息地。保育边行（conservation headland）是指位于作物外缘 6～12m 宽的条带，主要种植低密度的非禾本科作物或自然生长两年以上的植物。草本边界（grass margin)是指农田的一条宽 2m、主要种植禾谷类、豆类和油料等植物的条带。休耕边界（fallow margin）是指一个 20m 宽、植被自然生长的条带。休耕边界有两种类型：一种休耕边界的位置每年轮换，一种休耕边界使用多年而位置不变。无植被边界（sterile strip）位于作物或昆虫栖地与作物之间，主要对潜在的动植物入侵起屏障作用。开花植物边界（flower margin）长有人工种植和自然生长的开花植物，主要为授粉昆虫和某些天敌提供花粉。无栽培物的野生植物边界（uncropped wild life strip）是指农田边 6m 宽的一条边界带，既未种植作物也不喷洒农药，但每年秋天进行翻耕。

农田边界既能为节肢动物（如步甲、蜘蛛、隐翅虫等）提供多样的、稳定的栖息地和越冬场所，又能为寄生蜂、大黄蜂等提供食物，还能为爬行动物、小型哺乳动物、鸟类提供食物和栖息地，增加农田的物种多样性。农田边界生物群落的建立受气候条件的影响，夏天和冬天农田边界中的植物群落不同，从而保持了节肢动物的多样性。

非作物生境主要是作物周围的杂草地、果园、菜园和茶园等。研究表明，杂草地中的节肢动物是稻田节肢动物群落的种库，在喷施农药时，杂草地为迁出稻田的捕食性节肢动物提供较好的临时庇护所。例如，蜘蛛在茭白和水稻两种生境之间的迁移活动，造成茭白田中蜘蛛的多样性指数和数量发生变化，使邻近的茭白田蜘蛛数量提高了 30% 以上。稻田周围的杂草地还可为缨小蜂和寡索赤眼蜂等提供庇护所和营养源。

复 习 题

一、问答题

1. 试述景观生态学的概念和基本理论。
2. 试述缀（斑）块-廊道-基底模式。
3. 试述缀（斑）块动态理论。
4. 试述"源""汇"景观理论。
5. 试述景观生态规划的概念、原则和步骤。
6. 试述景观生态学在生物多样性保护和害虫控制中的作用。
7. 试述景观格局的概念和基本理论。
8. 试述景观规划要素与景观韵律。

二、名词解释

1. 景观（landscape）
2. 景观生态学（landscape ecology）
3. 粒度（grain）
4. 幅度（extent）
5. 时间尺度（time scale）
6. 尺度推绎（scaling）
7. 尺度上推（scaling up）
8. 尺度下推（scaling down）
9. 空间异质性（spatial heterogeneity）
10. 离散性等级层次（discrete hierarchical level）
11. 内部种（interior species）
12. 边缘种（edge species）
13. 兼容机制（incorporation）
14. 复合稳定性（metastability）
15. 廊道（corridor）
16. 基底（matrix）
17. 缀（斑）块（patch）
18. 汇缀（斑）块（sink patch）
19. 源缀（斑）块（source patch）
20. 景观连接度（landscape connectivity）
21. 结构连接度（structural connectivity）
22. 功能连接度（functional connectivity）
23. 景观格局（landscape pattern）
24. 空间尺度（spatial scale）
25. 时间尺度（time scale）
26. 组织尺度（organizational scale）

第六章 区域生态学

第一节 区域生态学的基本理论

一、区域生态学的概念

区域生态学（regional ecology，macroecology）是生物学和生态学领域近20年才发展起来的一门新兴学科，真正诞生于2003年，其标志是区域生态学两个出版物的发行。其一是Blackburn和Gaston撰写的英国生态学会第43次年会会议记录，其二是Kevin Gaston的 *The Structure and Dynamics of Geographic Ranges* 一书的出版。1999年，*Global Ecology and Biogeography* 杂志开始采用A Journal of Macroecology作为其副标题。区域生态学概念的提出援引了地理学中"区域"和生态学中"生态"的基本概念，并参照了生态学、地理学和经济学等的相关理论与方法。

区域生态学的核心思想是树立区域观念，不仅统筹考虑区域生态单元在结构、过程和功能上的匹配性，而且综合考虑区域间的相互影响、相互联系和相互依存。根据生态系统构成要素和当前人类活动影响，影响区域的突出生态介质有水、风和资源，通过这3种介质，分别形成流域、风域和资源圈三大类型生态区域。

区域生态学更注重区域的生态整合性，将由某一种或某几种生态介质联系的整个生态区域作为一体化研究对象，其中有两个方面是区域生态学研究的重点：一是区域之间在空间上的整合性，包括区域生态结构、生态过程和生态功能在空间的整合性；二是生态环境与经济、社会的整合性。区域生态学不只研究区域的自然特性，而且特别关注资源环境对经济社会发展的支撑能力。因此，从空间上来讲，生态区域可划分为上、中、下不同的生态单元或生态功能体；从研究对象来讲，生态区域可划分为自然生态子系统和经济社会子系统，其中自然生态子系统又可划分成环境子系统和资源子系统（图6-1）。

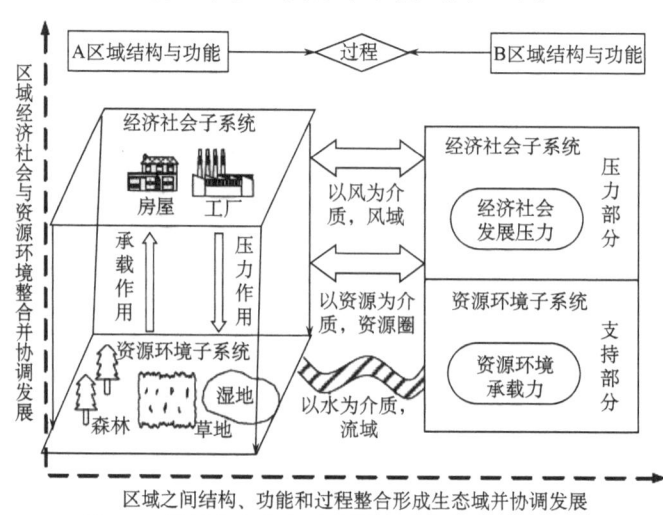

图6-1 区域生态整合示意图（引自高吉喜，2013）

在一个区域中，如何保持人与自然的和谐，维持自然对人类发展的持续支撑是区域生态学研究的关键。因此，区域生态学要将生态学与经济学融合作为重要手段，综合考虑生态与经济的协调发展。区域生态学研究对象在空间上为区域，但该区域已经通过上述各类生态整合与生态经济融合形成"区域综合体"。所谓区域综合体是指包括自然、经济、社会、文化、历史在内的多维组合体，该组合体不仅包括自然生态子系统，还包括经济社会子系统。区域生态学研究的是区域综合体内外的资源环境与经济社会之间的相互依存、相互作用，以及协同发展的过程和表现。

二、区域生态学在生态学分支中的位置

目前，生态学的研究范围异常广泛，从个体-种群-群落-生态系统-景观-区域-生物圈（全球）都是生态学的研究范畴。区域生态学作为生态学学科体系中的组成部分，是生态学的子学科，位于生态系统生态学和景观生态学等生态学子学科之上，全球生态学之下。景观生态学以景观格局、过程和尺度为核心，研究空间格局与生态过程的相互关系。区域生态学以区域生态结构、过程与功能研究为基础和核心，研究区域生态结构、过程与功能响应关系，其主要研究对象是地球上各种类型或不同尺度的区域综合体（图6-2）。

三、区域生态学的生态区域

目前，区域生态学研究的主要对象可划分为流域、风域和经济圈三大类。流域是指一条河流（或水系）的集水区域，是指通过水循环及伴生的土壤营养物将上、中、下游连接成为一个有机整体。从区域生态学来看，流域生态更关注以水为介质的上、中、下游在结构、过程和功能方面的生态完整性，以及流域的生态安全格局、生态过程和生态服务功能。因此，健康的流域应具有结构完整性、过程连续性和功能一体性。

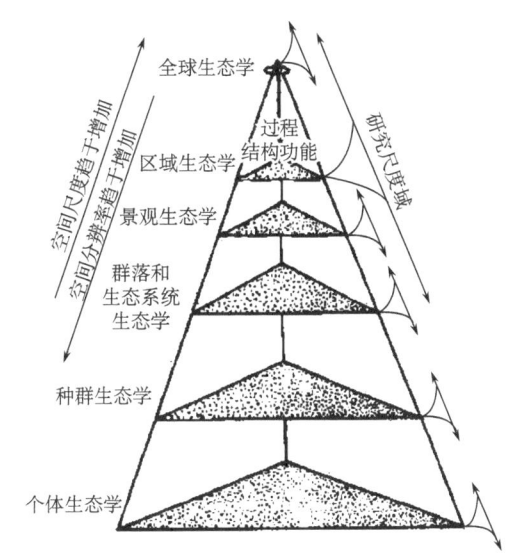

图 6-2 区域生态学在生态学分支中的位置（引自高吉喜，2013）

风域是指以风为传播介质所形成的生态单元，它以空气为载体，以大气运动作为物质流传播方式，形成复杂的多功能区域综合体。与流域一样，完整的风域也具有结构完整性、过程连续性和功能一体性。风域以风为载体和传播介质，通过风的流动将上风向和下风向地区连接成为一个有机整体。完整健康的风域，上风向应为生态涵养区，为中游和下游提供生态服务，如提供新鲜干净的空气，而上游一旦遭到破坏，生态涵养区就变成了沙尘暴发源。

资源圈是指以区域生态资源或产品为介质，使资源或产品在驱动力下发生流转所形成的有关系的区域。资源流转通常伴随经济活动，因此，资源圈也可称为经济圈或资源经济圈，典型的资源圈有城市圈、经济区或带等，如珠三角、长三角生态经济区等，海南热带海洋生态经济区等。资源圈的物质流和能量流过程比较复杂，不同区域可有多种资源与多类生态服务流转联系，形成复杂的流转网络。

四、区域生态结构、过程与功能

区域生态结构主要是指特定生态区域内不同生态单元或生态功能体和生态要素的空间格局及相互关系。区域生态结构研究以生态学、地理学和经济学理论为基础，以空间可视技术方法和遥感技术为手段，研究生态区域内生态功能体的空间格局及其对整个生态区域的影响和作用，研究不同生态功能体内部结构的差异性、一致性及生态要素的空间组合关系。

区域生态过程是指构成生态区域内部各类生态要素、生态系统和功能体之间的物质、能量循环转移的路径和过程。由于组成生态区域的各种生态要素处在不断发展变化之中，因此，生态区域内部生态要素、生态系统及不同功能体之间的组合关系也处于动态变化之中。区域生态过程研究以能量流动和物质循环理论为基础，研究生态区域的生态空间格局及其变化、生态介质的转移路径，以及生态过程变化对区域生态结构和功能的作用与影响等。

区域生态功能是指生态区域在生态过程中提供产品和服务的能力，当区域生态功能被赋予人类价值内涵时便成为区域生态经济产品和生态服务。区域生态功能侧重于反映区域的自然属性，因此，即使没有人类的需求，生态功能同样存在；生态服务和生态经济产品则是基于人类的需要、利用和偏好，反映了人类对生态功能的利用，如果没有人类的需求，无所谓生态服务和生态经济产品。区域生态功能是维持区域生态服务的基础，其研究的重点包括生态服务的供给能力、生态环境的调节能力，以及对区域经济、社会发展的支撑能力。

区域生态学的每一项研究工作最终都要落实到具体的空间上。区域生态学强调区域单元内部不同功能体之间在结构上的合理配置、在功能上的相互匹配，以及在过程中的有序流通，强调区域生态保护与经济发展的相互依存和协调发展。

五、区域生态学的研究范畴和要点

区域生态学以区域生态结构、过程与功能研究为基础和核心，研究区域生态完整性和生态分异规律、区域生态演变规律及其驱动力、区域生态承载力和生态适宜性、区域生态联系和生产资产流转等，并研究区域生态补偿和环境利益共享机制。

区域生态完整性是指区域生态系统结构、过程和功能的完整性，是指区域内维持各生态因子相互链接并能实现良性循环的状态。由于人类活动加剧，历史上形成的生态区域和生态功能体的生态完整性正在遭受破坏。因此，区域生态完整性作为区域生态健康的基础，是区域生态学研究的重点。

区域生态演变的表现是指区域中的生态组分、过程或生态功能体被另外一些生态组分、过程或生态功能体所替代。区域生态演变可以是渐进式的，也可以是突变式的。渐进式的生态演变与生态系统一样，在确定的方向上发展演化，其变化是动态的、长期的，量变积累到一定程度发生质变，其可见组分（如地貌形态特征等）发生明显变异时才被人类所认识。突变式的生态演变是区域环境突然改变或受到强烈干扰（如自然灾害或人类导致的土地利用类型改变等），造成区域生态结构、过程和功能突然改变。区域生态学需在深入剖析不同区域生态单元生态特征的基础上，研究区域生态环境演变的路径，阐明其生态演变规律，并对比分析不同生态单元的演变规律和差异。

区域生态演变的驱动力包括自然驱动因素和人为驱动因素两个方面。自然驱动因素对区域生态环境演变的作用主要体现在以温度、降水、地形地貌、水文、土壤等自然因子的变化所导致的演变；人文驱动因素对区域生态环境的演变作用主要体现在农牧业生产、工业生产活动的变更，人类居住地的变迁，以及文化习惯的改变等。农牧业生产和工业生产是影响区域生态环境的主要人文因素，文化、宗教活动主要通过影响或约束人们的生活习俗和生产方式作用于生态环境。驱动力分析应深入探讨关键驱动因子，以及不同驱动因子在不同时空尺度上产生的功能和效应等。

区域生态学虽然与生物地理学之间存在有一定联系，但它的主要目的不仅是描述和解释物种的空间分布格局，而且是揭示物种分布、物种丰富度、多样性、体形大小与温度及生态系统能量等环境因子之间在大的时空尺度上的关系。因此，区域生态系统的基础生态学包括以下几个问题。

(1) 物种分布-多度模型：许多研究表明，物种分布范围与物种多度之间呈现明显的正相关。在一个地方丰富度较高的物种常具有较广的分布范围，而稀有种只占据十分有限的空间。Gaston 和 Blackburn (2003) 测试了关于不列颠鸟类多度和物种分布的种间关系，分析发现，其发生偏离的主要原因是种间繁殖方式的不同，而决定物种分布的唯一变量则是种群大小。在海洋生态学方面，Foggo 等 (2003) 研究了不列颠河口大型无脊椎动物的多度与分布之间的关系，Frost 等 (2004) 也研究了沙滩动物区系的多度与分布之间的关系。

(2) 体型与分布范围：区域生态学的一种观点认为，体型大小与物种的地理分布有关，体型小的物种占据的地理范围比体型大的物种要小。然而，一般在大的地理区域内各种体型大小的物种都可能发生，只有在小的地理区域内，体型大小与分布区域才表现出更强的正相关。对此现象的一种解释是：大个体生物在小的地理区域内灭绝的可能性更大。Biedermann 通过对从欧洲草原到亚洲热带森林的 15 个面积不断增加样地的研究发现，随着面积的增加，调查物种的体型也随之增加。动物的体型大小决定其所需要的地理分布范围。

(3) 物种多样性的纬度梯度：Stevens (1989) 认为，物种分布范围具有随纬度增加而增加的 Rapoport 规律，Rapoport (1982) 首先用北美洲哺乳动物的一些亚种分布数据证实了这一点，后来 Stevens 证实在物种层次同样符合这一规律。但 Rapoport 规律的有效性受到质疑，越来越多的研究证明，在广泛的纬度范围内，很多物种的分布（或占有）区域大小并不符合 Rapoport 规律。物种丰富度从赤道到两极随着纬度增加而减少的关系有许多不同的解释。①面积：赤道附近有更大的陆地面积，因此具有更高的生物多样性，面积被认为是决定生物多样性的主要因素；②生物地理历史的长短是物种丰富度随纬度分布的又一解释，普遍认为，低纬度地区有更长的生物地理历史；③由生态系统能量供应差异决定的生产力随纬度的变化是导致物种多样性纬度梯度变化的又一因素；④随纬度呈现的不同气候季节变化也是生物多样性纬度梯度变化的因素。

(4) 区域生态学与生物保护：区域生态学受人类活动的影响日益严重，人类活动在特定情况下对物种形成、入侵和灭绝具有很大的影响。物种灭绝、分布范围的收缩、保护面积的大小和保护网络、外来和引进物种、气候变化影响等都需要从区域生态学的理论和方法寻求解释。

(5) 区域生态学的新陈代谢理论：新陈代谢理论 (metabolic theory) 的发展是区域生态学近期最引人关注的焦点。新陈代谢是指生物以转化能量和物质来维持其自身生命的过程。Brown 等 (2001, 2003) 认为："弄清楚生物是怎样从环境获得资源和能量，以及它们如何把这些能量分配在生命维持、个体生长和繁殖过程中，对于解释这些生物在种群、群落和生态系统中表现出来的规律是至关重要的。"新陈代谢的速率随体型大小及环境温度条件的变化而变化。生物体的总体新陈代谢速率与个体大小的3/4次幂呈线性相关,与温度呈指数关系。Allen等(2002)证实种群的平均能量流与温度无关,证明新陈代谢速率可以决定物种丰富度的纬度梯度,他们还建立了一个反映物种丰富度和温度之间关系的数学模型。

第二节 区域生态系统生产力与承载力

一、区域生态系统

区域生态系统是地球生态系统的一个组成部分,从全球角度来讲,区域生态系统可获得的外界物质输入和废物转移是有限的。当这种输入与转移的速率不能满足区域生态系统的生存与发展速率时,便会产生阶段性特征的生态环境问题,而当这些问题累积至一定限度仍无减弱或消失,超过了其承受能力时,将导致区域生态系统崩溃以致难以恢复。区域生态系统区别于自然生态系统的特征是其承载对象是社会-经济-自然复合生态系统,在结构上包含了大量的人工环境成分,在功能上更侧重于服务人类社会的供给功能,并且通过人工的主观努力可以提高区域生态系统的自然调控与恢复力。

区域生态系统是由若干单体区域组成的,具有较强的区域聚集性,区域内的单体区域表现为大、中、小区域的网络状分布,区域间除了具有一定强度的生态环境相互作用外,还存在一定强度的经济相互作用。区域生态系统的资源包括区域生物资源和所处的水圈、土壤岩石圈、水圈中所有资源的利用形式等,也包括区域生态系统排放的污染物。

区域生态系统在一定程度上是人为主观划定的生态系统,具有极其明显的复合生态系统结构特征。它以人的行为为主导、以自然环境为依托、以资源流动为命脉、以社会经济体制为调节器,把各种物理网络、经济网络、社会网络和文化网络通过有形的和无形的联系交织在一起,各自构成相应的社会、经济和自然子系统。社会生态子系统以人口为中心,包括区域中的各类常住人口和流动人口等,以满足区域居民的就业、居住、交通、文娱、医疗、教育及生活环境等需求为目标,为经济系统提供劳动力和技术。经济生态子系统由工业、农业、建筑、交通、贸易、金融、信息、科教等子系统组成,涉及工业结构、能源结构、资源结构、交通结构和农业结构等方面。自然生态子系统以生物元素和物理元素为主线,包括绿色植物、动物、微生物、人工设施等,其中,绿色植物、动物、微生物等与环境系统建立的营养关系,构成了自然生态子系统的营养元素。区域的总体布局是区域的主要物理元素,自然因素包括地貌特征、地质构造、水域形状及气候条件。

二、区域生态系统生产力

生态系统的生产能力指数通常被认为是最重要、最有效的指标。罗海江等在归一化植被指数的基础上设计了生产能力指数评价模型,以SPOT卫星的VEGETATION数据作为数据源,对中国区域生态系统的生产能力指数进行了评价,无论以省级区域作为评价单元还是以县级区域作为评价单元,中国区域生态系统生产能力指数都存在明显的地域差异。从总体上来看,呈现西北—东南走向区域生态系统生产能力指数逐级提高的趋势。以县作为区域生态系统生产能力评价单元,中国区域生态系统生产能力指数的变化基本呈现西北—东南逐级递增的趋势(图6-3)。以省作为区域生态系统生产能力评价单元,中国区域生态系统生产能力沿西北—东南走向逐级递增的趋势非常明显。

中国区域生态系统生产能力指数变化原因：①林地比例越大的地区生产能力越高，区域草地比例增加，区域生态系统生产能力则呈现下降趋势，未利用地是中国区域生态系统生产能力最差的地区。②地形是造成区域生态系统生产能力差异的重要原因之一。将中国地貌按山区、丘陵和平原分组，山区县生产能力指数均值为 80.98、丘陵县生产能力指数均值为 68.98、平原县生产能力指数均值为 62.94。以长江流域及以南地区为例，山地、丘陵集中分布区的生产能力较周边平原区高，闽浙赣地区、南岭沿线以山地、丘陵为主，该区域是中国区域生态系统生产能力最高的地区。可见，地形起伏较大地区的生态系统生产能力高于地形起伏小地区的。③气候变化是造成区域生态系统生产能力差异的重要原因之一。生产能力较强的区域主要集中于多年平均降水量大于 600mm 的区域，多年平均降水量在 1200mm 以上的区域生态系统生产能力最佳，而多年平均降水量小于 200mm 的区域是中国未利用土地集中分布的区域，生产能力最差。

三、区域生态系统承载力

区域生态系统承载力（region ecological system bearing capacity）是指正常情况下，区域生态系统维系其自身健康、稳定发展的潜在能力，主要表现为区域生态系统对可能影响甚至破坏其健康状态的压力产生的防御能力、在压力消失后的恢复能力及为达到某一适宜目标的发展能力。区域生态系统支撑力（region ecological system holding power）由自然支撑力和获得性支撑力耦合而成，自然支撑力包括生态弹性、资源供给和环境容量等方面；获得性支撑力包括社会经济发展、居民生活质量等方面。区域生态系统压力（region ecological system pressure）是相对于区域生态系统支撑力而存在的，压力产生的根源是区域人口的增加和经济活动的加强，主要包括人类经济发展、人口增加、环境污染、生态破坏等要素对生态系统产生的压力。

区域生态系统承载力指数（RSBCI）＝区域生态系统支撑力指数（RSHPI）/区域生态系统压力指数（RSPI）。

RSBCI<1，说明区域生态系统的社会经济活动产生的压力超过了目标值，超出了区域生态系统的承载能力，该值越大表明超载的程度越大，区域生态系统遭受破坏的可能性越大；RSBCI＝1，说明区域生态系统的社会经济活动产生的压力与系统的支撑力相等，处于区域生态系统承载能力范围之内；RSBCI>1，说明区域生态系统的社会经济活动产生的压力与目标值距离较远，处于区域生态系统可承载的能力范围之内，区域生态系统健康稳定地发展。

四、区域生态系统支撑力和压力的评价

由于区域生态系统支撑力和压力涉及的评价绩效因素众多，为更好地反映各因素之间的联系，采用模糊综合评判方法对区域生态系统支撑力和压力进行综合评价。

设定区域生态系统支撑力和压力的综合评价指标集为 **U**，把 **U** 按指标体系划分成 n 个子集合，在这里假定为 4 个，记作 **U1**、**U2**、**U3**、**U4**。另外，设 **M** 为评定程度等级的模糊

集合，M = {M1，M2，M3，M4} = {优，良，中，差}。采用层次分析法（analytic hierarchy process，AHP）来确定区域生态系统支撑力和压力各指标的权重，应用专家评判法和统计方法确定模糊矩阵，最后通过综合评价矩阵进行运算，得到区域生态系统支撑力指数和压力指数，进而得出区域生态系统支撑力，使相关部门做出相应的决策。

第三节 区域生态系统健康评价

区域作为宏观生态系统管理研究与实践的最适宜空间尺度，是进行生态系统健康及其评价研究的关键尺度。研究尺度的放大，导致区域生态系统的内在特质不同于小尺度生态系统，相应评价原理与方法也有不同。

一、区域生态系统健康及其评价的概念

区域生态系统健康是指一定时空范围内，不同类型生态系统空间镶嵌而成的地域综合体在维持各生态系统自身健康的前提下，提供丰富的生态系统服务功能的稳定性和可持续性，即在时间上具有维持其空间结构与生态过程的能力、自我调节与更新能力和对胁迫的恢复能力，并能保障生态系统服务功能的持续、良好供给。因此，区域生态系统健康具有活力、组织力、恢复力和生态系统服务功能4个特征。其中，活力揭示了区域/景观生态系统的功能，一般用新陈代谢能力或初级生产力等来测度；组织力可根据区域/景观结构的整体稳定性及各组分间的相互连通性来评价；恢复力是指景观镶嵌体在胁迫下维持其原状结构与功能的能力；生态系统服务功能则需要考虑不同生态系统空间邻接关系对其服务功能的影响。

区域生态系统健康评价与小尺度生态系统健康评价既紧密联系又差异显著。小尺度生态系统的健康评价是对某一特定生态系统类型的健康评价，是为生态系诊断疾病，本质上属于类型质量评价的范畴；区域生态系统健康评价在小尺度生态系统健康评价的基础上，以生态系统服务功能为核心，更关注健康的空间维度，强调不同类型生态系统的空间镶嵌格局，尤其强调空间邻接关系对生态系统健康的影响，是对类型质量评价、数量结构评价与空间格局评价的综合。

生态系统健康的时空尺度特征：生态系统健康研究涉及生物细胞、组织、个体、种群、群落、生态系统、景观/区域、陆地/海洋和全球等不同尺度上的对象，但具有宏观生态学意义的主要包括小尺度生态系统、区域/景观和全球三大层次。小尺度生态系统是生态系统健康研究的基本尺度，研究主要着眼于生产者、消费者、分解者与非生物环境等生态系统组成要素的动态特征，强调生态系统对外部环境的影响与响应，以及其与人类健康的相互关联。区域/景观是生态系统健康研究的核心尺度，研究主要着眼于景观空间格局对生态过程的影响和生态系统服务功能的动态维持；强调空间邻接关系对相邻生态系统的作用。全球是生态系统健康研究的目标尺度，研究主要着眼于生物多样性、生物地球化学循环和能量转化效率，强调生态系统服务功能与人类需求的动态平衡。中尺度的区域/景观，作为一个不同生态系统空间镶嵌而成的地域单元，是全球尺度研究的重要基础，其既能将宏观（全球）尺度与微观（生态系统）尺度的健康问题紧密联系起来，又能使生态系统健康状态与社会经济影

响相互关联,是进行生态系统健康研究的关键尺度。

健康评价的区域类型:目前,中国区域尺度的生态系统健康评价主要针对以下类型区域展开:湿地、草地、农田、黄土丘陵区、城市、行政区。其中,关于城市生态系统的健康评价历史最长,持续时间最久,个案研究最丰富。湿地以其重要的生态系统服务功能价值引起了人们的高度重视,而对草地、农业、黄土丘陵区等近自然区域生态系统健康评价的关注相对较少。虽然针对行政区的生态系统健康评价也相对较少,但行政区作为人类社会经济活动的基本空间单元,相对自然区域而言,其健康评价结果更易为公众感知。另外,对生态系统健康构成压力的社会经济指标都是依据行政单元统计的,宏观生态系统管理往往采用行政单元,因此,行政区是区域尺度生态系统健康评价的重要区域类型。

二、区域生态系统健康评价的目标单元

区域生态系统健康评价是对地域空间内多种生态系统组成的空间镶嵌体健康状态的综合评价,而不是对各类生态系统健康状态单一评价结果的简单加和,其评价结果不仅能揭示区域整体的健康状况,而且能以区域内部不同空间单元生态系统健康状态的空间差异为重要表征。因此,区域生态系统健康评价应以区域整体或其内部细分的空间单元为基本评价单元,这些评价单元均是不同类型生态系统的空间镶嵌体。小尺度生态系统健康评价则以特定类型的生态系统为评价单元;可以是对一个生态系统的健康评价,如对池塘生态系统健康的评价;也可以是对地域空间内所有生态系统(类型相同或不同)的健康评价,如对全国森林生态系统的健康评价。尽管评价工作是在区域尺度上开展的,但评价的基本单元却是生态系统,评价的基本原理、方法均属于生态系统的类型健康评价范畴。区域生态系统健康评价与区域尺度的生态系统健康评价有着本质的区别。区域生态系统健康评价一定是区域尺度的生态系统健康评价,但区域尺度的生态系统健康评价却不完全都属于区域生态系统健康评价的范畴。依照上述对区域生态系统健康评价的界定,与行政区生态系统健康评价相比,其他特定生态系统类型区域的生态系统健康评价虽然或多或少都有生态系统类型健康评价的内容,但不是严格意义上的强调空间的区域生态系统健康评价,即使在已有的行政区生态系统健康评价中,也有部分研究未能考虑空间格局对生态系统类型健康的作用。特定生态系统类型区域的生态系统健康评价,本质上是对不同类型生态系统的健康评价,属于区域尺度的生态系统类型健康评价范畴。

三、区域生态系统健康评价的方法

生态系统健康评价一般包括指示物种法和指标体系法两种。指示物种法主要依据生态系统的关键种、特有种、指示种、濒危种等的数量、生产力、结构功能指标等来描述生态系统的健康状况,但由于指示物种的筛选标准及其对生态系统健康指示作用的强弱不明确,且未考虑社会、经济和人类健康因素,难以全面反映生态系统的健康状况。指标体系法则根据生态系统的特征及其服务功能建立指标体系进行定量评价,选取的指标既可以是生态系统的结构、功能和过程指标,也可以是社会经济、景观格局、土地利用指标。该方法以其提供信息的全面性和综合性而被广泛应用于生态系统健康评价中。区域作为多种生态系统的地域空间镶嵌体,很难找到恰当的指示物种(群)对其健康状况进行监测。因此,指标体系法是区域生态系统健康评价的唯一方法。

建立指标体系后，目前生态系统健康评价采用的具体方法包括综合指标评价法和模糊综合评价法两类。其中，综合指标评价法一般通过层次分析法确定指标权重，构建综合指数对系统健康状况进行综合定量评判。模糊综合评价法认为生态系统健康与否完全取决于标准值，但由于难以合理界定这些标准值，因而，可以作为一个模糊问题来处理。该方法一般根据多个因素对评价对象本身存在的性态或隶属上的亦此亦彼性，从数量上对其所属成分给以刻画和描述。综合指标法的优点在于能较好地体现生态系统健康评价的综合性、整体性和层次性，评价过程简单明了，评价结果明确，易于公众感知。模糊综合评价法则能避免主观判断生态系统健康标准的不确定性，但考虑到综合指标法也可以通过时间序列、空间序列的纵向、横向比较来探讨生态系统健康程度的高低变化，从而也可以避免人为确定生态系统健康标准的不确定性。因此，基于层次分析法的综合指标方法在已有的生态系统健康评价中得到了广泛的应用。

四、区域生态系统健康评价指标、阈值及权重

由于对生态系统健康及其评价相关概念理解的不同，以及评价的具体生态系统类型和区域生态环境特征的差异，针对区域生态系统健康目标出现了多种指标体系分解方案，如"生态特征-功能整合性-社会环境"、"结构功能-可持续利用能力-动态变化"、"资源环境支持-社会经济人文影响-生态综合功能"、"生态特征-人类扰动"等，以"活力-组织力-恢复力"分解框架为基础的评价指标体系得到了广泛认可。在具体评价指标的选取上，部分指标体系的合理性仍有待商榷。①指标体系过于庞杂，社会、经济、生态、资源、环境与人类健康等因素无所不包，就选取的指标而言，与可持续发展评价指标体系类似，难以体现生态系统健康的本质内涵。②将压力、状态、响应指标同时纳入评价指标体系，表征区域生态系统的健康状态，而事实上，生态系统健康属于状态量的范畴，压力与响应指标只能表征生态系统健康可能的变化趋势，而对系统当前的健康状态没有指示意义。合理的"压力-状态-响应"评价，应该是以状态指标度量生态系统健康状况，以压力和响应指标反映生态系统健康的主要影响因素及其结果。③将研究区域分解为自然-社会-经济等子系统，分别构建指标体系评价各子系统的健康状况，并在此基础上进行综合评价，其实质是对区域复合系统的健康评价，而不是以自然生态系统为核心的健康评价，在相当程度上远离了区域生态系统健康评价的"生态"主旨。

生态系统健康具有双重含义：其一是生态系统自身的健康，即生态系统能否维持自身结构、功能与过程的完整；其二是生态系统对于评价者而言是否健康，即生态系统服务功能能否满足人类需求，这是人类关注生态系统健康的实质。因此，生态系统健康以人为主观评价者，不可能存在于人类的价值判断之外，自然生态系统健康的核心在于通过生态系统结构与功能的完整性保障生态系统服务功能的持续供给以满足人类需求，生态系统服务功能的维持是评价生态系统健康的一个重要原则。

由于区域是由多种生态系统在地域空间上镶嵌而成的，所以区域生态系统健康评价的对象是这种由多个生态系统构成的景观镶嵌体，而不是单一的生态系统。区域生态系统服务功能依靠景观结构（包括要素结构与空间格局）与功能的动态维持。这种空间镶嵌关系决定了生态系统之间不同的空间邻接关系必然对其服务功能的发挥造成影响。例如，对于森林生态

系统而言，与湖泊生态系统邻接将增加其服务功能，若与荒漠生态系统邻接，则会降低其服务功能。因此，景观格局对生态系统健康具有重要意义，基于空间邻接关系的景观格局指数是区域生态系统健康评价的适宜指标。

评价指标的阈值：确立健康生态系统的标准，即评价指标的阈值，是区域生态系统健康评价的关键。生态系统健康评价的目的并不是为生态系统诊断疾病，而是在一个生态学框架下，结合人类健康观点对生态系统特征进行描述，即定义人类所期望的生态系统状态。因此，生态系统健康标准是一个人类标准，评判某个状态是否健康在很大程度上取决于社会利益。由于人类的主观期望是动态变化的，健康是一种相对概念，绝对健康的生态系统是不存在的。同一生态系统，面对不同的人类期望，评估结果迥然不同。区域生态系统健康评价更多关注和探讨的是区域生态系统健康的时间动态与空间差异，而不是人为判定某时、某地生态系统健康与否，从而保障研究的客观性。

评价指标的权重：应用综合指数法评价生态系统健康，指标权重对评价结果具有显著影响。权重用来表示各指标变量或要素对上一层次等级要素相对重要程度的信息，根据原始数据的来源，指标权重确定方法有主观赋权法和客观赋权法两类。主观赋权法主要依据专家经验，人为确定指标权重，具体包括古林法、Delphi法、AHP法等，目前在生态系统健康评价中应用较广泛，但客观性较差。客观赋权法根据原始数据运用统计方法计算而得，由于不依赖于人的主观判断，客观性强，目前在区域生态系统健康评价中具体应用的有熵权法、因子分析法、均方差法等。客观赋权法虽然在确定权重的过程中较为客观，但所确定的权重受各评价指标具体数值的影响，不能反映专家的知识经验，难以真实表征评价指标的相对重要性，有时得到的权重可能与实际重要程度完全不符。主观赋权法虽然在确定权重的过程较为主观，但一般能基本反映评价指标间的相对重要性差异。因此，主观赋权法的实用性要强于客观赋权法。

五、区域生态系统健康评价展望

评价结果的多尺度综合与尺度转换：生态系统健康评价首先涉及生态系统、区域与全球三大核心尺度，在区域这一尺度至少包括县域、市域、省域、国家和大洲等差异明显的空间尺度。尽管这些不同空间尺度上的生态系统健康评价结果具有密切的内在联系，但尺度的不可推绎性决定了大尺度上的生态系统健康既不能线性还原到小尺度上，也不能将小尺度上的生态系统健康简单累加。因此，生态系统健康评价应在多尺度上展开，同时，虽然不同尺度下生态系统健康的研究对象各有侧重，但彼此并非完全分割，还存在密切的联系。因此，综合研究多尺度下生态系统健康的相互协调性及其有机整合，以及不同尺度之间的相互转换途径与方法，即评价结果的多尺度综合与尺度转换，是（区域）生态系统健康综合研究的核心。

景观生态学理论与方法的应用：在从小尺度生态系统健康评价到区域生态系统健康评价的转变中，最核心的变化是由生态系统结构与功能的研究转变为不同生态系统所构成的地域空间镶嵌体——景观结构与功能的研究，这是以格局与功能的相互关联为理论核心的景观生态学的主要研究内容。作为区域生态系统健康的主要影响因素，土地利用/土地覆被变化是以景观空间格局分析为基础的，因此，作为宏观尺度的生态空间研究，景观生态学的理论与方法是中尺度区域生态系统健康评价的重要依据。

"3S"技术的综合应用：随着从生态系统健康评价到区域生态系统健康评价的转变，研究所需要的基础数据来源也由传统的物种、种群、群落或生态系统采样，转换为以大、中尺度上的宏观生态环境质量监测为主。遥感与全球定位系统技术相结合，能够快速提供不同空间分辨率的各类资源环境动态数据，而地理信息系统（GIS）则以其强大的数据管理与空间分析功能保障了海量遥感数据的运算、管理。因此，综合应用接收站（RS）、GIS和全球定位系统（GPS）"3S"技术，以便快速获取、分析研究基础数据，从而动态监测宏观生态系统健康状况，成为区域生态系统健康定量评价的客观要求。

第四节　区域生态系统管理

全球或区域尺度生态系统管理的研究不仅是人类社会可持续发展的迫切需要，也是生态系统管理学的重要发展方向和科学任务。当今区域生态系统调控的主流思想是以生态系统平衡为基本理念，以平衡管理与控制为目标指导区域生态系统发展，调控区域生态系统的演替。20世纪90年代末以来，出现了一个全新的区域生态系统管理与调控的模式——生态系统适应性管理与调控，该模式以区域生态系统各要素或整体恢复力作为调控与管理的目标，使复杂的区域生态系统的管理有了新的理论依据与技术手段。

一、适应性区域生态系统管理的基本特征与模式框架

适应性区域生态系统管理是以区域生态系统可持续性为目标，在不断探索、认识区域生态系统本身内在规律、干扰过程的基础上采取的用来提高实践与管理的系统过程。以人为主导的区域生态系统是以社会、经济、生态系统综合效用的最大化作为目标的，它的核心任务是对区域生态系统驱动因子的恢复力、适应及生态系统适应循环进行辨识，并在此基础上提出管理模式与对策。其基本特征与模式框架如下所述。

1. 恢复力

在区域生态系统管理中，任何尺度、任一区域的生态系统驱动因子的恢复力（resilience）均具有4个基本特征：①范围（latitude），即区域生态系统维持其基本功能的系统因子的最大变化幅度；②抗性（resistance），引起区域生态系统因子变化的难易程度，即系统抵御外界干扰能力的大小；③系统不稳定性（precariousness），即区域生态系统整体状态与"理想演替态"的距离；④系统空间尺度特征（panarchy），即区域生态系统具有不同的等级特征，某一空间尺度生态系统的变化受更大空间尺度干扰因子和演替过程的控制，其本身也制约着较小尺度生态系统的变化，因此，一个特定尺度生态系统的恢复力特征受与其相邻空间尺度的影响。

2. 适应

在区域生态系统管理中，适应（adaptability）是区域生态系统外部驱动因子及生态系统内在过程恢复力基本特征的综合响应。在受人类影响的区域，特别是以人为主导的区域生态系统中，适应是人类调控与管理区域生态恢复力的综合能力，是调控生态系统恢复力的不稳定性变化轨迹，是改变恢复力的变幅或抗性，是改变区域生态系统上一级尺度的生态过程的能力。

3. 生态系统适应循环与跨尺度影响

生态系统演替理论认为,在理想状态下,一个生态系统的产生、发展是经过先锋生物的入侵、繁衍、种群与群落形成,并最终达到保持种群和群落稳定状态的顶级演替状态。由于自然因素变化、外来物种入侵及人为活动影响等的干扰,生态系统往往不能保持原有的正常演替过程,通常会改变原有的演替速率或改变生态系统原有的演替方向。在两个干扰事件之间,生态系统将经历入侵、保持、系统破坏、系统调整 4 个环节。以森林生态系统为例,4 个环节的特征分别为:①入侵阶段——先锋物种快速进入干扰区域;②保持阶段——物质与能量保持群落处于稳定状态(顶级条件);③系统破坏阶段——火灾等自然干扰,使生物量与营养物质大量释放;④系统调整阶段——为下一阶段演替进行系统调整。但并非所有的适应循环都要完全经历上述 4 个阶段,系统可以直接从保持阶段转到系统入侵阶段或从入侵阶段直接进入保持阶段等。同时,生态系统适应循环是在不同空间尺度上进行的,存在跨空间尺度影响。

4. 区域生态系统适应性管理模式与框架

适应性生态系统管理的框架结构可划分为不同的阶段(图 6-4),通过各阶段的分步实施、调整,从而达到保持区域生态系统可持续发展,或新的演替条件下社会、经济、生态效用最大化的目标。对生态系统适应性管理而言,管理目标界定是基础,生态系统适应循环阶段确定、系统恢复力辨识、内在过程与规律的认识是制定合理管理方案的关键;政策制定、配套条件落实、公众参与是保障;建立合理的监测网络与评估体系是决定评估管理成败的重要环节。生态系统适应性管理过程中,由于生态系统演替方向变化或系统功能调整的影响,需要根据区域生态系统的目标实时调整管理目标。因此,区域生态系统管理目标不是一成不变的,而是一个随生态系统适应循环不断调整的过程。

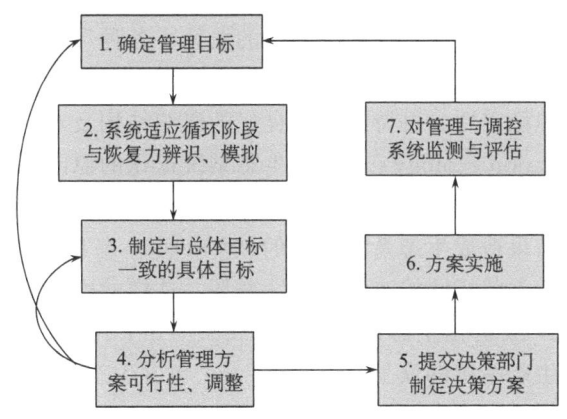

图 6-4 区域生态系统管理的框架结构(引自王文杰等,2007)

二、区域生态系统管理的生态学理论

1. 生态系统服务功能评估

生态系统服务功能主要包括自然生产(食物、纤维、燃料、医药材等)、维持生物多样性、调节气候和物质循环、减轻自然灾害、保持和改良土壤、净化环境、传粉和种子扩散、控制有害生物、精神调解、美学和旅游价值等。综合运用生态学、经济学、地理学的理论与方法，建立生态系统环境服务价值评估的指标体系与方法，在区域尺度上估算生态系统类型的环境服务价值及其时空变化格局是区域尺度生态环境建设和生态系统管理的当务之急。

2. 生态系统可持续性

生态系统的持续性是人类赖以生存、社会经济得以可持续发展的基本条件。制止或逆转生物圈资源的退化，建立可持续生态系统（sustainable ecosystem）是生态系统管理的最终目的。可持续性是指某个客观事物可以持久或无限地维持或支持自我存在的能力。生态系统可持续性可以理解为生态系统持久地维持自身健康生存和发展的能力，它取决于系统的生态整体性（ecological integrity）、自维持活力（vigor of self maintenance）、自调解力（self regulation）和自组织力（self organization）。生物多样性是决定生态系统可持续性的核心，它在复杂的时空梯度上维持着生态系统过程的运行，是生态系统抗干扰能力、恢复能力及适应环境变化能力的物质基础。

3. 生态系统的复杂性和不确定性

生态系统的复杂性和人类对生态系统认识的有限性决定了人类对生态系统理解的不确定性，导致人们对生态系统的盲目管理，甚至导致无效的和经常性失败的管理。因此，要强调生态系统的适应性管理，承认它只能依赖于人类对生态系统临时的和不完整的理解来进行，允许对不确定性过程的管理保持灵活性和适应性。生态学的发展虽然对某些简单生态系统的理解和把握取得了很大的进步，但对区域尺度的复杂大系统而言还十分有限。

4. 资源保护、生态系统健康与退化生态系统

开展生态系统健康诊断和退化生态系统恢复的研究是生态系统管理的重要任务。生态系统健康学的定义为：研究生态系统管理的预防性的、诊断性的和预兆的特征，以及生态系统健康与人类健康之间关系的一门学科。其主要任务是研究生态系统健康的评价方法、生态系统健康与人类健康的关系、环境变化与人类健康的关系、各种尺度生态系统健康的管理方法等。一个健康的生态系统应该能及时调整系统的功能紊乱（疾病、危困综合征），保持正常的功能状态，维持系统的稳定性、可持续性和良好的组织结构及对环境胁迫的恢复力。

恢复生态学（restoration ecology）是研究生态系统退化的原因、生态学过程和机制、退化生态系统恢复与重建的技术和方法的学科。在外界作用下，生态系统的结构和功能发生位移（displacement），其结果造成生态系统平衡的破坏，使生态系统的结构和功能发生变化，导致功能障碍或紊乱，进入破坏性的波动或恶性循环，这样的生态系统通常称为受害生态系统（damaged ecosystem）或退化生态系统（degraded ecosystem），也可称为病态生态系统（morbid ecosystem）。生态系统的恢复（restoration）包含生态系统改造（reclamation）、修复（rehabilitation）、挽救（redemption）、更新（renewal）及再植（revegetation）等含义。系统工程学（system engineering）是生态系统管理的有效工具，它利用生态系统中物种、种群间的共生相克关系，物质的循环再生原理，结构与功能的协调原则，系统工程的最优化思想和方法来设计生态系统的管理计划。生态环境工程产业化是以经济学原理和手段推进生态环境恢复和重建的有效途径，从生态经济学角度研究生态环境工程的价值评估、投资效益和风险是生态环境建设的迫切需要。

5. 生态系统生产力和碳循环生理生态学过程与区域模型

以植被光合–呼吸作用为基础的生态系统生产力的形成和碳循环构成了生态系统的基础

生态学过程。探讨生态系统生产力形成机制和估算模型不仅是人类食物安全、区域经济发展和生态环境建设的需要，也是生态系统定向调控与优化管理的重大问题。全球碳的汇/源格局与碳丢失（missing），碳循环与气候变化、土地覆被变化的相互作用及其模型表述，人类活动对陆地碳循环的影响和反馈作用等均需要研究。区域尺度生态系统生产力和碳循环的生理生态学过程模型是研究全球气候变化的基础模型之一，它与土壤-植物-大气系统的水分和能量传输模型相耦合，构成了大气循环模型（GCM）陆面过程模型的基础。以生态系统光合作用模型为基础，进一步建立相应的区域尺度作物生产模型和营养物质的生物化学循环模型，直接用于指导农田生态系统管理。从光合作用的生理生态学机制角度，研究典型生态系统生产力和碳循环的生理生态学机制模型，探讨斑块尺度的生产力和碳循环模型向景观和区域尺度转换的理论与技术问题，在区域尺度上估算生态系统生产力和碳通量，阐述它们的地理分异规律及其对气候变化和人为活动的应答特征，预测环境变化条件下生态系统植被生产力、生态系统结构和功能的演替态势，建立生态系统的人口及社会经济承载能力及环境质量预警的理论和技术体系，是区域尺度生态系统管理的迫切要求。

6. 土壤-植物-大气系统相互作用关系及其能量交换与物质循环

土壤-植物-大气系统的能量交换与物质循环过程是生态系统环境服务价值形成的生态学基础，它与生态系统生产力和生态系统环境服务功能形成过程相耦联，直接决定着生态系统生产力水平和环境服务功能状态，决定着生态系统与环境系统的互作关系。区域环境变化与发生在土壤圈、生物圈和大气圈界面的化学物质循环、能量流动和水循环相关联。研究这种界面过程有助于了解区域环境的变化规律，预测生态系统对全球变化的响应和反馈能力，为生态系统可持续管理提供科学依据。目前，国际上广泛应用的土壤-植物-大气系统的能量与水分循环模型，主要是以 Penman-Monteith 模型或 Shuttle-worth-Wallace 模型为基础发展起来的。这些模型在农田尺度、区域尺度，甚至全球规模的微气象或气候变化预测中被广泛应用。生态系统温室气体的排放与吸收、碳和氮等的生物化学循环也是发生在土壤圈、生物圈和大气圈界面的生态学过程，研究这些过程特征参数的时空分异性是探讨陆地生态系统的物质循环、基于生物化学循环和植被地理分布的植被动态模拟的基础。气候变化（温室气体、臭氧和紫外线）对生态系统影响的试验研究在近 10 多年来得到较快地发展。国际上的试验研究从生长箱模拟试验，经过封闭和开顶式温室模拟试验，已经发展到大规模的自由空气中增加 CO_2 浓度（free-air carbon dioxide enrichment，FACDE）试验，欧洲和美洲的多国先后建立了作物（棉花、小麦）、森林和草地的 FACE 试验场，日本也建立了水稻 FACE 试验场。迄今，中国的研究还仅限于在封闭或开顶式温室内对一些农作物进行试验研究。

7. 生态系统过程模型与尺度转换理论

基于生态学过程的动力学模型的开发一直是生态学研究的主要内容，在个体、群体和斑块尺度上的许多模型都已经比较成熟。如何把这些生态学过程模型进行尺度转换（scaling up），从斑块尺度向区域甚至全球生态系统扩展的研究工作还刚刚起步。开展生态过程的跨尺度动态研究，探讨生态学特征参数的空间分异规律，开展区域生态模型的误差检验和不确定性评估，借助遥感和 GIS 技术，提取生态模型参数和参数改进等是生态系统过程模型研究中的重要工作。

8. 生态系统内部亚系统之间的耦合生态学过程

区域尺度生态系统内部亚系统之间是通过若干主要生态学过程相耦合的，使亚系统之间发生着物质的、能量的和经济的联系。这种联系既可以产生区域间的资源和经济优势互补，也可能引起区域间的经济利益纷争。因此，开展区域尺度生态系统内部亚系统之间耦合的生态学过程研究，是自然和社会资源区域优化配置、区域发展和区域内经济合作的需要。

9. 生态系统网络研究、监测和成果集成的理论与方法

为了在更大尺度上揭示生态系统的演变规律，减少生态系统管理的不确定性，长期的生态系统联网研究和监测是一种有效的方法。20世纪80年代以来世界上建立了多个生态系统研究网络。在国家尺度上的有美国的长期生态研究网络（LTER）、英国的环境变化研究监测网络（ECN）、加拿大的生态监测与分析网络（EMAN）；在区域尺度上的有泛美全球变化研究所（IAI）、亚太全球变化研究网络（APN）和欧洲全球变化研究网络（EN-RICH）；在全球尺度上的有全球生态监测系统（GEMS）、全球陆地观测系统（GTOS）、全球气候观测系统（GCOS）和全球海洋观测系统（GOOS）。中国科学院于1988年开始组建中国生态系统研究网络（CERN），经过十几年的努力，包括农田、森林、草地、湖泊和海湾生态系统的29个试验站、5个分中心和1个综合中心的建设工作已经取得了重大进展，成为中国乃至全世界的重要生态学研究基地，也成为全球性环境和生态系统监测网络的重要组成部分。随着生态系统研究网络的建立，如何有效地利用生态系统网络监测数据和历史资料、开发区域和长时间尺度的生态系统模型，以及生态环境问题的综合分析，已经成为生态学发展亟待解决的问题。

10. 区域尺度生态系统管理的综合研究

区域尺度生态系统管理的生态学基础研究需要与环境科学、资源科学、经济学和社会学有机结合，开展一些专题性的综合研究。当前，动态解析中国（或特定区域）自然资源和环境质量的时空演化、生态系统对全球气候变化和经济开发的响应特征及其环境质量预警，综合评价生态系统生产力和碳循环的演变及对社会经济发展的承载能力，探讨环保型农业经营及不同类型生态系统的可持续管理模式、退化和受污染生态系统的恢复与重建，研究以水土资源为中心的资源持续利用政策和技术等问题，都是与国民经济和国家安全密切相关的重大战略课题。

三、区域生态系统管理实例

以三峡库区小江流域为例，对小江流域景观生态特征、区域生态胁迫进行分析，围绕水生生态安全这一总目标，进行流域各生态系统的恢复力辨识、生态系统适应性循环过程研究。从各系统恢复力属性特征出发，提出该区域生态系统的适应性管理方法与模式。

1. 景观生态现状分析

小江流域景观遥感监测结果表明，流域内景观受人类活动影响强烈，具备农业生产条件的适宜地段均被开垦为耕地，农田面积占全流域总面积的46.18%，其中尤以旱作农业所占比例大，占全部农耕地面积的68%；森林覆盖率低，仅占30.12%，而且中、幼林所占比例大，林分单一，生态服务功能不强。薪柴林砍伐、水土流失、自然地质因素已被耕种破坏，流域内具有大面积粗骨质砾石、分化土间由灌木、草本组成的灌草丛景观，面积约占全流域面积的20.13%。

流域景观要素总体的碎化程度高，整个流域基本上都受到人为活动的干扰或完全按人类生产目标调控；斑块面积较大的成片森林主要分布于海拔800m以上的山地，而林分较为复杂的森林主要分布于海拔1200m以上的区域；斑块面积较小、连通度低的森林斑块散布于农村庭

院周边、坡度较大的丘陵地区。农田斑块面积较小且分散，丘陵、山地的下部、坡度较缓的中山区域均存在大量几十至几百平方米的小块耕地。斑块形状指数分析表明，自然、半自然生态系统中，斑块形状复杂程度排序为水域、荒芜地、森林、灌草丛、旱地、水田与果园。

区域生态胁迫特征：①坡耕地所占比例大，水土流失严重；②降水强度大、季节分布不均；③地质灾害多，滑坡、崩塌、泥石流时有发生；④移民后靠加大了区域开发的强度，区域景观更加破碎；⑤化石燃料大量使用，化肥、农药施用加剧了非点源污染，与工业污染排放协同影响，以致流域中下游水质整体较差；⑥大坝蓄清排浊运行，使小江流域形成大面积的岸边消落地带，对小江淹没区景观将产生明显不和谐影响。

2. 小江流域区域生态系统恢复力辨识与适应性管理

（1）小江流域生态系统适应循环与生态系统恢复力辨识：小江流域区域生态系统演替条件发生了大的变化，甚至发生了新的演替阶段，包括湖岸消落地带生态系统形成和移民后靠、新的开发造成陆生生态系统环境驱动力改变。淹没区原有的生态系统被破坏后，新形成面积约 7200 hm^2 的水陆交替区域，实现新的适应循环，即陆地生态系统彻底崩溃，湖岸水陆交替生态系统形成，并使先锋物种侵入、定居、新的环境条件形成、交替区物种进一步丰富，稳定生态系统形成一个适应循环发展。陆地生态系统受移民开发影响，原有的脆弱生态系统环境压力更大。为适应这一环境变化，需要对农业生产、农村经济活动进行新的调整，以适应新环境条件下生态、经济、环境的可持续发展。而次一级生态系统条件的变化，如小气候条件的变化引起局地陆生生态系统演替的变化；水文条件的改变引起湖岸崩塌、滑坡；移民点建设实施新的土地整理，形成新的耕地；等等。

保证流域生态安全与可持续性的核心是以水生生态系统良性循环保护为总体目标，实现淹没区水质达到国家规划预期目标，防止灾害性的水生生态事件。小江流域生态系统恢复力调控主要包括流域整体功能限制性分析与规划、工业经济系统和农业生产结构调整、湖岸水陆交替区域典型生态系统形成、农田生态工程改造、灌草丛生态系统改良、森林生态系统功能调控与改良、地质灾害防治等。区域生态系统适应性管理将围绕上述几个方面对恢复力的范围、抗性、不稳定性、跨尺度影响等进行调控。

（2）小江流域水生生态保护目标：实现小江流域水生生态系统良性循环是区域生态系统适应性管理的总体目标，具体包括水质目标、水体富营养化目标、水生生物多样性目标、水陆交替区域景观美学与优化目标等。

（3）小江流域生态系统适应性管理模式：①加强流域规划，合理配置资源，发展库区生态农业；②加大护坡工程建设，调整部署农业发展空间和自然的关系；③灌草丛生态系统的改造与治理；④采用合理的工程、生态措施，实现消落带生态、美学、社会经济和谐统一；⑤合理布局工业，发展清洁工业；⑥建立综合监测与评估手段。

复 习 题

一、问答题

1. 试述区域生态学的概念。
2. 试述区域生态系统的概念。
3. 试述区域生态系统的生产力。
4. 试述区域生态系统的承载力。

5. 试述区域生态系统生产力和承载力的评价方法。
6. 试述区域生态系统管理的生态学基础理论。
7. 试述区域生态系统健康评价的基础理论。
8. 试述区域生态系统管理模式和框架。

二、名词解释

1. 区域生态学（regional ecology）或（macro-ecology）
2. 区域生态系统（region ecological system）
3. 区域生态系统承载力（region ecological system bearing capacity）
4. 区域生态系统支撑力（region ecological system holding power）
5. 区域生态系统压力（region ecological system-pressure）
6. 区域生态系统生产力压力（region ecological system productivity）
7. 可持续生态系统（sustainable ecosystem）
8. 受损生态系统（damaged ecosystem）
9. 退化生态系统（degraded ecosystem）
10. 病态生态系统（morbid ecosystem）
11. 系统工程学（system engineering）

第七章 全球生态学

第一节 全球生态学的概念

一、盖亚假说

地球不仅是宇宙间有生命的环境,而且其自身也是一个生命有机体,一个能够自我适应和自我调节的体系,一个可以改变自身环境并使之顽强存活下去的系统。地球是一个由生物圈、大气圈、海洋、土壤等各部分组成的反馈系统,通过自身调节和控制而寻求并达到一个适合于大多数生命生存的最佳物理-化学环境条件。

盖亚假说(Gaia hypothesis)是由英国大气学家拉伍洛克(James Lovlock)在20世纪60年代末提出的,Lovlock意识到地球本身是一个超级生命的有机体,将其命名为盖亚(古希腊神话里的大地女神)。盖亚假说认为,地球是一个由生物负反馈自动调节的控制系统,地球自身是一个活的整体,活的部分就是地球表层。生物整体不仅适应环境,同时也改造了环境,使环境条件稳定和最优化,有利于自身生存。限于时空尺度还无法证明,这一假说引起了争议,但它提供了理解地球表层物质之间,特别是生物和环境之间复杂联系的一种思维方式,这对地球表层系统的研究是有启发性的。生物反馈由达尔文的自然选择(或最适者生存)产生,主要是负反馈,其结果是抑制地表系统偏离原状态。环境反馈可分为3个等级,从高到低依次为:无机(纯粹的地球物理和地球化学循环)反馈、生物生长繁殖反馈和自然选择反馈,后两者属于生物反馈。生命活动极大地改造了环境,使环境条件尽可能优化而适于自身生存。地球上的生物,特别是细菌,与地球的无机系统相互作用,无意识地稳定了全球的环境;生物控制了地球表层的温度和物质构成,如果地球大气的物质构成、温度和氧化态,因地球外部的干扰或其他原因的干扰发生变化,生物会通过生长和自然选择反馈来调节环境,使环境条件有利于自身生存。总之,生命负责维持地球气候等环境要素的稳定,如果地球是艘太空船,生命就是领航者。

Lenton认为,生物调节环境是由其内在特性决定的。一是生物为了维持内在的低熵,都要通过吸收自由能量放出高熵值的废物来改变环境;二是生物体的生长和潜在的指数繁殖为生命提供了内在的正反馈,即生命越多,产生的生命也越多;三是对每一个环境因子来说都存在一个水平或范围,在这个水平或范围里,最适宜某一生物生长,生物细胞以碳为基础的化学成分及脂膜结构决定了可忍受的气候和化学范围。行星上的各种生命表现型都会产生可遗传的、能被忠实复制的变异,它们生长,互相争夺资源,自然选择决定那些能大量繁殖后代的生命形式主宰环境。

盖亚假说将地球表层视为一个控制系统,生物是这个系统的关键部分,主宰了从太阳能在地表的固定转化到物质循环和信息传递等一系列地表过程。经过30多亿年的进化,生命和非生命环境之间已形成了复杂的反馈联系,人类作为生物圈的一个高级成员,对环境的影响和作用日益变大,但仍受自然规律的严格制约。人口剧增、污染加剧、无节制的生活方式和战争等已引起了局部环境的严重恶化,大自然或盖亚既是仁慈的,也是残酷的,人类必须抑制自身的行为。盖亚假说可以启发我们探索复杂地球表层系统的进化规律及人类如何合理行为才有可能成为地球这艘太空船的领航者，而不是束缚我们思想的偏见。

二、全球变化

全球变化（global change）原来表达人类社会、经济和政治系统不稳定，国际安全和生活质量降低这一特定意义，在相当一段时间内，全球变化只指全球气候变化（global climate change），如全球变暖（global warming）、温室效应（greenhouse effect）、海平面升高（sea level rise）等。近年来，全球变化一词已不仅仅限制在气候变化上，而是延伸到全球环境，将大气圈、水圈、生物圈和岩石圈的变化纳入其范畴，强调地球环境系统及其变化。因此，全球变化是指可能改变地球承载生物能力的全球环境变化（包括气候、土地生产力、海洋和其他水资源、大气化学及生态系统的改变）。

全球变化涉及的领域：①全球气候变化；②土地利用和覆盖变化；③全球人口增长；④大气成分变化；⑤养分生物地球化学循环变化；⑥生物多样性丧失。

全球变化的现象包括：①全球变暖；②大气臭氧层损耗；③大气中氧化作用减弱；④生物多样性减少；⑤生物入侵与危害加剧；⑥土地利用格局与环境质量改变——全球森林面积急剧减少，沙漠化扩大，全球环境质量下降（垃圾污染、水质污染、大气污染）；⑦人口急剧增长。

全球变化研究的对象：地球环境系统被定义为由大气圈、水圈、岩石圈、生物圈相互联系、相互作用形成的整体。全球变化即地球环境系统的变化，是指系统中某些关系到生物和人类生存的要素出现的异常变化，如全球变暖、海平面上升和物种灭绝等，并且由于系统某一要素的变化，导致其他相关要素也发生变化，进而导致全球尺度的环境恶化。全球变化研究由以下4个国际科学研究计划组成：世界气候研究计划（world climate research programmer，WCRP）、国际地圈生物圈计划（international geosphere and biosphere programme，IGBP）、全球环境变化人文因素计划（international human dimension of global environmental change programme，IHDP）和生物多样性计划（diversity study international teaching and scholarship network，DIVERSITAS）。

三、全球生态学

全球生态学（global ecology）即生物圈生态学（biosphere ecology），它是20世纪80年代初才蓬勃发展起来的一门新兴交叉学科。1986年由国际科学联合会（ICSU）发起、组织的国家地圈生物圈研究计划（IGBP）是科学家在全球范围内开展生态学研究的里程碑。它以生态学理论框架为依托，吸收现代地理学和系统科学之所长，研究全球变化和区域尺度的资源、环境经营与管理问题，具有综合整体性和宏观区域性特色，并以中尺度的全球变化结构和生态过程关系研究见长，它是地理学、气象学等与生态学相互结合的产物。它的研究涉及全球范围或整个生物圈的生态问题，"生物圈"研究并不等同于生物圈生态学或全球生态学研究，全球生态学或生物圈生态学的出现比"生物圈"概念的提出要晚得多。1971年在芬兰举行的"第一届环境未来国际代表大会"上，N. Polunin教授首次提出生物圈的生态问题，他的"生物圈的今天"（*The Biosphere Today*）一文，标志着全球生态学的诞生。

全球生态学包括以下几个基本原理。①自组织原理：全球生命系统是一个自组织系统，能够自我适应和自我调节，与环境共同进化。②连锁反应原理：地球上某一物种的灭绝或某一敏感成分的变化将引起一系列的连锁反应，一环扣一环。③量变引起质变原理：地球上某一成分在某一阈值或数量以内，其作用较小，超过一定阈值，其群体或社会作用凸现。④多样性原理。⑤富集原理。

全球生态学是研究地球有机体的生态过程、化学过程和物理过程对生态系统的影响及其响应的学科，也称为全球变化生态学。近年来，人们关心的重大生态灾难，如臭氧层的耗竭、大气中二氧化碳和其他"温室气体"浓度的增加、森林的采伐和其他植被破坏对全球气候的影响、热带雨林面积的不断减少、物种以前所未有的速率消失和遗传多样性的急剧贫乏化等，正严重威胁着我们居住于其中的生物圈。全球生态学的任务就是培养人们的全球概念（global concept），了解我们的行动在影响生物圈的不同方面时会产生什么后果，应该采取什么措施防止生物圈的整体破坏，以避免给人类带来不幸的生态灾难。

第二节 全球变化及其影响

一、气候变化及其影响

1850~1899 年、2001~2005 年，全球气温平均升高了 0.76℃（0.57~0.95℃）。对流层中下层温度的升高速率与记录的地表温度升高速率类似。在南、北半球，陆地表面温度的变暖速率比海洋快。近 20 年来，陆地和海洋的增温速率分别为 0.27℃/10 年、0.13℃/10 年。近 30 年来，全球大范围增温，最大增温幅度出现在北半球高纬度地区，最大增温期发生在北半球的冬季（12 月、1 月、2 月平均）和春季（3 月、4 月、5 月平均）。在大陆、区域和洋盆尺度上，已观测到气候的多种长期变化，包括北极的温度和冰盖、大范围的降水量、海水盐度、风场，以及包括干旱、强降水、热浪和热带气旋强度在内的极端天气方面的变化。近 100 年来，北极平均温度的升高是全球平均温度上升速率的 2 倍；北极年平均海冰面积以每 10 年 2.7%（2.1%~3.3%）的速率退缩，较大幅度的退缩出现在夏季，为每 10 年 7.4%（5.0%~9.8%）；北极多年冻土层顶部温度普遍上升（高达 3℃）；北半球季节冻土的最大面积减少了约 7%，春季减少了 15%。南、北半球的中纬度西风带西风都在加强，在更大范围地区，尤其是在热带和副热带，观测到了强度更强、持续更长的干旱。与温度升高和降水减少有关的水分减少，促成了干旱的变化。海表温度（SST）和风场的变化及积雪减少也与干旱的发生有关。自 20 世纪下半叶以来，热浪一直在持续增长。2003 年夏季，发生在欧洲中西部创纪录的热浪就是近年极端气候异常的一个很好的例子，当年夏季（6 月、7 月、8 月平均）是自 1780 年开始拥有仪器观测记录以来最暖的夏季，比先前最暖的 1807 年高 1.4℃。模型试验显示，未来 20 年仍会以每 10 年约 0.1℃ 的速率上升，存在进一步变暖趋势。如果排放处于 SRES（the IPCC special report on emission scenarios）各情景范围之内，则变暖幅度预计将是其的 2 倍（每 10 年上升 0.2℃）。高纬度地区的降水量很可能增多，而多数副热带大陆地区的降水量可能减少，21 世纪大西洋经向翻转环流（MOC）将很可能减缓。热事件、热浪和强降水事件的发生频率将很可能会持续上升。

气候变暖：全球变暖的直接证据来自于许多观测资料，有关数据表明，低纬度的山区冰川都在融化后退，过去 50 年比过去 1.2 万年间的任何一个 50 年都温暖得多。在 20 世纪，大气层平均温度上升了 0.5℃。据预测，21 世纪全球气温将以每 10 年 0.3℃ 的速率增高，到 21 世纪末增加 3℃。陆地表面增温比海洋快，北纬高纬度地区增温比低纬度地区快，欧洲南部和中美洲增温比全球平均增温高。

降水量变化：在过去几十年里，中纬度地区降水量增大，北半球亚热带地区的降水量下降，南半球的降水量增加。温室气体的增加会提高海洋表面的蒸发量。全球降水量的变化存在很大的空间异质性，目前还很难预测将来降水如何随大气成分变化而变化。

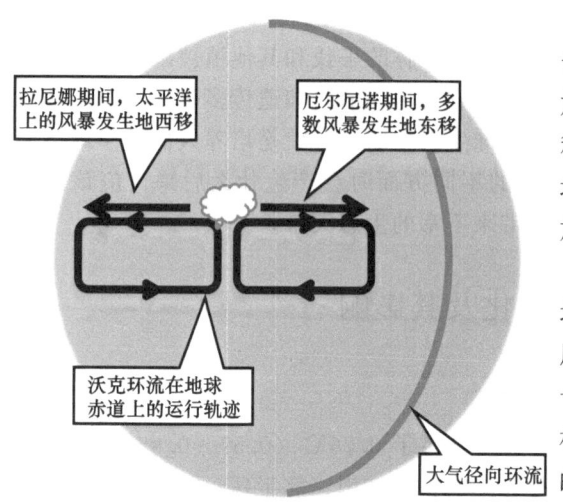

图 7-1 厄尔尼诺和拉尼娜环流图（改绘自 Manuel and Cahill，1999）

云层分布变化：从 20 世纪初以来，全球云层出现增加的现象。印度在 50 年中云层增加了 7%，欧洲在 80 年中增加了 6%，澳大利亚在 80 年中增加了 8%，北美洲在 90 年中增加了近 9%。但目前还不能肯定全球云层增加是否由大气成分改变而引起。

极端气候：气候变化有可能出现在非平均值上，而在极端气候条件（如高温、水灾、风暴等）的出现频率上。奇怪的是，过去几十年来极端气候条件的发生频率并没有增加，相反，北印度洋的台风和中美洲的热带风暴的发生频率有下降的趋势。

厄尔尼诺、拉尼娜、南方涛动：厄尔尼诺（El Nino）是指太平洋东部靠近赤道海域的表面温度升高，引起一系列异常现象，其影响扩展到世界大部分地区的一种现象。拉尼娜（La Nina）是指两次厄尔尼诺现象之间，赤道附近东太平洋水温下降引起的一系列异常现象（图 7-1）。厄尔尼诺发生时，与东太平洋赤道海域表面温度变化并行的是气压的波动，太平洋与印度洋之间存在的这种大尺度海面气压升降波动的现象称为南方涛动现象（southern oscillation）。

厄尔尼诺期间，一股暖流在秘鲁西海岸外出现，此时正好是圣诞季节，而厄尔尼诺是指幼年基督，因此以此命名。厄尔尼诺成熟状态期间，东热带太平洋的海表温度高于平均值，而大气压低于平均值，暖的海平面温度和低的大气压这两者的结合，促使风暴在东太平洋上空形成，这些风暴给南美洲和北美洲的大部分地区带来强降水。在此期间，西太平洋的海表温度低于平均值，大气压则高于平均值，这些因素给大部分的西太平洋地区带来干旱。厄尔尼诺南方波动是一个高度动态、大尺度的天气系统，它包括整个太平洋和印度洋的海表温度和大气压的变化。这个系统对北美洲、南美洲、澳大利亚、南亚、非洲和部分欧洲的气候产生影响，而这种气候变化又可影响生物、群落结构和生态系统的过程。

拉尼娜现象也称为反厄尔尼诺现象，是指东太平洋海水异常降温，海表温度持续 6 个月低于多年平均值的 0.5℃；它像厄尔尼诺现象一样也会带来全球性的气候混乱。厄尔尼诺发生时中国多"暖冬"，拉尼娜发生时带来"冷事件"，且雨雪偏多。厄尔尼诺和拉尼娜似乎是厄尔尼诺南方波动循环的互为相反的气候系统。2007 年夏季开始孕育拉尼娜现象，当时赤道中、东太平洋海表温度比以往低 1.5℃，这次拉尼娜事件强度属中等，持续到 2008 年第一季度。它使北半球极地的强冷空气频频暴发南下影响中国，而赤道西太平洋海表温度偏暖，其暖湿气流活跃北上，遭遇强冷空气变成雨雪或暴雪，雪在融化过程中又吸收地表热量，使天气更加寒冷。

全球变暖的一个直接后果是冰川融化和海平面上升，达每 10 年增高 2.54cm，其效应可能是沿海地区盐水浸入地下淡水层，并使沿海湿地丧失，淹没许多世界上人口最稠密的城市，如纽约、洛杉矶、伦敦、斯德哥尔摩、香港、东京等。温度升高可能会把肥沃的农田变成沙漠，20 世纪 30 年代的尘暴条件会在美国中西部、加拿大和俄罗斯的大粮产区重演。80 年代后期至 90 年代早期，是历史记录最热的 10 年，在这 10 年中，伴随普遍干旱、森林大火和作物失收。

二、大气变化及其影响

全球气候变化的主要原因是大气中温室气体浓度的不断增加，而二氧化碳、甲烷和氧化二氮被认为是最重要的温室气体（图 7-2）。IPCC 的最新研究报告指出，大气中的二氧化碳浓度自 1750 年以来增加了 31%，并仍以每年大约 1.9μl/L（1995～2005 年平均值）的速率增加；甲烷是仅次于二氧化碳的全球第二大温室气体，至 2005 年已达 1.77μl/L，是工业革命前的 2.5 倍；而大气中氧化二氮的浓度也以每年 0.2%～0.3% 的速率增加。二氧化碳排放主要来自能源活动，甲烷排放主要来自农业活动和能源活动，氧化二氮排放主要来自农业活动。

第二次世界大战以来，大气中二氧化碳的浓度几乎增加了 25%。科学家预测，2025～2075 年，大气层二氧化碳的浓度将是工业革命前的 2 倍。除二氧化碳外，其他温室气体，如甲烷、氧化二氮也以前所未有的速率增长。

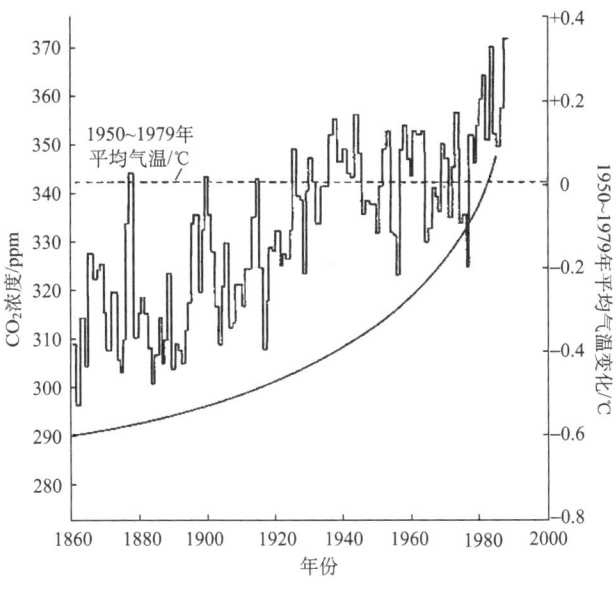

图 7-2 过去的 130 年，大气中二氧化碳浓度不断增加，
地表气温上升（引自 Schneider，1989）

二氧化碳浓度增加的原因：①工厂和汽车燃烧的煤、石油、汽油；②热带雨林大火燃烧产生的二氧化碳；③植物被分解在很长一段时间释放二氧化碳；④因热带土地使用方式的变化而释放的二氧化碳每年大约有 1×10^9 t。

根据二氧化碳信息分析中心（CDIAC）和世界银行的统计，二氧化碳按人均排放量的顺序是美国、加拿大、澳大利亚、新加坡和许多石油出口国家，它们人均排放量每年在3500kg以上。非洲、亚洲和拉美国家的二氧化碳人均排放量不到500kg。美国、日本、中国、印度是每年增加二氧化碳排放量最多的国家。1991年的温室气体排放统计显示，世界上12个温室气体排放大户（以二氧化碳等当量计算）排放的温室气体量占总温室气体排放量的48%，其中美国占19%、中国占10%、日本占5%、印度占4%。各国非化石燃料的温室气体排放占本国温室气体排放总量的比例为：印度尼西亚71%、泰国62%、朝鲜6%、中国16%、美国15%。国际能源署（IEA）2009年在泰国曼谷就全球温室气体排放发布了最新预测报告。由于经济增速放缓，该机构将到2020年全球温室气体的预计排放量调低了5个百分点。在过去的10年中，二氧化碳排放量以平均每年3%的速率增长，而到了2009年，经济衰退有望使全球主要温室气体二氧化碳的排放量降低3个百分点。预测报告概述了各国政府通过提高能源效率和加大清洁技术投资等举措进一步削减排放，以确保全球气温升幅不超过2℃。

二氧化碳对地球温度的影响：碳循环依赖于大气中二氧化碳的供应，植物利用二氧化碳制造糖分。二氧化碳仅占大气成分的万分之三，但它对地球温度的影响很大，它通过一种称为温室效应的现象影响地球的温度。所谓温室效应，是指地球和它的大气层有点像白天的温室，太阳能从外面进入温室，在里面诱导红外线辐射，玻璃层挡住红外线的散发，使室内结构变暖。大气层的二氧化碳类似于温室的玻璃，光能穿过大气层的二氧化碳，诱导一些像红外线或热之类的能，而二氧化碳层挡住红外线的散发，使地球变暖（图7-3）。

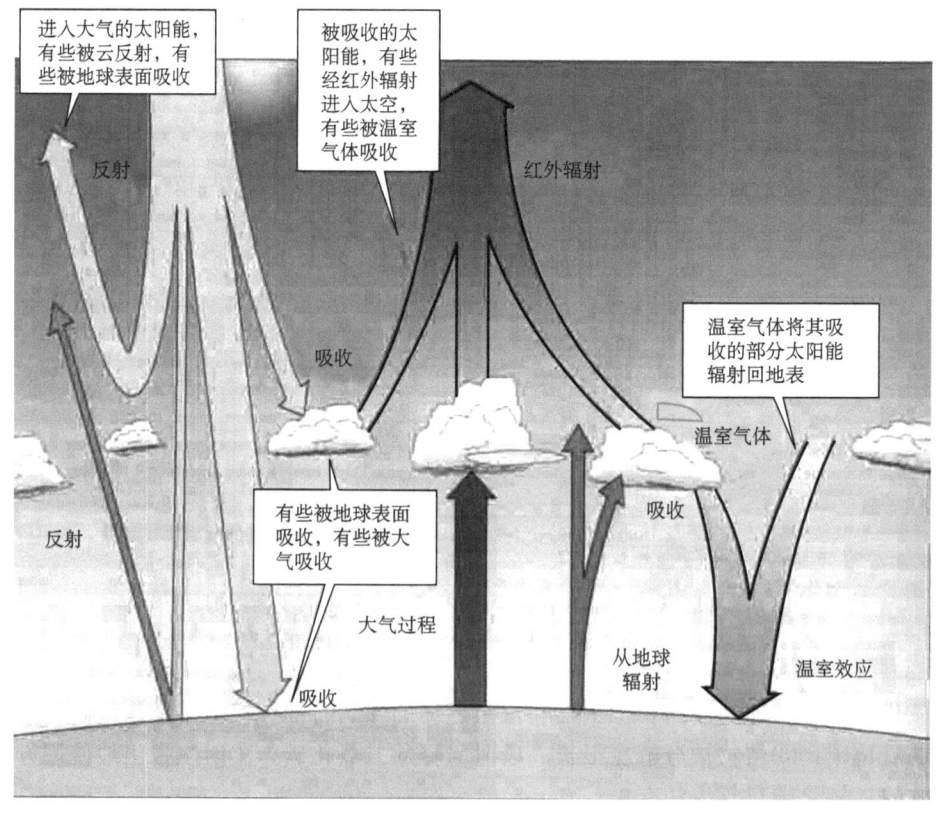

图7-3 地球大气诱导的温室气体效应（引自Molles，2000）

大气质量下降：由化石燃烧释放的一氧化硫比所有已知的自然一氧化硫的产生量多得多，尤其在北半球发达地区，一氧化硫释放已造成严重的酸雨问题。酸雨（AR）和二氧化硫（SO_2）是影响大气环境质量的重要大气污染物，AR 和二氧化硫构成的交叉污染，不仅直接影响农作物的产量和质量，而且危及陆生植被的生存和发展。

养分生物地球化学循环变化：过去 100 多年来，一些养分，如氮、磷、硫的生物地球化学循环由于人类干扰和气候变化而产生显著变化。以氮为例，全球陆地自然固氮量约为 100Tg[①]N，海洋固氮量为 5～20TgN，而闪电引起的固氮量只有 10TgN 或更少。与上述形成鲜明对比的是：工业为制造化肥而固定的氮每年大约为 80TgN，大豆每年固氮 30TgN。也就是说，每年人为固氮量已达到天然固氮量的水平。人类的一些活动，特别是生物物质的燃烧、土地利用、湿地排水，已加快了一些长期氮库的游离。人工固定的氮和被人类游离的氮进入水体或回到大气中，会改变局部地区的氮循环，如果过多的氮进入水体，还会引起富营养化的后果。

甲烷的温室效应比二氧化碳高 21 倍。自 20 世纪 70 年代以来，甲烷浓度的增加率比二氧化碳的增加率高出 1/3。1991 年，甲烷对全球增温的贡献与二氧化碳对全球增温的贡献之比为 1∶10。甲烷的增加主要与畜牧数量、水稻种植面积以及天然气的生产和运输有关。

臭氧层损耗：位于大气平流层的臭氧层能阻止过量的有害短波辐射（主要是紫外线辐射）进入地球表面。研究表明，臭氧层正在变薄。南极南部海洋上空的臭氧层已在每年的 9 月、10 月出现一个大洞，面积约为美国本土 48 个州的总面积的 3 倍（图 7-4、图 7-5）。北极北部在最近 40 年，平流层的臭氧层已损耗 10%。

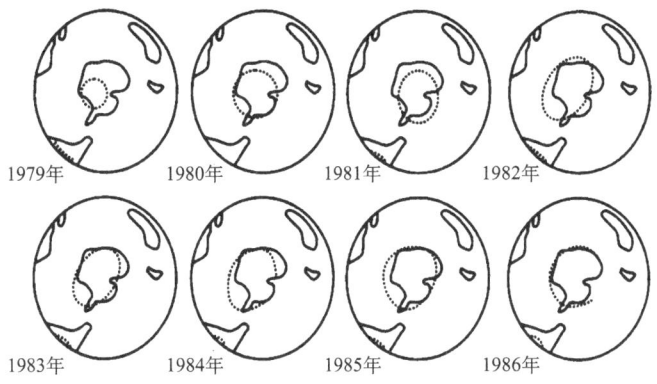

图 7-4　南极上空的"臭氧洞"（仿李振基等，2000）

"风云三号"卫星臭氧总量探测仪在北极上空监测到一个明显的臭氧低值区，在该低值区内臭氧总量是正常情况下平均臭氧总量的 50% 左右，部分地区的臭氧总量达到了臭氧洞的标准（220DU）。虽然没有形成南极上空那样规模的臭氧洞，但由于北半球人口密度远高于南半球，臭氧低值区覆盖的范围内紫外线对人类健康的影响比南极臭氧洞更重要。导致北极臭氧洞形成的主要原因是春季极寒冷的极涡内生成了极地平流层云，在太阳紫外线的作用下释放出破坏臭氧的卤素原子。臭氧层损耗使生物因过量的紫外线辐射而受害，植物会降低

---

① 1Tg=10^{12}g，后同

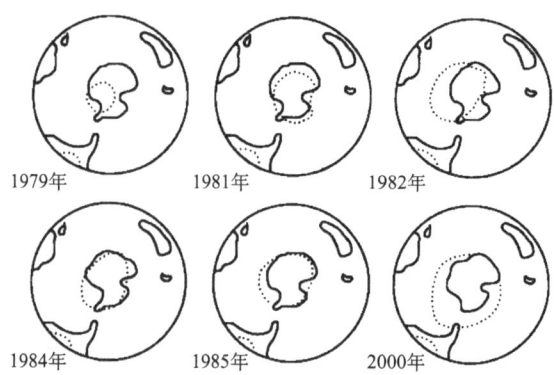

图 7-5　南极上空的"臭氧洞"变化（引自 Waston et al.，1986；UNEP，2002）

光合作用水平，人类会增加皮肤癌与白内障的患病率。臭氧层的损耗每增加 1%，皮肤接触的紫外线辐射量就增加 2%，皮肤癌的患病率就增加 4%。臭氧层的损耗主要来自氯氟烃（CFCS），近 40 年，大气中氯的浓度已增加了 600%。人类广泛用含氯氟烃作为超制冷剂（氟利昂）、烟雾剂、杀虫剂等，但含氯氟烃能降解臭氧，一个氯原子能裂解 100 000 个臭氧分子，因此，必须制止氯氟烃类物质的生产和销售，研制氯氟烃类物质的替代品。

三、生物多样性的变化及其影响

生物多样性（biological diversity）是指生物之间的多样化和变异性及生物环境的生态复杂性，它概括地揭示了所有生物及构成这些生物组分的生态系统中所能看到的多样性程度。生物多样性有丰富的内涵，包括多个层次，主要有遗传多样性（genetic diversity）、物种多样性（species diversity）、生态系统多样性（ecosystem diversity）和景观多样性（landscape diversity）（图 7-6）。景观多样性主要是景观的异质性，包括土地利用景观类型及其分

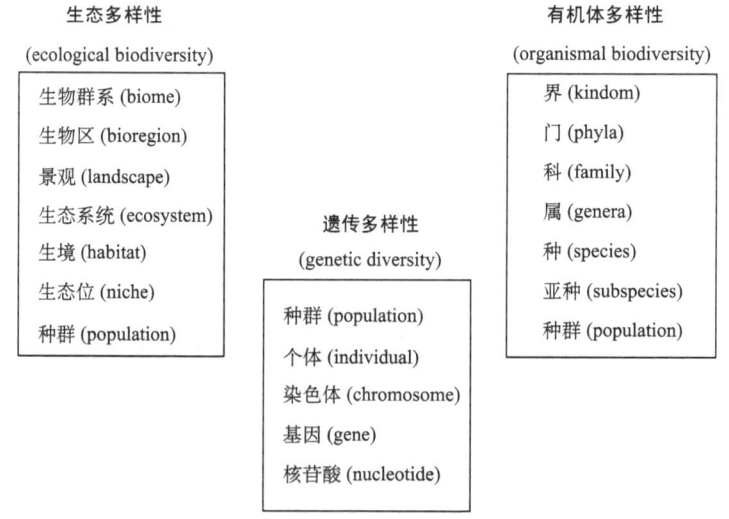

图 7-6　生物多样性的各个方面及水平

布格局的变异性,以及生态系统类型的多样性。生物多样性包括两个数量特征:物种丰富度和物种多度,前者是指构成群落的物种数量,后者是指各物种所具有的个体数。物种多样性指数常作为群落稳定性的代表指数,多样性、均匀性指数高的群落,一般认为比较稳定,抗外界干扰或受干扰后恢复原样的能力强。

全球物种多样性概况:在物种数目上,全球有1300万~1400万个物种,但科学描述过的仅约有175万种(表7-1)。物种并不是均匀地分布于世界168个国家和地区,有12个称为多样性特丰富的国家,它们是巴西、哥伦比亚、厄瓜多尔、秘鲁、墨西哥、扎伊尔、马达加斯加、澳大利亚、中国、印度、印度尼西亚、马来西亚,它们拥有全世界60%~70%甚至更多的生物多样性。在全球,物种特有性最高的国家和地区有14个,澳大利亚具有800个特有高等脊椎动物,新西兰具有80%的植物特有种。中国是生物多样性丰富的国家之一,哺乳动物占有种数为世界第5位、鸟类为世界第10位、两栖类为世界第6位、种子植物居世界第3位、特有植物在世界上占第7位、特有高等脊椎动物在世界上居第8位。

表7-1　全球主要类群的物种数目

类群	已描述的物种/万种		估计可能存在的物种/万种
	世界已描述	中国已描述	
病毒	0.4	0.04	40
细菌	0.4	0.05	100
真菌	7.2	0.08	150
原生动物	4.0		20
藻类	4.0	1.14	40
高等植物	27.0	3.00	32
线虫	2.5	0.60	40
甲壳动物	4.0	0.065	15
蜘蛛类	7.5	0.70	75
昆虫	95.0	3.40	800
软体动物	7.0	0.35	20
脊椎动物	4.5	0.60	5
其他	11.5		25
总计	175.0		1362

资料来源:Heywood and Watson,1995

生物多样性时间格局:主要在进化尺度上讨论时间格局,即地质历史时期的物种多样性的变化,其资料是通过化石记录得到的。从总的轮廓来看,即从大的时间尺度来看,无论是动物还是植物物种多样性均呈增加趋势(图7-7~图7-9)。

生物多样性空间分布格局:纬度梯度格局——对大多数陆生植物和动物来说,随着纬度的降低,物种多样性增加(图7-10、图7-11);海拔梯度格局——随着海拔的升高,鸟类和维管植物的多样性出现降低的趋势(图7-12、图7-13)。

生物多样性的丧失:①自然灭绝——自生命起源以来,地球上的生物多样性一直在增

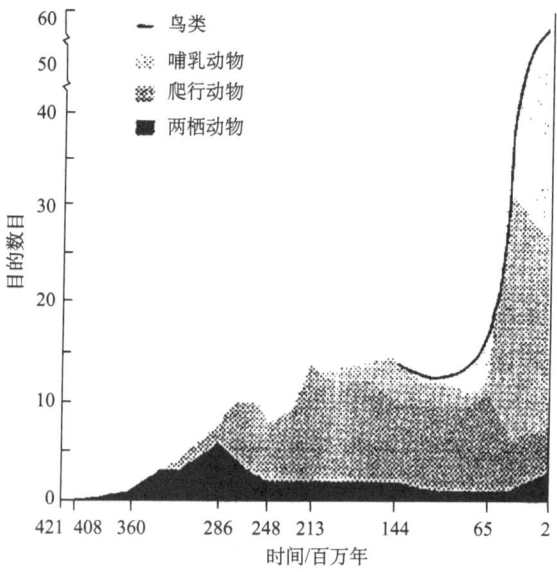

图 7-7　地质历史时期陆生脊椎动物物种多样性的变化（引自 Signor，1990）

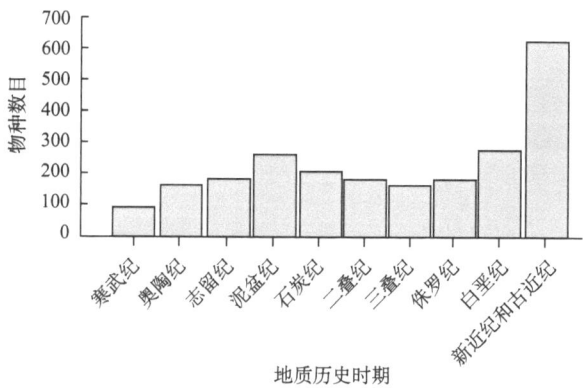

图 7-8　地质历史时期海洋无脊椎动物物种多样性的变化（引自 Sepkoski，1984）

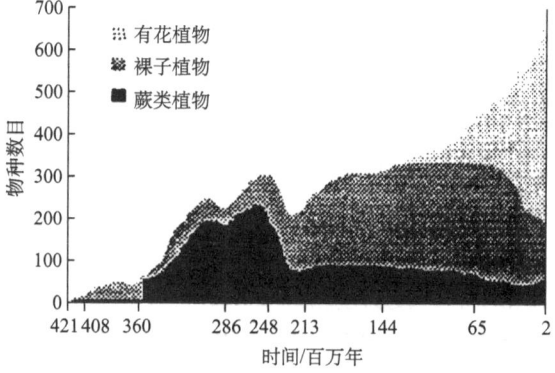

图 7-9　地质历史时期陆生植物物种多样性的变化（引自 Signor，1990）

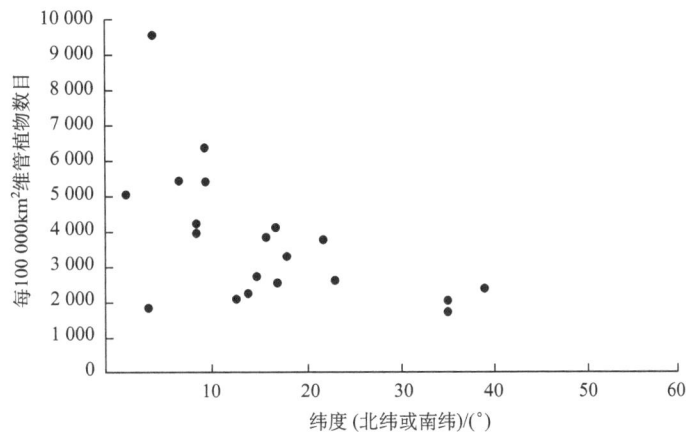

图 7-10 西半球植物物种多样性随纬度
梯度的变化（引自 Reid and Miller，1989）

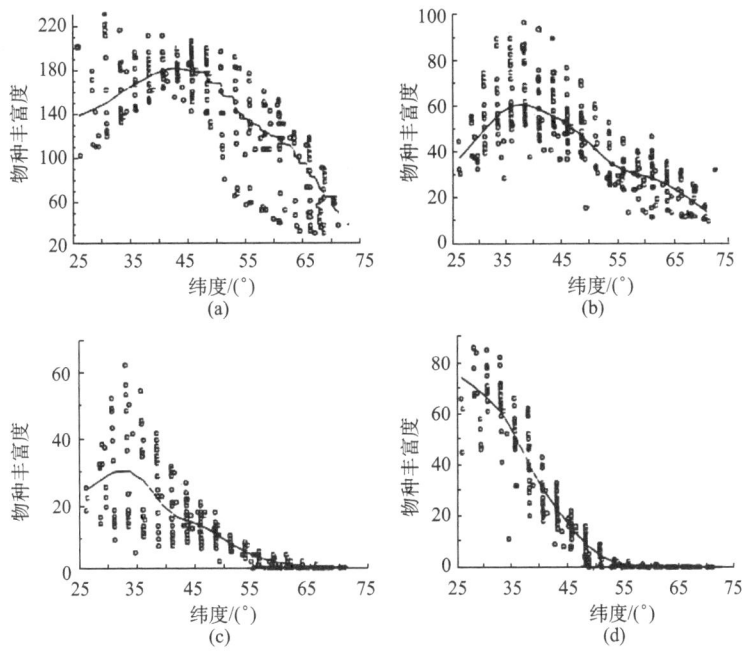

图 7-11 北美洲鸟类（a）、哺乳动物（b）、两栖动物（c）、爬行动物
（d）物种多样性随纬度梯度的变化（引自 Currie，1991）

长，但这种增长是不稳定的，其特征是继一段时期的高速率新种形成后，随之有一段时期的低速率新种形成和大规模灭绝的插曲。地质历史上有 5 个时期（奥陶纪、泥盆纪、二叠纪、三叠纪、白垩纪）的自然大灭绝历程（图 7-14）。②人类造成的物种灭绝——自 1600 年至今，已有 83 种哺乳动物及 113 种鸟类遭人为灭绝（相当于哺乳动物种数的 2.1% 和鸟类种数的 1.3%）。在过去几百年中，人类使物种灭绝速率比地球历史上物种灭绝速率增加了

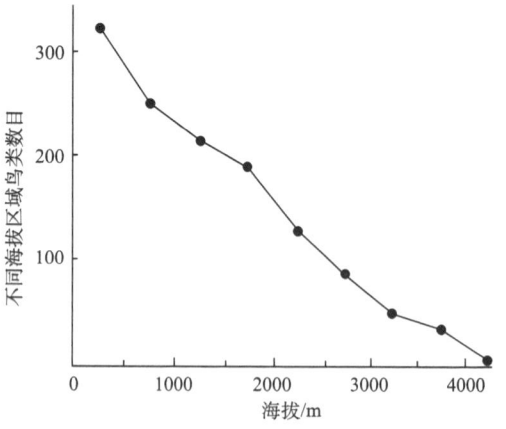

图 7-12 新几内亚鸟类物种丰富度随海拔的变化规律（引自 Kikkawa and Wiliams，1971）

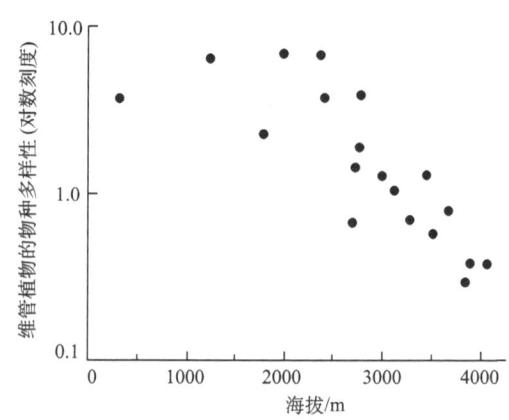

图 7-13 尼泊尔喜马拉雅维管植物物种丰富度随海拔的变化（Yoda，1967；Whittaker，1977）

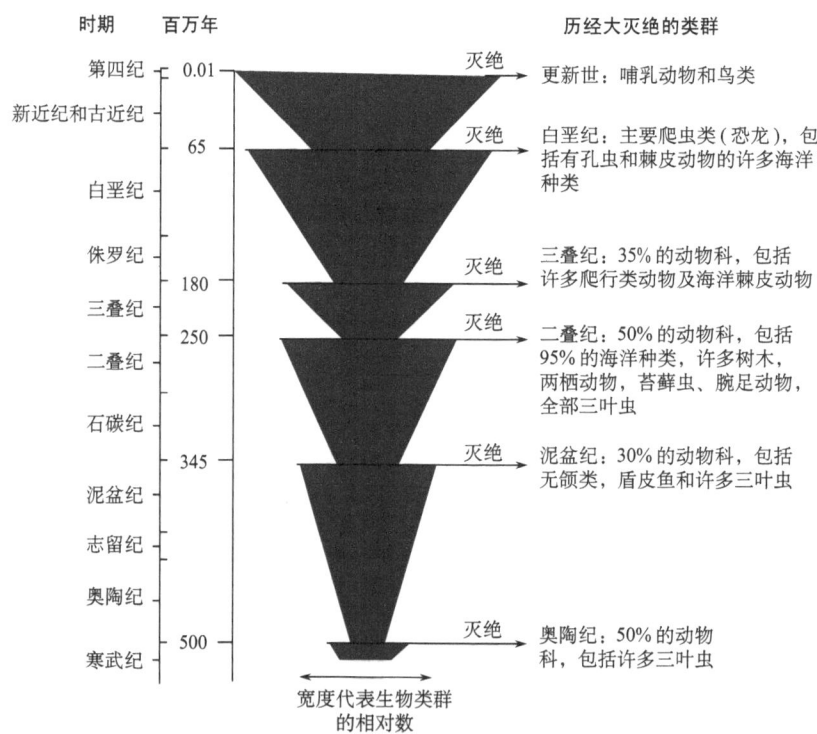

图 7-14 地质历史时期的生物灭绝历程

1000 倍。特别是近 150 年丧失最多（表 7-2，图 7-15），1600～1700 年鸟类和哺乳类动物的灭绝率大约是每 10 年 1 种，动物 1850～1950 年上升到了每年 1 种。如果人类威胁不停止，则现在世界鸟类物种的 2% 和哺乳类动物物种的 5% 将处于危在旦夕的灭绝境地。

表 7-2 1600 年至今的生物灭绝记录

类群	大陆	岛屿	海洋	总数	估计种数	1600 年来灭绝种类所占的比例/%
哺乳动物	30	51	2	83	4 000	2.1
鸟类	21	92	0	113	9 000	1.3
爬行类	1	20	0	21	6 300	0.3
两栖类	2	0	0	2	4 200	0.05
鱼类	22	1	0	23	19 100	0.1
无脊椎动物	49	48	1	98	1 000 000	0.01
有花植物	245	139	0	384	250 000	0.2

注：可能许多种在科学家记录前即已灭绝。
资料来源：Reid and Miller，1989

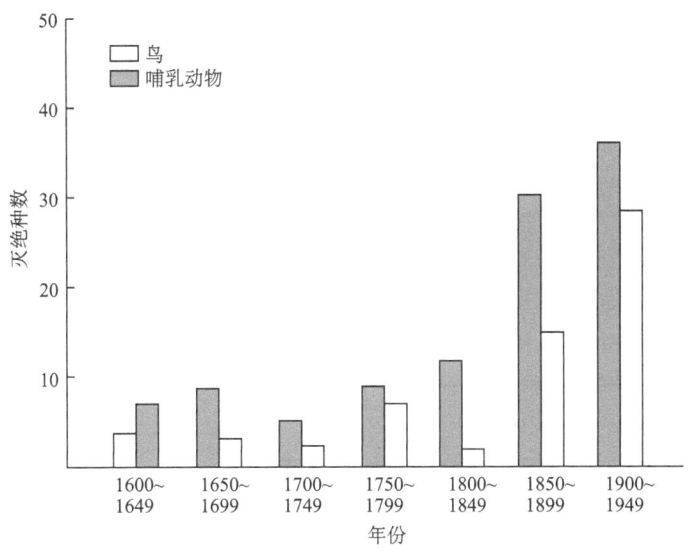

图 7-15 鸟类和哺乳动物灭绝种数稳步增加，而近 150 年灭绝急剧增加

恐龙灭绝的假说：①曾经有一块直径为 10~20km 的巨大陨石撞落现今墨西哥一带，令地球生态环境剧变，导致恐龙灭绝。②6500 万年前气候剧变，气温下降，大气含氧量下降，致使恐龙无法生存。③地球气温变冷，恐龙可能是温血动物，受冻致死。④地球遇大旱，海水消退，天气恶劣致死。⑤恐龙食物中毒，地球曾经有一段被子植物时期，这种植物含有毒素，恐龙吃下过多这种植物，体内聚集毒素而死。⑥在恐龙年代，太阳系还有一个由水和冰构成的星体，曾定期接近地球，使地球降大雨造成洪水泛滥，恐龙因缺乏食物致死。⑦恐龙年代末期出现的最初的哺乳动物有啮齿类，它贪吃，专吃恐龙蛋为生，结果这种动物越来越多，恐龙蛋被吃光。⑧陨落的星球喷出带有致癌效应的原子粒，令恐龙致癌而死。⑨恐龙食量大，排泄物多，含有大量甲烷，破坏了大气的臭氧层，紫外线直射地球杀死大量植物，影响恐龙生存。⑩恐龙年代末期，地球出现过强烈酸雨，使土壤中包括锶在内的微量元素溶解，恐龙摄入锶，中毒灭绝。

物种多样性减少的速率：现在地球上的动物和植物物种消失的速率，较过去 6500 万年中的平均历史灭绝速率要快 1000 倍。20 世纪以来，全世界 3800 多种哺乳动物中已有 110 种消失、9000 多种鸟类中已有 139 个种和 39 个亚种消失，有 600 种动物和 25 000 多种植物正面临绝灭的危险。

物种多样性丧失带来非常严重的后果，这么多物种的完全灭绝和物种基因的消失，是地球上生物界的致命伤，因为生物多样性的丧失是不可逆转的。物种多样性丧失使自然生态系统的稳定与平衡受到极大影响，生物进化的途径和进程受到严重影响。因此，保护物种多样性显得异常迫切。当前，保护物种多样性的途径包括：①政策和法制途径——制定有关政策和法规；②宣传教育途径；③科学研究途径——生物多样性本底分析、特殊生物资源的研究、生物种资源的就地保护与迁地保护、建立种质资源基因库、环境污染对生物多样性的影响等；④国际合作途径。

物种濒危登记划分也非常重要，表 7-3 列出了划分的标准。

表 7-3　物种濒危登记的划分

濒危等级结构			
已评估	数据足够 (adequate data, LR)	灭绝 (extinct, EX) 野生灭绝 (extinct in the wild, EW) 极危 (critically endangered, CR) 受威胁濒危 (endangered, EN) 易危 (vulnerable, VU)	
未评估	数据不足 (data deficient, DD)	低危	依赖保护 接近受危 略需关注

四、土地利用格局、人口和资源的变化及其影响

森林面积减少：全球森林面积急剧减少，尤其是热带森林面积减小最为严重。全世界的热带森林，每年的破坏率达 2%，现在正以 0.607 hm^2/s 的速率从地球表面消失。

沙漠化扩大：由于沙漠边缘区过度放牧，使沙漠化扩大的速率不断加速。现在全世界每年正以 $5×10^4 hm^2$ 的惊人速率使土地变为沙漠，世界上最大的撒哈拉沙漠已经延伸到了欧洲，进入了西班牙和意大利。在 1990 年，欧共体就拨款 80 亿美元用以防止沙漠化的进一步扩展。

土地退化：土地极度退化现象也非常严重，现在全球平均每年有 $5×10^6 hm^2$ 土地，由于极度破坏、侵蚀、盐渍化、污染等原因，已不能再生产粮食。中国土地退化约为 $1.5×10^6 hm^2$。沙漠化只是荒漠化的一个方面，荒漠化已成为各国最为关心的事态之一。

人口增长：农业革命前的几千年，世界人口基本上是稳定的。农业革命之后，人口逐渐增长，缓慢的增长一直延续到工业革命，此后的人口曲线开始呈陡然增长趋势。20 世纪人口急剧增长，几乎每 10 年增加 10 亿人。2012 年，世界人口已达 63 亿多，预计到 2023 年达到 90 亿，达到地球最高人口承载量。中国的人口容量则为 16 亿~17 亿（图 7-16）。

资源是一定时间、一定空间条件下能产生经济价值以提高人类当前及将来福利的自然环

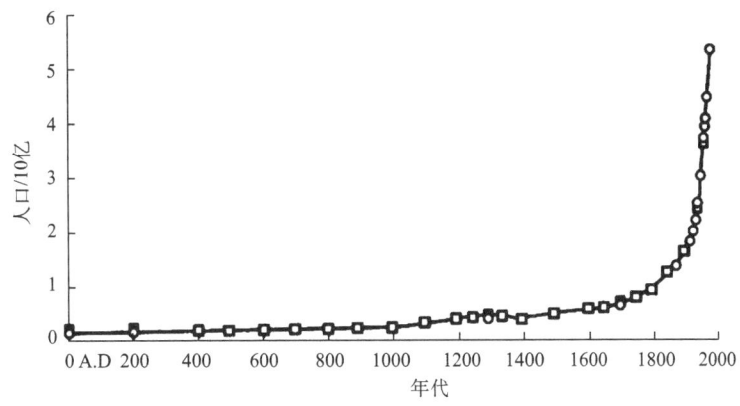

图 7-16 2000 年以来全球人口数量的变化（仿 Townsend et al.，2000）

境因素和条件。自然界中凡能提供人类生活和生产需要的任何形式的物质，均可称为自然资源，包括能源、土地资源、水资源、生物资源等。自然资源中供给稳定、数量丰富、几乎不受人类活动影响的资源为非枯竭资源（inexhaustible resource），如太阳能、风能、潮汐能、大气等；自然资源中数量有限，受人类活动影响可能会枯竭的资源称为可枯竭资源（exhaustible resource），如石油、煤炭。可枯竭资源根据其是否能够自我更新分为可更新自然资源和非更新自然资源。可更新自然资源包括土地资源、地区性水资源和生物资源等，其特点是可借助于自然循环和生物自身的生长繁殖而不断更新，保持一定的储量；非更新自然资源基本没有更新能力，这些资源是经历了亿万年的生物地球化学循环过程而缓慢形成的，更新能力极弱。

众所周知，通过对自然资源的摄取和控制，以及前所未有的活动规模，人类正在影响和改变着自然界的运转方式，人口众多国家的人均能量利用也将加倍增加。有人估计，陆地总净生产力的近 40% 被人类利用或通过对土地的使用而被消费，4% 被家养动物直接利用，12% 因人类活动而消失。

五、环境变化及其影响

废气、废水、废物的急剧增加并对环境造成污染，使人类生存空间的环境质量受到严重影响。垃圾是最直观的污染源。美国平均每人每天丢弃 5lb（磅）[①] 重的垃圾，每周产生 1t 重的工业固体废料。垃圾焚烧造成更多的空气污染，而烧后剩下 10% 的有毒废物更难处理。发展中国家人均垃圾量虽少，但由于垃圾处理技术落后，废物危机更严重。

水资源污染严重：水污染的原因是生活与工业污水直接排入水源，固体垃圾直接倒入污染水源，由雨水等媒介使固体垃圾污染水源。据统计，全世界有 17 亿以上人口没有达标的安全饮水供应，30 多亿人没有适当的卫生设备，污染水体的风险极高。联合国环境规划署的一项调查指出，第三世界由水传染的疾病每天导致 2.5 万人死亡。水资源短缺，不仅是一个生存环境恶化的问题，而且还可能演变成为严重的政治冲突。全球水危机使人类及生态环境面临严峻威胁，已成为举世之痛。中国是一个水资源严重短缺的国家，从淡水资源来看，

---

① 1lb（磅）= 0.453 592kg，后同

世界人均占有量为12 900m³，中国只有2695m³，因水危机导致的经济损失占GDP的2.3%。中国西南地区暴发的大面积旱灾、水污染、水荒，甚至沙尘暴，为世人瞩目。海面由于石油污染形成油膜效应，大面积油膜，把海水与空气隔开，抑制了膜下海水的蒸发，使"污区"上空空气干燥，同时导致海洋潜热转移量减少，海水温度及"污区"上空大气温度的年、日差别变大，降水减少，天气异常。

大气污染十分严重，由于工厂、交通、家庭大量燃烧煤、石油等化工燃料，加上滥伐森林，使大气中的二氧化碳浓度逐年增加，形成温室效应。大城市产生的"热岛效应"令人震惊，密集的人口、大量使用空调降温和众多工厂每天产生大量的热，同时，工厂排出的烟尘和二氧化碳，阻止城市热量的扩散，结果导致城市气温较周边地区明显升高，城市如同一个热岛耸立在农村较凉的"海洋"上。

城市烟尘增多形成阳伞效应：人类活动与生产所产生的大量烟尘悬浮在大气中，一方面将部分太阳辐射反射回宇宙空间，使地面接收的太阳能减少；另一方面吸湿性的微尘又作为凝结核，使周围水汽在它上面凝结，导致低云，雾增多，这种现象类似于遮阳伞，称为阳伞效应。

雾霾日益严重：雾是自然的天气现象，霾则是由空气中的灰尘、硫酸、硝酸、有机碳氢化合物等颗粒物污染导致。两者的主要区别在于空气湿度，通常湿度＞90%时称为雾，湿度＜80%时称为霾；湿度为80%～90%时称为雾霾，雾霾天气的重要特征是高浓度的细颗粒物（PM2.5）污染。雾霾的产生是污染物长期积累的结果，传统粗放的经济发展方式是造成包括雾霾在内的一系列污染产生和积累的根源，以煤为主的不合理能源结构、日渐庞大的机动车数量及其尾气污染，以及区域间大气环流带来的污染转移和相互影响，是雾霾产生的重要因素。因此，必须改变发展方式，积极促进能源结构转型，促进清洁能源的开发，减少对传统能源的依赖。制定PM2.5阶段性控制目标及达标期限，实行细颗粒物排放总量控制制度，将细颗粒物纳入污染物减排统计、监测考核体系，逐步将PM2.5排放总量纳入国家的约束性指标。

农业面源污染：它主要来自农业生产中广泛使用的化肥、农药、农膜等工业产品，以及农作物秸秆、畜禽尿粪、农村生活污水、生活垃圾等农业或农村废弃物。中国统计年鉴数据显示，2009年中国平均每公顷化肥施用量达444kg/hm²，远远超过国际上为防止水体污染而设置的225kg/hm²的安全上限。农药、薄膜使用量和生猪饲养量也呈不断上升趋势。中国水体污染形势严峻，水环境与土壤深受农业面源污染的危害。2008年全国七大水系中，劣Ⅴ类水质的断面超过1/5。农业面源污染已经成为中国水体污染中氮、磷的主要来源，对自然资源特别是土壤产生严重影响，化肥、农药和农膜等使用超量和不合理，致使中国1300万～1600万hm²耕地受到严重污染。土壤酸化、有机质降低、缺素面积比例增加、土壤养分失衡，使土地肥力降低、退化严重，造成耕地资源隐形流失。农业面源污染的危害还包括农产品质量安全、大气污染等，直接危害人类健康。因此，对农业面源污染要实施面源污染"源头减量(reduce)-前置阻断(retain)-循环利用(reuse)-生态修复(restore)"的"4R"技术体系，达到全类型、全过程、全流域（区域）的控制。面源污染中的主要污染物是氮、磷等，实现氮、磷的循环利用，不仅可以减少其对水环境的污染，也可以补充农作物生产所需的养分，实现污染治理与养分利用的双赢。必须建立农村面源污染管理体系，包括制订农村污染物的堆放与收集条例、污染物的处理规定、污染物治理技术规范、污染治理工程长效运行与维护条例等。

六、气候变暖对农业生态系统的影响

全球大气中二氧化碳浓度升高、气温升高及降水量的变化是全球气候变化对农业生产和农业生态系统影响最为重要的几个生态因子，其主要表现在对农作物产量、生长发育、病虫害、农业水资源及农业生态系统结构和功能等方面的影响。

对农业水资源的影响：从全球角度来看，近50年降水量在增加，但不同区域降水格局变化不同。北半球中高纬度陆地的降水量在20世纪每10年增加了15%以上，热带陆地每10年增加了12%~13%，亚热带陆地每10年减少了13%左右。南半球的广大地区则没有发现可与北半球相比的系统性变化。气温升高加剧了土壤水分的蒸发，90年代降水供给作物的水分（包括降水减少与土壤水分蒸发增加）较60年代平均减少了100mm左右，降水和蒸发的变化对河流产生了一定程度的影响。

对农田土壤养分的影响：气候变化对土壤-作物-大气农田生态系统土壤养分变化规律影响的研究表明，岐山黄土中铅、铜、锌、镉、锰元素含量磁化率及粒度的变化是气候变化的结果。黄土母质在分化成土壤的过程中，其分化程度、植被的发育程度与当地的平均降水量和气温有关，气温升高2.7℃，凋落物的分解速率（影响土壤养分）提高6.68%~35.83%。在不同温度条件下，Hg对土壤脲酶动力学特征的影响不同，表现在土壤对脲酶的保护能力随温度升高而有所下降。土壤温度升高和降水量的变化使土壤微生物活动发生改变，引起土壤养分发生变化。

对农作物生理生态的影响：大气二氧化碳浓度升高对农业生态系统最直接、最重要的影响是光合作用的变化，C_3植物通常比C_4植物对大气二氧化碳浓度的增加更敏感，随着二氧化碳浓度的升高，植物光合作用的最适温度增加。高二氧化碳浓度环境增加了细胞内外的二氧化碳浓度差，通常会提高植物的光合速率，使水分利用率升高。一些植物的呼吸速率随二氧化碳浓度的升高而升高，如棉花叶片的夜间呼吸速率在高二氧化碳浓度下有所增加，但也有一些作物的呼吸作用随二氧化碳浓度的升高而下降。作物的气孔传导率因二氧化碳浓度增加而降低，因此，农业生态系统中土壤水分的有效性在高二氧化碳浓度下将有所增加。研究表明，二氧化碳浓度升高而氮供给不足时，尽管各器官的生物量均增加，但增加的同化碳大量向根系分配，使根系生物量增加显著，根冠比增加。随着二氧化碳浓度的升高，根在数量及形态结构上的变化有助于植物在环境胁迫下摄取更多的养分和水分，从而更好地适应高二氧化碳浓度环境。大气二氧化碳浓度增加直接导致植物可利用的有效碳增加，但植物氮供给相对受到限制，氮的有效性在平衡较高的碳素有效性及其分配方面有着重要的作用。研究表明，小麦、水稻、棉花等农作物的产量在二氧化碳浓度升高的情况下将有不同程度地提高。

对农作物生长发育的影响：全球变暖和降水量变化直接影响着作物的生长发育。1998~2000年，青海省海南地区年平均气温较历年升高1.8℃，农耕期的月平均气温较历年同期升高1.7~2.0℃，这对热量条件较差的海南地区来说，有利于其进行作物引种、新品种选育、农作物的播种、出苗及后期生长和种植业结构调整。冬季气温升高对秋播和临冬播种作物的生长发育有利。从20世纪70年代以来，冬小麦的种植面积从南向北逐步扩大，70年代宁夏冬小麦种植区的北界在雨养农业区的北纬36°，现在已经扩充到黄河灌区的北纬39°。随着全球气候变暖，在未来50年内，中国冬小麦的安全种植北界将由目前的长城线逐渐北进，约跨 3 个纬度。气温升高和无霜期延长对马铃薯和玉米的后期生长有利,玉米的种植范围由南向北或由低海拔向高海拔扩展,种植区域扩大。由于土壤温度升高,春季作物的播种期在 90 年代较 60 年代提前了 10 天左右,春小麦生育期缩短了 8～10 天。温度升高使作物生长发育速率加快,生育期缩短。作物生育期气温每升高 1℃,水稻生育期将缩短 7～8 天,冬小麦生育期将缩短 17 天,减少了作物光合作用积累干物质的时间。温度升高增加了各地的热量资源,使≥0℃的积温有所增加,各地的潜在生长季有所延长,使当前多熟种植的北界向北推移。二氧化碳浓度倍增、温度升高后,中国当前的一年一熟制大约可向北推移 200～300km,一年二熟和一年三熟制的北界也将向北推移 500km 左右。

对杂草、农作物病虫害及自然灾害的影响:在二氧化碳浓度升高时,农田生态系统中的 C_3 杂草会在 C_4 作物种群中更具有竞争力,而 C_4 杂草对 C_3 作物的影响则会减少,C_4 植物为优势种的群落可能会更容易被 C_3 植物入侵。全球变暖将加重病虫害对农业生产的危害程度,特别是小麦锈病、黏虫、草地螟等的危害加重。小麦纹枯病、白粉病,以及棉铃虫、麦蚜、麦蜘蛛等病虫害的发生均与气候条件的变化相关,暖冬对农作物和森林病虫害安全越冬十分有利,将导致农作物和森林病虫害加重。春暖有利于病虫害的发生繁殖,春季干旱少雨对麦蚜和麦蜘蛛等虫害的发生繁殖十分有利。温度偏高伴随阶段性干旱条件下,病虫害的种群世代数量呈上升趋势,繁殖数量倍增,造成病虫害的大发生。由于气候变暖,病虫害发生繁殖的时间相对延长,病菌和虫卵的生长发育速率加快,繁殖一代经历的时间缩短,世代增多。

对农业生态系统的影响:农田生态系统的初级生产力在二氧化碳浓度增加的条件下将有所增加,同时,二氧化碳浓度升高将促进作物光合产物流向根系,从而提高农田生态系统地下部分对碳的固定以及植物根系对水分的吸收。地下部分碳汇潜力的加强可导致农田生态系统对大气二氧化碳的永久固定。气候变暖意味着外界向农业生态系统输入更多的能量,能量的获得为生物多样性提供了更广泛的资源基础,允许更多的物种共存。农业生态系统组成的改变将直接导致农业生态系统结构和功能的变化。温度升高可能使农业生态系统的呼吸量提高,从而降低整个生态系统的碳储存量。同时,降水量的改变、海平面的上升也会在很大程度上影响农业生态系统的功能。

第三节 生态系统对全球变化的响应

在生物与气候变化之间关系的研究中,科学家往往选取对气候变化敏感的生物,从个体、种群及生态系统水平上研究其对气候变化的响应,包括物种地理分布范围变化、物候期提前、行为改变、种群动态变化等。

一、昆虫对气候变化的响应

全球气候变化,尤其是全球变暖将直接导致蝴蝶类群的物候期、与寄主植物的协同关系、飞行行为及成虫形态特征的变化。

蝴蝶类群物候期提前:Roy 等研究了英国 35 种蝴蝶在 1976～1998 年的物候变化,结果表明,其中 26 种蝴蝶类物候变化明显,首现日平均提前了 7.89～10 天、首飞日提前了 6.6～10 天、飞翔时间平均延长了 7.59～10 天。在西班牙东北部,蝴蝶的羽化时间在 1952～2001 年平均提早了约 11 天。17 种蝴蝶物种首现日显著提前,8 种蝴蝶物种飞行时间显著延长。美国加利福尼亚州中部地区的16种蝴蝶首飞日平均提前了24天。气候变化还增加了蝴蝶物种与寄主植物之间的不同步性，蝴蝶食物资源降低，成虫种群数量下降。

蝴蝶形态特征的变化：气候变化导致蝴蝶向高纬度地区迁移的距离增加，导致蝴蝶形态发生适应性变化。新定殖在英国的斑点木蝶（*Pararge aegeria*）与已经长期在此定居的同类相比具有发达的胸部。英国约克大学的研究者发现，6年前从数百千米外的南部迁入约克的蝴蝶胸腔体积增大了30%，产卵量却减少了26%。

蝴蝶类群地理分布格局对气候变化的响应：①蝴蝶向高纬度迁移——全球气候变暖导致分布在芬兰、英国、欧洲和北美洲的蝴蝶物种栖息地向北迁移。欧洲的57种非迁徙蝴蝶物种，约2/3的蝴蝶分布区向北迁移了35~240km。灰蝶（*Heodes tityrus*）的栖息地向北迁移了50km。*H. tityrus* 在1998~2006年，从爱沙尼亚扩散到了波罗的海周边地区，栖息地也向北迁移了。在北美洲分布的一种斑蝶（*Euphydryas editha*）已经向北迁移了92km，其南部的分布区已经消失。弄蝶（*Sachem skipper*）在过去的35年内已经从美国加利福尼亚州迁飞到华盛顿，迁飞距离长达420km，仅在1998年就向北迁移了121km。分布在非洲北部的粉蝶（*Colotis evagore*），由于全球气候变化导致局部地区升温，目前该种已经在西班牙定居，并且保留与原来生境相同的生态位。②蝴蝶向高海拔迁移——气候变化对海拔增加160m与纬度增加150km所产生的影响相似，有些物种为了逃避气候变暖，向比较凉爽的高海拔边缘扩散，蝴蝶向高海拔迁移的速率比向高纬度迁移的速率更为明显。美国加利福尼亚州内华达山脉分布的一种斑蝶 Edith's Checkerspot，在过去的一个世纪向高海拔迁移了124m。斑蝶（*E. editha*）种群已经向高海拔迁移了105m。西班牙低海拔分布的以草本或禾本科植物为寄主植物的16种蝴蝶，其分布高度在过去的近30年内增加了212m。

蝴蝶类群生物多样性对气候变化的响应：①种群灭绝风险增加——气候变化迫使物种向高海拔或高纬度地区迁移，导致那些未来适生区变小或与现有区域隔离的种群灭绝，增加了分布在低纬度种群和已经濒危种群的灭绝风险。北美洲西部分布的斑蝶分布在低纬度和低海拔的种群灭绝速率较高。法国的阿波罗绢蝶（*Parnassius apollinaris*）在山区低海拔边缘分布的种群具有较高的灭绝风险；西班牙山区的16种蝴蝶在过去的30年内，气候变暖将其适宜生境减少了1/3，增加了种群灭绝的风险。蝴蝶类群的种群灭绝与极端气候事件密切相关，1975~1977年美国加利福尼亚州的严重干旱导致21个斑蝶种群中5个种群的灭绝。Parmesan等对美国加利福尼亚州内华达山脉斑蝶（*E. editha*）种群20年的研究表明，1989年冬季积雪量少导致该种蝴蝶成虫在4月提前羽化，与寄主植物物候同步性出现偏差，使该种蝴蝶饥饿致死；1990年5月的暴雪导致该地区温度下降，已经羽化的成虫无法适应低温而使种群数量下降；两年后，该地区6月16日的极端低温（−5℃）导致斑蝶的寄主植物灭绝，从而引起该种群灭绝。极端湿润也会导致该种斑蝶种群的变化，在美国旧金山附近地区发生的极度湿润气候（冬季比以往冬季平均降水量增加了50%~150%）导致该斑蝶亚种 *E. editha* Quino 的种群崩溃。②物种多样性降低——全球气候变暖会加剧生境片段化，导致山区蝴蝶物种多样性下降。Wilson等研究了在全球气候变暖情形下，西班牙塞拉利昂日瓜达拉马山区蝴蝶海拔分布变化与蝴蝶物种丰富度及物种组成的相关性，结果表明，2004~2005年相同种群蝴蝶的海拔分布比1967~1973年的高了293m，而地方物种的丰富度在低海拔地区，尤其是在海拔1600m以下地区均明显下降，山区特有物种的丰富度也下降明显；物种最为丰富的海拔区域在过去的30年（1967~1973年、2004~2005年）由800~1600m

缩小为 1000~1600m，海拔上升了 200m，这是因为气候变暖迫使蝴蝶类群向高海拔迁移。

二、高山生物多样性对气候变化的响应

高山带是指自然气候森林边界，即林线到雪线之间的无林区域。受低温限制的高山生物对气候变化具有高度的敏感性。气候变暖加速了高山冰雪消融，也加剧了高山生物多样性的波动，因而高山生物多样性变化对指示全球气候变化具有十分重要的意义。

生物对冰雪消融的响应：高山生物数量和丰富度随着与现有冰川边界空间距离的增加而增加，并与冻土表层解冻的年限呈线性关系。气候变化威胁着高山带和积雪带生物的适宜生存区，同时缩小了形成多样化和稀有生物生境的冰缘范围。例如，生活在冰川水域中高度特化的无脊椎动物不适应变暖的气候条件，数量急剧减少。美国西部和欧洲山地生态系统的冬季积雪大幅度减少使雪被下的土壤微生物群落呈指数增加，有机物质分解速率加快。Cannone 等证明，高山植被对 1~2℃ 的增温能够作出快速响应。虽然积雪带的植被覆盖度增加，但其优势物种数量却减少或被高山草甸物种替代。同时，冰缘区物种的繁殖策略也在发生改变，最早的演替物种从已有的先锋种和雪地物种向多年生无性繁殖物种转变，物种的繁殖速率是群落早期演替物种的 2~4 倍。

林线对气候变暖的响应：气候变暖会使山地各植被带逐渐上移，最终可能导致原有的高山带生境缩小或消失。林线位置确定了高山带的下限，林线的移动成为高山带变化最明显的标志。林线已沿海拔梯度上移，乔木向苔原带扩张，幼苗沿海拔梯度向上推进，林分密度增加，树高、直径增大。1910~2000 年极地乌拉尔山脉的落叶松（*Larix sibirica*）未闭合和闭合林线就分别上移了 26m 和 35m。斯堪的纳维亚山脉的高山林线上移了 150~165m。高山挪威云杉（*Picea abies*）种群的基因流和空间遗传结构研究发现，气候变化和停止放牧使树线交错带上移。

生物多样性的变化：气候变化改变了高山生态系统的物种组成和群落结构，对高山生物多样性既有正面影响也有负面影响。一方面，低海拔物种往高海拔迁移可能增加高山带的生物多样性。例如，在过去 100 年中，低海拔物种的迁移使瑞士境内高山带的植物多样性显著增加，喜马拉雅山高山带物种丰富度也明显提高。东欧阿尔卑斯山近 10 年的监测结果表明，高山草甸有先锋种出现，而一些适应寒冷气候的物种丧失，相比过去的 100 年，这些山顶可以容纳更多种类的先锋植物。另一方面，气候变暖可能降低高山带的生物多样性。例如，连续 5 年升温和施肥使瑞典北部高山冻原带苔藓和地衣优势群落的物种数量减少，物种丰富度和多样性降低，高山带的生物或优势物种因为适宜生境的消失而濒临灭绝或被其他物种替代。气候变暖使喜温的灌木、草本和入侵杂草的分布趋于更高的海拔，增加了高山带物种丰富度，并使亚高山和高山带物种更替速率加快。气候变化可能会增强外来种的生存、繁殖和竞争能力，而对本地种构成威胁，进而影响区域内的生物多样性。Halloy 和 Mark（2003）估计，当平均气温维持在比 1900 年高 0.6℃ 时，有大量的外来物种增加，40~70 个本地植物种可能面临威胁；当气温上升 3℃ 时，新西兰高山植物区系维管植物总数可达 550~685 种，并有 200~300 个高山本地种丧失。

高山生物对气候变化的响应除了种类和丰富度的变化外，其适宜的生境也会随之改变，物种的分布格局也会发生改变，这种变化更多地表现为迁移。过去 50~100 年的观察发现，阿尔卑斯山的高山物种存在迁移迹象，西班牙中部的蝴蝶有 16 种的最低分布边界上移了

212m，其适宜生境面积减少了 1/3，预计 21 世纪末其生境面积将丧失 50%～80%。气候变化除了影响物种的分布边界以外，还影响其分布的核心区域。Lenoir 等（2008）将西欧 6 座高山上 171 种森林植物在 1905～1985 年与 1986～2005 年的分布情况进行了比对，发现其中大部分物种的理想生境趋向更高的寒冷地带，平均每 10 年上移 29m。不同的生物对气候变化的响应体现在迁移速率的差异上，生命期短、繁殖周期快的草本、蕨类和藓类植物的迁移速率明显快于繁殖较慢、生长期长的乔木种群。

物种关系的变化：低海拔的物种迁往高海拔会改变高山生物的种间关系并提高杂交概率。Hughes 和 Eastwood（2006）对高山物种的系统发育研究证实，气候变暖使物种的形成速率加快，但同时也削弱了高山带物种的竞争优势，使高山特有种减少或消失。虽然气温升高使无脊椎动物数量增加，但由于物种间的竞争，多样性反而减少。但也有不同的观点，Callaway 等（2002）认为，在环境压力不大的低海拔普遍存在种间竞争，但在高海拔非生物环境压力大的情况下，植物之间相互作用的正效应更明显，即应力梯度假说（stress gradient hypothesis）。正效应包括养分积累、提供遮阴、改善干扰或保护邻近物种以避免被食草动物取食等，有相邻植物存在时植物的生物量、生长率和繁殖率都较高，所以高山植物常常以斑块状的群丛出现。

三、植物物候对气候变化的响应

中国郑州近 50 年来在冬季、春季升温现象明显；日照在夏季下降最为显著，冬季其次，但在 2～4 月呈弱上升趋势。物候期变化趋势表现在展叶、开花、果熟期（除楝树外）呈提前趋势，落叶期略有推迟，绿叶期延长，特别是在 20 世纪 90 年代中后期，春季物候期提前 10 天左右。平均温度是影响物候期最为显著的气候因子，温度每升高 1℃，春季物候平均提前 6 天左右，绿叶期延长 9.5～18.6 天；物候期突变一般发生在温度突变之后。

气候与物候年季变化趋势：气候变化趋势表明，年平均温度呈上升趋势，降水、日照时数呈下降趋势，其中日照变化最为显著，每年下降 0.052，是降水的 7 倍左右。平均温度除夏季呈现减小趋势外，其余季节都呈上升趋势，并以冬、春两季最为显著。降水除冬季略有增加以外，其余呈弱下降趋势；日照四季呈下降趋势，且其变化趋势除春季比温度的下降趋势小以外，其余季节都比温度的变化程度大。温度、降水的年际变化表现为温度在近几十年呈上升趋势，降水呈略减小趋势，但冬季降水增多，其他季节减少。日照时数整体呈下降趋势，而黄河流域的其他一些地区呈上升趋势。在上述气候背景下，木本植物各个物候期发生了不同程度的变化。展叶盛期明显提前且趋势比较一致，趋势倾向率为 0.09～0.1；开花盛期趋势倾向率的变化幅度比展叶盛期略大，变化趋势最大为 0.13（垂柳）；除楝树果实成熟期略有推迟外，其他果实成熟期都呈现提前趋势，且刺槐提前趋势达 0.2，比展叶、开花期的提前趋势更为明显；落叶期一致推迟，刺槐推迟趋势达 0.1，其他树种都不明显；整个绿叶期延长明显；展叶盛期一直处于提前趋势，平均提前天数为 10 天左右；绿叶期延长 15 天左右。

物候期对温度变化的响应：物候对温度的反应最为敏感，当前 1 月平均温度升高了 1℃，展叶、开花盛期分别提前了 2.6～3.6 天和 2.7～4.6 天，物种之间的变化幅度为 0.8～1.9 天；前 3 个月的平均温度升高了 1℃，展叶、开花盛期分别提前了 3.6～7.9 天和 3.9～9.0 天；如果当年平均温度升高 1℃，那么绿叶期将延长 9.5～18.6 天，楝树响应趋势最小，刺槐最大。

物候对温度突变的响应：气候突变是指从一种稳定态（或稳定持续的变化趋势）跳跃式地转变到另一种稳定态（或稳定持续地变化趋势）的现象，表现为气候在时空上从一个统计特性到另一个统计特性的急剧变化。1993年平均温度开始逐步上升，突变发生在1994～1995年，同期，植物绿叶期也发生了变化。温度发生突变以后，植物绿叶期首先表现出较为一致的延长趋势，突变点都发生在温度突变以后。展叶、开花盛期的突变点一般都发生在前1个月或前3个月温度突变之后，展叶盛期与前1个月的温度突变联系比较紧密。

四、近海海洋环境对气候变化的响应

由于受全球气候变暖的影响，1976年之后中国近海和邻近海上空的冬、夏季风变弱，从而引起中国近海冬季、夏季海表风应力减弱（尤其是经向风应力），但海表水温明显上升。

冬季中国近海气候平均海表层温度由南向北递减，南海表层温度高达24～28℃，而渤海只有3～4℃；受黑潮的影响，中国黄海、东海东部和相邻的副热带西太平洋海表层温度要比中国沿岸的海表层温度高，这些海域的海表层温度呈西南东北走向。1976年以前，中国近海和邻近海的海表层温度距平为负，即这些海域的海表层温度要比气候平均值低，最大海表层温度距平位于从台湾海峡到长江口的东海海域，达$-0.8℃$，且越向东海表层温度距平越小，在热带和副热带太平洋负的海表层温度距平值较小；相反，在1976年之后中国近海和邻近海夏季海表层温度距平出现了一致的正距平，表明在1976年之后中国近海和邻近海冬季海层温度有较大的升高，最大升温位于台湾海峡到长江口的东海，1976年之后平均升温达1.0～1.5℃，且越向东其升温越小，在广大的热带和副热带西太平洋海表层温度升温值较小。

夏季中国近海和邻近海的平均海表层温度也由南向北递减，南海和热带西太平洋的海表层温度高达29℃，与西太平洋暖池海表层温度相当，最北的渤海海表层温度也有23℃。1976年以前，中国近海和邻近海的海表层温度距平为负，最大的负海表层温度距平位于台湾海峡到长江口以南的东海海域，为$-0.3℃$；相反，1976年之后，中国近海和邻近海夏季的海表层温度距平出现了一致的正距平，表明在1976年之后中国近海和邻近海夏季有一定的升温，最大升温区位于长江口南部的东海，1976年之后中国东海海域海表层温度约上升了0.5℃。

上述结果说明，中国近海无论冬季还是夏季从1976年以后均有升温，升温幅度冬季大于夏季，近海大于邻近海；最大升温区位于台湾海峡到长江口的东海，相对于1976年以前，这个海域在1976年之后冬季约升温1.4℃，夏季约升温0.5℃，升温的幅度明显大于热带、副热带西太平洋。

五、碳氮循环过程对气候变化的响应

微生物参与的碳氮循环过程对温室气体的响应：①对二氧化碳倍增的响应——二氧化碳倍增提高了土壤和微生物的呼吸速率。二氧化碳倍增在数量上和质量上可增加植物根系可溶性糖、有机酸和氨基酸等化合物的分泌，这将刺激土壤微生物生长，提高微生物活性，改变依赖于土壤养分有效性的大气二氧化碳通量。同时，根系分泌物的增加会改变土壤碳氮比，有利于增强真菌在土壤微生物中的主导地位。由于真菌细胞膜含有比细菌细胞膜更难降解的含碳聚合物（如几丁质和黑色素），因此在以真菌为主导的生态系统中，土壤呼吸下降，从而增加了土壤的固碳能力。土壤中二氧化碳的浓度为大气中的10～50倍，因而大气二氧化碳浓度升高对土壤微生物群落的影响基本上是间接的，微生物群落结构对大气二氧化碳倍增的反馈可能是通过与地上和地下凋落物的相互作用而实现的。大气二氧化碳浓度升高首先引起植物群落生产力、物种组成及凋落物和根系分泌物化学成分的改变，进而对土壤微生物产生影响。由于土壤细菌和植物间的相互作用并不如真菌与植物间的相互作用那么显著，因此，大气二氧化碳浓度升高可明显改变土壤真菌（特别是菌根真菌）群落组成，但土壤细菌群落的响应并不显著。②对甲烷排放的响应——土壤是继大气对流层之后的第二大甲烷汇。土壤中的甲烷能够被一类嗜甲烷的功能微生物氧化，通过此途径全球每年的甲烷消耗量为10～30Tg。当土壤甲烷浓度高于 $40\mu mol/mol$ 时，甲烷氧化菌的主要类型 I 型表现出活跃的状态，并消耗大量的甲烷；而当土壤甲烷浓度低于 $12\mu mol/mol$ 时，甲烷氧化菌的另一类型 II 型处于活跃状态，每年通过此途径消耗约 30Tg 的甲烷。可见，土壤微生物，特别是产甲烷菌和甲烷氧化菌在甲烷排放、通量和稳定大气甲烷浓度方面起着不可忽视的作用。③对氧化二氮排放的响应——陆地生态系统活性氮含量的剧增可能会增强硝化作用和反硝化作用，进而加剧土壤氧化二氮的排放。在施氮和不施氮状况下，二氧化碳增加对田间土壤氧化二氮气体的排放有不同的影响；增加地下部分的碳分配会促进土壤反硝化活性，增加氧化二氮通量；在高度扰动的生态系统中，二氧化碳浓度增加会显著降低土壤硝化酶和反硝化酶的活性，进而减少土壤氧化二氮气体排放。土壤微生物介导的氧化二氮产生过程包括硝化、反硝化、甲烷硝化和异养硝化等过程。由微生物主导的氧化二氮产生过程约占全部氧化二氮气体排放通量的70%。硝化作用的中间产物羟胺，在羟胺氧化还原酶的作用下易产生副产物氧化二氮气体，同时亚硝酸根在氧气受限的环境中被亚硝酸还原酶还原生成氧化二氮气体，此过程有别于异养反硝化菌参与的反硝化过程。甲烷氧化菌含有与氨单加氧酶功能相似的甲烷单加氧酶，室内纯菌培养体系已证明，其在执行硝化作用的过程中有氧化二氮气体产生，而在田间是否具有相同的功能还未得到证实。反硝化作用是氧化二氮排放的主要途径，是由多种反硝化细菌介导的，通过一系列中间产物（二氧化氮、一氧化氮、氧化二氮），最终将硝酸盐中的氮还原为氮气分子。在自然环境中，反硝化细菌的功能基因丰度（如亚硝酸还原酶 $nirS$ 基因、氧化亚氮还原酶 $nosZ$ 基因、固氮酶 $nifH$ 基因）可以作为评价土壤氧化二氮排放的指标。

微生物参与的碳氮循环过程对全球变暖的响应：①全球变暖与土壤微生物介导的碳循环——气温上升提高了土壤的呼吸速率，进而影响土壤的固碳潜力。土壤碳对气候变暖的响应程度取决于土壤微生物对碳的利用效率。大气温度升高会直接影响土壤微生物的呼吸，预计全球平均气温升高 2℃，由微生物主导的土壤碳排放会增加到 10Pg。二氧化碳通量会因大气温度的升高而增加，随着时间的延长，微生物将逐渐适应外界温度变化，使二氧化碳通量降低直至稳定不变。由于不同微生物适宜生长的温度差异很大，温度升高也可能打破微生物群落结构的稳定性，进而减缓土壤有机碳的释放。全球变暖会促进甲烷的排放，尤其是在高纬度永久冻土和湿地区域。例如，当大气温度升高时，美国加利福尼亚州草地甲烷营养 II 型的数量降低，而在北极苔原区，甲烷营养 II 型的数量却显著增加。气温升高可能引起产甲烷菌的群落变化从而改变土壤产甲烷的途径。②全球变暖与土壤微生物介导的氮循环——温度升高会增强土壤微生物的活性进而加速土壤有机质的降解速率和土壤无机氮的释放。同时，温度变化还会影响参与氮循环过程的功能微生物特性（如氨氧化细菌、氨氧化古菌和反硝化细菌等），进而改变由此驱动的生物地球氮循环过程。氨氧化细菌是整个自然界氨氧化作用的主要参与者，其最适生长温度为 25~30℃，在不同温度下表现出一定的选择性和适应性。Avrahami 等发现，温度对氨氧化细菌种群结构的影响极其显著，在酸性土壤（pH 5.0~5.8）中当温度高于 30℃时，以硝化螺菌属种 *Nitrosospira* Cluster 1 为主，在 30℃时以 *Nitrosospira* Cluster 3a、*Nitrosospira* Cluster 3b 和 *Nitrosospira* Cluster 9 为主，在 25℃时以 *Nitrosospira* Cluster 4 为主；在碱性（pH 7.9）土壤中，仅 *Nitrosospira* Cluster 3a 会随温度发生变化，*Nitrosospira* Cluster 9 仅在高温低肥土壤中出现。将苏格兰农田土壤在温度为 10~30℃下培养 12 天后，氨氧化细菌的数量和 mRNA 的反转录活性无变化，而氨氧化古菌的活性和群落结构显示出剧烈的变化。可以推测，土壤氨氧化古菌在短时间内会积极响应外界环境的变化，特别是响应温度的变化。

第四节 全球变化的适应与对策

适应是指个体或系统通过改善遗传或行为特征从而更好地适应变化，并通过遗传保留下相应的适应性特征。这一定义涵盖了从生物个体到某一特定物种的种群，乃至整个生态系统的尺度。Steward 最早将适应性的概念应用于人类系统，他用"文化适应"这一概念描述"文化核心"（cultural core）（一个区域社会）是如何依据自然环境调整自身行为的。Denevan 认为，"文化适应"是应对物理环境变化及内部刺激变化的过程，涉及人口统计学、经济学和组织学的研究内容。这种对适应性的解读将人类系统需要适应的压力从单纯的生物物理学压力拓展到更大的范围。O'Brien 和 Holland 将适应性定义为"社会群体在处理与其文化息息相关的环境问题时所采取的新的或更先进的方法"。

一、全球变化背景下适应性的科学内涵

适应性的内涵：Burton 等认为，对气候的适应是指人们努力争取减少气候对自身健康和财富的不利影响，同时合理利用现存气候环境所提供的有利条件的过程。国际植物保护公约（International Plant Protection Convention，IPPC），在 2001 年将适应性定义为"为了应对实际发生的或预计到的气候变化及其各种影响（不利的或有利的），而在自然和人类系统内进行的调整"。上述定义强调：①调整系统以削减其脆弱性并改善应对环境变化的适应能力；②视全球变化为机遇，将其纳入未来调整、管理人类系统的决策系统中。全球变化背景下的适应性是指人类社会与自然生态系统针对全球变化导致的或预期的影响在不同尺度（个体、地区、国家、区域）上的调整。这种调整既可以针对自然生态系统也可以针对人类社会，同时这种调整既包含自然生态系统的自发反应也包含人类的主动行为。

适应性研究的相关概念：①敏感性（sensitivity）——是指系统内部、系统与系统之间、复合系统之间对条件变化的响应程度，这种响应可能是有害的，也可能是有益的。②暴露（exposure）——人类-环境系统所面临的环境变化的特征及其变化程度。③脆弱性（vulnerability）——系统容易遭受或没有能力应对气候变化（包括气候变率和极端气候事件）的不利影响的程度。④适应能力（adaptive capacity）——为了应对实际发生的或预计到的变化及其各种影响（不利的或有利的），而在自然和人类系统内进行调整，并使之保持在一定状态。

⑤弹性（resilience）——系统在承受变化压力的过程中吸收干扰、进行结构重组，以保持系统的基本结构、功能、关键识别特征及反馈机制不发生根本性变化的一种能力。

适应性研究展望：①跨尺度的适应性研究——此项工作一类是针对自然环境系统对全球变化的自发适应，分别从基因、物种和生态系统的尺度上开展适应性研究；另一类是针对人类社会的人为适应，研究尺度覆盖了全球、国家、区域、地方或部门。采用多尺度的生态系统联合观测获取更多的系统响应信息，采用跨尺度的数据模型融合技术来开展全球变化的适应性研究，能够形成客观的易于理解的定量化的结论。②自然生态系统的适应性研究——自然环境系统的衰退终将导致人类社会的衰退，这对经济欠发达、社会经济仍然依赖自然资源的国家或地区尤为重要，这些国家和地区是对全球环境变化最为敏感的地区。因此，应加强对生态系统自身适应能力和变化趋势的分析，从而提出适宜的适应性对策。③城市尺度的适应性研究——当前的研究尽管已在全球、国家、区域、地方或部门尺度上取得了大量的成果，但是在城市尺度上未得到足够的重视。城市作为人类社会经济活动的中心，聚集了世界上一半以上的人口，温室气体排放占全球总量的75%左右。对气候变化的适应是一个持续的过程，应与城市的发展战略结合在一起，并将脆弱性研究作为适应研究的重要步骤。城市作为应对全球变化的关键平台，城市尺度上的适应研究（包括适应方式、适应对策和适应过程）应成为全球气候变化适应研究的一个重要方向。

二、全球变化的生态系统适应性

生态系统对二氧化碳浓度变化的适应性：二氧化碳浓度升高具有短时间的激发效应，特别是光合作用的应急响应较为明显，一般会导致光合速率升高，但不同物种的增加幅度不同。通常，植物的光合速率在二氧化碳浓度增加的初始阶段会显著增加，但随着时间的推延，光合作用的增加速率有下降的趋势，亦即所谓的"光合下调"现象。这可能是因为植物光合作用速率升高引起光合作用产物大量累积，超过了植物光合作用的传输速率，从而限制了与光合作用密切相关的氮素的上传，导致光合作用速率的下降。生态系统的不同层次对二氧化碳浓度的适应性存在较大差异。大型生长箱模拟研究表明，高二氧化碳浓度（746mol/L）使发育盛期向日葵的日冠层碳通量和水汽通量较当前二氧化碳浓度（399mol/L）分别增加了53%和11%，辐射利用率和水分利用率分别增加了54%和26%；二氧化碳浓度倍增条件下叶片水平的水分利用率也倍增，甚至更多，表明叶片与冠层尺度对二氧化碳浓度的适应性存在较大差异。

生态系统对紫外线B（UV-B）辐射的适应性：UV-B辐射的增强通过降低植物叶氮在Rubisco和生物力能学组分的分配系数而导致叶片光合速率下降；同时，UV-B辐射的增强通过改变植株对不同氮源的利用方式，进而引起碳氮代谢和酸碱调节的变化。植物对UV-B辐射增强的适应性表现在植物叶片表皮增厚，减少UV-B辐射到达叶肉细胞的强度，达到减轻危害的目的。高寒矮蒿草草甸优势植物麻花艽（*Gentiana straminea* Maxim）并没有因为UV-B辐射增强而受到伤害，相反出现了通过叶片厚度的增加，限制辐射引起的光合色素的光降解，从而达到改善光合性能的适应变化。UV-B辐射增强对土壤中凋落物的影响不同，即或降低分解速率，或增加分解速率。臭氧减少18%时引起的UV-B辐射增强在4年内使土壤中的夏栎（*Quercus robur* L.）叶片分解17%，臭氧减少25%时引起的UV-B辐射将通过增加凋落物的养分，特别是氮和磷的周转速率，使春小麦叶片的有机碳降解速率提高。

因此，UV-B 辐射增强会影响植物与土壤的固碳能力，影响陆地碳循环。

生态系统对气候变化的适应性：生态系统对气候变化的适应性主要体现在植物对水分变化和温度变化的适应性方面。植物对干旱胁迫的响应主要集中在植物抗旱应急蛋白、渗透调节物质的种类及其作用、气体交换过程、气孔的限制作用及水分胁迫信号转导等抗旱机制方面，但关于植物群体/群落、生态系统乃至景观至区域尺度的研究仍甚少。

不同物种对高温的适应性不同。高温条件下，沙地灌木杨柴和油蒿的光合速率比沙柳的高，深根系的杨柴和油蒿比人工插条栽植的沙柳更适于在高温干旱的环境下生长。增温对柠条幼苗的生长影响不显著，而对油蒿幼苗的生长影响显著，表明物种之间存在对温度变化适应的差异性。高温、高湿有利于水稻花丝的迅速延长，促进花期相遇，增加保护性酶的活性和不育系的代谢功能，反映了水稻对高温、高湿的适应性。番茄通过渗透调节和降低细胞壁弹性模量保持压力势来适应高温引起的水分胁迫；冬小麦则通过增加膜脂肪酸的饱和度来增加对高温、低湿的适应能力。温度升高将使小麦的生长期缩短，导致减产；而灌浆期间的高温胁迫将使源和库的活性显著降低，加速小麦叶片的膜过氧化水平，造成膜伤害。随着植物叶片温度的升高，气孔关闭、叶肉细胞的胞间二氧化碳浓度升高，可提高叶片的水分利用率（WUE）。但也有例外，如高温导致棉花叶片的 WUE 降低，而气孔变化（关闭）对此起到了一半的作用。

生态系统对干旱和二氧化碳浓度协同作用的适应性：二氧化碳浓度升高对光合作用的影响在干旱条件下主要表现为气孔限制，而水分充足时既有气孔的限制又有非气孔的限制。高二氧化碳浓度下，干旱胁迫造成的蚕豆叶片中膜过氧化物——丙二醛（MDA）的增加幅度显著低于当前二氧化碳浓度增加引起的增加幅度，表明高二氧化碳浓度对干旱所造成的氧化损伤具有一定的改善作用。高粱田土壤团粒的持水稳定性随着二氧化碳浓度的升高而增加，增加的幅度与水分供应有关。全球变化有利于保持陆地生态系统，特别是农业生态系统的土壤团粒结构以维持土壤水分，进而防止土壤侵蚀。

生态系统对高温、干旱和二氧化碳浓度协同作用的适应性：在二氧化碳浓度、干旱和高温胁迫作用下，净光合速率和气孔导度存在显著的互作效应。不论水分或二氧化碳浓度如何，叶片气孔导度在高温下均升高；在二氧化碳浓度倍增下，高温将降低由于二氧化碳增加而引起的生物量增加幅度，对干物质积累具有负效应，降低植物生产力，干旱则由于减少了碳水化合物的积累而使光合作用的下调减弱，说明高二氧化碳浓度有利于提高植物对干旱的适应能力。

生态系统对人为干扰的适应性：人为干扰是生态系统退化的主要驱动力，其与自然因子叠加，对生态退化起着加速和主导作用。例如，人口剧增、经济发展及土地利用的变化导致大量草地开垦成农田，不仅使自然生态系统遭到破坏，而且使草原有机碳减少，对全球碳循环产生深远影响。在人为干扰（包括旅游、宗教活动及工厂废气等）下，亚热带森林木本植物荷木和马尾松的叶片膜脂过氧化产物（MDA）含量明显增加，而保护酶 SOD、CAT 活性降低，蛋白质总量减少。放牧是草原生态系统中干扰强度最大、频率最高、影响后果最严重的人为干扰。澜沧江流域草甸生态系统经过 14 年的放牧干扰，生产力明显衰减；科尔沁沙地沙质天然草场随放牧强度的增加，地下生物量迅速下降，但地下部与地上部的生物量比值呈上升趋势。过牧将导致草原群落结构和功能的质变，刈草仅导致其量变。

三、全球变化的区域响应和适应

全球变化并非全球一致的变化，地球系统及其各部分的面貌在不同空间尺度上的表现是多姿多彩的，在不同时间尺度上的变化也是多种多样的，全球变化总是由一系列过程和现象各异的区域变化构成。

全球变化区域响应的敏感性、脆弱性和适应能力：敏感性是指一个系统对气候变化因素的响应程度，其响应可以是不利的，也可以是有利的，产生作用的方式可以是直接的，也可以是间接的。地处半干旱和半湿润气候过渡地带、植被从森林向草原和荒漠过渡的植被生态过渡带，以及农牧交错的人类活动过渡带的中国北方地区，可能是全球变化区域表现的敏感带。脆弱性是指一个系统容易受到或不能克服气候变化不利影响的能力。适应是指对生态、社会和经济系统对现实和预期的气候变化驱动及其作用和影响进行的调整，为趋利避害在过程、实践和结构上进行的改变。适应能力是指一个系统调整自身以适应气候变化和趋利避害的能力。适应包括自然过程主导的自然适应和强调人类活动能动作用的有序人类适应。自然适应是指区域环境要素，特别是生态系统，对全球变化的区域表现产生了自激和自组织的调整。例如，在全球增暖背景下，低纬度的植被生态系统将可能北侵，高纬度地区的植被生态系统分布区域向北收缩。又如，北半球中高纬度地区受春季温度升高时间提前的影响，当地植被生长季长度增加，植被生长开始时间提前。有序人类适应可以是人类活动干预下的自然恢复过程，也可以是通过人类活动采取的主动适应。人类活动采取的主动适应表现为对土地利用和水利用等的方式、种类和时空分布的调整等。例如，在全球增暖背景下对农业种植制度和农作物种类的调整。

以全球变化的区域响应和适应为目标的集成研究：集成研究是针对全球或区域气候与环境系统的整体行为开展多学科交叉和综合研究的一种研究途径。目前，多项以全球变化的区域响应和适应为目标的集成研究通过大型科学研究计划的方式得到开展。例如，以南美洲亚马孙河流域热带雨林破坏及其环境影响评价为核心的区域集成研究和以非洲西部干旱为核心的区域集成研究。在东亚区域环境系统和北方干旱化的集成研究中，研究人员针对东亚区域受到季风活动控制、环境脆弱多变和社会经济快速发展的特点，提出了"广义季风系统"的科学思想，把东亚区域同季风活动相关的物理、化学、生物和人类活动过程有机地联系在一起，为东亚区域环境系统的集成研究提供了一个科学框架，并在这一框架内发展了一个包含气候、水文、生态等过程的区域环境系统集成模式（RIEMS），为区域集成的分析、预测和评估研究提供了一个有力的研究工具。在东亚区域的北方干旱化研究中，通过历史重建、诊断分析、数值模拟、试验观测等方式，建立对北方干旱化的规律及其机制的认识；在此基础上，对全球增暖背景下北方干旱化的可能趋势进行预测，并对其影响进行评估。

第五节 可持续发展与生态文明

自 20 世纪 70 年代提出气候变化及其对人类社会可能产生的影响开始，国际科学界就开始讨论人类社会应如何响应全球变化并采取相应的对策。具体研究方向也从 70 年代提出的预防和阻止（prevention）转移到 80 年代提出的减缓（mitigation），直至目前所普遍认同的适应（adaptation）。开展全球气候变化的适应性研究，科学认识适应机制，是本领域科学发展的前沿方向和热点问题，具有极重要的理论意义和应用价值。

一、全球变化的国际关注

全球变暖已经严重影响到人类的生存和社会的可持续发展，它不仅是一个科学问题，而且是一个涵盖政治、经济、能源等方面的综合性问题，全球变暖的事实已经上升到国家安全的高度。近年来，全球变化和气候变暖问题已被提到国际政策议案上。

1992年，在巴西里约热内卢举行的联合国环境与发展大会一致通过了3个重要文件："里约环境与发展宣言"、"21世纪议程"、"关于森林问题的原则声明"，并签署了"气候变化框架公约"和"生物多样性公约"，联合国专门制定了《联合国气候变化框架公约》以应对全球变暖趋势，并于同年签署生效。其主要内容是发达国家在2000年之前将它们释放到大气层的二氧化碳及其他温室气体的排放量降至1990年时的水平，这表明国际社会对全球变化问题已非常重视。

2007年12月，在印度尼西亚巴厘岛举行的联合国气候变化大会通过了"巴厘路线图"（Bali Road Map），为应对气候变化谈判的关键议题确立了明确议程。"巴厘路线图"确定了世界各国今后加强落实《联合国气候变化框架公约》的具体领域。"巴厘路线图"共有13项内容和1个附录。

2008年，来自美国、日本等发达国家和新兴经济体的100位学者齐聚日本东京，达成了"东京共识"。其基本原则为：发达国家应继续带头努力减少其温室气体排放，发展中国家应在可持续发展过程中采取措施控制排放；应考虑不同国家的战略和环境；改变不可持续的消费模式，做到经济增长和环境保护两不误等。根据共识内容，建议创建全球碳交易和技术基金，加速向发展中国家转移低碳技术，鼓励减少森林砍伐率，建立应对气候变化国际体系。

2009年12月联合国气候变化大会在哥本哈根召开，主要商讨《京都议定书》一期承诺到期后的后续方案，并就未来应对气候变化的全球行动签署新的协议。会议要求，为实现把全球温度上升幅度控制在2℃的目标，发达国家应带头采取切实有效地减排行动。同时，呼吁其他国家采取大幅度减排行动，以便尽早实现排放目标。考虑到发展中国家在社会经济发展和消除贫困方面的需求，其排放到达峰值的时间可以适当推迟。会议决定成立哥本哈根气候基金（CCF）作为执行这一融资计划的主体。

2010年11月29日至12月11日在墨西哥坎昆举行联合国气候变化大会，会议取得了两项成果，一是坚持了《公约》、《议定书》和"巴厘路线图"，坚持了共同但有区别的责任原则，确保了2011年的谈判继续按照"巴厘路线图"确定的双轨方式进行；二是就适应、技术转让、资金和能力建设等发展中国家关心问题的谈判取得了不同程度的进展，谈判进程继续向前，向国际社会发出了比较积极的信号。

2011年11月28日至12月11日，《联合国气候变化框架公约》第17次缔约方会议暨《京都议定书》第7次缔约方会议在南非港口城市德班开幕。会议在《京都议定书》第二承诺期、绿色气候基金等发展中国家最为关切的议题上，取得了比较满意的结果。2011年德班气候大会达成一揽子成果，包括自2013年1月1日起实施《京都议定书》第二承诺期。但至今发达国家仍普遍缺乏进一步减排诚意，日本、加拿大、新西兰拒绝加入第二承诺期，美国则游离于《京都议定书》之外，欧盟宣称将加入第二承诺期，但拒绝上调目前承诺的

20%减排力度。

2012年11月26日,《联合国气候变化框架公约》第18次缔约方会议暨《京都议定书》第8次缔约方会议在卡塔尔多哈开幕,来自近200个国家的17 000余名官员、学者及非政府组织成员参加此次大会,这是联合国气候变化会议第一次在海湾地区举行。由于2012年是《京都议定书》第一承诺期结束、讨论2020年后应对气候变化措施的"德班平台"开启的关键时间节点,各方希望卡塔尔多哈气候大会能在国际社会应对气候变化进程中发挥承前启后的作用,实现《京都议定书》第二承诺期、完成"巴厘岛路线图"开启的进程、讨论在"德班平台"下进一步工作。2012年12月2日,卡塔尔多哈气候大会第一阶段已经结束,除形成几个类似谈判纪要的文本外,并无实质性进展。《京都议定书》第二承诺期、"德班平台"规划等重要议题的谈判进展不大,这些问题将全部留到第二阶段的高级别谈判桌上。随着第一承诺期在2012年年底终结,遗留下来的大量排放指标余额是取消还是结转至第二承诺期,各方意见分歧。77国集团和中国一致反对结转,俄罗斯则希望保留自己60亿t余额,与加入第二承诺期的国家进行交易,欧盟内部对这一问题立场不一。关于《京都议定书》第二承诺期的期限,一些发展中国家和小岛国为使发达国家增强减排力度,主张2013~2017年,为期5年,欧盟则希望持续到2020年,为期8年。

二、生态安全

生态安全(ecological security)是指当一个国家在生存和发展的同时,其生态系统处于不受或几乎不受损害与危险状态,自然生态系统仍符合人类和所有生物物种群落的持续生存和发展,不损坏自然生态系统的结构与功能特征。

生态安全问题的现象如下所述。

(1) 外来有毒有害物质的压力和生境的破坏:发达国家因为技术的优势,垄断了利润高、污染程度轻的高科技产业和加工工业,而传统的低利润、高能耗及污染重的夕阳产业则被逐渐转移到发展中国家,这使得本来就缺乏环境保护的发展中国家的生态环境承受更大压力。1984年位于印度博帕尔的美资农药生产厂毒气泄漏,造成了20万人严重中毒、2500人死亡的事件。2000年澳大利亚在罗马尼亚一座金矿的10万t氰化物流入多瑙河支流迪莎河,造成生态灾难,专家估计,至少需要60年才能基本恢复河段的生物群落。

(2) 地球支撑系统的现状:科学家确定了9个对人类生存至关重要的地球支撑系统,并对每个薄弱环节的现状和极限进行了评估。他们警告说,超越极限将导致不可逆转的环境变化,进而使地球变得不再适宜居住。①生物多样性极限:每年每100万物种当中灭绝数量不能超过10种,当前水平:100种;评估:令人不安的威胁。②臭氧减少极限:不能低于276个多布森单位,当前水平:183个多布森单位;评估:安全但有待改善。③化学污染极限:未定;当前水平:人类创造的化合物已近10万种;评估:未知。④土地使用极限:用于耕种的非冻土比例不能超过15%,当前水平:12%;评估:2050年将达到极限。⑤氮磷循环:极限1,每年固氮量不能超过3500万t;当前水平:1.21亿t;评估:超过极限。极限2,每年倾倒入海的磷量不能超过1100万t;当前水平:900万t;评估2:未达极限。⑥淡水消耗极限:每年淡水消耗量不能超过4000km³;当前水平:2600km³;评估:濒临极限。⑦海洋酸化极限:散石饱和度不能低于2.75:1;工业化前水平为3.44:1,当前水平为2.90:1;评估:目前尚安全。⑧气溶胶浓度极限:未定;评估:未知。⑨气候变化极限:

大气中二氧化碳浓度不能超过350ppm①，工业化前水平为280ppm；当前水平：387ppm；评估：超过极限。

(3) 大自然对人类活动的9项反应：①热带雨林大面积被烧毁，二氧化碳让地球变热；②气温上升，冰山融化，海平面上升；③人口增长迅速，垃圾山"围困"人类；④水资源缺乏，旱灾严重；⑤空气污染，沙尘肆虐；⑥水污染严重，生存条件面临挑战；⑦脆弱的大气无法承担保护地球的重任；⑧温室气体排放加剧，城市不见蓝天；⑨台风、洪水、泥石流灾害严重。

(4) 生态（物）入侵：生态入侵（ecological invasion）是指通过人类活动有意或无意而被引入的非本地源的生物，在本地的自然或人造生态系统中形成自我再生能力，而且对系统的结构造成明显的损害或影响。生态入侵对中国的局部地区已经构成生态危害，已入侵而造成严重危害的典型植物有薇甘菊（*Mikania micrantha*）、水葫芦（*Eichhornia crassipes*）、水花生（*Alternanthera philoxeroides*）、大米草（*Spartina anglica*）、豚草（*Ambrosia artemisiifolia*）、非洲郁金香（*Spathodea campannlata*）等。已入侵而造成严重危害的典型动物有松突园蚧（*Itemiberlesia pitysophila*）、红火蚁（*Solenopsis invicta*）、松材线虫（*Barsaphelenchus xylophilus*）、橘小实蝇（*Bactrocera dorsalis*）、美洲斑潜蝇（*Liriomyza sativae*）、蔗扁蛾（*Opogona sacchari*）、非洲大蜗牛（*Achatina cupressi*）、白纹伊蚊（*Aedes albopictus*）、福寿螺（*Ampullaria gigas*）、罗非鱼（*Chanos chanos* Forska）等。

(5) 转基因生物（genetically modified organism，GMO）及制品的生态安全性：转基因生物是指通过基因工程的方法，对相关生物进行基因重组和基因置换，引入外源基因，所产生的从特征和遗传物质发生变化的改良种或新种。转基因生物及制品带来以下问题。①基因库的安全性：某些大公司对食用生物进行基因抢注行动，对这些生物原产地的生物归属权产生了巨大影响（不利）。②转基因植物的生态安全性：基因的漂移和逃逸，转基因植物对非目标生物的伤害，产生害虫抗性，重组基因可能产生新的病毒、病症等。③转基因生物对生物多样性的影响。④转基因生物及其制品对人类的直接影响：转基因生物及其制品已广泛存在人类生活之中，但对其安全性仍缺乏了解。对人类产生过敏，如1997年英国伦敦发生的食用转基因大豆过敏现象。使用携带防抗生素基因的生物制品，可能使人类产生免疫系统障碍。⑤缺乏有效的评估与监控，任何物种对生态系统的影响都是逐步显现的，转基因产品究竟产生什么样的影响还需要一个观察过程，现在对转基因生物还缺乏系统的评估体系和监控手段。

生态安全的对策：①加强国际间的合作与对话，在大多数情况下，环境与生态问题是没有边界的，全球化使污染企业和污染物的越境转移更加方便，这不是一个国家（地区）可以解决的，需要制定多边协议与国家间的对话。1992年在里约热内卢举行环境与发展大会，183个国家和地区的领导人签署了5个文件，以保护臭氧层，限制二氧化碳的排放等。②完善相关法律法规，规范生态系统的管理，保证环境部门的执法。③提高监督技术和建立评估体系，包括转基因生物的定量分析检测、大量转基因食品的快速检测、加工食品检测、多种转基因的混合检测等。④普及生态安全意识。生态安全与所有人息息相关，生态安全是人类最基本的生存保障，要有知情权，加强宣传，提高国民素质。⑤实行可持续发展。

---

① 1ppm=1×10^{-6}

三、可持续发展

20世纪60年代以后，世界人口增加、资源消耗与环境破坏造成的全球性生态问题日益激化。人们深刻地认识到全球生态环境问题的解决需要有全球视野和各国共同努力与联合行动，可持续发展的概念需要得到政府和公众的认同。1980年，由联合国环境规划署、国际自然资源保护同盟和世界野生生物基金会共同制定的《世界自然保护大纲》（WCS）中提出了可持续发展的概念。1987年世界环境与发展委员会（WCED）向联合国提交了一份题名为"我们的共同未来"（Our Common Future）的报告（又称为布鲁特兰报告），该报告对持续发展的定义给予了具体描述。1992年在巴西里约热内卢召开联合国环境与发展大会（UNCED），会议通过的一系列决议和文件，特别是其中的"21世纪议程"，第一次将持续发展由理论和概念推向了实际行动。中国是在联合国环境与发展大会后在国家水平上第一个制定可持续发展战略的国家，特别是科学发展观和生态文明建设的决策对中国实现可持续发展起到了重要的指引作用。

持续发展（sustainable development）是指在满足当代人的需要，又不牺牲后代人发展需要的前提下，寻求满足当代人需要的发展途径；持续发展是没有破坏的发展。

可持续发展战略：在全球变化条件下，人类应变的方法是实施可持续发展战略，把现行的"以经济和科技发展为主导"战略，转向"以环境保护为基础来发展经济和应用科技"的发展战略；可持续发展战略应包括经济、社会、资源、环境和全球可持续发展。可持续发展战略是缓解全球变化的正确道路，也是人类改善环境的根本出路，只有实施这样的战略才有可能遏制全球变化的加剧。

持续发展的基本原则：①公平性原则，即同代人的公平、代与代之间的公平、公平分配有限资源；②持续性原则，即发展不能超越资源与环境承载能力；③共同性原则，即各国虽差异甚大，但持续发展为全球发展总目标，全球必须联合行动。

持续发展的特征：经济持续发展——鼓励经济增长，但更应追求改善质量、提高效益、节约能源、清洁生产。生态持续发展——这是持续发展的基础。社会持续发展——改善提高生活质量，促进社会进步，消灭贫困，创造一个保障人们平等、自由、教育、人权和免受暴力的社会。这三者之间是相互关联、不可分割的，但生态持续发展是基础。

怎样才能持续发展？第一要摆脱贫困，因为生态环境恶化的主要原因是贫困（贫穷污染）。要摆脱"贫困-过度开发自然资源-生态恶化-自然灾害加剧-更加贫困"的恶性循环。第二要保持适度的人口，人类必须在地球承载能力的范围内生活。第三要维护地球资源，保证以持续发展方式使用再生资源，其利用率必须在再生和自然增长的限度以内，最大限度地减少对那些不可再生资源的损耗；利用经济杠杆维护自然资源，实行新的商品经济政策，商品价格除常规的成本外，还应包括"环境成本"（环境损害招致的费用）和"消费成本"（对后代丧失某些方面消费机会的补偿）。第四要维护地球生命保障系统，维护生物多样性。第五要有远见的决策，把重点从放在环境后果上的政策转到放在产生这后果的根源上，环境必须要由国家机构调控，动员全球人民积极参与，这是持续发展的关键；要更新观念，摒弃旧观念，树立新的持续性伦理道德——尊重自然，认真地把人类看成是自然的一部分，把人类从对自然的胜利控制所产生的飘飘然中解脱出来。

中国学者为了解决面临的系列生态环境问题，实现社会可持续发展，在理论研究方面进行了大量的研究，其中包括对自然-社会-经济的理论及其协调方法的研究、区域发展的承载力问题的研究、资源消耗的生态足迹的研究、区域可持续发展的指标体系及生态文明建设等。生态产业是按生态经济原理组织起来的基于生态系统承载能力、具有完整的生命周期、高效的代谢过程及和谐的生态功能的网络型、进化型、复合型产业，其实质是生态工程在各产业中的应用，形成生态农业、生态工业、生态第三产业等生态产业体系。生态产业的诞生与发展使人类迈入了一个新的社会形态，形成了一种新的生态文明。循环经济是按照自然生态系统物质循环和能量流动规律重构经济系统，使经济系统和谐地纳入到自然生态系统的物质循环过程中，建立起一种新形态的经济；循环经济本质上是一种生态经济，运用生态学规律来指导人类社会的经济活动；循环经济是在可持续发展思想的指导下，按照清洁生产的方式，对能源及其废弃物实行综合利用的生产活动过程，要求把经济活动组成一个"资源-产品-再生资源"的反馈式流程，其特征是低开采、高利用、低排放。循环经济、生态工业、生态农业、生态旅游、生态交通、生态人居等是中国亟待发展的生态产业。

四、生态文明建设

生态文明的核心理念是自觉地尊重自然规律，自觉地珍爱自然，积极地保护生态。其基本宗旨是以自然资源、生态和环境为基础，遵守自然规律、经济规律和社会发展规律，实现人与自然、人与社会、人与人的和谐相处，实现经济系统与自然生态环境系统的良性循环，维持人类社会的全面发展和持续繁荣。

生态文明建设有4项基本任务，即优化国土空间开发格局、全面促进资源节约、加大自然生态系统和环境保护力度、加强生态文明制度建设。因此，了解生态系统变化状况、认识生态系统变化规律、开发生态保护和环境治理新技术、集成区域生态系统管理优化模式是生态文明建设的科学基础。

生态文明要融入经济建设，要处理好经济建设中生产、流通、消费、还原、调控活动与资源、市场、环境、政策和科学技术的生态关系，将传统单目标的物态经济转为生态经济、利润经济转为福祉经济，促进生产方式和消费模式的根本转变，通过生命周期设计和生命周期管理将条块分割的传统产业变成为生产、服务、文化、人才培养和生态建设一体化的复合生态体系。

生态文明要融入政治建设，要处理好制度建设中眼前和长远、局部和整体、效率与公平、分割与整合的生态关系，引入生态学的循环反馈和协同整合机制，促进区域与区域、城市与乡村、社会与经济、绿韵与红脉的统筹，强化和完善生态物业管理、生态占用补偿、生态绩效问责和战略环境评价等法规政策。

生态文明要融入文化建设，要处理好价值观念、思想境界、道德情操、精神信仰、行为规范、思维方式、风俗习惯、生活方式等领域人与自然、人与人及局部与整体的认知文明和心态文明，提升人口的文明素质，引导生态文化健康传承、创新与持续发展。

生态文明要融入社会建设，要处理好社会发展中人居生态建设和社会生态服务、经济生态效率和社会生态、居民的物质生活与精神生活、人群身心健康和社会生态健康的关系，调理好人与环境关系的功利、道德、信仰和天地境界，推进社会的康实（wealth）、健康（health）、诚信（faith）发展。

生态文明要融入环境建设，要处理好污染治理和生态涵养的关系、生态资产开发利用与循环再生的关系、城乡经济发展与区域环境保育的关系，通过复合污染防治、清洁生产管理、产业生态建设、生态政区管治和生态文明推进区域复合生态系统的可持续发展。

建设生态文明，是关系人民福祉、关乎民族未来的长远大计。面对资源约束趋紧、环境污染严重、生态系统退化的严峻形势，必须树立尊重自然、顺应自然、保护自然的生态文明理念，把生态文明建设放在突出地位，融入经济建设、政治建设、文化建设、社会建设各方面和全过程，努力建设美丽中国，实现中华民族永续发展。

复 习 题

一、问答题

1. 试述全球生态学的概念及其基本原理。
2. 试述全球变化背景下适应性的科学内涵。
3. 试述生物多样性的概念及保护措施。
4. 试述持续发展的概念、原则、特征与措施。
5. 试述生态安全问题及其对策。
6. 试述生态文明建设的概念。
7. 试述碳氮循环过程对气候变化的响应。
8. 试述全球变化的生态系统适应性。
9. 试述农业面源污染与治理。

二、名词解释

1. 生态安全（ecological security）
2. 全球变化（global change）
3. 厄尔尼诺现象（El Nino phenomenon）
4. 拉尼娜现象（La Nina phenomenon）
5. 南方涛动（southern oscillation）
6. 生物多样性（biological diversity）
7. 遗传多样性（genetic diversity）
8. 物种多样性（species diversity）
9. 生态系统多样性（ecosystem diversity）
10. 景观多样性（landscape diversity）
11. 农业面源污染治理的"4R"技术体系："源头减量（reduce）-前置阻断（retain）-循环利用（reuse）-生态修复（restore）"

参 考 文 献

包一凡,张海,金海峰,等.2010.浅谈生态系统管理的内容和方法.北方环境,22(4):27-30.
北京农业大学.1993.昆虫学通论.上册.2版.北京:农业出版社.
蔡榕硕,陈际龙,黄荣辉.2006.我国近海和邻近海的海洋环境对最近全球气候变化的响应.大气科学,
　　11(5):1019-1033.
蔡晓明.2000.生态系统生态学.北京:科学出版社.
曹凤勤,程立生.2004.昆虫鸣声的研究进展及其应用概述.华南热带农业大学学报,10(1):29-33.
曹梦晔,巩江,倪士峰,等.2010.物候学研究概况,安徽农业科学,38(31):17580-17581.
曹伟,李岩,王树良,等.2007.东北阔叶红松林群落类型划分及物种多样性.应用生态学报,18(11):
　　2406-2411.
茶娜,邬建国,于润冰.2013.可持续发展研究的学科动向.生态学报,33(9):2637-2644.
陈昌笃.1992.十年来的我国景观生态学和全球生态学.生态学杂志,11(1):15-16.
陈海坚,黄昭奋,黎瑞波,等.2005.农业生物多样性的内涵与功能及其保护.华南热带农业大学学报,
　　11(2):24-27.
陈利顶,傅伯杰,赵文武.2006."源""汇"景观理论及其生态学意义.生态学报,26(5):1444-1449.
陈利顶,刘洋,吕一河,等.2008.景观生态学中的格局分析:现状、困境与未来.生态学报,28(11):
　　5521-5531.
陈圣宾,蒋高明,高吉喜,等.2008.生物多样性监测指标体系构建研究进展.生态学报,28(10):5123-5132.
陈圣宾,欧阳志云,郑华,等.2011.美洲森林群落beta多样性的纬度梯度性.生态学报,31(5):1334-1340.
陈小勇,焦静,童鑫.2011.一个通用岛屿生物地理学模型.中国科学,41(12):1196-1202.
陈永林.1980.新疆的蝗虫及其防治.乌鲁木齐:新疆人民出版社.
陈瑜,马春森.2010.气候变暖对昆虫影响研究进展.生态学报,30(8):2159-2172.
陈作志,邱永松.2010.南海北部生态系统食物网结构、能量流动及系统特征.生态学报,30(18):
　　4855-4865.
程肖侠,延晓冬.2008.气候变化对中国东北主要森林类型的影响.生态学报,28(2):534-543.
崔洪莹,苏建伟,戈峰.2011.臭氧浓度升高对昆虫影响的研究进展.应用昆虫学报,48(5):1130-1140.
丁贤法,韩广.2004.盖亚假说和地球表层研究.自然杂志,26(3):173-176.
丁岩钦.1964.陕西关中棉区棉盲蝽种群数量变动的研究.昆虫学报,13(3):297-309.
董瑞,王静,翟玉柱.2010.昆虫趋光性规律研究.安徽农业科学,38(25):13563-13564.
董文霞,陈宗懋.2006.大气臭氧浓度升高对植物及其昆虫的影响.生态学报,26(11):3878-3884.
董兆克,戈峰.2011.温度升高对昆虫发生发展的影响.应用昆虫学报,48(5):1141-1148.
杜尧,马春森,赵清华,等.2007.高温对昆虫影响的生理生化作用机理研究进展.生态学报,27(4):
　　1566-1572.
杜永芬,高抒,于子山,等.2012.福建罗源湾潮间带大型底栖动物的次级生产力.应用生态学报,23(7):
　　1904-1912.
方精云.2000.全球生态学.北京:高等教育出版社,施普林格出版社.
冯剑丰,李宇,朱琳.2009.生态系统功能与生态系统服务的概念辨析.生态环境学报,18(4):1599-1603.
付为国,李萍萍,吴沿友,等.2006.镇江内江湿地不同演替阶段植物群落小气候日动态.应用生态学报,
　　17(9):1699-1704.

傅伯杰, 陈利顶, 马克, 等. 2001. 景观生态学原理及应用. 北京: 科学出版社.
傅伯杰, 吕一河, 陈利顶, 等. 2008. 国际景观生态学研究新进展. 生态学报, 28(2): 798-804.
傅娇艳, 丁振华. 2007. 湿地生态系统服务、功能和价值评价研究进展. 应用生态学报, 18(3): 681-686.
高东, 何霞红. 2010. 生物多样性与生态系统稳定性研究进展. 生态学杂志, 29(12): 2507-2513.
高桂珍, 吕昭智, 夏德萍, 等. 2012. 高温胁迫及其持续时间对棉蚜死亡和繁殖的影响. 生态学报, 32(23): 7568-7575.
高吉喜. 2013. 区域生态学基本理论探索. 中国环境科学, 33(7): 1252-1262.
戈峰. 2011. 应对全球气候变化的昆虫学研究. 应用昆虫学报, 48(5): 1117-1122.
戈峰, 陈法军. 2006. 大气CO_2浓度增加对昆虫的影响. 生态学报, 26(3): 935-944.
龚高法, 张王远, 张瑾瑢. 1983. 北京地区自然物候期的变迁. 科学通报, (2): 1517-1519.
古德祥, 周昌清, 汤鉴球, 等. 1983. 稻纵卷叶螟自然种群生命表的研究. 生态学报, 3(3): 229-238.
郭晋平, 周志翔. 2007. 景观生态学. 北京: 中国林业出版社.
韩小梅, 申双和. 2008. 物候模型研究进展. 生态学杂志, 27(1): 89-95.
韩争伟, 马玲, 曹传旺, 等. 2013. 太湖湿地昆虫群落结构及多样性. 生态学报, 33(14): 4387-4397.
郝道猛. 1978. 生态学概论. 台北: 徐氏基金会.
胡飞, 刘跃民, 林丹丹. 2010. 影响钉螺繁殖与血吸虫感染的主要生物因素. 中国血吸虫病防治杂志, 22(3): 291-293.
黄光宇, 陈勇. 2002. 生态区域理论与规划设计方法. 北京: 科学出版社, 101-108.
江幸福, 蔡彬, 罗礼智, 等. 2003. 温、湿度综合效应对黏虫蛾飞行能力的影响. 生态学报, 23(4): 738-743.
江幸福, 罗礼智. 2007. 昆虫黑化现象. 昆虫学报, 50(11): 1173-1180.
姜永厚, 吴进才, 徐建祥, 等. 2002. 稻田蜘蛛生态位变化及杀虫剂对捕食功能的影响. 生态学报, 22(8): 1286-1292.
黎健龙, 唐劲驰, 赵超艺, 等. 2013. 不同景观斑块结构对茶园节肢动物多样性的影响. 应用生态学报, 24(5): 1305-1312.
李博, 杨持, 林鹏. 2000. 生态学. 北京: 高等教育出版社, 256.
李德志, 石强, 臧润国, 等. 2006. 物种或种群生态位宽度与生态位重叠的计测模型. 林业科学, 42(7): 95-103.
李海防, 卫伟, 陈瑾, 等. 2013. 基于"源""汇"景观指数的定西关川河流域土壤水蚀研究. 生态学报, 33(14): 4460-4467.
李惠梅, 张安录. 2011. 生态系统服务研究的问题与展望. 生态环境学报, 20(10): 1562-1568.
李杰, 朱金兆, 朱清科. 2003. 生态位理论及其测度研究进展. 北京林业大学学报, 25(1): 100-107.
李巧, 涂璟, 熊忠平, 等. 2011. 物种多度格局研究概况. 云南农业大学学报, 26(1): 117-123.
李文华. 2013a. 中国当代生态学研究. 可持续发展生态学卷. 北京: 科学出版社.
李文华. 2013b. 中国当代生态学研究. 全球变化生态学卷. 北京: 科学出版社.
李文华. 2013c. 中国当代生态学研究. 生态系统管理卷. 北京: 科学出版社.
李文华. 2013d. 中国当代生态学研究. 生态系统恢复卷. 北京: 科学出版社.
李文华. 2013e. 中国当代生态学研究. 生物多样性保育卷. 北京: 科学出版社.
李笑春, 曹叶军, 叶立国. 2009. 生态系统管理研究综述. 内蒙古大学学报(哲学社会科学版), 41(4): 87-93.
李亚妮, 王文强, 廉振民. 2011. 延安北洛河流域蝗虫群落的边缘效应. 浙江农林大学学报, 28(2): 275-279.
李永萍, 党承林. 2006. 森林顶极群落研究进展. 云南大学学报(自然科学版), 28(S1): 298-303.
李振基, 陈小麟, 郑海雷, 等. 2000. 生态学. 北京: 科学出版社.
林鹏. 1990. 福建植被. 福州: 福建科学技术出版社.
刘军侠, 姜文虎, 李彦慧, 等. 2008. SO_2胁迫对异色瓢虫捕食桃粉大尾蚜功能影响的研究. 中国农学通报,

24(6): 346-350.

刘仁志, 夏琳琳. 2011. 生态系统服务的量化与评估. 测试技术学报, 25(2): 133-140.

刘万德, 苏建荣, 李帅锋, 等. 2011. 南亚热带季风常绿阔叶林不同演替阶段物种-面积关系. 应用生态学报, 22(2): 317-322.

刘洋, 张健, 杨万勤. 2009. 高山生物多样性对气候变化响应的研究进展. 生物多样性, 17(1): 88-96.

刘云慧, 李良涛, 宇振荣. 2008. 农业生物多样性保护的景观规划途径. 应用生态学报, 19(11): 2538-2543.

刘云慧, 张鑫, 张旭珠, 等. 2012. 生态农业景观与生物多样性保护及生态服务维持. 中国生态农业学报, 20(7): 819-824.

柳晶, 郑有飞, 赵国强, 等. 2007. 郑州植物物候对气候变化的响应. 生态学报, 27(4): 1471-1479.

柳淑蓉, 胡荣桂, 蔡高潮. 2012. UV-B 辐射增强对陆地生态系统碳循环的影响. 应用生态学报, 23(7): 1992-1998.

罗海江, 方修琦, 白海玲, 等. 2009. 中国区域生态系统生产能力指数变化原因分析. 中国环境监测, 25(3): 77-81.

马世骏, 丁岩钦, 李典谟. 1965. 东亚飞蝗中长期数量预测的研究. 昆虫学报, 14(4): 319-338.

毛炜光, 吴震, 黄俊, 等. 2007. 水分和光照对厚皮甜瓜苗期植株生理生态特性的影响. 应用生态学报, 18(11): 2475-2479.

孟焕文, 伊卫东, 韩云亭, 等. 2001. 大青山山区昆虫垂直分布现象的研究. 内蒙古农业大学学报, 22(3): 118-120.

牛翠娟, 娄安如, 孙儒泳, 等. 2007. 基础生态学. 2 版. 北京: 高等教育出版社.

欧阳芳, 戈峰. 2011. 农田景观格局变化对昆虫的生态学效应. 应用昆虫学报, 48(5): 1177-1183.

彭建, 王仰麟, 吴健生, 等. 2007. 区域生态系统健康评价-研究方法与进展. 生态学报, 27(11): 4877-4885.

彭少麟. 2001. 广东省退化坡地农业综合利用与绿色食品生产. 广州: 广东科技出版社.

彭少麟. 2003. 热带亚热带植被恢复生态学的理论与实践. 北京: 科学出版社.

彭少麟, 殷祚云, 任海, 等. 2003. 多物种集合的种-多度关系模型研究进展. 生态学报, 23(8): 1590-1605.

钦俊德. 2000. 近二十年来我国实验昆虫学的发展. 昆虫学报, 43(3): 318-326.

丘君, 赵景柱, 邓红兵, 等. 2008. 基于生态系统的海洋管理: 原则、实践和建议. 海洋环境科学, 27(1): 74-78.

曲仲湘, 吴玉树, 王焕校, 等. 1983. 植物生态学. 北京: 高等教育出版社.

任海, 杜卫兵, 王俊, 等. 2007. 鹤山退化草坡生态系统的自然恢复. 生态学报, 27(9): 3593-3600.

任海, 邬建国, 彭少麟, 等. 2000. 生态系统管理的概念及其要素. 应用生态学报, 11(3): 455-458.

尚文, 杨永兴. 2012. 滇西北高原纳帕海湖滨湿地退化特征、规律与过程. 应用生态学报, 23(12): 3257-3265.

邵怡若, 许建新, 薛摇立, 等. 2013. 低温胁迫时间对 4 种幼苗生理生化及光合特性的影响. 生态学报, 33(14): 4237-4247.

沈菊培, 贺纪正. 2011. 微生物介导的碳氮循环过程对全球气候变化的响应. 生态学报, 31(11): 2957-2967.

师光禄, 王有年, 苗振旺, 等. 2006. 间种牧草枣林捕食性节肢动物群落结构的动态. 应用生态学报, 17(11): 2088-2092.

舒金平, 滕莹, 张爱良, 等. 2012. 竹笋基夜蛾的求偶及交配行为. 应用生态学报, 23(12): 3421-3428.

苏智先, 王仁卿. 1993. 生态学概论. 北京: 高等教育出版社.

孙然好, 陈爱莲, 李芬, 等. 2013. 城市生态景观建设的指导原则和评价指标. 生态学报, 33(8): 2322-2329.

孙儒泳. 1992. 动物生态学原理. 2 版. 北京: 北京师范大学出版社.

孙儒泳. 2001. 动物生态学原理. 3 版. 北京: 北京师范大学出版社.

孙儒泳, 李博, 诸葛阳, 等. 1993. 普通生态学. 北京: 高等教育出版社.

孙贤斌,刘红玉,李玉成,等.2007.重金属污染对土壤动物群落结构及空间分布的影响.应用生态学报,18(9):2080-2084.

孙玉诚,郭慧娟,刘志源,等.2011.大气CO_2浓度升高对植物-植食性昆虫的作用机制.应用昆虫学报,48(5):1123-1129.

田汉勤,万师强,马克平.2007.全球变化生态学:全球变化与陆地生态系统.植物生态学报,31(2):173-174.

田慧颖,陈利顶,吕一河,等.2006.生态系统管理的多目标体系和方法.生态学杂志,25(9):1147-1152.

万方浩,彭德良,王瑞.2010.生物入侵:预警篇.北京:科学出版社.

万方浩,郑小波,郭建英.2005.重要农林外来入侵物种的生物学与控制.北京:科学出版社.

汪思龙,赵士洞.2004.生态系统途径-生态系统管理的一种新理念.应用生态学报,15(12):2364-2368.

王斌,彭波涌,李晶晶,等.2013.西藏珠穆朗玛峰国家级自然保护区鸟类群落结构与多样性.生态学报,33(10):3056-3064.

王兵,鲁绍伟,尤文忠,等.2010.辽宁省森林生态系统服务价值评估.应用生态学报,21(7):1792-1798.

王薇,陈为峰.2006.区域生态系统健康评价方法与应用研究.生态农业科学,22(8):440-444.

王文杰,潘英姿,王明翠,等.2007.区域生态系统适应性管理概念、理论框架及其应用研究.中国环境监测,23(2):1-7.

王雪梅,曲建升,李延梅,等.2010.生物多样性国际研究态势分析.生态学报,30(4):1066-1073.

王艳敏,仵均祥,万方浩.2010.昆虫对极端高低温胁迫的响应研究.环境昆虫学报,32(2):250-255.

王莺,夏文韬,梁天刚.2010.陆地生态系统净初级生产力的时空动态模拟研究进展.草业科学,27(2):77-88.

王振中,张友梅,邓继福,等.2006.重金属在土壤生态系统中的富集及毒性效应.应用生态学报,17(10):1948-1952.

王智祥,陈永林,马世骏.1988.温湿度对狭翅邹蝗实验种群的影响.生态学报,8(2):125-132.

文平,嵇保中,刘曙雯.2011.白蚁采食行为中的信息交流.昆虫学报,54(3):352-360.

邬建国.2007.景观生态学:格局、过程、尺度与等级.2版.北京:高等教育出版社.

吴华,嵇保中,刘曙雯,等.2011.大气CO_2浓度升高对花蜜及传粉昆虫的影响.环境昆虫学报,33(2):234-240.

吴建国,吕佳佳,艾丽.2009.气候变化对生物多样性的影响:脆弱性和适应.生态环境学报,18(2):693-703.

武海涛,吕宪国,杨青,等.2006.土壤动物主要生态特征与生态功能研究进展.土壤学报,43(2):314-323.

肖笃宁,李秀珍,高峻,等.2004.景观生态学.北京:科学出版社.

肖国举,张强,王静.2007.全球气候变化对农业生态系统的影响研究进展.应用生态学报,18(8):1877-1885.

肖厚贞,方佳.2007.生态位理论及其在作物病虫害治理中的应用前景.华南热带农业大学学报,13(4):43-49.

谢坚,屠乃美,唐建军,等.2008.农田边界与生物多样性研究进展.中国生态农业学报,16(2):506-510.

邢韶华,于梦凡,杨立娟,等.2013.关于植物群丛划分的探讨.生态学报,33(1):310-315.

徐化成.1996.景观生态学.北京:中国林业出版社.

徐琳瑜,杨志峰,李巍.2005.区域生态系统承载力理论与评价方法.生态学报,25(4):771-777.

徐汝梅.1987.昆虫种群生态学.北京:北京师范大学出版社.

许红梅,高清竹,黄永梅,等.2006.气候变化对黄土丘陵沟壑区植被净第一性生产力的影响模拟.生态学报,26(9):2940-2947.

闫明,钟章成,乔秀红.2006.缙云山片断常绿阔叶林小气候边缘效应的初步研究.应用生态学报,17(1):

17-21.

严陈,许静,钟文辉,等.2013.大气CO_2浓度升高对稻田根际土壤甲烷氧化细菌丰度的影响.生态学报,33(6):1881-1888.

颜昌宙,金相灿,赵景柱,等.2005.湖滨带退化生态系统的恢复与重建.应用生态学报,16(2):360-364.

阳含熙,卢泽愚.1983.植物生态学的数量分类方法.北京:科学出版社.

杨晨,王炜,汪诗平,等.2013.不同起始状态对草原群落恢复演替的影响.生态学报,33(10):3091-3102.

叶属峰,温泉,周秋麟.2006.海洋生态系统管理——以生态系统为基础的海洋管理新模式探讨.海洋环保,1:77-80.

尹飞,毛任钊,傅伯杰,等.2006.农田生态系统服务功能及其形成机制.应用生态学报,17(5):929-934.

尹小娟,钟方雷.2011.生态系统服务分类的研究进展.安徽农业科学,39(13):7994-7999.

于格,鲁春霞,谢高地.2007.青藏高原草地生态系统服务功能的季节动态变化.应用生态学报,18(1):47-51.

于贵瑞.2001.生态系统管理学的概念框架及其生态学基础.应用生态学报,12(5):787-794.

于贵瑞,高扬,王秋凤,等.2013.陆地生态系统碳-氮-水循环的关键耦合过程及其生物调控机制探讨.中国生态农业学报,21(1):1-13.

于晓东,罗天宏,周红章,等.2006.边缘效应对卧龙自然保护区森林——草地群落交错带地表甲虫多样性的影响.昆虫学报,49(2):277-286.

余世孝.1995.数学生态学导论.北京:科学技术文献出版社.

余世孝,L.奥罗西.1993.生态位分离的涵义与测度.植物生态学与地植物学学报,17(3):253-263.

余新晓,牛健植,关文彬,等.2006.景观生态学.北京:高等教育出版社.

袁秀,马克明,王德.2011.黄河三角洲植物生态位和生态幅对物种分布——多度关系的解释.生态学报,31(7):1955-1961.

云南大学生物系生态地植物学组.1976.植物生态植物群落基本知识.北京:科学出版社.

张波,曲建升,王金平.2011.国际生态学研究发展态势文献计量分析.生态环境学报,20(4):786-792.

张纯胄,杨捷.2007.害虫趋光性及其应用技术的研究进展.华东昆虫学报,16(2):131-135.

张锋,洪波,李英梅,等.2013.陕西纸房沟流域植被恢复区节肢动物群落种-面积、多度关系.应用生态学报,24(2):511-516.

张璐,张占海,李群,等.2009.近30年北极海冰异常变化趋势.极地研究,21(4):344-352.

张美玲,蒋文兰,陈全功,等.2011.草地净第一性生产力估算模型研究进展.草地学报,19(2):356-366.

张娜.2006.生态学中的尺度问题:内涵与分析方法.生态学报,26(7):2340-2355.

张强,邓振镛,赵映东,等.2008.全球气候变化对我国西北地区农业的影响.生态学报,28(3):1210-1218.

张文庆,古德祥,张古忍.2000.论短期农作物生境中节肢动物群落的重建Ⅰ.群落重建的概念及特性.生态学报,20(6):1107-1112.

张文庆,古德祥,张古忍.2001.论短期农作物生境中节肢动物群落的重建Ⅱ.群落重建的分析和调控.生态学报,21(6):1020-1024.

张文庆,张古忍,古德祥.2001.论短期农作物生境中节肢动物群落的重建Ⅲ.群落重建与天敌保护利用.生态学报,21(11):1927-1931.

张宵,方诗玮,任东,等.2009.昆虫拟态的历史发展.环境昆虫学报,31(4):365-373.

张晓爱,赵亮,康玲.2001.生态群落物种共存的进化机制.生物多样性,9(1):8-17.

张永民,席桂萍.2009.生态系统管理的概念、框架与建议.安徽农业科学,37(13):6075-6076,6079.

赵彩云,李俊生,罗建武,等.2010.蝴蝶对全球气候变化响应的研究综述.生态学报,30(4):1050-1057.

赵建伟,何玉仙,翁启勇.2008.诱虫灯在中国的应用研究概况.华东昆虫学报,17(1):76-80.

赵文智,刘鹄.2011.干旱、半干旱环境降水脉动对生态系统的影响.应用生态学报,22(1):243-249.

赵志模, 周新远. 1984. 生态学引论: 害虫综合防治的理论及应用. 重庆: 科学技术文献出版社重庆分社.
赵紫华, 石云, 贺达汉, 等. 2010. 不同农业景观结构对麦蚜种群动态的影响. 生态学报, 30(23): 6380-6388.
郑华, 李屹峰, 欧阳志云, 等. 2013. 生态系统服务功能管理研究进展. 生态学报, 33(3): 702-710.
郑云开, 尤民生. 2009. 农业景观生物多样性与害虫生态控制. 生态学报, 29(3): 1508-1518.
周广胜, 何奇瑾. 2012. 生态系统响应全球变化的陆地样带研究. 地球科学进展, 27(5): 563-573.
周明祥. 1992. 植物抗虫育种原理. 北京: 北京农业大学出版社.
朱芬萌, 安树青, 关保华, 等. 2007. 生态交错带及其研究进展. 生态学报, 27(7): 3032-3042.
朱燕玲, 过仲阳, 叶属峰, 等. 2011. 崇明东滩海岸带生态系统退化诊断体系的构建. 应用生态学报, 22(2): 513-518.
竺可桢, 宛敏渭. 1980. 物候学. 增订本. 北京: 科学出版社.
祝廷成, 董厚德. 1983. 生态系统浅说. 北京: 科学出版社.
祝廷成, 钟章程, 李建东. 1988. 植物生态学. 北京: 高等教育出版社.
宗跃光, 甄峰. 2006. 景观规划模式与景观韵律学. 生态学报, 26(1): 221-230.
Allee W C. 1935. A new book on animal behavior. Ecology, 16: 114-116.
Anderson K L. 1981. Population and reproductive characteristics of the river otter in Virginia and tissue concentrations of environmental contaminants. M. S. Thesis. Blacksburg: Virginia Polytechnic Institute & State University.
Andrewartha H G, Birch L C. 1964. The Distribution and Abundance of Animals. Chicago: University of Chicago Press.
Begon M, Townsend C R, Harper J L. 1981. Population Ecology. Blackwell Scientific Publication.
Bergmann C. 1847. Ueber die Verhältnisse der Wärmeökonomie der Thiere zu ihrer Grösse. Gottinger Studien, 3: 595-708.
Callaway R M, Brooker R W, Choler P, et al. 2002. Positive interactions among alpine plants increase with stress. Nature, 417: 844-848.
Currie D J. 1991. Energy and large-scale patterns of animal-and plant-species richness. American Naturalist, 27-49.
Deevey E S. 1950. The probability of death. Scientific American, 182: 58-60.
Emberlin J C. 1983. Introduction to Ecology. Plymouth (UK): Macdonald & Evans.
Forman R T T. 1996. 景观与区域生态学的一般原理. 李秀珍, 肖笃宁译. 生态学杂志, 15(3): 73-79.
Greig-Smith P. 1983. Quantitative Plant Ecology. California: University of California Press. Hamilton W D. 1964. The genetical evolution of social behaviour. II. Journal of Theoretical Biology, 7: 17-52.
Halloy S R, Mark A F. 2003. Climate-change effects on alpine plant biodiversity: a New Zealand perspective on quantifying the threat. Journal Information, 35(2): 248-254.
Heywood V H, Watson R T. 1995. Global Biodiversity Assessment. Cambridge: Cambridge University Press.
Hill M O. 1973. The intensity of spatial pattern in plant communities. The Journal of Ecology, 61: 225-235.
Holling C S. 1959. Some characteristics of simple types of predation and parasitism. The Canadian Entomologist, 91(7): 385-398.
Hughes C, Eastwood R. 2006. Island radiation on a continental scale: exceptional rates of plant diversification after uplift of the Andes. Proceedings of the National Academy of Sciences, 103(27): 10334-10339.
Hurlbert S H. 1971. The nonconcept of species diversity: a critique and alternative parameters. Ecology, 52(4): 577-586.
Intergovernmental Panel on Climate Change (IPCC) Working Group II. 2001. Climate Change 2001, Impacts, Adaptation and Vulnerability, Summary for Policy Makers, IPCCWG2 Third Assessment Report

(TAR) 1.

Kikkawa J, Williams W T. 1971. Altitudinal distribution of land birds in New Guinea. Search, 2: 64-69.

Kormondy E J. 1996. Concept of Ecology. 4th ed. Upper Saddle River: Prentice Hall Inc.

Krebs C J. 1978. Ecology. New York: Harper & Row Publication.

Krebs C J. 2001. Ecology: The Experimental Analysis of Distribution and Abundance. San Francisco: Addison Wesley Longman.

Lenoir J, Gégout J C, Marquet P A, et al. 2008. A significant upward shift in plant species optimum elevation during the 20th century. Science, 320: 1768-1771.

MacArthur R H, Wilson E. 1967. The Theory of Island Biogeography. Princeton: Princeton University Press.

Mackenzie A, Ball A S, Virdee S R. 1998. Instant Notes in Ecology. Oxford: Bios Scientific Publishers Limited.

Mauchline J, Fisher L R. 1969. The biology of the euphausiids. Advances in Marine Biology, 7: 1-454.

McNaughton S J. 1979. Grassland-herbivore dynamics. In: Sinclair A R E, Norton-Griffiths M. Serengeti: Studies of Ecosystem Dynamics in a Tropical Savanna. Chicago: University Chicago Press.

Molles M C. 2000. Ecology: Concepts and Applications. 生态学: 概念与应用（英文版）. 北京: 科学出版社.

Molles M C, Cahill J F. 1999. Ecology: Concepts and Applications. Dubuque, IA: WCB/McGraw-Hill.

Naughton M S J. 1985. Ecology of a grazing ecosystem: the Serengeti. Ecol Monographs, 55: 259-294.

Nicholson A J, Bailey V A. 1935. The balance of animal populations. Proc Zool Soc Lond, 551-598.

Odum E P. 1969. The strategy of ecosystem development. Science, 164: 262-270.

Odum E P. 1981. 生态学基础. 孙儒泳, 钱国桢, 林浩然, 等译. 北京: 人民教育出版社.

Odum H T. 1983. Systems Ecology. New York: Wiley and Sons.

Pianka E R. 1970. On r-and K-selection. American Naturalist, 104: 592-597.

Reid W V, Miller K R. 1989. Keeping Options Alive: The Scientific Basis for Conserving Biodiversity. Washington, DC: World Resourc Inst.

Richards O W, Waloff N. 1954. Studies on the biology and population dynamics of British Grasshoppers. Anti-Locust Bull, 17.

Richard T, Forman T. 1996. 景观与区域生态学的一般原理. 生态学杂志, 15(3): 73-79.

Ricklefs R E. 2001. The Economy of Nature. New York: WH Freeman.

Ricklefs R E, Miller G L. 1999. Ecology. 4th ed. New York: Freeman.

Ricklefs R E. 2004. The Economy of Nature. 5th ed. 孙儒泳, 尚玉昌, 李庆芬, 等译. 北京: 高等教育出版社.

Ripley B D. 1979. Tests of randomness' for spatial point patterns. Journal of the Royal Statistical Society. Series B (Methodological), 41: 368-374.

Schlesinger W H. 1997. Biogeochemistry: An Analysis of Global Change. San Diego, California: Academic Press.

Schneider S H. 1989. Global Warning: are We Entering the Greenhouse Century? San Francisco, California, USA: Sierra Club Books.

Sepkoski Jr J J. 1984. A kinetic model of Phanerozoic taxonomic diversity. III. Post-Paleozoic families and mass extinctions. Paleobiology, 246-267.

Signor P W. 1990. The geologic history of diversity. Annual Review of Ecology and Systematics, 509-539.

Smith H S. 1935. The role of biotic factors in the determination of population densities. J Econ Entomol, 28: 733-745.

Smith M J. 1998. An examination of forest succession in the Cape Breton Highlands of Nova Scotia. Unpublished MscF Thesis, University of New Brunswick, Fredericton, New Brunswick, Canada.

Smith R L. 1992. Elements of Ecology. 3rd ed. New York: HarperCollins.

Terborgh J. 1971. Distribution on environmental gradients: theory and a preliminary interpretation of distributional patterns in the avifauna of the Cordillera Vilcabamba. Peru Ecology, 52: 23-40.

Townsend C R, Harper J L, Begon M. 2000. Essentials of Ecology. Malden, USA: Blackwell Science.

United Nations Environment Programme (UNEPA). 2002. Regionally based assessment of persistent toxic substances. South East Asia and South Paciflc.

Uvarov B. 1977. Grasshoppers and locusts. A handbook of general acridology. Volume 2. Behaviour, ecology, biogeography, population dynamics. Centre for Overseas Pest Research.

Van Lenteren J C, Bakker K, Van Alphen J J M. 1978. How to analyse host discrimination. Ecological Entomology, 3(1): 71-75.

Waser N M. 1978. Competition for hummingbird pollination and sequential flowering in two Colorado wildflowers. Ecology, 59: 934-944.

White K L. 1966. Old-field succession on Hastings Reservation, California. Ecology, 47: 865-868.

Whittaker R H. 1970. 群落与生态系统. 姚壁君译. 北京: 科学出版社.

Whittaker R H. 1975. Communities and Ecosystems. 2nd ed. London: Macmillan.

Whittaker R H. 1977. Evolution of species diversity in land communities. Evol Biol, 10: 1-67.

Whittaker R H. 1985. 植物群落分类. 周剂纶译. 北京: 科学出版社.

Whittaker R H. 1986. 植物群落排序. 王伯荪译. 北京: 科学出版社.

Whittaker R H, Niering W A. 1965. Vegetation of the Santa Catalina Mountains, Arizona: a gradient analysis of the south slope. Ecology, 46: 429-452.

Yoda K. 1967. Comparative ecological studies on three main types of forest vegetation in Thailand Ⅲ. Community respiration. Nature and Life in Southeast Asia, 5: 83-148.